非线性编辑

FEIXIANXING BIANJI

主编 刘 瑞 涂先智 郭 洁

航空工业出版社
北 京

内 容 提 要

随着影视制作技术的迅速发展，非线性编辑已经成为大众传媒视频制作的主要方式。本书通过非线性编辑项目实训，创新性地将理论学习与实践操作加以结合，让学生通过实例举一反三，将各种编辑技巧融会贯通，旨在让学生在掌握影视节目制作技术的基础上，学会充分利用新的知识点以及技术进行创作。本书具体内容包括非线性编辑的发展、非线性编辑项目实训、从传播媒介看非线性编辑。计算机多媒体技术专业、艺术设计及相关专业可以将本书作为教材使用，本书也可作为参考书供非线性编辑爱好者学习使用。

图书在版编目（CIP）数据

非线性编辑 / 刘瑞，涂先智，郭洁主编. — 北京：航空工业出版社，2023.1

ISBN 978-7-5165-3241-6

Ⅰ. ①非… Ⅱ. ①刘… ②涂… ③郭… Ⅲ. ①非线性编辑系统－高等学校－教材 Ⅳ. ①TN948.13

中国国家版本馆CIP数据核字（2023）第006932号

非线性编辑
Feixianxing Bianji

航空工业出版社出版发行
（北京市朝阳区京顺路 5 号曙光大厦 C 座四层　100028）
发行部电话：010-85672663　010-85672683

北京荣玉印刷有限公司印刷　　全国各地新华书店经售
2023 年 1 月第 1 版　　2023 年 1 月第 1 次印刷
开本：889 毫米 ×1194 毫米　1/16　　字数：589 千字
印张：19.5　　定价：85.00 元

前言

非线性编辑作为计算机多媒体技术专业领域的核心课程之一，在应用型人才培养的过程中起到了重要的作用。随着影视制作技术的迅速发展，非线性编辑已经成为大众传媒视频制作的主要方式，而众多高等院校也相继开设了非线性编辑相关的课程与专业。

目前的非线性编辑教材大都存在以下两个问题：

一是教材非线性编辑软件的落后。如今市面上的非线性编辑教材中，大多还在使用 Adobe Premiere CS4 与 Adobe Premiere CS6 作为教材案例演示及知识讲解的软件，这些软件的版本过低，许多功能已经不能满足编辑优质视频的需求。

二是教材教学案例没有针对性。目前很多教材的课程设置大多针对软件的基础性功能进行讲解，实训案例也大多只是在基础性功能上进行一些拼凑，缺少在专业实践上的针对性，导致实训效果不佳。

总的来说，当前非线性编辑教育的矛盾在于教材的内容无法满足行业及课程日渐增长的需求，因而对教材进行改进是必要且紧迫的。

本教材落实立德树人根本任务，贯彻《高等学校课程思政建设指导纲要》和党的二十大精神，将专业知识与思政教育有机结合，推动价值引领、知识传授和能力培养紧密结合。

本书作者多年来深耕行业技术领域，并对如今教育输送行业人才的需求有着深刻理解。本书创新性地将理论学习与实践操作加以结合，教材中多数案例是作者根据企业培训案例及行业培训案例的特点结合而来，并针对学生做出了部分修改，让学生通过实例举一反三，将各种技巧融会贯通，旨在让学生在掌握影视节目制作技术的基础上，学会充分利用新的知识点以及技术进行创作。

本书整体结构布局如下所示：

第一章　非线性编辑的发展	第二章　非线性编辑项目实训		第三章　从传播媒介看非线性编辑
第一节 线性编辑与非线性编辑	第一节 项目训练一——字幕效果 1：书写文字	第四节 项目训练四——视频转场：时间重映射、渐变擦除	第一节 传统视域下广播电视节目的非线性编辑
第二节 非线性编辑的发展概况	第二节 项目训练二——字幕效果 2：文字故障	第五节 项目训练五——音频转场：人声回避	第二节 时代审美中大众电影的非线性编辑
第三节 非线性编辑软件 Adobe Premiere Pro CC 2018 概述	第三节 项目训练三——初级调色运用	第六节 项目训练六——视频特效 1：逆世界效果 第七节 项目训练七——视频特效 2：希区柯克变焦	第三节 技术更迭下新媒体媒介的非线性编辑

由于时间仓促，本书难免有不足之处，敬请读者批评指正，以便在后续版本中加以完善。

目录

第一章 1 非线性编辑的发展

第二章 非线性编辑项目实训

第三章 3

从传播媒介看非线性编辑

第一章

非线性编辑的发展

本章概述

本章由线性编辑与非线性编辑、非线性编辑的发展概况、非线性编辑软件 Adobe Premiere Pro CC2018 概述 3 个部分组成，侧重讲解非线性编辑的概念由来、发展历程，以及它的出现对剪辑思维的影响，通过对非线性编辑软件 Adobe Premiere Pro CC 2018 进行深入浅出的知识讲解，帮助学生快速掌握软件操作。

学习目标

通过本章的学习，学生能够了解什么是线性编辑和非线性编辑、非线性编辑对剪辑思维的影响、非线性编辑的发展历程以及掌握非线性编辑软件 Adobe Premiere Pro CC 2018 的基础操作，为后面章节的学习奠定坚实的理论基础。

第一节

线性编辑与非线性编辑

我们先提出一个问题：什么是剪辑（Editing）呢？

从字义上说，“剪辑”一词，英文将其释义为编辑，法语有构成、装配的意思，在德语中则有裁剪之意。中文将其字义合二为一，剪而辑之，既是裁剪又是编辑，相辅相成、不可分割。

从含义上说，剪辑是将拍摄好的镜头按照创作构思进行选择、剪裁、整理，从而编排成结构完整的影片，从本质上说，剪辑是一种制作手段。

现代的剪辑学认为剪辑有狭义与广义之分。狭义的剪辑是创作的一个重要环节，它是根据影视生产的要求对镜头进行选择、排序以及剪辑组合的过程。广义的剪辑则被认为是一种贯穿创作全过程的一种意识、思维。

一 传统媒体生产制作模式——线性编辑

线性编辑是传统的视频编辑方式，也称“电子编辑”，通过放像机选择一段合适的素材，然后将其记录在录像机的磁带上，再寻找下一个镜头，然后再记录，如此循环往复，直到将所有的素材都按顺序剪辑记录下来。线性编辑技术的编辑过程只能按时间顺序进行编辑，无法删除、缩短或加长中间的某一段视频。

图 1-1-1　线性编辑系统

线性编辑系统的组成有放像机、录像机、编辑控制器、特技发生器、时基校正器、放像监视器、录像监视器、调音台和字幕机等，如图 1-1-1 所示。

1. 胶片年代的“剪辑”美学

（1）线性编辑的雏形——胶片 / 磁带机器剪辑

在发明录像机之前，早期的电视节目一般采用现场直播的方式。1956 年美国加州安培（AMPEX）公司研制出世界上第一台实用化的旋转扫描式磁记录系统广播录像机 VR-1000（见图 1-1-2），这种录像机采用了旋转磁头和宽度为 50mm 的录像磁带，磁带移动的速度为 380mm/s，录制节目共有三个轨道，其中两个轨道用于录制图像信号，一个轨道用于录制声音信号。1958 年该系统被安装在美国最大的电视演播室并投入使用，从此改变了电视节目只能采用现场直播的被动局面。

图 1-1-2　美国安培公司（AMPEX）研发的 VR-1000 录像机

1963 年，安培公司推出名为“ Editec”（“编技”）的电子编辑器（Electronic Editor），用电子控制的方法使用快进和快速倒带功能在磁带上进行剪切，然后把两段录像带粘接起来完成镜头的组接，倘若用于制作节目的磁带被破坏，磁带便不能再使用了。

这样利用电影摄像机把图像拍摄在胶片上，经过剪辑组合和洗印后播出，成为电视节目制作的另一种可选方式，并在之后逐渐形成线性编辑的雏形。在这之前，电视编辑所采用的便是“剪接”技术，即将一段胶片剪下与另一段胶片粘接在一起。

（2）基于磁带的线性编辑

线性编辑利用电子手段，按照播出节目的需求对原始素材进行顺序剪接处理，最终形成新的连续画面。优点在于技术比较成熟，可以直接、直观地对素材录像带进行操作，操作起来较为简单。由于磁带是依顺序记录视频信号的，因此编辑和录制节目只能按照顺序进行，不能随意更改。

归根结底，线性编辑是一个有选择的复制过程。最基础的一对一线性编辑系统一般由两台具有自动编辑功能的编辑录像机（一台为放像机、一台为录像机）、一台编辑控制器（自动编辑控制器）和两台彩色监视器组成。其中，编辑录像机和编辑控制器具备的功能如表 1-1-1 所示。

表 1-1-1　编辑录像机和编辑控制器的功能

编辑录像机	编辑控制器
具有预卷功能	具备微型信息处理装置，能够进行程序编排的开关控制
具有旋转消磁头	能够显示放像机、录像机的控制信号（CTL）计数或时间码（TC）信号
具有正反向快速、慢速及逐场搜索图像能力	能够选择编辑方式
设有组合编辑与插入编辑的选择按钮（或开关）以及切出按钮等。拉切出按钮（CUT OUT）可使录像机从录制状态切换成放像状态	能够遥控放像机与录像机快进、倒带、重放、搜索、静像等，寻找合适的编辑点
装有视频录制电平调节按钮和手动 / 自动开关	具有存储编辑点功能
	具有分离编辑功能
	具有自动编辑功能
	具有编辑预演功能
	具有编辑点修正功能
	具有编辑点检查功能
	高级的编辑控制器能够对具有动态跟踪（DT）功能的放像机在编辑时的带速进行设定、存储与控制，实现动态运行控制（DMC）的编辑

在正式编辑前，首先需要接通编辑放像机、编辑录像机和彩色监视器的电源，再将素材录像带放进编辑放像机带仓里，将空白录像带放入编辑录像机带仓里，然后就可以开始正式编辑了（见图 1-1-3）。

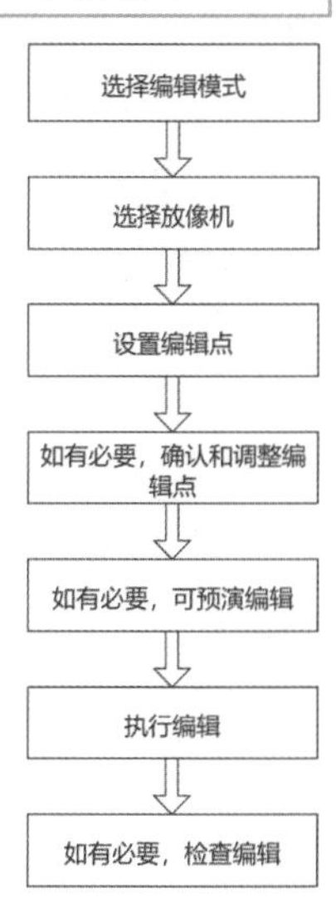

图 1-1-3　线性编辑的工作流程图

线性编辑有组合编辑和插入编辑两种编辑模式。组合编辑就是按照节目脚本规定的顺序，依次将不同的图像素材以及对应的声音素材一起组接在一盘磁带上；插入编辑则是在已经录制好的节目磁带上更换时间长度一样的图像素材和声音素材以实现先画后声或者先声后画的效果。需要注意的是，空白磁带是无法使用插入编辑方式的，且插入编辑不能改变磁带上原有节目的长度，要插入新内容就必须舍弃旧内容，因而插入编辑不能增删，只能替换。

线性编辑的流程首先要根据节目的要求选择编辑模式，确定素材带上的编辑入点和编辑出点。确定编辑带的编辑入点，执行自动编辑，重演或者进入下一内容的编辑。需要指出的是，使用线性编辑进行第一个画面的编辑前，需要在空白编辑带的开始部分事先录制 10~15 秒的彩条或者黑场信号，否则无法进行第一个画面的编辑。

2. 不可逆的损耗——线性编辑的缺憾

在电视节目的制作中，由于搜索和录制素材都是基于时间顺序进行的，因而在录制过程中就需要反复对录像带进行素材的搜索，这样磁鼓和录像带之间会产生较大的摩擦，同时视频信号在制作过程中经过各设备后，其信号质量在一定程度上发生衰减，从而导致图像质量降低，这种对磁带和磁头的损耗是不可逆转的。

另外，由于只能按时间顺序进行编辑，如果想要对前面已编好的素材实施删减、插入、修改等工作，就会被长度和预留时间所限制，在无形中出现更多的麻烦，工作效率实质上是十分低下的。

事实上，线性编辑系统的构成部分有很多，所需的设备需要投入较高的资金，往往只有电视台才负担得起。全套的设备不仅安装调试复杂、连线多，而且经常会出现不匹配的现象，这为编辑过程带来了诸多不便，且故障频发，维修起来更是烦琐。

二 数字化影视生产制作方式——非线性编辑

人们一般用“非线性”来形容使用数字硬盘、光盘等存储介质存储数字化视频及音频信息的方式，这是因为数字化存储信息的位置是按照磁盘操作系统规则进行分配的，其存储位置并没有固定顺序，可以随调随取，存储信息与接收信息可以完全不相关。

非线性编辑（简称非编）系统是计算机技术和电视数字化技术的结晶。它使电视制作的设备由分散到简约，制作速度和画面效果均有很大提高。它将编辑过程中的所有素材，包括视频、音频、图像、字幕等全部转化为数字信号存储在计算机硬盘上，在计算机软件环境中完成对素材的编辑、合成、特效处理、配音、输出等后期制作。概括地说，非线性编辑系统具有信号处理的数字化、编辑方式的非线性以及素材随机存取使用的特点。

1. 由桎梏走向自由的编辑系统

非线性编辑是相对于传统线性编辑而言的，不同于传统线性编辑需要那么多的外部设备以及对素材使用的限制。非线性编辑借助计算机进行数字化制作，几乎所有工作都在计算机上进行，对素材的使用也能瞬间实现，不用反复在磁带上寻找，只要上传一次素材就能编辑多次，信号质量也不会降低，既节约了设备、人力成本，又大幅提高了制作效率。现在绝大多数的影视制作都采用了非线性编辑。

世界上第一台非线性编辑系统于 1970 年出现在美国，这是一种记录模拟信号的非线性编辑系统，图像信号以调频方式记录在可装卸的磁盘上，编辑时可以随时访问磁盘以确定编辑点，但其只能记录和复制，编辑处理的速度缓慢，难以实现复杂的特技效果。

基于硬盘的纯数字化非线性编辑系统出现在 20 世纪 80 年代末，由于磁盘存储容量小，压缩硬件技术不成熟，因此素材画面是以不压缩的形式进行记录编辑的，仅能用来制作简短的片子。

到了 20 世纪 90 年代，非线性编辑系统进入快速发展阶段，由于数字视频压缩技术的迅速发展，信息量巨大的活动图像信息得以在计算机平台上进行处理，且对于脱机模式的编辑也能使用较高的压缩倍率，节省了视频媒体文件的存储空间。由此，数字非线性编辑正式进入实用阶段。

非线性编辑系统一般情况下可以看作如表 1-1-2 所示的结构。

表 1-1-2　非线性编辑系统结构

计算机平台	视音频处理子系统	非线性编辑软件
基础硬件平台。主要完成数据存储管理、视音频处理子系统的工作控制和软件运行等任务	主要完成视频信号的输入处理、压缩与解压缩、特技混合处理、图文字母的产生与叠加等功能	非线性编辑软件是一整套指令，指挥计算机平台和视音频处理子系统高效工作

非线性编辑的主要目标是实现对原素材任意部分的随机存取、修改和处理。非线性编辑需要结合软件（由非线性编辑软件以及二维动画软件、三维动画软件、图像处理软件和音频处理软件等外围软件构成）和硬件（由计算机、视频卡或 IEEE1394 卡、声卡、高速 AV 硬盘、专用板卡）以及外围设备构成，为了直接处理高档数字录像机传来的信号，有的非线性编辑系统还带有 SDI 标准的数字接口，以充分保证数字视频的输入、输出质量。其中视频卡用来采集和输出模拟视频，也就是承担 A/D 和 D/A 的实时转换。它们共同构成了一个非线性编辑的系统（见图 1-1-4）。

图 1-1-4　大洋 u-edit 600HD 高清非编系统

相较于线性编辑，非线性编辑系统的发展有了更大的自由度与拓展度，从工作流程或是整个编辑系统而言，它借由技术的发展包纳了复杂、冗长且庞大的工作身躯，集成传统的编辑录放机、切换台、特技台、电视图文创作系统、二维 / 三维动画制作系统、调音台、音乐创作系统、编辑控制器、时基校正器等器材的功能于一体，一方面节约了设备成本，简化了工作流程，另一方面解除了线性编辑的限制，大大激发了创作者的想象力，为创作更好的作品提供了坚实的基础。

2. 影视产品编辑的蒙太奇技巧

我们通常将镜头与镜头以及画面与声音连接起来的方式称为剪辑，国内也将这种剪辑方式泛称为蒙太奇。蒙太奇来自法文“ Montage”的音译，有构成、装配、组合的含义，在影视艺术中，蒙太奇被用来指代画面、镜头和声音的组织结构方式，直白而言蒙太奇就是把分切的镜头剪接起来的手段。

图 1-1-5　美国著名导演大卫・格里菲斯

蒙太奇技巧就像文章中的语法一样，都是按照特定的创作目的，遵循一系列创作规则，完成对画面、声音等内容的有机组合，通过这种编排创作出具有完整性、统一性且兼具美学的作品。从这一点而言，蒙太奇不只是一种剪辑手段，同时也是剪辑思维的意识体现。

早期的影视产品几乎都由固定机位的镜头构成，还未形成蒙太奇思维。美国著名导演大卫・格里菲斯（见图 1-1-5）被公认为是最早使用蒙太奇技巧的导演，他的作品《一个国家的诞生》《党同伐异》涌现了“最后一分钟营救”“闪回”等著名蒙太奇剪辑技巧。

蒙太奇的观念经由一个世纪的发展已经有了更加丰富的含义和功能。其中最为重要的发展便是在影像剪辑中会更加偏向选择能够有效表达和强化故事的部分，再将这些推动故事发展的元素串联在一起，形成一个完整的故事。

蒙太奇手法主要用于叙事、创造节奏、刻画情绪和营造氛围，一部影像作品的剪辑会运用到多种蒙太奇手法。在构思影视作品时，常常要用到下列几种蒙太奇手法。

（1）交叉蒙太奇

交叉蒙太奇是指将同一时间不同空间发生的两种或两种以上的情节线进行快速交替叙述剪接的手法。各条情节线索相互依存，营造紧张的气氛和塑造强烈的节奏感，达成惊险刺激的戏剧冲突效果，有利于制造悬念，调动观众情绪，加强叙事情节之间的联系。

电影《千年女优》（见图 1-1-6）的交叉蒙太奇在技巧上运用得极为娴熟，通过“奔跑”这一动作，让电影中与现实中女主角的形象交替出现。虽然故事并没有产生实际上的交集，但形象和动作的高度一致依然构成了“交叉”的印象，这些交集令观众为女主角寻找男主角的执着而感动，使观众更加期待她的寻找之旅能够得到美好的结局。

图 1-1-6 《千年女优》/ 今敏 / 日本 / MADHOUSE/2002

（2）平行蒙太奇

平行蒙太奇是指把不同时空或者同一时间不同地点发生的两个或者两个以上的事件、场面连接起来，从多角度多层次分别叙述而又统一在一个完整的结构中的手法，为作品提供一种双重甚至多重视点的观测角度。这些视角既相互联系又互相独立，扩展了信息面，强化了故事线索，增强了影像作品的叙事能力以及表达能力。

图 1-1-7 《党同伐异》/ 大卫 · 格里菲斯 / 美国 /Triangle 影业 /1916

早在 1916 年，电影《党同伐异》（见图 1-1-7）就使用了平行蒙太奇的表现手法：巴比伦的没落、基督的受难、圣巴托洛缪大屠杀、美国劳资冲突。四段不同时代、不同地点发生的故事在电影中交替分叙，最后汇成共同的主题——在任何时代都有排斥异己的存在。正如导演大卫 · 格里菲斯所形容：“四个大循环的故事就如同四条分淌的河流，最初是分散平静地流动，到最后汇合成一股巨大汹涌的急流。”

（3）对比蒙太奇

对比蒙太奇又称对照蒙太奇，通过对镜头或者场景中截然相反的主题内容（真与假、生与死、贫与富、乐与哀、战争与和平等）或形式（色彩冷暖、景别大小、声音对比、动作等）进行强烈对比，进而产生相互冲突的作用，以表达创作者的某种强烈情感和思想内容。

电影《泰坦尼克号》（见图 1-1-8）中的贵族小姐露丝和上流社会的贵族们住的豪华头等舱与穷小子杰克等底层人民住的三等舱之间的生活形成了明显的差异，杰克从三等舱来到头等舱遭遇露丝母亲和未婚夫的嘲讽也表达出两个阶层之间的分歧与隔阂，同时又与露丝前往三等舱参与贫穷人民的派对一同开心跳舞的场景形成强烈对比。

电影《芝加哥》（见图 1-1-9）的监狱中，匈牙利女人被冤枉判刑的场景与芭蕾舞台华丽的表演形成对比，受刑痛苦的女人与剧场中台下喝彩鼓掌的观众形成强烈反差，令人悲愤又唏嘘不已，极具讽刺效果。

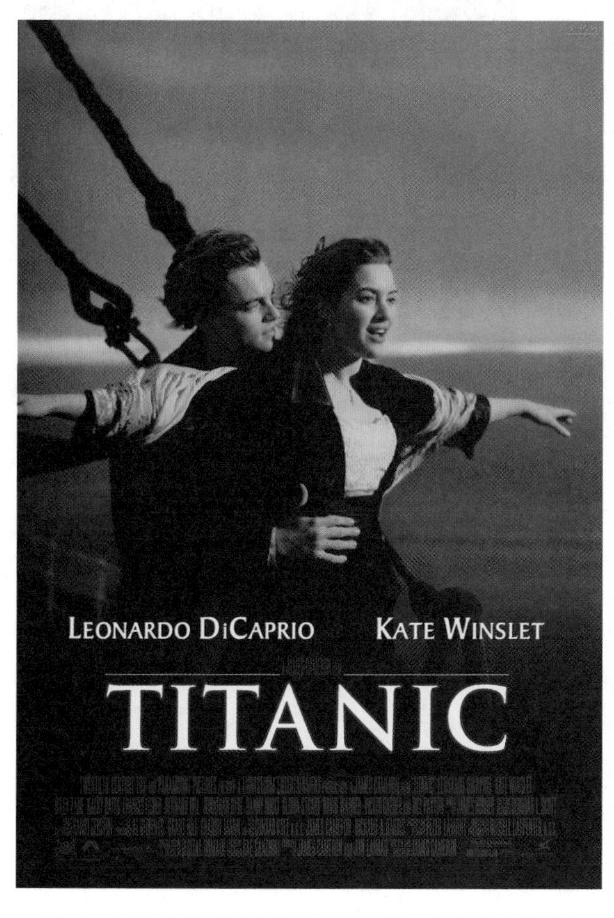

图 1-1-8 《泰坦尼克号》/ 詹姆斯・卡梅隆 / 美国 / 二十世纪福克斯 /1997

图 1-1-9 《芝加哥》/ 罗伯・马歇尔 / 美国 / 米拉麦克斯 /2002

（4）心理蒙太奇

心理蒙太奇的特点在于画面和声音的片段性、节奏的跳跃性以及叙事的不连贯性，带有强烈的个人主观臆想。心理蒙太奇的表现手法将人物内心世界的心理活动直接形象地展现在观众面前，打破了过往影像创作中对人物心理描写需要间接表现的形式，从而更加有利于表达人物的心理反应。

电影《天使爱美丽》（见图 1-1-10）中，艾米丽在咖啡厅等待喜欢的人尼诺时，由于尼诺没有按时到达，艾米丽在等待的过程中便开始幻想尼诺遭遇了绑架而身处困境，继而更是幻想出一系列恐怖事件，最终导致她的爱情破灭。在这段情节中导演还采用了黑白胶片的拍摄方法，运用伪纪录片的方式营造了一种黑色幽默的荒诞喜剧感，将陷入爱恋中女生胡思乱想的特征进行夸张处理，以表现艾米丽“波澜壮阔”的内心活动，这种意想不到的喜剧效果更是引得观众哄堂大笑。

图 1-1-10 《天使爱美丽》/ 让－皮埃尔・热内 / 法国 /Paradiso Home Entertainment/2001

（5）隐喻蒙太奇

隐喻蒙太奇是指通过镜头或场面的对列进行类比，含蓄而形象地表达创作者的某种寓意。这种手法往往将不同事物之间某种相似的特征突现出来，以引起观众的联想，领会导演的寓意和领略事件的情绪色彩。隐喻蒙太奇将巨大的概括力和极度简洁的表现手法结合，具有强烈的情绪感染力。在各式电影手法中，隐喻蒙太奇是检验导演功力的重要标准之一。

图 1-1-11 《我不是药神》/ 文牧野 / 中国 / 坏猴子影业 /2018

电影《我不是药神》（见图 1-1-11）中，口罩便是一个典型的隐喻象征物。当程勇和吕受益带着从印度带来的仿制药在各位病友面前推销的时候，大家都戴着口罩，“戴着口罩”这个行为一方面是因为长期患病的习惯，另一方面也暗示着他们感觉程勇是不能信任的人，而当众病友在思慧和吕受益的带头下摘下口罩，也正意味着他们开始信任程勇，“隔阂”也随之消除了。

（6）颠倒蒙太奇

颠倒蒙太奇是指一种打乱时间顺序的结构方式，相当于小说中的插叙或者倒叙，表现为事件概念上“过去”与“现在”的重新组合。根据剧情的需要，先展现故事或者事件的当前状态，然后再倒回过去介绍故事发生的始末，常借助叠印、化变、画外音、回忆、旁白等手段转入倒叙，加大叙述的容量，使得故事更加跌宕起伏。需要注意的是，颠倒蒙太奇的运用由于只是颠倒事件的时间顺序，因此运用前提是时空关系要交代清楚，叙事要符合逻辑关系。

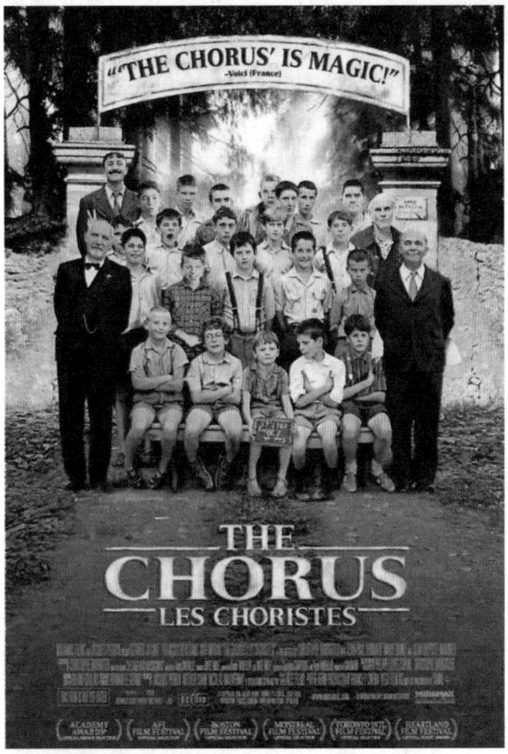

图 1-1-12 《放牛班的春天》/ 克里斯托夫・巴拉蒂 / 法国 / 百代电影 /2004

电影《放牛班的春天》（见图 1-1-12）利用倒叙的手法去交代事件的始末，由成年功成名就的世界著名指挥家皮埃尔・莫昂克重回故地参加母亲葬礼为引，以遇到儿时故友佩皮诺，佩皮诺将一本旧日记送给他为线索，皮埃尔看着这本日记陷入了回忆中，影片这时进入主要情节线，打破时间顺序，达到扑朔迷离、巧设伏笔的效果。

常规的蒙太奇剪辑技巧有顺切 / 跳切、叠化、淡入淡出(渐隐渐显)、特效剪辑等。

①顺切 / 跳切是指从一个画面到另一个画面的瞬间改变。在观看影视作品的时候，有时观众很难意识到画面的切换，这取决于一个镜头与下一个镜头之间是否具有预期的连续性，镜头内容的行动越连贯、承接的内容越持续，观众就越难意识到画面的切换，这叫作“顺切”。而两个连续的镜头内容越割裂，如上一个场景还在室内谈论事情，下一个镜头就跑到另一个地方去了，观众就能够明显意识到画面切换了，这是由于两个镜头之间在画面、景别、角度产生了足够的差异，这种不同被观众识别出来了，因此被称为“跳切”。跳切较多

出现在空间的切换上，有时也用来对时间进行修饰，如电影《罗拉快跑》中（见图 1-1-13），跳切成了一种描述时间的重要方法。

②叠化是指两个画面镜头在转接过程中的暂时性重叠。具体表现为上一个镜头消失之前，下一个镜头的内容就已经逐渐出现，两个镜头的画面有若干秒的重叠。叠化有其自身的视觉节奏，缓慢的叠化有利于表达舒缓的情绪，或表现一个较长的时空变化。电影《教父》（见图 1-1-14）中，就大量使用了叠化的效果，如在教父住院治疗期间，各帮派发生了许多争斗，有的被清洗，有的四处逃亡，还有帮派的娱乐活动，给报社写信意图揭露警方黑暗等情节，都通过叠化的效果一一展现，既展示了时间的流逝，又制造了紧张不安的氛围。快速的叠化则具有运动感，这种运动重叠产生的视觉效果给人流畅、连续且紧凑的感觉，在英剧《神探夏洛克》（见图 1-1-15）中，男主夏洛克·福尔摩斯大脑在高速思考运转时使用快速叠化的效果，各种信息不断出现又消失，紧紧吸引住观众的注意力，给人酣畅淋漓的视觉体验。

图 1-1-13 《罗拉快跑》/ 汤姆·提克威 / 德国 /Premer Video Film/1998

图 1-1-14 《教父》/ 弗朗西斯·福特·科波拉 / 美国 / 派拉蒙影业 /1972

图 1-1-15 《神探夏洛克》/ 保罗·麦圭根 / 英国 / BBC/2010

③淡入淡出，也称渐隐渐显，一个画面从完全黑暗到逐渐显露清晰的过程称为淡入，反之，一个画面从完全清晰逐渐暗淡到隐没称为淡出，淡入淡出通常用来表示一个段落、事件的开始和结束，类似于舞台剧的启幕和闭幕。在电影《惊魂记》中，女主角的脸慢慢融入黑暗中之后出现了新的场景，使用的便是淡入淡出的技巧。除此之外，淡入淡出也往往用在回忆上面，如电影《港囧》(见图 1-1-16）中，徐峥饰演的徐来失落地坐在椅子上回忆起年轻时课堂上由杜鹃饰演的初恋杨伊。需要注意的是，使用淡入淡出时场景的声音也要跟随画面一起淡入淡出。

④特效剪辑主要体现在为转场提供更多的选择，如融（前一个画面融化为后一个画面)、划（新画面从某一侧将旧画面划走)、分割（画面分割使新旧画面共存）等，也有放大、缩小、静止、滚动、拉伸、翻页等形式供使用。这些剪辑特效的效果有利于增强镜头之间的张力，在视觉上让人眼前一亮，缺点是使用剪辑特效仅仅是在视觉层面的强化，在大多数情况下对故事叙述解读并未有实质性帮助。

图 1-1-16 《港囧》/ 徐峥 / 中国 / 北京真乐道文化传播有限公司、北京光线影业有限公司、山南光线影业有限公司 /2015

三 非线性叙述下剪辑思维的转变

美国纪录片大师弗雷德里克·怀斯特说："我认为剪辑实际上是自己跟自己说话，是编导自己的内心独白。"

复杂的剪辑技巧与剪辑思维，把电影从一种简单记录现实的工具，变成了一种具有高度美学敏感性的媒介。镜头画面塑造了电影的视效美学，而剪辑则是在一群破碎的镜头里，成就了电影的叙事美学。

"叙事"一词通常意义上理解为对一个事件的表述，将词义拆解，就得出了两个核心词语——故事与叙述。剪辑便是将故事如何更好地叙述的手段，如同说书人的妙语连珠。某种意义上讲，叙事是主观意义上对生活情节的一种重新整理和改造，确切地说，叙事艺术本质上是带着真实的假面，在虚构中还原真实，在纪实中掺杂虚幻。

1. 框架——造物视角下的整体观

大多数情况下，人们对一个人的评判，依靠的不仅是对脸部五官的看法，更多的结合了对于这个人的综合考量。但是，面对一个陌生人，人们下意识地更倾向于去观察其五官是否和谐，是否带给人好的观感。剪辑就像是去塑造人们对一个人第一印象的"上帝之手"，这要求创作者在创作一个作品之前，就要先考虑整体、考虑框架，以塑造大局观。

在传统的线性剪辑思维暗示下，初学者往往顺着时间轴往下剪辑，还没有学会将视角放在片子的整体上，依照片子的风格、时长、定位来确定剪辑的思路。反过来说，简单的做法是在开始剪辑之前，先思考片子的框架，对所有的镜头素材和音乐风格都了然于胸，搭建好剪辑结构，梳理好情节线索，再往里填充具体内容。

框架思维能够使人在多维度的角度下发现更多的问题，更容易发现细微处可以改正和提升的细节，相较于线性思维下依靠个人直觉的拼凑，在框架内进行剪辑，即使偶有偏离的碎片，最终呈现出来的成品依旧是在逻辑体系中形成的平衡取舍，不会出现明显的脱节，使观众有差别感。

镜头是电影构成的单位，根据一个镜头可以在银幕上停留多长时间，产生了不同的剪辑节奏。故事是被叙述出来的，叙述的目的是根据创作者的需要来设计以说服观众，继而满足观众的期待并获得观众的认可。而其中的重点在于在叙述结构中设计了怎样的布局结构，分配了何种信息来追求实现何种叙事目标。镜头是辅以实现叙述的最根本手段，它给予观众新的信息，包括视觉信息和听觉信息。

剪辑师的任务之一就是利用镜头信息来调动观众的情绪和思维，将平铺直叙述的故事情节以一种巧妙的、较为隐晦的方式呈现给观众，让观众以“上帝视角”来为角色着急，使观众兴趣盎然。无论镜头多么华美、多么吸引人、多么造价不菲，若不能为故事情节的发展提供新的信息，这个镜头就没有进入故事的意义。

2. 剧幕——叙事节奏下的戏剧感

一个完整的故事，要符合“起承转合”的规律，要有开端、发展、高潮和结局（见表 1-1-3）。无论什么类型的片子，都可以理解为由一系列有逻辑联系的镜头组成的戏，其中一系列镜头可以连接成一个单一的场景，当这些镜头描述更多的情节、更多的时间和更多的地点时，镜头及其组成场景即被称为片段。

表 1-1-3　故事的起承转合

起（故事开始）	承（故事展开）	转（故事高潮）	合（故事结束）
主要人物出场、叙事冲突展开、叙事悬念设置	塑造人物形象、推进叙事矛盾、形成叙事线索	人物形象丰满、冲突达到高潮、叙事线索融合	人物形象完整、冲突解决、叙事悬念解开

经典的好莱坞叙述结构将故事分成了三幕：开端、冲突、解决。对于长故事的叙述而言，可以在三幕基础上编织各种变化，附加次要情节以丰富剧情。这种相对固定的戏剧结构其实就是通过对相关联的场景、片段的线性安排，将故事引导到一个完满的、不可逆转的结尾，资深观众通常在第一次冲突发生后，大致就能判断出剧情走向如何。

虽然好莱坞传统叙事结构下的故事在讲述结构上相对固定，但仍有个性鲜明的创作者试图通过各种方式改变，甚至颠覆这种故事必然走向完满的叙事逻辑，尽管一个完整故事的叙事都必须符合“起承转合”的规律，但在具体的叙事结构安排上却可以做出不同的花样，形成不同的结构方式，从而营造出不同的叙事节奏。

节奏作为一种审美要素，贯穿在影片的各要素之中。在节奏设计中，应遵循画面表现内容的科学性、运动变化的合理性原则；遵循充分发挥镜头运用的灵活性和镜头组接的技巧性的原则；遵循注重音乐运用，但不以音乐替代节奏的原则。节奏把握的重点就是安排好结构，在上下内容过渡上采用一些引人注意的镜头或根据内容需要运用一些象征性的空镜头，使人感到有段落感和章节感，总的来说，便是在具体内容中抓住跌宕点上的节奏设计。

一个片子中并非所有镜头都有意义，只有当镜头有机地组合在一起，才能传递出某种意念。镜头的切换也并非毫无规律，它需要一个动机，这个动机可以是视觉动机，也可以是听觉动机。视觉动机常常是当前镜头里某个物体发出的一个动作，通过这个细微动作将画面引入下一个镜头；听觉动机也是由屏幕里的某个物体发出的，总的来说，就是一个镜头画面或者局部内容的变化引起了下一个镜头的切入。

3. 设锚——逻辑体系下的悬念感

锚，原意指钩住船的钩子。设锚就是放置好钩子将船牢牢钩住，类似于希区柯克提出的“麦高芬”，它指在电影中可以推展剧情的物件、人物或目标，只要是对电影中众角色很重要，可以让剧情发展的东西即可算是麦高芬。一个好片子肯定会设锚，制造悬念。悬念就是一种将要出现但还未出现的令观众最为关注的悬而未决的冲突，观众因为对这个冲突结果的好奇而一直关注整个故事的发展，对故事结局有强烈的期待心理，对事件发展充满忐忑不安的心理，也就是说，悬念感给观众带来的更多是在情绪上的影响。故事悬念的设置是否具有足够的吸引力和张力，是故事完整、成功与否的关键。

要做到让一部影片全程引人入胜，制造悬念是不可缺少的，只有让观众完全融入故事，对故事人物、事件的发展以及结果有强烈的好奇心，才能维持其继续观看的乐趣，这意味着悬念的设置一般是不用急于给出答案的，甚至有时故意不给出答案。

悬念是任何一种故事类型都必不可少的因素，不同类型的作品对悬念设置的侧重点以及手法也是不同的。构成悬念的要素大致可以归纳为如下几个方面。

（1）人物命运的危机

每个故事中最大的悬念便是故事中人物命运走向的不确定性，观众渴望知道主人公能否完成自己的愿望、能否实现逆袭、能否解决人生遭遇的危机。

（2）扣人心弦的情节

新颖、奇特或者巧妙的情节本身就是悬念，这里需要注意的是，它必须可以让观众产生探求欲，这就需要有比较强烈的矛盾冲突，这个冲突的结果甚至是极端走向的。对于事件最后产生的结局还需要考虑多种可能性，为了推动故事前进，不仅需要提出问题，还需要设置心理预期。观众会去推测所有被提出的问题的潜在答案，有限度地让观众领悟事态可能的发展趋势来增加观众的参与感，不失为一种有效方式。

（3）贯穿故事的道具

如同希区柯克有关“餐桌下的炸弹”设置的悬念一样，观众知道炸弹的存在，故事中的人物却不知道，餐馆的时钟一步步走向爆炸的时间点，而餐桌上的人还在一无所知地谈话，不知何时爆炸的炸弹就是这一片段悬念的标志。

（4）特定根源的氛围

氛围，即“画面感”，这需要交代环境特点的细节，详尽的人物性格以判断人物行事轨迹，以及饱满的心理描述。构建具有生活气息的氛围有助于让故事变得立体。例如，在考场里，人物有想要作弊的学生、巡视的考官，在极度安静的考场中，作弊学生的纸条不小心掉到地上，他怀揣紧张不安的心理正打算俯身捡起，这时考官的视线突然停留在他身上……考生浑身僵住不敢动弹，他的视线一直盯着桌子下的纸条，生怕被发现……考官的眼神慢慢转开，他紧张的神经放松下来，想要一鼓作气捡起纸条，手刚碰到纸条的时候，考官突然径直朝他走了过来……这个时候，整个氛围是凝固的，观众也会不由自主地屏住呼吸，此时谁也不知道结果会怎样，是学生作弊被发现遭到狠狠训斥，还是学生镇定地将纸条撇开并未被考官发现，或者考官根本没有注意学生，只是走到学生这个方向前面就停下……电影《天才枪手》

（见图 1-1-17）中也有类似情节，在特定场景下塑造一个相关情绪的氛围，能够更有效地将观众引入故事中，代入主角的处境，从而对情节发展有更多的猜测与期待。

通过一些剪辑的技巧也可以使平淡无奇的内容具有悬念，以下是常用的制造悬念的小技巧。

（1）升格

升格，俗称慢镜头，慢镜头就是放慢画面的速度。电影中的标准镜头是 24 帧，也就是每秒放 24 个画格，当电影的拍摄速度每秒超过了 24 画格时，我们便称之为升格拍摄；反之如果降低拍摄速度，就称为降格拍摄。升格拍摄的画面到了银幕上以正常速度放映，自然会造成电影时空上的延展放大，这便是我们常说的慢镜头。

（2）快切

快切是通过短小的片段组接成一种形式的剪切方式。利用镜头的快速切换营造快与慢的对比反差，产生画面及声音的外在节奏。快切运用在影像不同的地方，会产生不同的效果，比如，快切形式运用在影片的开头，紧凑的节奏先行吸引观众的眼球；快切形式运用在影片的中间段落，为影片营造节奏的起伏或者做出回忆闪回的效果，在剧情片中较常用；快切形式运用在影片的结尾，可以突出影片的情绪高潮点，让观众明显感觉到影片结尾从蓄势到爆发的过程。

图 1-1-17 《天才枪手》/ 纳塔吾·彭皮里亚 / 泰国 / GDH559 影视公司 /2017

（3）黑场

电影宣传片中经常使用黑场效果，其核心作用就是制造悬念，给因不给果或给果不给因，目的就是让观众去猜测正片是什么样，从而走进影院一探究竟。黑场也可以制造悬疑、抒情、期待等情绪。黑场效果通常也与快切和升格等剪辑技巧搭配使用。

第二节

非线性编辑的发展概况

随着数字化技术快速发展，非线性编辑已逐渐成为各电视节目及电影等影像进行后期编辑的主流方式。非线性编辑技术通过运用数字化编辑技术对音视频素材进行后期处理，为制作高效的影像节目奠定了基础。非线性编辑软件则是能够编辑数字视频数据的软件，通过非线性编辑软件可以对音频、视频、图像文件进行任意剪辑、修改、复制、裁剪且不影响原始素材质量。

非线性编辑技术不仅需要掌握特定的非线性编辑软件，即音视频编辑软件操作知识，还需要对音视频领域的基础知识有一定的了解，只有掌握一定的理论知识，才能在后期实践时避免一些不应有的错误，为将来在音视频编辑方向工作提供有力的知识支持。

电视信号的标准简称制式，指的是用来实现电视图像或声音信号的一种技术标准，也指某个国家或地区放送节目时所采用的特定制度以及技术标准。世界通用的彩色广播电视制式一般有 3 种：NTSC、PAL、SECAM（见表 1-2-1）。

表 1-2-1 世界通用的彩色广播电视制式

NTSC（National Television System Committee）	PAL（Phase Altermation By Line）	SECAM（Sequentiel Couleur A Memoire）
美国于 1953 年研制，其垂直分辨率有 525 线，帧速率为每秒 30 帧。采用 NTSC 制式的国家及地区有美国、加拿大、日本、中国台湾等	联邦德国于 1962 年综合 NTSC 制式的技术研制出来的改进方案，拥有 625 线的垂直分辨率，但帧速率相对慢于 NTSC，为每秒 25 帧。采用 PAL 制式的国家有英国、德国、中国、新加坡等	法国于 1966 年研制，与 PAL 制式有相同的垂直分辨率和帧速率，但 SECAM 制式的色彩是调频信号调制的。采用 SECAM 制式的国家有法国、埃及等

无论电影还是电视，本质上都是利用人的视觉暂留现象，即在一系列连续的静态图像快速放映时上一张画面产生的视觉残像叠加在下一张画面上构成的动态运动，我们将其中的独立静态图像称为帧，帧速率则是 1 秒内停留的帧数量，通常来说，电影的帧速率为每秒 24 帧，我国电视节目采用的是每秒 25 帧的 PAL 制式。

电视台发送视频信号，家中的电视机接收信号，而将视频信号还原成画面，需要一套编码方式，称之为扫描格式。由于要克服信号频率带宽的限制，电视一般将图像分为两个半幅的图像进行扫描，这种扫描方式称为隔行扫描。逐行扫描（也称为非交错扫描）是一种对位图图像进行编码的方法，通过扫描或显示每行或每行像素，在电子显示屏上“绘制”视频图像的两种常用方法之一（另一种是隔行扫描）。用视频编辑软件进行视频处理，在前期创建项目时，要根据不同的用途进行不同的设置。

伴随着数字化多媒体技术的广泛应用，对于具有大量文本、图形、图像以及音视频的多媒体数据来说，数字化传输过程中的数据量是十分庞大的，传输 1 秒的彩色图像数据量就高达 150Mb 左右，如何对数据进行压缩以减少传输工作量成了多媒体系统的关键技术。音视频信号压缩技术是指将音视频信号进行压缩编码的技术，数据压缩可以将信息数据以压缩形式存储和传输，既节约了空间，又提高了数据传输的效率。由于无压缩的视频会占据大量的硬盘空间，在剪辑软件中对影片进行输出时，就需要选择合适的解码器为其压缩输出。

视频格式实质上就是视频的编码方式，可以分为本地播放的影像视频以及可在网络传播的影像视频两类。视频格式又分为视频编码格式以及视频封装格式，视频编码的主要目的是在保证一定视频清晰度的前提下缩小视频文件所占的存储空间；视频封装就是将已经经过编码处理后的音视频数据按照一定方式存储在一个文件中，其主要目的是为了适应某种播放方式及维护版权的需要。需要注意的是，视频编码方式与视频封装格式有时是一致的，以下是常用视频格式及对应的文件格式（见表 1-2-2）。

表 1-2-2 常用视频格式一览表

视频封装格式	视频文件格式	特点
AVI（Audio Video Interleave）	AVI	将音视频封装在一个文件中，优点是图像质量好，可跨平台使用；缺点是体积过大，压缩标准不统一，容易出现不兼容的问题
WMV（Windows Media Video）	WMV	在同等视频质量下，WMV 格式的体积更小，主要优点是可扩充、伸缩的媒体类型，很适合在网上播放和传输
MPEG（Moving Picture Experts Group）分为 MPEG-1、MPEG-2、MPEG-4、MPEG-7、MPEG-21	MPG、MPEG、VOB、DAT、3GP、MP4	MPEG-1 针对 1.5Mb/s 以下数据传输率，采用 YCbCr 色彩空间，仅支持逐行扫描图像，常见文件扩展名有：mpg、mlv、mpe、mpeg、dat MPEG-2 是针对 3~10Mb/s 的影音视频数据编码标准，采用 YCbCr 色彩空间，支持隔行或逐行扫描图像，其文件扩展名有：mpg、mpe、mpeg、m2v、vob MPEG-4 面向低传输率下的影音编码标准，优点在于它能够保存接近 DVD 画质的小体积视频文件，其文件扩展名有：asf、MOV、Divx、AVI MPEG-7 是一种多媒体内容描述接口标准，能够快速有效搜索用户需要的不同类型的多媒体材料 MPEG-21 通过关键技术的集成对全球数字资源进行透明、增强管理，具有对内容描述、创建、发布、使用、识别、收费管理、产权保护、终端和网络资源抽取、事件报告等功能
Matroska	MKV	MKV 是一种新的多媒体封装格式，特点是能容纳多种不同类型编码的视频、音频及字幕流
Real Video	RM、RMVB	RM 格式可以根据不同的网络传输速率制定不同的压缩比率，从而实现在低速率的网络上实时传播影像数据的功能 RMVB 是 RM 格式的升级版，其先进之处在于在保证平均压缩比的基础上合理利用比特率资源，留出更多的带宽空间
QuickTime File Format	MOV	MOV 是苹果公司开发的一种音视频格式，画面效果较 AVI 格式略好些
Flash Video	FLV	FLV 优点是形成的文件较小，加载速度很快；缺点是画面画质不佳

在后期制作中要针对不同的项目要求选择对应的视频格式输出保存，以便更好地完成项目需求。

非线性编辑系统实际上就是一个强大的数字视频处理系统，在影视制作中我们常用的非线性编辑软件由不同开发商开发，在数字化时代，只有熟悉这些软件的背景知识，才能在不同的工作要求中找到最为合适的编辑系统软件，提高工作和学习效率。

一 Avid Technology Inc（艾维科技公司）——革命性的开发者

1. 公司简介

Avid Technology Inc.（艾维科技公司）成立于 1987 年，总部设在美国玛萨诸塞州的图克斯伯里。作为业界公认的专业化、数字化标准，Avid 提供从视频、音频、电影动画、特技到流媒体制作等多方面世界领先的技术手段，它提供了一个开放的、综合的、全面的技术平台。1993 年，Avid 在纳斯达克上市。

Avid 技术公司提供从节目制作、管理到播出的全方位数字媒体解决方案。众多客户通过使用 Avid 解决方案创作并发行了很多有名的获奖影片、音视频、电视节目、现场音乐会以及新闻广播等项目，可以说，Avid 是以媒体机构和专业独立人士为服务对象的世界顶尖音视频解决方案提供商。具体地说，该公司为数字媒体内容制作、管理，保护内容存储、分配提供开发、市场化、销售、软件和硬件支持。如今，基于其曾屡获如奥斯卡、格莱美、艾美奖等殊荣的技术基础，Avid 又拓展了其在数码媒体的共享存储及传播领域的应用。

在管理现今日益丰富的动态媒体方面，Avid 提供强大的服务器、网络、媒体工具，以便于国内外用户搜索文件、共享媒体、合作开发新产品。Avid 的解决方案可使用户轻松实现媒体传播，无论是通过无线、电缆、卫星还是因特网，均可实现。Avid 与众不同的端对端解决方案可集媒体创作、管理及发布于一身，Avid 公司 LOGO 如图 1-2-1 所示。

图 1-2-1　Avid 公司 LOGO

2. 行业领域

1987 年，Avid 创始人 Bill Warner 找到一种将录像带实时复制到数字硬盘上的方法，这一发现让视频编辑得以在电脑上轻松观看拍摄效果、进行剪切、重新编辑，编辑速度比基于磁带的传统方式要快得多。区别于传统的线性编辑，Avid 创造了一个新的“非线性编辑”类别，彻底改变了人们制作动态视频和影片图像的方式。如今作为公司旗下数字视频编辑系统，Avid Media Composer 已被全球大多数专业的影片和电视编辑广泛采用。

随着 Avid 数字视频编辑工具在 20 世纪 90 年代中期成为专业图像编辑标准，1995 年，Digidesign 成为非线性数字视频编辑领导者 Avid 公司的一部分，其产品 Pro Tools 很快取代基于磁带的录音室，彻底改变作曲家、录音艺术家和录音师创作和录制音乐的方式。Pro Tools 作为数字音频制作的行业标准而得到广泛认同。

20 世纪 90 年代中后期，局域网的高速发展将人人相连，作为数字影音制作工具的一流供应商，Avid 抓住新兴机会就有关项目与专业人士展开合作。除电影、电视节目、唱片等媒体之外，它还要满足大多数内容创作人在制作过程中需要将拥有特殊技能的不同个体之间同时进行若干方面工作的庞大需求，而这些方面涵盖了图像编辑、颜色校正、特效、音色设计、对话编辑、配乐和混音等领域，因而具有极高的商业开发价值。

1999 年，Avid 成为数字媒体制作界首家真正基于网络合作的公司。Avid Unity Media Net 创新性地开发了可以分享储存的资料，并且允许多人同时访问和共享媒体文件的功能，让内容制作人只需付出极少时间便能完成有关项目，极大提高了团队合作的效率。

Interplay 是业内首个非线性工作流程引擎，在制作过程中允许连接多人和多项任务。Avid iNews 是一款全新的新闻室电脑系统（NRCS），于 2006 年问世，可将 Avid 和第三方等一系列新闻制作工具连在一起，简化制作新闻和传播新闻的过程。

随着作为主流通信媒体的数字媒体内容的传播，Avid 认识到，居家创作影音作品的个人内容创作者与制作大量影片、流行歌曲以及新闻节目的专业人士之间可以是互相促进的。因此，近年来 Avid 凭借多项辅助技术，大举提升公司核心影音组合应用系统的功能，这些辅助技术不仅让初学者拥有足以与专业人士匹敌的设备，而且完善了其针对客户升级需求提供的端对端解决方案。

3. 主要产品介绍

Avid 的产品可用于电视制作、新闻制作、商业广告、音乐节目和 CD，以及企业宣传节目和大部分的影片制作，这使得 Avid 成为全球领先的非线性编辑系统的制造企业。Avid 使用传统的软件授权方式，也就是购买、下载、安装并且授权启动软件。Avid 通过传统的软件加密锁方式加密软件，只要把加密锁插入安装软件的主机，并且通过授权认证，用户就可以到其他的机器或者是其他已被停止授权的机器上使用软件。Avid 技术公司推出的主要产品有以下几项：

（1）Media Composer 专业编辑和制作软件系列

Avid 公司开发的 Media Composer 系统已经成为非线性影片和视频编辑的行业标准，这个系统专门用于处理大量基于离散文件的媒体，提供迅捷的高分辨率至高清工作流程、实时协作和强大的媒体管理。无论是编辑电影、电视节目、广告或是其他视频，此非线性编辑器均可提供高性能、易使用的视频编辑工具，简化 HD 以及基于文件的三维立体工作流程，其开放的平台可让设计师们充分利用现有的设备，并且将其融入工作流程以提高工作效率。

Media Composer 提供了完整的创造性工具集、灵活的格式支持和精确的媒体管理性能，从无磁带工作流程到无缝式统一，从 HD 多镜头素材摄录到 HD 日常媒体数据，Media Composer 系统始终都冲锋于业界最为复杂的制作项目前沿，深受全球大多数创新影片和视频专业人士、独立艺术家、新媒体开拓者和后期制作工作室的喜爱，已经成为他们的首选编辑系统。

Avid Media Composer 是一款老牌的剪辑系统，拥有稳定高效的编码和完善的流程，现比较趋向一体化的制作，它可以输出超过 2K 分辨率的画面，并且支持输出高质量格式，同时提供多种用于团队协作的工具，是进行较大规模团队协作完成项目的不二选择（见图 1-2-2）。

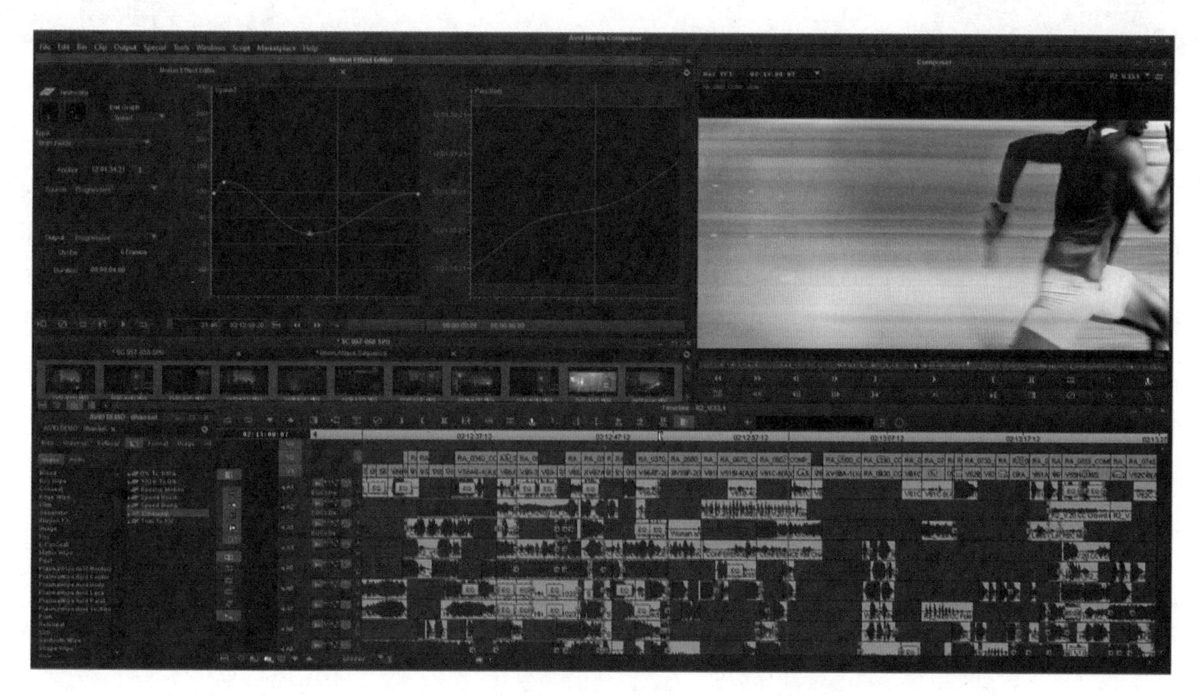

图 1-2-2 Media Composer 工作界面

（2）Pro Tools 音频制作系统和套装

Pro Tools 是 Avid 公司出品的一款适用于不同电脑系统的音频后期处理工具，用户不仅可以使用 Pro Tools 来制作好听的音乐单曲，同时还可以用来制作电影和电视的后期配乐。这套音频制作系统的强大功能可以满足不同行业的音频工作人员的需求，让音乐制作的难度大大降低。它的内部算法十分精良，对音频、MIDI、视频都可以很好地提供支持。由于其采用不同的算法，单就音频方面来说，其回放和录音的音质大大优于现在 PC 上流行的各种音频软件，Pro Tools 工作界面如图 1-2-3 所示。

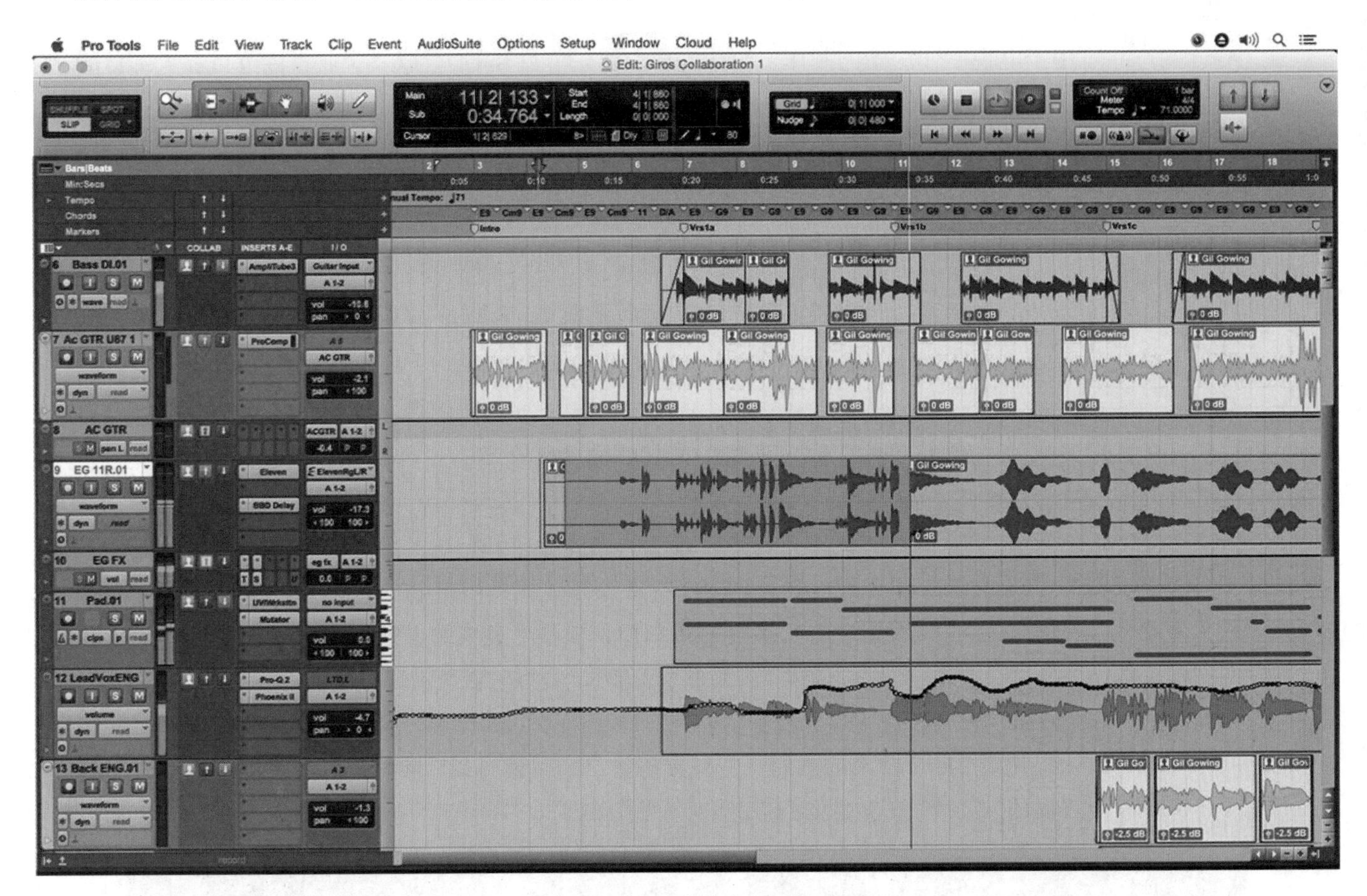

图 1-2-3 Pro Tools 工作界面

（3）Sibelius 乐谱制作软件

Sibelius 是 Avid 公司开发的一款乐谱制作软件，该软件提供了先进的工具集，允许用户使用不限数量的乐器分谱，并可实现根据自己的需求量身定制乐谱。另外，用户还可以使用扩展的制谱工具和符号集、可定制的音符和乐器，以及电影配乐工作流程，来创建复杂的活页乐谱。最后，通过先进的布局、编辑和发布工具优化乐谱，可以提高工作效率，Sibelius 工作界面如图 1-2-4 所示。

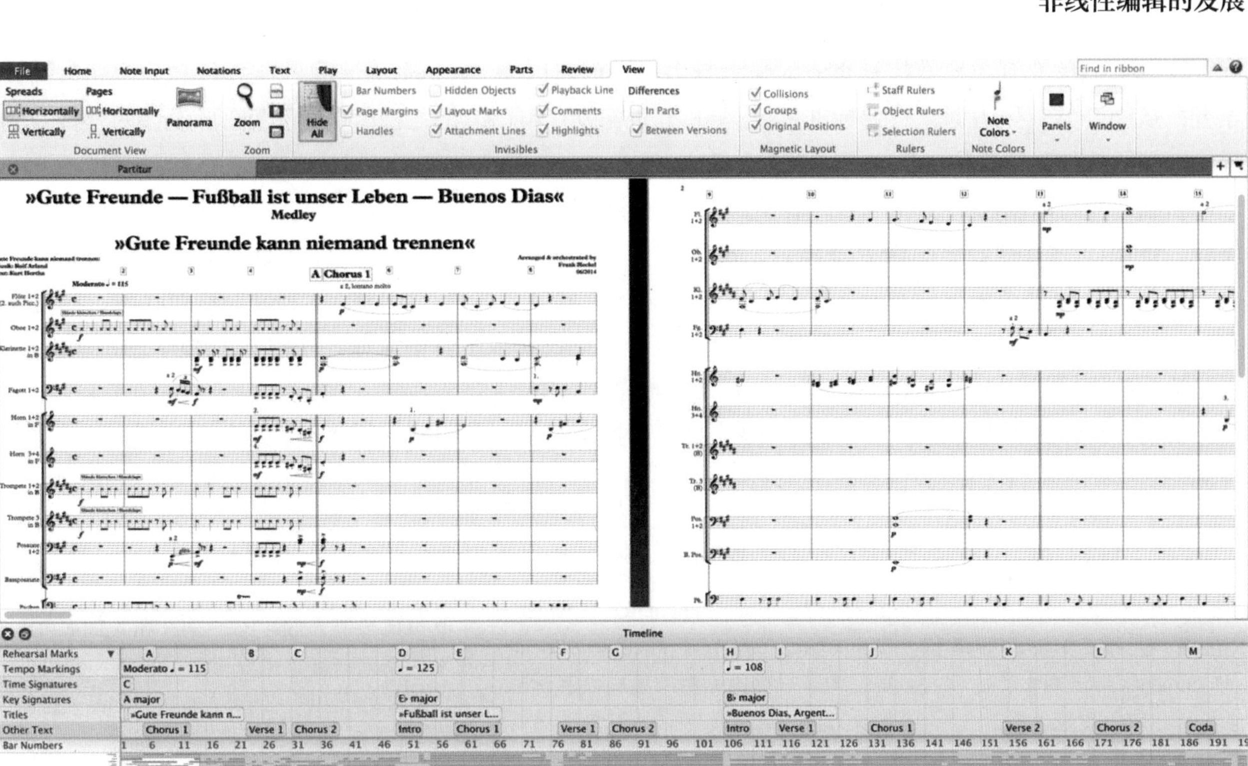

图 1-2-4 Sibelius 工作界面

二 Adobe Systems Inc（奥多比系统公司）——广泛的使用者

1. 公司简介

图 1-2-5 Adobe 公司 LOGO

Adobe 由约翰·沃诺克和查尔斯·格什克于 1982 年 12 月创办，公司名称“Adobe”来自加州洛思阿图斯的奥多比溪。1998 年，Adobe 正式进入中国市场，在北京设立了其在中国的第一间办公室，Adobe 公司 LOGO 如图 1-2-5 所示。

Adobe 是世界领先的数字媒体和在线营销解决方案供应商。在全世界 60 多个国家和地区有分公司或办事机构，全球员工人数高达 2.1 万人。Adobe 的客户包括世界各地的企业、知识工作者、创意人士、设计者、OEM 合作伙伴，以及开发人员。每天全世界都有数以百万计的人们通过 Adobe 出色的软件方案将其设计和思想生动地表达在屏幕和纸张上。从跨国公司到中小企业，从技能高超的专业图形设计人员到普通的家庭用户，Adobe 的客户群跨越了各个行业和职业。2019 年，Adobe 公司年营收达到 111.7 亿美元，美国《财富》杂志将其列为 2019 年美国适宜工作的 100 家公司之一，2020 全球受赞赏公司中 Adobe 也榜上有名。

2. 行业领域

Adobe 在数码成像、设计和文档技术方面具有创新成果，并在这些领域树立了杰出的典范，使数以百万计的人们体会到了视觉信息交流的强大魅力。自创建以来，Adobe 一直是数字媒体和内容领域的领导者，从一开始就致力创建行业标准程序，自 20 世纪 90 年代初起，几乎所有用于图形设计的软件及其行业标准的软件程序都是 Adobe 公司开发的产品。

Adobe 公司以创新、技术见长，最早推出了划时代的打印机语言 PostScript，后来逐渐深入创意软件领域，推出了一系列经典图像处理软件，成为创作工作者的必备工具。据 Gartner 数据显示，Adobe 在数字内容制作软件市场份额高达 53.6%，占据绝对领导地位。另外，Adobe 还通过一系列收购，将包括 Omniture、Day Software、Naolane 在内的公司吞并，以此发展数字营销业务，并占领了 15% 的市场份额，在营销软件领域与 IBM、SAP、Salesforce 等大公司同台竞争。

目前，Adobe 的主要业务分为三类：数字媒体、数字营销以及印刷出版业务（见表 1-2-3）。

表 1-2-3　Adobe 主要业务

数字媒体	数字营销	印刷出版
主要包括 Creative Cloud 和 Document Cloud 两大产品	主要包括 Adobe Experience Manager、Campaign、Target、Primetime、Social 等，为客户提供完整的集成数字营销解决方案	主要包括基于 Adobe PostScript 和 Adobe PDF 技术的系列产品，主要用于电子学习解决方案、技术文档印刷、网页 App 开发和高端打印

Adobe 的强大之处在于内容端，在数字内容创作上，Adobe 优势明显，广告营销公司、设计师团队、营销团队都直接使用 Adobe 创意软件生产内容，而在内容产出之后，接下来的内容管理、客户管理、数据分析、销售触达都非常顺畅；在内容管理上，Adobe 收购了 Day Software、Neolane，深入网络内容管理环节，对互联网、社交媒体和移动领域的营销进行管理；在广告科技环节，Adobe 收购了 Auditude、Effcient Frontier，开始视频广告业务，提升跨渠道广告活动的预测能力、执行能力、优化能力，打造了一个经整合后的社交营销平台；在数据分析环节，Adobe 收购了 Omniture、DemDex，进入数据管理环节，进行客户行为数据的收集和整理。有效的产品整合，也使 Adobe 成为最受欢迎的营销云产品，在各个模块之间都能够很好地打通，在同类别公司的评比中综合得分较高。

3. 主要产品介绍

（1）Adobe Creative Cloud

Adobe Creative Cloud 是 Adobe 系统公司出品的一个图形设计、影像编辑与网络开发的软件产品套装（见图 1-2-6）。根据受众市场的不同分为 Master Collection（大师版）、Production Premium（影音高级版）、Design&Web Premium（网页设计版）等。

图 1-2-6　Adobe Creative Cloud 图标

Adobe Creative Cloud 创意应用软件旨在提高生产力、支持新的标准和硬件，并简化日常任务。

Adobe Creative Cloud 创意应用软件包括：Photoshop、InDesign、Illustrator、Premiere Pro、Lightroom、Dreamweaver、Animate、After Effects、Adobe XD、Audition、Prelude 等（见表 1-2-4）。

表 1-2-4　Adobe Creative Cloud 创意应用软件一览表

Adobe Creative Cloud	图形设计	Adobe Photoshop CC	编辑和合成图像、使用 3D 工具、编辑视频以及执行高级图像分析
		Adobe Illustrator CC	创建用于打印、Web、视频和移动设备的矢量图形和插画
		Adobe InDesign CC	为印刷和数字出版设计专业版面
		Adobe Lightroom CC	利用以桌面为中心的应用程序整理、编辑和批量处理数码照片
	影像编辑	Adobe Premiere Pro CC	利用业界领先的高性能编辑工具编辑视频
		Adobe After Effects CC	创建电影动态图形和视觉效果
		Adobe Prelude CC	简化从任何视频格式导入和记录视频的过程
		Adobe Audition CC	录制、混合和复原用于广播、视频和电影的音频
	网络开发	Adobe Dreamweave CC	以可视化方式设计和开发现代响应式网站
		Adobe Animate CC	使用顶尖的绘图工具设计适合多个平台的交互式动画
		Adobe XD CC	协作式易用平台，帮助团队为网站、移动应用程序、语音界面、游戏等创建设计

其中，Adobe Premiere 是一种基于非线性编辑设备的音视频编辑软件，可以在各种平台和硬件配合使用，被广泛应用于电视台、广告制作、电影剪辑等领域，成为 Windows 和 Mac 平台上应用最为广泛的音视频编辑软件。它是一款相当专业的 DV（Desktop Video）编辑软件，专业人员结合专业系统配合硬件使用，可以制作出广播级的视频作品。在普通的微机上，配以比较廉价的压缩卡或输出卡也可制作出专业级的视频作品和 MPEG 压缩影视作品。Adobe After Effects 是一款专业的非线性特效合成软件，是一款 2D 和 3D 后期合成软件，包含了上百种特效及预置动画效果，与同为 Adobe 公司出品的 Premiere、Photoshop、Illustrator 等软件可以无缝结合，创建无与伦比的效果。在影像合成、动画、视觉效果、非线性编辑、设计动画样稿、多媒体和网页动画方面都有其发挥余地。这两款非线性编辑软件也是许多影视学习以及专业人士的心头之爱与第一选择。

从商业经营模式上来看，Adobe 于 2016 年 11 月 10 日在上海举办的“Create Now”活动中宣布在中国大陆市场推出本地化的 Adobe Creative Cloud 创意应用软件，以后中国用户可以通过订阅 Creative Cloud 账号来获得软件工具，为正版软件的推行创造了有利局面，极大地提升了创意对商业的影响力，确保为客户提供上佳的体验。

（2）Adobe Experience Manager

Adobe Experience Manager 最初是由 Day Software 创建并管理的 Day CRX 产品线中的内容管理系统之一，建于 OSGi 开源架构，并在 Java 上完成构建（见图 1-2-7）。与 Adobe Analytics 相同，该软件支持中文界面，方便用户使用。功能包括数字资产管理系统、多媒体素材版本管理与审批、自动化剪裁等，支持各类数字资源的管理，提供用于构建网站和移动应用程序的多种工具，并可用于创建动态的数字体验与内容碎片，也涵盖了针对无纸化表格和客户沟通方案的功能。从 2018 年开始，Adobe Experience Manager 加入了云端的 AI 功能（Adobe Sensei）；2020 年 1 月 13 日，Adobe 宣布将把 Adobe Experience Manager 作为云服务供给用户。

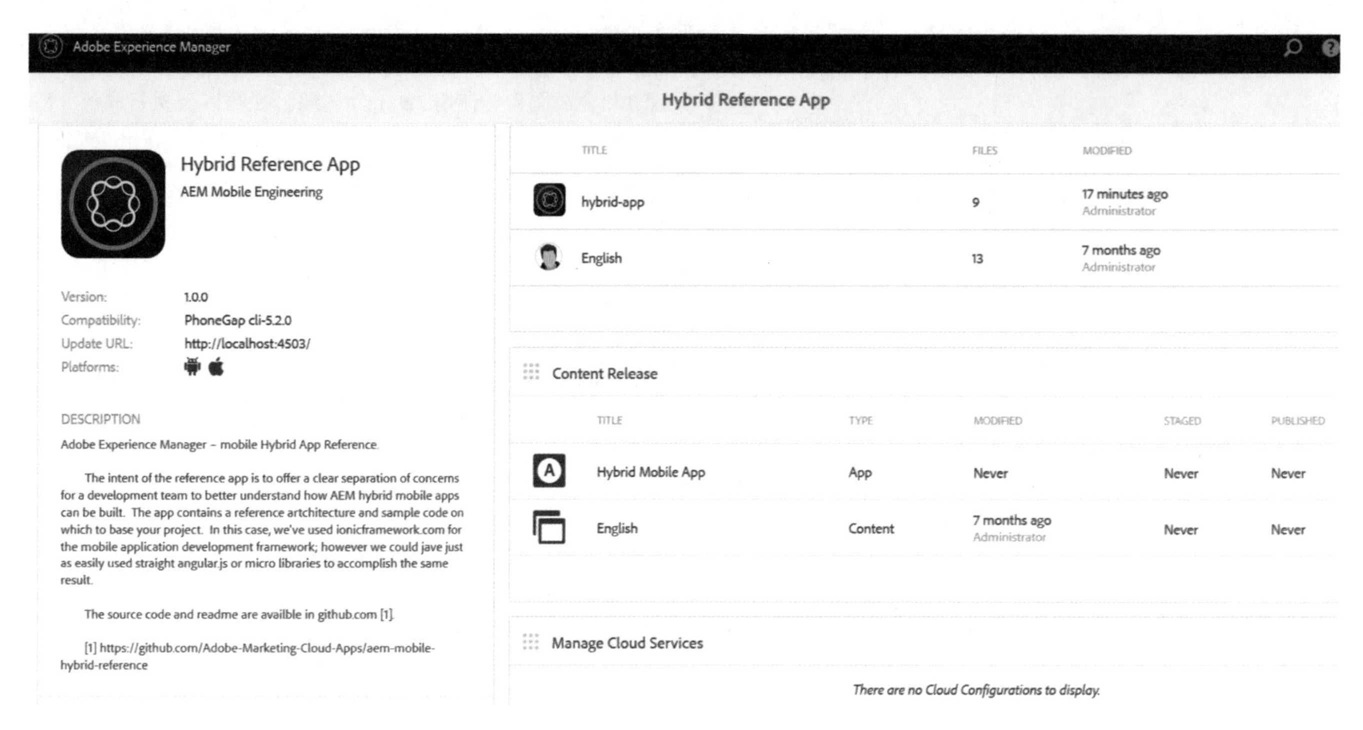

图 1-2-7　Adobe Experience Manager 界面

Adobe Experience Manager 的产品组成如表 1-2-5 所示。

表 1-2-5　Adobe Experience Manager 产品组成一览表

Experience Manager Sites	一种用于提供数字化跨渠道客户体验的 Web 内容管理平台，可提供创作环境、支持就地编辑、从 Web 组件库拖放页面合成以及搜索引擎优化控制、定期投放和登录页面优化
Experience Manager Assets	一种与 Adobe Experience Manager 平台相集成的数字资源管理工具，客户可用它来共享和分发数字资源。还可以管理、存储和访问图像、视频、文档、音频剪辑和富媒体，用于 Web、打印和数字分发
Experience Manager Forms	一种企业文档和表单平台，客户可以利用该平台获取和处理信息、提供个性化通信以及保护和跟踪信息。通过扩大向配备台式机、笔记本电脑、智能手机或平板电脑的用户提供的服务访问权限，将业务流程扩展到移动员工和客户，实现跨任何渠道的注册流程，可用于个人通信和其他目的
Experience Manager Mobile	支持客户开发人员与营销人员之间的协作，从而使客户能够管理、生产并向其最终用户提供移动应用程序体验
Livefyre	一个内容策展和受众参与平台，客户可以利用该平台访问用户生成的内容，这些内容可以实时流式传输到客户的站点、数字广告牌、应用程序和店内展示

三 Apple Inc（苹果公司）——自信的革新者

1. 公司简介

苹果公司总部位于美国加利福尼亚州库比蒂诺市，公司最初由史蒂夫·乔布斯、史蒂夫·沃兹尼克、罗纳德·韦恩三人于1976年4月1日创立，次年1月3日正式确定名称为苹果电脑公司（见图1-2-8），至2007年1月9日在Macworld Expo展会上宣布改名为苹果公司，现时的业务包括设计、开发和销售消费级电子产品、计算机软件、在线服务和个人计算机。苹果公司在高科技企业中以创新而闻名，设计打造了iPod、iTunes和Mac笔记本电脑及台式电脑、iOS操作系统，以及推出革命性的iPhone和iPad。

图1-2-8 苹果公司LOGO

2. 行业领域

我们熟知的苹果公司产品有iPhone智能手机、Mac电脑、Apple Watch手表，此外还有OS X操作系统和iOS操作系统的消费软件，iCloud、iTunes Store和App Store的在线服务，以及iTunes多媒体浏览器、Safari网络浏览器等。近些年来，苹果公司正在踊跃跨界，在流媒体、视频领域发力。

苹果公司提供的产品和服务非常广泛，涉及多个领域和行业，这些领域包括个人电脑（PC）、娱乐媒体、移动支付等。在个人电脑领域，尽管搭载微软操作系统的个人电脑自20世纪80年代以来就一直占据消费者的主流，但苹果公司自主开发使用的macOS操作系统也拥有一批拥趸；在移动计算领域，iPod引发了苹果公司商业模式的巨大变革，而且也刺激了整个移动计算机行业的大发展。目前为止，苹果公司仍然是该行业盈利和营收最高的公司；在智能手机领域，智能手机行业一度由曾经的加拿大巨头RIM公司主导，不过随着iPhone手机的推出，这一格局发生了翻天覆地的变化。iPhone已经极大地摧毁了RIM的商业模式，甚至还致使RIM公司多次进行重组；在娱乐媒介和应用领域，苹果公司的iOS系统主要配置在该公司自身的iPhone和iPod等产品中，以便让用户购买音乐、图书、应用和其他媒介产品；在移动支付领域，苹果公司于2014年10月才开始进军移动支付行业，因此在该领域，苹果公司还是一个新手。

3. 主要产品介绍

Final Cut Pro是苹果公司开发的一款专业非线性视频编辑软件，该软件由Premiere创始人Randy Ubillos设计，第一代Final Cut Pro在1999年推出，但当时的非线性编辑软件龙头企业Avid以及多数专业剪辑师却并不认同这个新出头的无名之辈。然而，短短几年时间，得益于多数学生与小众爱好者无力承担Avid等传统的专业非线性编辑软件的高额费用，Final Cut Pro由此借势发展到了广告界、电视界，并渐渐被ABC、CBS、NBC、CNN、MTV等电视频道采用。终于，在2002年，苹果公司依靠其非线性视频编辑软件Final Cut Pro第二次获得了由美国国家电视艺术与科学学院颁发的科技与工程“艾美奖”。

在产品性价比上，Final Cut Pro相较于Avid显得非常亲民，比起Avid动辄上万美元的解决方案，不得不说，对大部分独立制作者都是在满足工作需求的情况下，Final Cut Pro是更易接受的选择；在易用性上，Final Cut Pro的交互设计友好，相比于Premiere Pro，Final Cut Pro在时间线的设定、素材库的布置、操作对象的设计方面都更为直观。因此，在操作上，Final Cut Pro更利于新手上手；在兼容性上，Final Cut Pro支持DV标准和所有的QuickTime格式，凡是QuickTime支持的媒体格式在Final Cut Pro都可以使用；在技术优势上，Randy Ubillos充分利用了IBM的PowerPC G4处理器中的“极速引擎”（Velocity Engine）处理核心提供全新功能，例如，不需要加装PCI卡，就可以实时预览过渡与视频特技编辑、合成和特技（见图1-2-9）。

图 1-2-9　Final Cut Pro 工作界面

四 Grass Valley（草谷）——有力的竞争者

1. 公司简介

Grass Valley（草谷，见图 1-2-10）是美国的专业视讯及广播制作技术公司，成立于 1959 年 4 月 7 日，1974 年与 Tektronix 公司合并，成为其旗下视讯广播部门，直到 1999 年 9 月又重新独立。2002 年被法国汤姆逊集团收购，2011 年 1 月美国私募基金 Francisco Partners 公司收购 Grass Valley，同年 3 月 Canopus（Canopus 是一家生产视频编辑卡与视频编辑软件的日本公司）公司并入 Grass Valley。

图 1-2-10　Grass Valley 公司 LOGO

2. 行业领域

Grass Valley 公司的客户既包括绝大多数全球知名的广播运营商、电视制作机构和服务供应商，也包括大量的自由视频制作人。公司的业务领域涉及广播电视系统工程及网络工程设计、安装调试、人员培训；系统设备及软硬件研发，音视频设备维修，专业系统维护保障，海外厂商品牌代理。公司提供业界无与伦比的全方位解决方案和服务，拥有内容制作和存储的专有核心技术，并充分发扬了 IT 行业的规模经济优势。

3. 主要产品介绍

EDIUS 是美国 Grass Valley 公司推出的优秀非线性编辑软件，针对广播电视和后期制作，尤其是使用新式、无带化视频记录和存储设备的制作环境而设计。EDIUS 拥有完善的基于文件的工作流程，提供了实时、多轨道、多格式混编、合成、色键、字幕和时间线输出功能。除了标准的 EDIUS 系列格式，还支持 Infinity ™ JPEG 2000、DVCPRO、P2、VariCam、Ikegami GigaFlash、MXF、XDCAM、SONY RAW、Canon RAW、RED R3D 和 XDCAM EX 视频素材，同时支持所有 DV、HDV 摄像机和录像机。EDIUS 因其迅捷、易用和可靠的稳定性为广大专业制作者和电视人所广泛使用，是混合格式编辑的绝佳选择（见图 1-2-11）。

图 1-2-11　EDIUS 工作界面

五 成都索贝数码科技股份有限公司——奋起的追逐者

1. 公司简介

成都索贝数码科技股份有限公司（以下简称索贝）成立于 1997 年，由成都科技大学时达电子研究所（CKD）与深圳索贝科技有限公司（SOBEY）合并而成。

索贝总部位于四川成都，在成都和北京设有研发中心，拥有一支业界领先的研发团队，索贝已获专利 40 项、软件著作权 424 项。

20 多年来，从打破国外厂商技术垄断到成为行业领导者，索贝创造了多个业界第一：国内第一套图文字幕机 SOBEY8000，CKD-4000 系列图文字幕机；自主开发非线性广告串编系统——金剪刀；国产第一代非线性编辑系统——创意 97；国内首个高清制播一体化网络系统；国内首个全高清、全流程的新闻 / 赛事制播网络；第一个分布式、多地址的高清制播网络系统；率先推出融媒体解决方案，包括制作云生产服务与解决方案、大型综艺节目制作解决方案、全媒体互动演播系统、云拆条服务、云媒资管理解决方案、“麒观”轻型融合媒体业务解决方案等；顺应云计算和大数据趋势推出的媒体公有云服务为行业首创，占据了国内新建融合媒体市场 80% 的份额（公司 LOGO 见图 1-2-12）。

图 1-2-12　成都索贝数码科技股份有限公司 LOGO

2. 行业领域

在新闻领域，索贝以非编产品为基础，自主研发了文件系统、数据库等核心技术，突破了新闻共享生产系统的关键环节；自主研发了适合中国生产流程的业务管理系统；自主研发了演播室播出服务器和播出管理软件。凭借这些关键技术，索贝占据了国内新闻生产市场 70% 的份额，拥有中央电视台、CGTN、经济日报、中央人民广播电台、湖南电视台、浙江电视台、江苏电视台、东方卫视、北京电视台、深圳电视台等一系列高端客户。

在体育领域，早在 2004 年，索贝在雅典奥运会就搭建了全球首个“远程电视节目制播系统”，攻克了超远距离视频传输与帧编辑的技术难题，在雅典和北京长达 7000 千米的两地实现了协同节目制作。索贝在 2008 年北京奥运会搭建的生产系统，包括 40 路信号采集，300 个站点制作，8 个频道播出，这是当时全球最大规模的“全高清网络制播系统”，开创业界先河。

在综艺领域，索贝开发了多镜头剪辑，实现了几十路原始信号的高效制作，被全国多个热播综艺节目采用。

除了传统的电视台客户，索贝还积极拓展广播、报业、互联网企业、教育、医疗、政府等具有视频生产需求的客户。索贝的非广电用户已达 1500 家以上，检察院、大中小学等各行业用户都纷纷采用索贝的专业视频生产工具，腾讯等互联网企业也在使用索贝制作系统进行生产。

3. 主要产品介绍

索贝推出的 Editmax 非线性编辑系统目前已经更新至 Editmax11（见图 1-2-13），可以从容应对 4K 超高清节目制作，适用于各级专业电视台、影视制作机构及教育机构。Editmax11 支持包括音视频剪辑、视频特效处理、字幕图文制作、合成输出在内的全功能制作；适配标清、高清、4K UHD 超高清到 360° 全景视频及任意分辨率；支持多种帧率、不同格式混合编辑，并满足 NTSC/PAL 等多种制式标准；满足单声道、立体声、5.1 环绕立体声、7.1 环绕立体声等多种音频编辑应用要求。

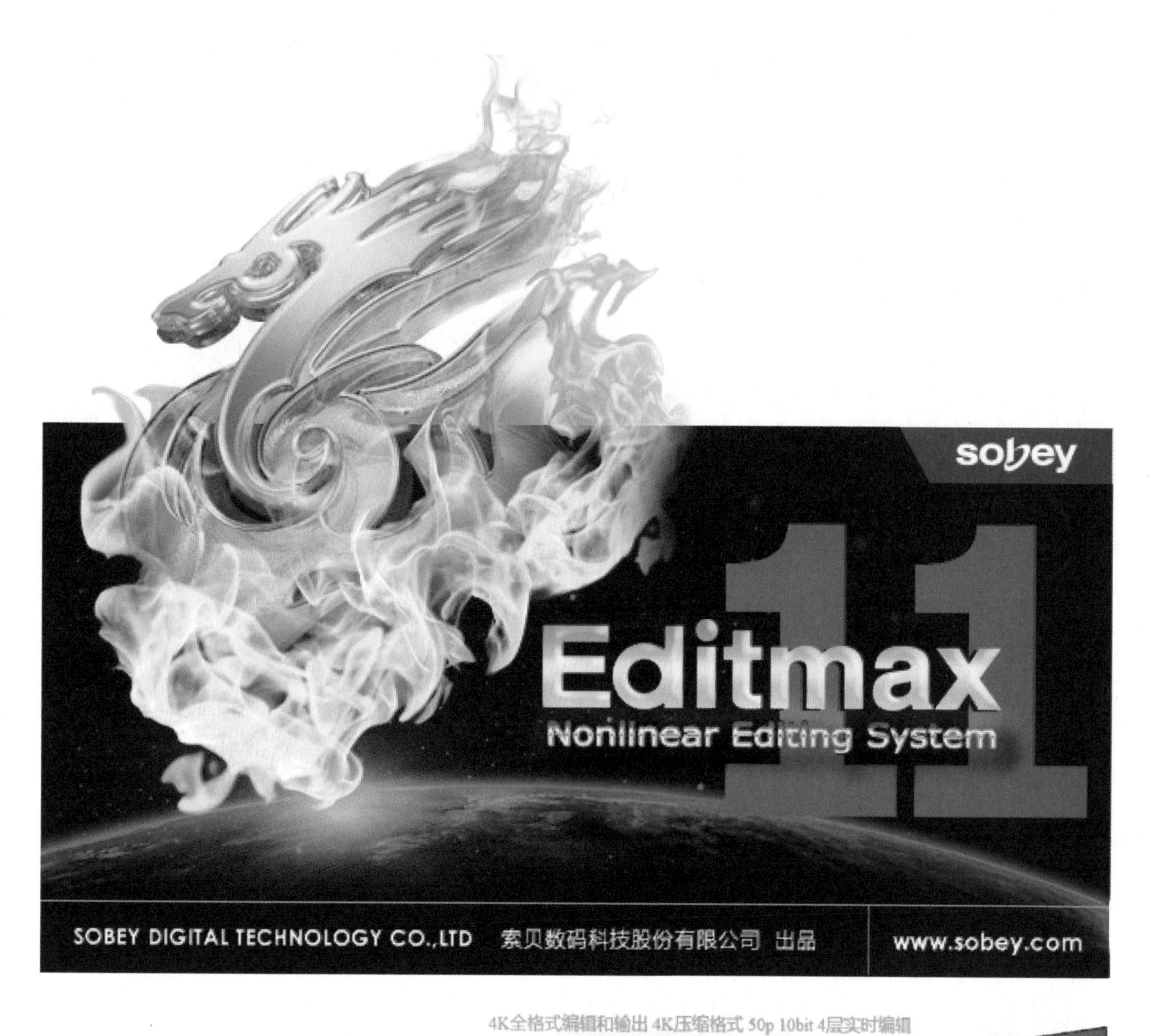

图 1-2-13 Editmax11 非线性编辑系统

第三节

非线性编辑软件 Adobe Premiere Pro CC 2018 概述

随着数字化新媒体时代来临，信息技术的快速发展使得人们对高质量视频内容的需求大幅提升，如今制作一个简单的视频已不再是高门槛的复杂项目，人们可以在任意非线性编辑软件实现这一目的。Adobe Premiere Pro CC 作为一款易用且强大的视频编辑软件，其简洁的交互界面以及丰富的功能使得它成为许多人入门的第一选择，本节内容将着重介绍该软件的基础知识，包括软件概述、功能简介、界面认识、基本操作等，为后续的项目练习积累充实的理论知识以及基本的实操训练知识。

一 软件概述

Adobe Premiere Pro CC 是 Adobe 公司推出的一款基于非线性编辑设备的音视频编辑软件，可以在各个平台（Windows、macOS 苹果操作系统）和硬件配合使用，被广泛应用于电视节目制作、广告制作、电影剪辑等领域，目前最新的 Premiere Pro CC 版本已经更新至 2023 版，但 Premiere Pro CC 2018 版本对机器的兼容性会比新版本优秀，因此本书以 Premiere Pro CC 2018（下称 Premiere Pro）为讲解的主要版本。

1. 基本配置和建议配置

视频编辑工作对计算机的处理器和内存有很高的要求，一个快速的处理器和较大的内存有助于编辑工作高效运行。对于 Premiere Pro 来说，处理器的速度越快，内存数量越大，意味着其性能越好。

系统要求 | Premiere Pro CC 2018（12.1、12.1.2）。

（1）Windows

①带有 64 位支持的多核处理器。

② Microsoft Windows 7 Service Pack1（64 位)、Windows 8.1（64 位）或 Windows10（64 位)。建议使用 Windows 10。

注意，Windows 10 生成版本号 1507 和 1807（在操作系统生成版本号 17134.165 上运行）不受支持。

③支持 Windows 10 Creator Edition 和 Dial。

④ 8 GB RAM（建议 16 GB 或更多)。

⑤ 8 GB 可用硬盘空间用于安装；安装过程中需要额外可用空间（无法安装在可移动闪存设备上)。

⑥ 1280 × 800 分辨率显示器（建议使用 1920 × 1080 或更高分辨率)。

⑦ ASIO 协议或 Microsoft Windows Driver Model 兼容声卡。

（2）macOS

①带有 64 位支持的多核 Intel 处理器。

② macOS X v10.11、v10.12 或 v10.13。

③ 8 GB RAM（建议 16 GB 或更多)。

④ 8 GB 可用硬盘空间用于安装；安装过程中需要额外可用空间（无法安装在使用区分大小写的文件系统的卷上或可移动闪存设备上）。

⑤ 1280×800 分辨率显示器（建议使用 1920×1080 或更高分辨率）。

⑥声卡兼容 Apple 核心音频。

可选：Adobe 推荐的 GPU 卡，用于实现 GPU 加速性能。

2. 支持的文件格式

①某些文件扩展名（如 MOV、AVI 和 MXF）是指容器文件格式，而非特定的音频、视频或图像数据格式。容器文件可以包含使用各种压缩和编码方案编码的数据。Premiere Pro 可以导入这些容器文件，但是否能导入其中包含的数据，则取决于安装的编解码器（尤其是解码器）。Adobe 没有发展自己的编码器，事实上 Premiere Pro 并没有内嵌在软件中的转码工具，而是将转档的工作交给了 Prelude CC 与 Media Encoder。

Premiere Pro 支持的若干音频和视频格式如表 1-3-1 所示。

表 1-3-1 Premiere Pro 支持的音频视频格式一览表

格式	详细信息
3GP、3G2（.3gp）	多媒体容器格式
AAC	高级音频编码
AIFF、AIF	Audio Interchange File Format
Apple ProRes、ProRes HDR、ProRes RAW	Apple 视频压缩格式 Apple ProRes 是一种高质量编解码器，被广泛用作采集、制作和交付格式。Adobe 与 Apple 紧密合作，为编辑人员、艺术家和后期制作专业人员提供了适用于 Premiere Pro 和 After Effects 的全方位 ProRes 工作流程。macOS 和 Windows 双平台支持 ProRes，让视频制作更加方便，而且使用 Adobe Media Encoder 还可进一步简化最终输出，包括基于服务器的远程渲染
ASF	NetShow（仅限 Windows）
ASND	Adobe 声音文档
AVC-Intra	Panasonic 编解码器
AVI（.avi）	DV-AVI、Microsoft AVI Type1 和 Type2
BWF	广播波形格式
CHPROJ	Character Animator 项目文件
CRM	摄像机创建的 Canon Cinema RAW Light（.crm）文件
DNxHD	在本机 MXF 和 QuickTime 包装器中受支持
DNxHR	DNxHR LB、DNxHR SQ、DNxHR TR、DNxHR HQ 和 DNxHR HQX
DV	Raw DV 流媒体、QuickTime 格式
H.264 AVC	使用 H.264 编码的各种媒体
HEIF	High Efficiency Image Format（HEIF）捕捉格式提供 macOS 10.13 或更高版本和 Windows 10（版本 1809 或更高版本）双平台支持。在 Windows 上，需要安装 HEIF 图像扩展和 HEVC 视频扩展。有关 HEIF 图像和 HEVC 视频扩展的信息，请参阅“HEIF 图像扩展”和“HEVC 视频扩展”

表 1-3-1（续）

格式	详细信息
HEVC（H.265）	分辨率最高为 8192 × 4320 的 H.265 媒体
GIF	动画 GIF
M1V	MPEG-1 视频文件
M2T	Sony HDV
M2TS	蓝光 BDAV MPEG-2 传输流、AVCHD
M2V	兼容 DVD 的 MPEG-2
M4A	MPEG-4 音频
M4V	MPEG-4 视频文件
MOV	QuickTime 格式
MP3	MP3 音频
MP4	QuickTime 影片、XDCAM EX
MPEG、MPE、MPG	MPEG-1、MPEG-2
MTS	AVCHD
MXF	Material Exchange Format。MXF 是支持以下各项的容器格式：ARRIRAW；P2 影片：MXF 视频的 Panasonic OP1b 变体（AVC-Intra LT 和 AVC-LongG 格式），MXF 视频的 Panasonic Op-Atom 变体（DV、DVCPRO、DVCPRO 50、DVCPRO HD 和 AVC-Intra 格式）；摄像机（例如 Sony F5、F55 或带有 AXS-R7 附加设备的 Sony Venice）制作的 X-OCN 素材；Sony XDCAM HD 18/25/35（4:2:0）；Sony XDCAM；HD 50（4:2:2）；AVC-LongGOP；XAVC Intra；XAVC LongGOP；XAVC QFHD；Long GOP 4:2:2；JPEG2000；IMX30/40/50；XDCAM EX
本机 MJPEG	1DC
OMF	音频项目格式
OpenEXR	.EXR、.MXR 和 .SXR 格式的文件
R3D	RED R3D RAW 文件
Rush	来自 Premiere Rush 的现有项目
VOB	DVD 媒体中的容器格式
WAV	Windows 波形
WMV	Windows Media（仅限 Windows）

② Premiere Pro 支持导入静止图像和影片时的最大帧大小为 2.56 亿像素，在任一方向上的最大尺寸为 32768 像素。例如，可接受 16000 × 16000 像素以及 32000 × 8000 像素的图像，但不能使用 35000 × 10000 像素的图像。

Premiere Pro 支持的静止图像及其序列文件格式如表 1-3-2 所示。

表 1-3-2　Premiere Pro 支持的静止图像及其序列文件格式一览表

格式	详细信息
AI、EPS	Adobe Illustrator
BMP、DIB、RLE	位图
DPX	Cineon/DPX
GIF	Graphics Interchange Format
ICO	图标文件（仅限 Windows）
JPEG	JPE、JPG、JFIF
PNG	Portable Network Graphics
PSD	Photoshop
PTL、PRTL	Adobe Premiere 字幕
TCA、ICB、VDA、VST	Targa
TIFF	Tagged Interchange Format

③ Premiere Pro 支持的隐藏说明性字幕文件格式如表 1-3-3 所示。

表 1-3-3　Premiere Pro 支持的隐藏说明性字幕文件格式一览表

格式	详细信息
DFXP	分布格式交换配置文件
MCC	Mac Caption VANC
SCC	Scenarist Closed Caption File
SRT	Subrip 对白字幕格式
STL	EBU N19 字幕文件
XML	W3C/SMPTE/EBU 定时文本文件

④ Premiere Pro 支持的视频项目文件格式如表 1-3-4 所示。

表 1-3-4　Adobe Premiere Pro 支持的视频项目文件格式一览表

格式	详细信息
AAF	Advanced Authoring Format
AEP、AEPX	After Effects Project
CHPROJ	Character Animator 项目
CSV、PBL、TXT、TAB	处理列表
EDL	CMX3600 EDL
PREL	Adobe Premiere Elements 项目（仅限 Windows）
PROROJ	Premiere Pro 项目
XML	FCP XML

3. 软件安装及启动

作为 Adobe Creative Cloud 的其中一个组件，用户可以通过登录 Adobe Creative Cloud 账号，并在 App 栏下选择 Premiere Pro CC 进行软件下载安装。

软件安装过程根据个人设备配置不同通常需要 1 ~ 15 分钟（见图 1-3-1、图 1-3-2）。

图 1-3-1 Adobe Creative Cloud 登录界面

图 1-3-2 Premiere Pro CC2018 安装界面

安装完成后便可以启动软件了（见图 1-3-3）。

图 1-3-3 Premiere Pro CC2018 启动界面

Premiere Pro 新版特色包括同时处理多个项目、具备锁定功能的共享项目、沉浸式 360° /VR 视频和音频编辑等功能，具备前所未有的响应速度，利用颜色、图形、音频和沉浸式 360° /VR 的工作流程，可以前所未有的速度完成“从初始剪辑到片尾制作”流程。在支持性上，从 8K 到虚拟现实再到智能手机，Premiere Pro 可处理任何格式的素材，利用业界最广泛的原生媒体支持和强大的代理工作流程以及直观的工具和众多的分步教程，它可立刻创作出佳作。

4. 项目创建初始设置

第一次启动 Premiere Pro 时，会弹出一个欢迎屏幕，里面出现的链接是 Premiere Pro 提供的在线教学视频。单击“跳过”，进入 Premiere Pro 的开始界面（见图 1-3-4）。

图 1-3-4　Premiere Pro CC2018 欢迎界面

用户可以单击“新建项目”或“打开项目”（见图 1-3-5）。Premiere Pro 项目文件包含了项目中的所有因素，可访问所选媒体文件的链接、合并剪辑后形成的序列、特效设置的内容等，其文件扩展名为“.prproj”。

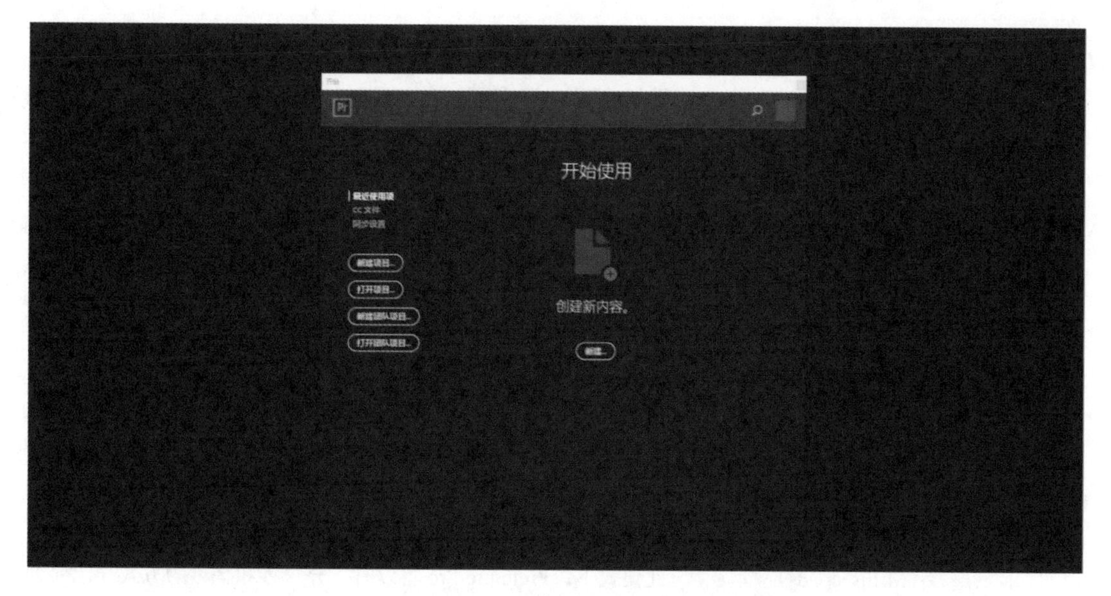

图 1-3-5　Premiere Pro CC2018 开始界面

（1）新建项目

在开始界面，当用户要启动一个新项目时，可以单击“新建项目”（New Project），要打开现有项目，可以单击“打开项目”（Open Project）；另外还有“新建团队项目”（New Team Project）以及“打开团队项目”（Open Team Project）的选项可供选择。

（2）渲染器

在创建一个新项目时，根据计算机显卡的不同，在“视频渲染和回放”→“渲染器”（Video Rendering and Playback→Renderer）选择不同的选项可以达到更好的性能。例如，选项水银回放引擎 GPU 加速（Mercury Playback Engine GPU Acceleration）如果是 NVIDIA 显卡，则显示 CUDA；如果是 AMD 显卡，则显示 OpenCL GPU。选择合适的显卡设置便于后续的项目编辑工作。另外一个选项则是仅 Mercury Playback Engine 软件（水银回放引擎软件渲染模式），在系统没有适用的 GPU 加速显卡时会默认选项，可以使用计算机的所有可用功能，获得较出色的性能（见图 1-3-6）。在整个项目编辑中所有的应用都是非破坏性的，这意味着 Premiere Pro 不会更改源文件。

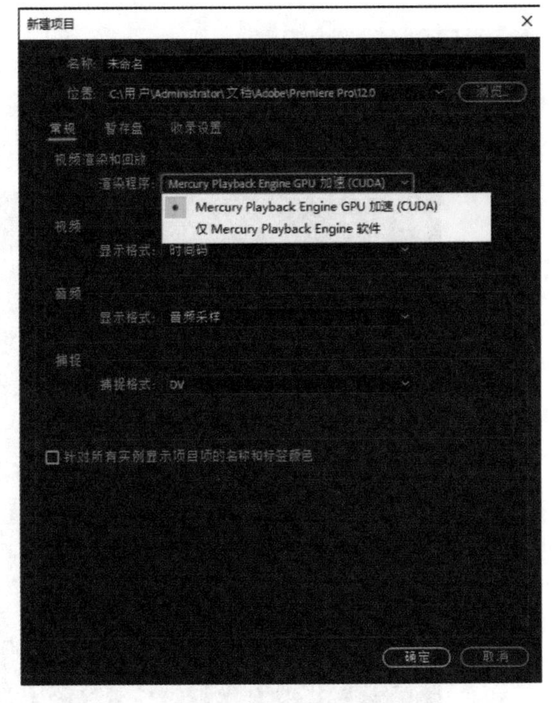

图 1-3-6　Premiere Pro CC2018 渲染器

（3）视频和音频的显示格式

在选择好渲染器后，项目创建页面接下来的选项是视频（Video）与音频（Audio），通常情况下选择默认选项，选择“视频”（Video）→“显示格式”（Display Format）→“时间码”（Timecode）；“选择音频”（Audio）→“显示格式”（Display Format）→“采样”（Samples）。

若是有不同的项目需求，再根据不同需求设置，视频（Video）与音频（Audio）的其余选项分别如表 1-3-5 所示。

表 1-3-5　视频与音频其余选项一览表

名称	选项	详细信息
视频（Video）	时间码（Timecode）	默认选项。时间码是一个对视频的时、分、秒和各个帧进行计数的通用标准。世界各地的摄像机、专业录像机和非线性编辑系统使用同样的系统
	英尺 + 帧 16 毫米 /35 毫米（Feet+Frames 16mm/35mm）	针对胶卷，如果源文件来自胶片并且打算使用胶卷显影室进行编辑决策，以便将原始负片剪成完整电影，则可能需要利用这种标准和方法来测量时间
	帧（Frames）	此选项仅统计视频的帧数，可用于动画或者胶卷显影室
音频（Audio）	音频采样（Audio Samples）	在录制数字音频时，会捕捉一些声音样本，使用麦克风捕捉时，可以每秒捕捉数千次声音。在大多数专业摄像机中，通常为每秒 48000 次，在播放剪辑和序列时，Premiere Pro 提供一些选项，可以以时、分、秒和帧或者采样的方式来显示时间
	毫秒（Milliseconds）	此模式下，Premiere Pro 将以时、分、秒和毫秒的方式显示序列的时间

（4）暂存盘

暂存盘（Scratch Disks），顾名思义，暂存盘可以是物理上分离的磁盘，也可以是存储器上的任何文件夹。当每个项目开始时，Premiere Pro 会在硬盘上创建一个文件夹。默认情况下，此文件夹用于存储其所捕捉的文件、其所创建的预览和匹配音频以及项目文件本身。若是想要更改项目文件默认存储位置，用户可以选择保存项目文件的位置并命名项目，然后单击“确定”按钮进行保存。若是想要更改 Premiere Pro 存储包括项目文件以及其他项目所需的各种类型文件的位置，可以指定暂存盘位置，选择“项目”→“项目设置”→“暂存盘”选项，确定在对话框中指定的每种类型文件的位置后，Premiere Pro 将根据指定所选的位置创建新的文件夹用以存储各类文件（见图 1-3-7）。

图 1-3-7 Premiere Pro CC2018 暂存盘

Premiere Pro 不会将视频、音频或静止图像文件存储在项目文件中，而是存储对这些文件的引用，即剪辑（基于文件导入时的文件名和位置）。如果用户在后来移动、重命名或删除了源文件，则下次打开该项目时，Premiere Pro 便无法定位那些被移动、重命名或删除了的文件。

除了选择创建新媒体文件的位置外，Premiere Pro 还可以设置一个位置来存储自动保存的文件（这些自动保存的文件是用户在工作时自动产生的备份副本），选择“暂存盘”（Scratch Disks）→“项目自动保存”（Project Auto Save）选项，在此菜单下选择一个位置就可以了。

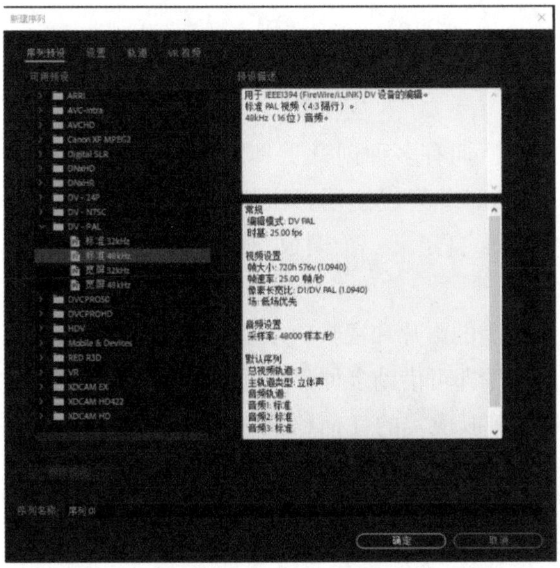

图 1-3-8 Premiere Pro CC2018 新建序列

（5）新建序列

确定好项目后，需要为项目的第一个序列选择预设或者自定义其设置，如果不确定应选择哪种序列设置，可以在项目面板底部单击“新建项目”（New Item）菜单，使用菜单中的“新建序列”（New Sequence），便可以选择合适的序列预设（Sequence Presets），如图 1-3-8 所示。

Premiere Pro 涵盖最常使用的影视制作的媒体类型的预设配置，这些设置根据摄像机格式来组织命名，方便查找。每个 Premiere Pro 项目可以包含一个或多个序列，而且项目中的每个序列可以采用不同的设置。当添加到序列中的第一个剪辑不匹配序列的播放设置时，Premiere Pro 会弹出提示框询问用户是否愿意更改序列设置以匹配剪辑。

若是想要自定义序列预设，在选择了最匹配源视频的序列预设后，可以在“新建序列”（New Sequence）→“设置”（Setting）窗口进行详细的设置，调整后单击“保存预设”（Save Presets）保存自定义预设，该预设会出现在序列预设的自定义文件夹中，之后若是需要便可以直接使用该自定义预设进行编辑（见图 1-3-9）。

一个序列必须包含至少一条视频轨道和一条音频轨道。带有音频轨道的序列还必须同时包含一条主音频轨道，常规音频轨道的输出都会被引导到主音频轨道进行混合，用户可使用多条轨道来叠加或混合剪辑。在“新建序列”（New Sequence）窗口中的“轨道”（Track）选项可以预先设置新的序列的轨道类型（见图 1-3-10）。

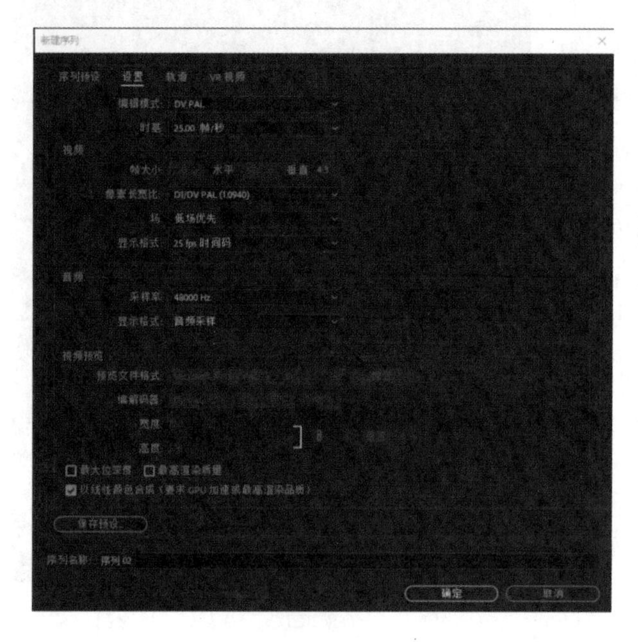

图 1-3-9　Premiere Pro CC2018 自定义预设

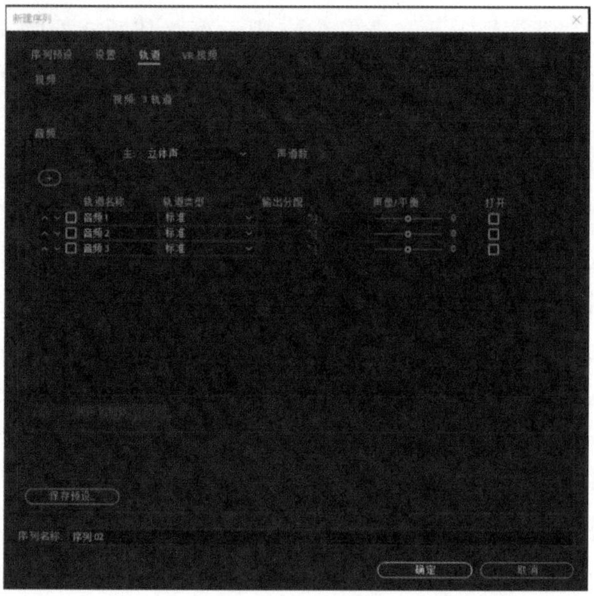

图 1-3-10　Premiere Pro CC2018 轨道

选择合适的序列预设并且命名后，就可以单击“OK”按钮以创建序列，这样便完成 Premiere Pro 创建一个项目的整个流程了。

二 功能简介

Premiere Pro 是适用于电影、电视和 Web 的视频编辑软件，拥有多种创意工具，支持与其他 Adobe 应用程序和服务（包括 Photoshop、After Effects、Audition 和 Stock）集成使用。比如，用户可以从 After Effects 打开动态图形模板，从 Photoshop 导入图形文件，从 Stock 自定义一个模板，或者与数百个第三方平台扩展集成。

借助 Adobe Sensei 的强大功能可帮助用户将素材打造成为精美的影片和视频。Adobe Sensei 提供的自动化工具可节省用户时间，让用户专注于讲述故事，无需离开时间轴即可借助多种手段进行编辑并完成作品。

利用 Premiere Pro 视频编辑软件，用户可以编辑从 8K 到虚拟现实的任何格式的素材。Premiere Pro 支持多格式的原生文件、轻量代理工作流程和更快的 ProRes HDR，使用户可以随心所欲地处理工作。

Premiere Pro 附带的 Premiere Rush 是一体式的应用程序，借助 Premiere Rush，用户可以从任何设备上创建和编辑新项目。用户可以在手机上进行拍摄和编辑，然后从关联的设备或桌面分享到社交网站，还可以在 Premiere Pro 中打开 Premiere Rush 文件进行编辑。此外，Premiere Pro 还会定期推出新功能，不断提升软件性能。

三 界面认识

Premiere Pro 的工作界面主要由标题栏、菜单栏、监视器（源监视器、节目监视器）面板、时间轴面板、工具面板、项目面板以及多个控制面板组成（见图 1-3-11）。

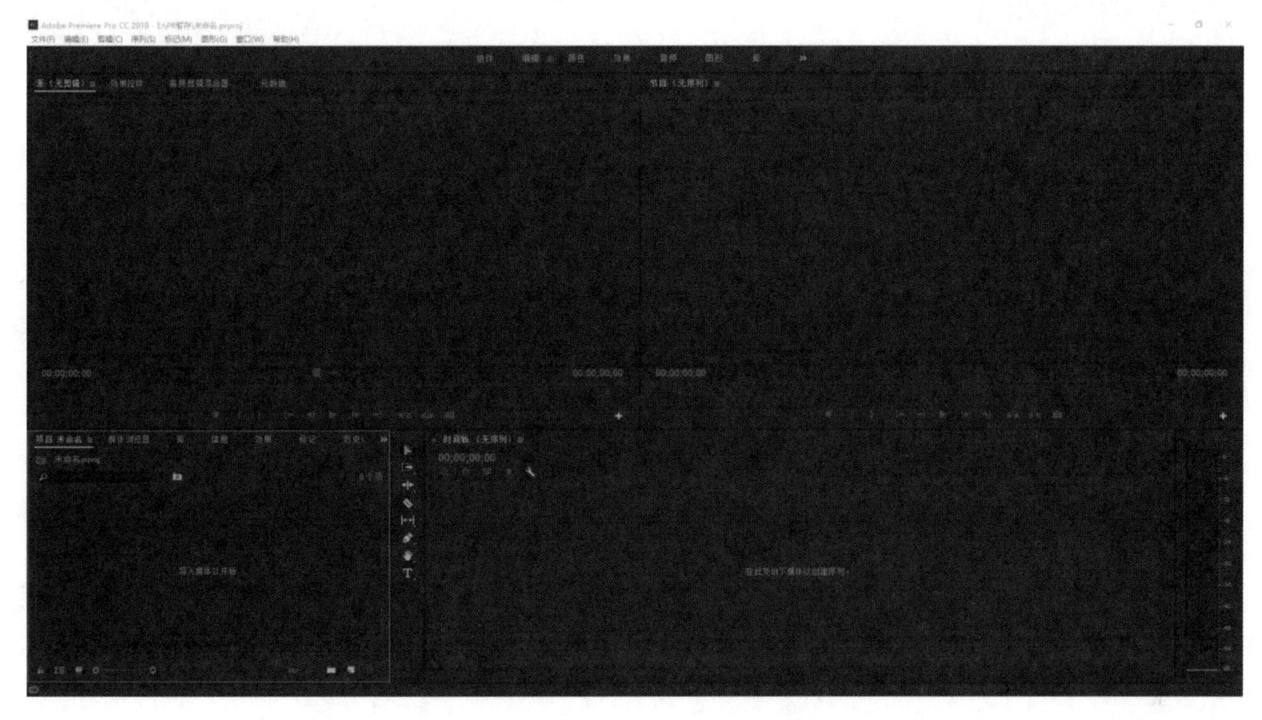

图 1-3-11　Premiere Pro 工作界面

1. Premiere Pro 标题栏与菜单栏介绍

标题栏显示形式为 Premiere Pro CC 的版本 - 软件存储硬盘位置 \ 项目文件夹名称 \ 项目文件名称（见图 1-3-12）。

图 1-3-12　Premiere Pro 标题栏与菜单栏

在 Premiere Pro 中工作，用户可以根据平时操作的习惯设置不同的工作界面，单击菜单栏的“窗口工作区”，有根据不同需求设置的工作区预设可供选择（这些预设也放置在了监视器面板的上方工作区，用户可以根据需要直接单击，界面工作区就会自动转换为预设对应的工作区窗口了）。用户可以选择自定义工作区，单击工作区菜单右侧的“》”按钮，在弹出的窗口中选择“编辑工作区”，此时会弹出“编辑工作区”的窗口，若是想要修改当前工作区的顺序，拖动工作区名称就可以更换工作区顺序了；若是想要删除工作区，可以单击需要删除的工作区，左下角会出现“删除”按钮，单击该按钮就可以删除选中的工作区。

图 1-3-13　Premiere Pro 文件命令

①在菜单栏中，“文件（F）”菜单中的命令（见图 1-3-13）主要用于新建对象内容、执行保存、启动视频捕捉以及渲染输出影片等操作，其中主要命令作用如下。

- 新建：包含新建项目、新建团队项目、新建序列、已共享项目等系列命令，单击“新建”可以新建相应的对象内容。
- 打开项目：单击该选项可以选择打开需要的项目文件。

• 打开最近使用的内容：使用该命令会显示近期编辑过的项目文件，方便用户快速打开近期使用过的项目文件，继续编辑工作。

• 关闭：使用该命令会关闭当前编辑的窗口和工作面板，项目并不会关闭。

• 关闭项目：使用该命令会关闭当前项目，如果关闭该项目前未进行保存，Premiere Pro 会弹出窗口提示用户是否对项目文件进行保存。

• 保存：使用该命令可以保存项目文件目前所有的编辑修改。

• 另存为：使用该命令会弹出“保存项目”的窗口，用户可以更改项目信息保存在其他文件夹中。

• 保存副本：使用该命令可为当前编辑的项目文件另存一个备份文件。

• 还原：使用该命令会弹出“提示”窗口，提醒用户是否放弃已经完成的编辑，进行该命令可以取消当前项目做的修改并还原项目至上一次保存时的状态。

• 同步设置：使用该命令可以执行当前程序同步设置用户在云端服务器中对应的同步功能。

• 捕捉：使用该命令会弹出“捕捉”窗口，利用安装在电脑主机的视频草机设备捕捉视频素材。

• 从媒体浏览器导入：使用该命令打开媒体浏览器面板，选择需要导入的素材文件后可以将其导入项目窗口中。

• 导入：使用该命令可以访问电脑的文件目录位置为当前项目导入各类所需的素材文件。另外，通过导入命令添加进项目剪辑中的素材并不是直接复制进编辑的项目中，只是在项目文件与外部素材之间建立了一种链接关系，如果该素材在原路径位置被删除、移动或者修改了文件名，则项目无法定位该素材，需要重新导入。

• 导入最近使用的文件：使用该命令会显示近期导入过的素材文件，方便用户快速打开近期使用过的素材文件，继续编辑工作。

• 导出：使用该命令可以将编辑完成的项目输出为指定的文件内容，比如媒体、动态图形模板、字幕、磁带、EDL、OMF、标记、AAF、Avid Log Exchange、Final Cut XML 和 Premiere。

• 获取属性：使用该命令可以查看所选对象的原始文件属性，包括文件名、文件类型、大小、存放路径、图像属性等信息。

• 项目设置：使用该命令可以选择“常规”“暂存盘”“收录设置”窗口，用户可以根据需求修改项目设置。

• 项目管理：使用该命令会弹出“项目管理器”窗口，用户可以对当前项目所包含序列的相关属性进行设置，并选择指定序列保存为新的项目文件，存储到其他文件目录位置。

②在菜单栏中，“编辑（E）”菜单（见图 1-3-14）主要用于对素材执行剪切、复制、粘贴、撤消、重做等操作，其中主要命令作用如下。

图 1-3-14　Premiere Pro 编辑命令

• 撤消：使用该命令可以撤消上一步操作，返回上一步的编辑状态。

• 重做：使用该命令可以重复执行上一步操作。

• 剪切 / 复制 / 粘贴：使用该命令可以对编辑对象做出剪切、复制、粘贴等操作。

• 粘贴插入：使用该命令可以将执行剪切和复制的对象粘贴到指定区域。

• 粘贴属性：使用该命令可以将原素材的效果、不透明度设置、运动设置、转场效果等属性复制到指定的素材中。

• 删除属性：使用该命令可以将原素材的效果、不透明度设置、运动设置、转场效果等属性删除。

• 清除：使用该命令可删除所选择的内容。

• 波纹删除：使用该命令可以删除选中轨道中的两个不相连的素材中间的空白区域，并使后一个素材向前移动，与前一个素材首尾相连。

• 重复：使用该命令可以对项目窗口所选对象进行复制并生成副本。

• 全选 / 取消全选：使用该命令可以对项目窗口或时间轴上的素材文件执行全选或取消全选。

• 查找：使用该命令会弹出“查找”窗口，在其中可以输入需要查找对象的相关信息进行搜索。

• 标签：在项目窗口中的对象，按照剪辑类型的不同，预设了不同的标签颜色，使用该命令可以自定义所选对象的标签颜色。

• 移除未使用的资源：使用该命令可以将项目中未被使用的素材删除。

• 编辑原始：使用该命令可以启动系统中与该文件相关联的默认程序进行浏览或编辑。

• 在 Adobe Audition 中编辑：使用该命令可以将音频或包括音频内容的素材导入 Adobe Audition 中编辑处理，储存后应用至 Premiere Pro 项目中。

• 快捷键：使用该命令会弹出“快捷键”窗口，可以对应用程序、窗口面板、工具等键盘快捷键进行设置。

• 首选项：使用该命令会弹出“首选项”窗口，可以对运行中的程序的属性进行设置。

③在菜单栏中，“剪辑（C）”菜单（见图 1-3-15）主要用于对剪辑素材进行常用的编辑操作，如重命名、插入、覆盖、修改等设置，其中主要命令作用如下。

图 1-3-15　Premiere Pro 剪辑命令

• 重命名：使用该命令可以对项目窗口或时间轴上中的素材进行重命名，该操作不会影响源素材的文件名称。

• 制作子剪辑：该命令主要用于提取音视频素材在剪辑中需要的片段。

• 编辑子剪辑：使用该命令可以对子剪辑进行修改入点、出点的时间位置等操作。

• 编辑脱机：使用该命令可以对脱机素材进行注释，方便用户了解素材信息。

• 源设置：使用该命令可以在打开外部程序（如 Photoshop、After Effects 等的素材导入 Premiere Pro）时查看调整相对应的选项设置。

• 修改：使用该命令可以对源素材的视频参数、音频、时间码等属性进行修改。

• 视频选项：使用该命令可以对所选中的视频素材进行相对应的选项设置。

• 音频选项：使用该命令可以对所选择的音频素材进行相对应的选项设置。

• 速度 / 持续时间：使用该命令会弹出“剪辑速度 / 持续时间”的窗口，可通过修改相对应的参数修改所选对象的默认持续时间。

• 捕捉设置：使用该命令可以对进行视频捕捉的相关选项参数进行设置。

• 插入：使用该命令可以在时间轴的工作轨道上插入素材，如果时间指针当前前后有剪辑，则会将素材插入两个剪辑中间，时间轴长度增加。

• 覆盖：使用该命令可以在时间轴的工作轨道上覆盖素材，如果时间指针当前前后有剪辑，则会覆盖剪辑与素材等同的长度，时间轴长度不变。

• 替换素材：选中需要替换的素材，使用该命令，在弹出的“替换素材”窗口选择想要替换的文件，即可完成素材的替换。

• 替换为剪辑：使用该命令可以在时间轴轨道选择想要替换的剪辑执行替换操作。

• 自动匹配序列：使用该命令可以将所选对象全部添加进当前工作序列轨道对应的位置。

• 启用：该命令用于切换时间轴窗口中所选择素材剪辑的激活状态。

• 取消链接：使用该命令可以将选中视频素材的视频轨道与音频轨道的链接关系取消，取消链接后对选中素材的任意轨道进行删减移动都不影响另一轨道的属性。

• 编组：编组与链接类似，两者的区别在于编组对象不受数量以及轨道位置影响，处于编组中的素材不能单独修改基本属性，但可以单独调整其中某一素材的持续时间。

• 取消编组：使用该命令可以取消编组的组合状态，与取消链接不同，取消编组不能取消该素材视频轨道与音频轨道的链接。

• 同步：在时间轴选中不同轨道的素材剪辑后，使用该命令会弹出“同步剪辑”窗口，可以将选中素材快速同步调整。

• 合并剪辑：在时间轴选中不同轨道的素材剪辑后，使用该命令会弹出“合并剪辑”窗口，可以合并选中素材剪辑生成新剪辑。

• 嵌套：在时间轴上选中需要的素材，使用该命令，会弹出“嵌套序列名称”的窗口，单击“确定”后，生成的嵌套序列会作为剪辑对象出现在时间轴上，同时替换嵌套前选中的素材，双击生成的嵌套序列，可以查看选中的素材。

• 创建多机位源序列：导入多机位的视频素材后，可以使用该命令创建一个多机位源序列，方便对各个素材进行剪切的操作。多机位拍摄素材是指多台摄像机在不同角度同时拍摄同一对象得到的素材，在音频内容设置为同步的情况下，视频内容呈现为不同角度的效果。

• 多机位：该命令下有“启用”“拼合”两个子命令，“启用”命令可以在时间轴选中源序列对象后，启用多机位选择命令显示该对象的机位角度；“拼合”命令可以将时间轴上选中的多机位源序列对象转换为一般素材剪辑，只显示当前的机位角度。

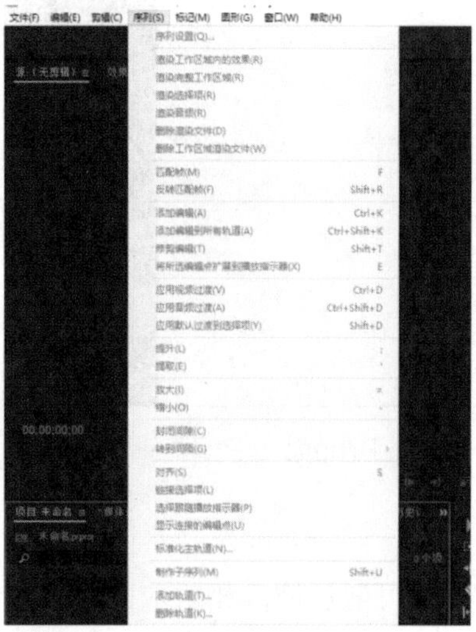

图 1-3-16　Premiere Pro 序列命令

④在菜单栏中，“序列（S）”菜单（见图 1-3-16）主要对项目中的序列进行编辑、管理、渲染等操作，其中主要命令作用如下。

• 序列设置：使用该命令可以查看当前工作序列的详细参数设置。

• 渲染工作区域内的效果：使用该命令可以渲染当前工作序列的入点到出点的所有视频编辑效果，如果该序列并未应用效果，则只会对序列进行一次播放预览，不进行渲染。

• 渲染完整工作区域：使用该命令可以渲染当前工作序列的入点到出点的剪辑素材，生成一个视频。

• 渲染选择项：使用该命令可以渲染序列中包含动画内容的剪辑素材。

• 渲染音频：使用该命令可以渲染当前序列中的音频内容，生成的文件格式有 .cfa/.pek。

• 删除渲染文件：使用该命令可以删除与当前项目关联的所有渲染文件。

• 删除工作区域的渲染文件：使用该命令可以删除从入点到出点生成的视频文件，但不删除渲染音频生成的文件。

• 匹配帧：选中序列的素材剪辑后，使用该命令，可以查看该素材剪辑大小匹配序列画面的效果。

• 添加编辑：使用该命令可以将时间轴上时间指针所在位置的轨道素材进行剪辑分割，功能类似于剃刀工具。

• 添加编辑到所有轨道：使用该命令可以将时间轴上时间指针所在位置的所有轨道素材剪辑进行分割。

• 修剪编辑：该命令功能类似于滚动编辑工具，使用该命令可以将序列中所有处于激活状态的轨道变成修剪编辑状态，移动鼠标向左右拖动可以改变选中素材的持续时间。

• 将所选编辑点扩展到播放指示器：使用该命令可以将节目监视器切换为修建监视状态，显示当前工作轨道中修剪编辑点前后素材的调整变化。

• 应用视频过渡：使用该命令时，如果选中的素材位于时间指针位置之前，则该素材的开始位置应用默认的视频过渡效果；如果选中的素材位于时间指针位置之后，则该素材的结束位置应用默认的视频过渡效果。

• 应用音频过渡：使用该命令时，如果选中的素材位于时间指针位置之前，则该素材的开始位置应用默认的音频过渡效果；如果选中的素材位于时间指针位置之后，则该素材的结束位置应用默认的音频过渡效果。

• 应用默认过渡到选择项：使用该命令时，可以将默认视频和音频过渡应用于任意选定的两个或更多剪辑中。默认过渡会应用于两个选定剪辑邻接的每个编辑点。过渡的放置不取决于当前时间指示器的位置，也不取决于剪辑是否位于目标轨道上。

• 提升：当时间轴上的选中的轨道标记入点和出点后，使用该命令可以删除所有在入点和出点中的帧，删除的部分将留空，被锁定以及未被选中的轨道内容不受影响。

• 提取：使用该命令可以删除除被锁定轨道外的所有标记了入点和出点中的帧，未标记的部分将自动向前填补被删除的部分。

• 放大 / 缩小：使用该命令可以对时间轴或监视窗口的时间显示比例进行放大或缩小。

• 转到间隔：使用该命令可以快速将时间轴上的时间指针跳转到相应位置。

• 对齐：使用该命令后，在时间轴上拖动或修剪素材时，被拖动或修剪的素材会自动对齐该剪辑前面或后面的素材，使之首尾相连。

• 标准化主轨道：使用该命令可以为当前序列的主音轨设置标准化音量，对序列整体音频内容音量进行调整。

• 添加轨道：使用该命令可以添加轨道的类型、数量、进行参数设置。

• 删除轨道：使用该命令可以删除所选的音视频轨道。

⑤在菜单栏中，"标记（M）"菜单（见图 1-3-17）主要用于对时间轴上时间标尺区设置序列的入点和出点并引导跳转导航，以及添加位置标记等操作，其中主要命令作用如下。

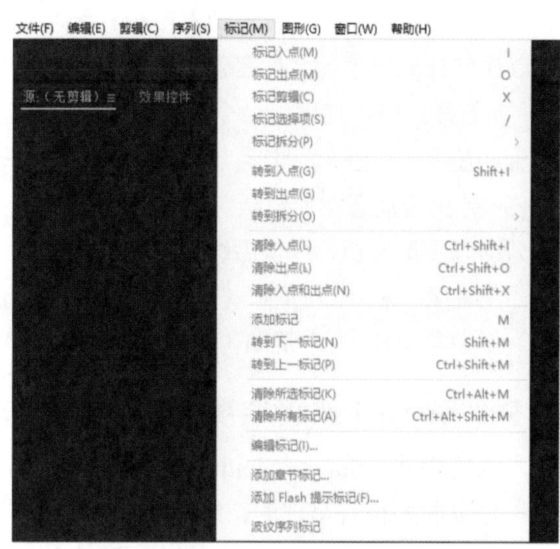

图 1-3-17　Premiere Pro 标记命令

• 标记入点 / 出点：默认情况下，序列的入点在时间码显示（00;00;00;00）处，出点在剪辑素材的最末端点。使用该命令，可以自定义序列的入点以及出点，作为影片渲染输出的源范围依据。

- 标记剪辑：使用该命令可以给时间轴的视频轨道的所有素材的全部长度标记范围。
- 标记选择项：使用该命令可以在时间轴上以时间线最早的素材为起点，时间线最晚的素材为终点的全部长度标记范围。
- 转到入点 / 出点：使用该命令可以使时间指针转到时间轴上的轨道的入点和出点。
- 清除入点 / 出点：使用该命令可以清除时间轴上的轨道标记的入点和出点。
- 添加标记：使用该命令可以在时间轴上的轨道添加定位标记、注释，方便编辑人员了解编辑意图。
- 转到下 / 上一标记：使用该命令可以快速将时间指针跳转到下 / 上一个标记的开始位置。
- 清除所选标记：使用该命令可以清除时间轴上距离时间指针标记最近的标记。
- 清除所有标记：使用该命令可以清楚时间轴上的所有标记信息。
- 编辑标记：选中时间标尺区的任一标记，使用该命令可以对选中的标记进行命名、设置持续时间、输入注释信息、添加标记类型、删除标记等操作。
- 添加章节标记：选中时间轴上的剪辑，使用该命令可以将该剪辑添加章节标记，在影片输出成 DVD 影碟后，用遥控器进行点播或跳转至对应位置开始播放。
- 添加 Flash 提示标记：在时间轴选中剪辑，使用该命令在时间指针的当前位置添加 Flash 标记，在项目输出为包含互动功能的影片格式后（.mov），播放到该位置时，依据设置的 Flash 响应方式执行互动事件或者跳转导航。

⑥在菜单栏中，“图形（G)” 菜单（见图 1-3-18）的图形对象包含了文本、形状和剪辑图层，其中主要命令作用如下。

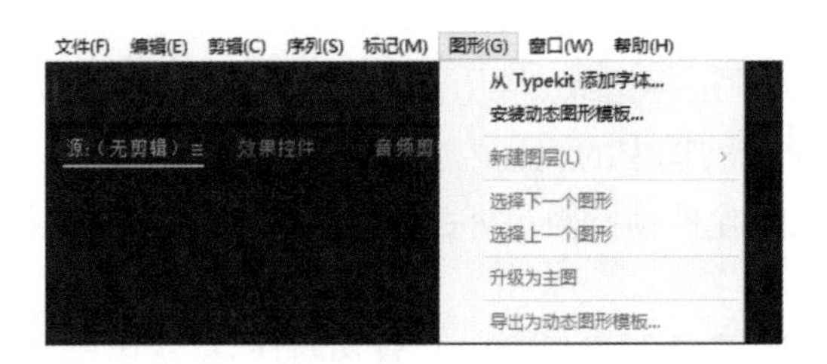

图 1-3-18　Premiere Pro 图形命令

- 从 Typekit 添加字体：使用该命令可以进入关联网站激活各类新字体。
- 安装动态图形模板：动态图形模板是 After Effects 或 Premiere Pro 中创建的文件类型，使用该命令可以访问计算机中的文件目录位置，将动态图形模板添加进 Premiere Pro 项目中。
- 新建图层：使用该命令可以在序列中新建文本、直排文本、矩形和椭圆等对象图层。
- 选择下 / 上一个图形：使用该命令可以选择序列对象的下 / 上一个图形或图层。
- 导出为动态图形模板：使用该命令可以将在 Premiere Pro 项目中创建的字幕、图形以及应用效果导出为动态图形模板，以供后续使用。

⑦在菜单栏中，“窗口（W)” 菜单主要用于切换程序窗口工作区的布局以及其他工作面板的显示。

⑧在菜单栏中，“帮助（H)” 菜单可以打开软件的在线帮助系统、登录 Adobe ID 账号、更新程序。

2. Premiere Pro 源监视器与节目监视器面板介绍

源监视器（Source Monitor）是将资源包含到序列之前检查资源的主要位置。在源监视器中查看的视频，是以原始格式呈现的，维持与录制时相同的帧速率、帧大小、场顺序、音频采样率和音频深度。将剪辑的视频添加到序列中时，才会更改为与序列相匹配的设置（见图 1-3-19、图 1-3-20）。

剪辑不匹配警告

此剪辑与序列设置不匹配。是否更改序列以匹配剪辑的设置？

始终询问

更改序列设置　保持现有设置

图 1-3-19　Premiere Pro 剪辑不匹配提示

图 1-3-20　Premiere Pro 源监视器

除了播放控件，使用源监视器可以对原始视频使用两种特殊标记：标记入点（Mark In）和标记出点（Mark Out）。有时在序列中只需要一个视频的特定部分，利用两种标记可以在添加到序列前对视频进行初步裁剪和添加注释。需要注意的是，没有被标记入点和出点的部分并不会被删除，之后需要用到时还能继续使用。另外，被标记的入点和出点会持久存在，如果用户关闭项目，下一次再打开查看时，Premiere Pro 依然会应用这些标记。如果要删除这些标记，可以右击监视器的画面或者在选中标记的序列顶部数字所在的位置右击，选择“清除入点和出点”即可。

除了以上几种控件，在源监视器中还有其他的一些重要控件，其名称和作用如表 1-3-6 所示。

表 1-3-6　监视器中的重要控件一览表

添加标记（Add Marker）	将标记添加到剪辑中播放头所在的位置
标记入点（Mark In）	设置添加在序列中的视频部分的开始位置
标记出点（Mark Out）	设置添加在序列中的视频部分的结束位置
转到入点（Go to In）	将播放头转到剪辑的视频的入点
转到出点（Go to Out）	将播放头转到剪辑的视频的出点
插入（Insert）	使用插入编辑模式将剪辑的视频添加到时间轴（Timeline）面板当前显示的序列中。在同一个时间线上，插入是在时间编辑线的位置插入一段新的视频，而原来编辑线后的视频将移动到新视频的后面，序列的总时间延长
覆盖（Overwrite）	使用覆盖编辑模式将剪辑的视频添加到时间轴（Timeline）面板当前显示的序列中。在同一时间线上，覆盖是把新视频与原来时间线上的视频等长的部分取代，序列的总时间不变
导出帧（Export Frame）	从监视器显示的任意帧或图像导出创建一个静态图像

节目监视器（Program Monitor，见图 1-3-21）显示播放的是当前正在时间轴上的序列内容。与源监视器相同，节目监视器可以设置序列标记并指定序列的入点和出点，在序列入点和出点定义序列中添加或移除帧的位置。节目监视器的播放与时间轴面板中的播放是同步的，用户可以通过使用播放控件或空格键播放和暂停播放剪辑，也可以拖动监视器底部的蓝色播放头，快速查看剪辑中的特定部分。

图 1-3-21　Premiere Pro 节目监视器

源监视器与节目监视器两者窗口的结构大致相同，由上至下分别为标签、监视器、时间标尺区、控件区（见表 1-3-7）。

表 1-3-7　源监视器与节目监视器窗口结构一览表

名称	标签	监视器	时间标尺区	控件区
源监视器	可以看见素材名称	查看原始素材	有播放模块，如果添加了时间标记，会显示该标记，入点和出点的标记也在时间标尺区显示	从左至右依次是：添加标记、标记入点、标记出点、转到入点、前进一帧、播放、循环部分、后退一帧、转到出点、插入、覆盖、导出帧
节目监视器	可以看见序列名称	显示时间轴上的素材	有播放模块，如果添加了时间标记，会显示该标记，入点和出点的标记也在时间标尺区显示	从左至右依次是：添加标记、标记入点、标记出点、转到入点、前进一帧、播放、循环部分、后退一帧、转到出点、插入、覆盖、导出帧

默认情况下，源监视器与节目监视器会显示最常用的按钮，如果想要添加更多按钮，可以单击监视器右下角的“+”标志，从按钮编辑器中挑选想要的按钮（见图 1-3-22）。

图 1-3-22　Premiere Pro 按钮编辑器

由于一些格式的压缩率或数据速率很高，如果计算机的配置不够，这些格式很难以原始质量的播放方式流畅显示，降低分辨率可加快播放速度，但会降低图像显示质量，在观看 AVCHD 和其他基于 H.264 编解码器的媒体时，这一反差特性尤为明显。

低于全分辨率时，这些格式的纠错功能会关闭，播放期间常常会出现非自然信号，虽然这些非自然信号不会出现在最终导出的媒体中，但对整个编辑体验来说并不好。Premiere Pro 提供单独的播放分辨率和暂停分辨率，可以更好地优化整个编辑体验。

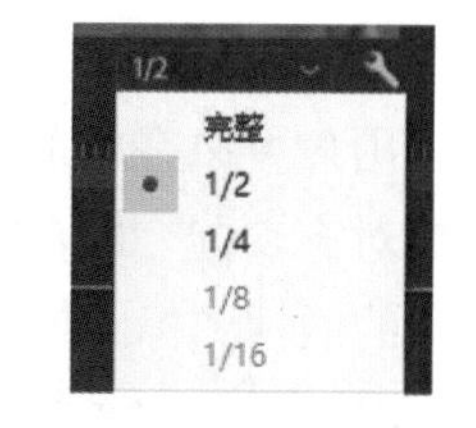

图 1-3-23 Premiere Pro 选择回放分辨率

要优化播放性能，监视器的任何播放分辨率（完整、1/2、1/4、1/8、1/16，见图 1-3-23）的播放质量要低于暂停视频时的质量。在处理高分辨率素材时，用户可将播放分辨率设置为较低的值（例如 1/4）以便素材流畅地播放，将暂停分辨率设置为“完整”，这样就可以在播放暂停期间检查焦点或边缘细节的质量。划动时间轴时监视器显示为设置的播放分辨率，而不是暂停分辨率。

并非所有分辨率都适用于全部的序列类型。对于标准定义序列（如 DV），只能使用“完整”和“1/2”；对于帧大小低于或等于 1080 的高清序列，可使用“完整”“1/2”“1/4”；对于帧大小大于 1080 的序列（如 RED），可使用比例更小的分辨率。

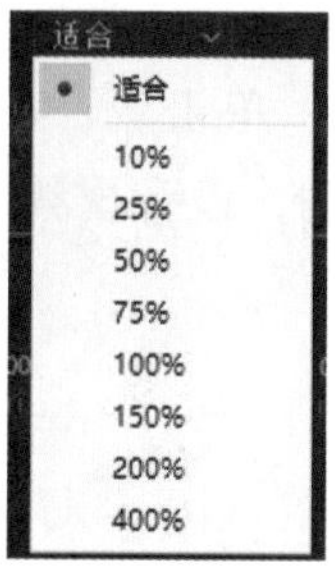

图 1-3-24 Premiere Pro 选择缩放级别

源监视器和节目监视器可缩放视频以适应可用区域；可增大每个视图的放大率设置，以显示视频的更多细节；也可降低放大率设置，以更多地显示图像周围的粘贴板区域（可由此更方便地调整运动效果）。在源监视器或节目监视器的“选择缩放级别”菜单（位于当前时间显示的右侧）中选择放大率设置。

源监视器中的百分比值指的是源媒体的大小；节目监视器中的百分比值指的是通过序列设置指定的图像大小。“适合”选项将对视频进行缩放，使其适合监视器的可用查看区域（见图 1-3-24）。

3. Premiere Pro 时间轴面板介绍

时间轴面板就像是创作的画布。在这个面板中，我们可以把剪辑的素材添加进时间轴序列当中，对其进行编辑、整合、修改，并且添加视觉与听觉效果，之后可以在节目监视器中查看编辑结果。通常情况下，时间轴与序列的意义等同（见图 1-3-25）。

图 1-3-25 Premiere Pro 时间轴面板

时间轴面板分为上下两部分：视频轨道（Video Track）与音频轨道（Audio Track）。Premiere Pro 采用层叠式轨道结构，视频轨道和音频轨道可以随意添加，上层视频轨道显示内容会覆盖下层视频轨道的视频内容，音频轨道则会同时播放混音。视频轨道与音频轨道之间有一条线分割，用户可以单击这条线来调整其位置。

时间轴面板的左上角有一个时间码，以时、分、秒、帧格式显示，用户可以单击时间码输入想要编辑的时间点。

用户可以在时间轴上，拖动剪辑，如果用户把这个剪辑拖到左边，它会自动与前面的剪辑对齐，这就是对齐功能。时间轴上的对齐功能是默认开启的，如果用户想要取消该功能，可以单击时间轴面板左上角的磁铁图标，该功能便会关闭。

时间轴的视频轨道的左边图标有一个眼睛图标，点击眼睛图标可以关闭对应轨道的视频图像，同样，在正下方的音频轨道有 M 字图标，单击该图标可以静音对应轨道的音频声音。

在时间轴的每个轨道的最左边都有一个锁头图标，单击该图标可以锁定对应轨道，锁定后在此轨道上无法使用任何编辑。

另外，用户还可以调整轨道头的大小，通过鼠标滚轮或单击控件所在的位置来调整轨道头的高度。

时间轴面板的底部有一个导航条，也是一个缩放控件，用户可以拖动这个导航条来对音视频素材进行缩放。

在时间轴中，当鼠标放置在音视频素材的左右端时，会出现一个红色的修剪手柄，单击该音视频，将修剪手柄向左移动，该音视频会被裁减，这时再对该音视频使用修剪手柄并向右移动，该音视频又会恢复原来的长度。

4. Premiere Pro 工具面板介绍

Premiere Pro 工具面板（见图 1-3-26）中的工具主要用于在时间轴中编辑素材，一旦选中某个工具，鼠标在时间轴窗口中会显现对应工具的外形，其具体功能的说明如下。

①选择工具（V）：主要用于素材选择和素材位置调整，通过选择工具可以选择需要剪辑的音视频素材，在选择工具下拖动时间轴至任意位置。与快捷键 Shift 一同使用可以加选轨道素材；与快捷键 Alt 以及鼠标拖动可以复制选中片段。

②向前 / 后选择轨道工具（A/Shift+A）：选中现有位置向前 / 后的所有素材，进行整体位置内容的调整。

③波纹编辑工具（B）：当单击并拖动音视频剪辑时，所有剪辑都沿着时间轴移动；滚动编辑工具（N）：扩展一个编辑的长短并缩短另一个剪辑的长短，总量保持不变，这意味着序列不会变长或变短；比率拉伸工具（R）：可以在任意位置加快或减慢素材的播放速度，向左缩短素材长度为“快进”，向右拉伸为“放慢”。

④剃刀工具（C）：是对素材进行裁切的工具，利用剃刀工具可以将整个音视频片段裁切成多个片段。与快捷键 Shift 一同使用可以一次将多个素材同时进行裁切。

图 1-3-26　Premiere Pro 工具面板

⑤外 / 内滑工具（Y/U）：选择外滑工具时，可同时更改时间轴内某剪辑的入点和出点，并保留入点和出点之间的时间间隔不变；选择内滑工具时，可将时间轴内的某个剪辑向左或向右移动，同时修剪其周围的两个剪辑。三个剪辑的组合持续时间以及该组合在时间轴内的位置将保持不变。

⑥钢笔工具（P）：可以编辑关键帧、增加关键帧、移动关键帧，此功能在音频轨道可以用来调整音量大小，在视频轨道可以用来调节视频图像的不透明度。另外，在字幕编辑器中使用钢笔工具可以绘制图形遮罩。与快捷键 Ctrl 一同使用，钢笔形状会转变为曲线样式。矩形工具与椭圆工具分别可以绘制矩形

与椭圆形。

⑦手形工具（H）：可以移动时间轴窗口中的内容，方便用户查看；缩放工具（Z）：可以放大或缩小时间轴窗口的时间单位，改变轨道头的显示状态。选择缩放工具后单击轨道视频素材片段可以放大显示该片段，按住 Alt 键单击轨道视频片段可以缩小显示该片段。两种工具都对素材不产生任何作用。

⑧文字工具（T）：可以输入文字。垂直文字工具可以输入垂直文字。

5. Premiere Pro 项目面板介绍

项目面板用于存放导入的媒体资源关联的所有剪辑，以及创建的序列，是导入、查找、整理和预览剪辑的地方（见图 1-3-27）。

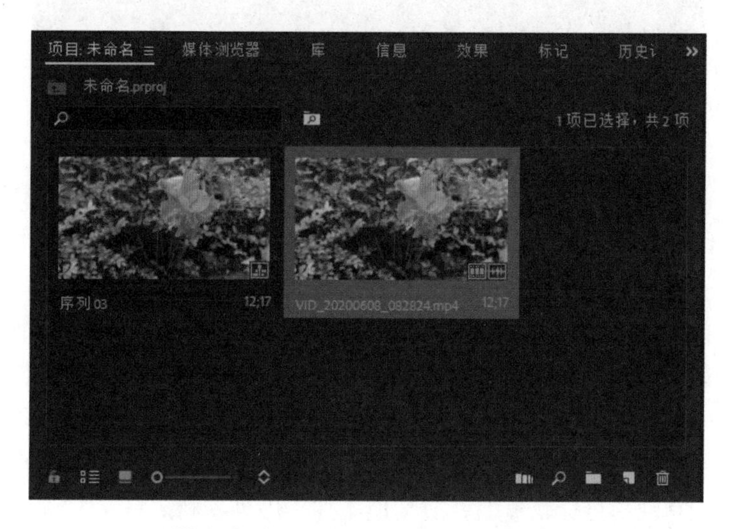

图 1-3-27　Premiere Pro 项目面板

项目面板的左下角可以看到“列表视图”和“图标视图”两个图标，如果切换到图标视图，可以看到序列的内容缩略图；切换到列表视图，可以看到序列的详细信息（名称 / 帧速率 / 媒体开始 / 媒体结束 / 媒体持续时间 / 视频入点 / 视频出点 / 视频持续时间 / 视频信息 / 音频信息 / 磁带名称 / 说明 / 记录注释 / 捕捉设置 / 状态 / 场景 / 良好 / 隐藏），如图 1-3-28 所示。

图 1-3-28　Premiere Pro 项目面板列表视图

列表视图下，如果项目面板存在多个序列或媒体视频图像信息，单击“名称”标志，Premiere Pro 会根据标题内容对项目面板中的项目进行排序。

图标视图下，项目面板的左下角可以调整图标和缩略图大小。在显示视频素材文件时，将鼠标放在缩略图上，可以浏览剪辑内容，方便快速查看。若是单击选中的剪辑片段，则可以得到一个迷你的时间轴以及一个指示所在位置的小播放头；若是双击该剪辑片段的话，则该剪辑片段会在素材监视器中打开。在显示音频素材文件时，将鼠标放在缩略图上声音时长以及频率等信息将会显示在面板中（见图 1-3-29）。

图 1-3-29 Premiere Pro 缩略图预览

在项目面板的项目名称下有个搜索栏，可以在里面输入任意文本来查找与之匹配的剪辑内容。同时在项目面板的右下角包含了多个工具按钮，其具体功能的说明如下。

（1）自动匹配序列（A）

自动匹配序列从字面意义上理解就是自动按照选择的顺序把素材排列在时间线上。使用自动匹配序列的方式有两种，一种是按顺序，即选中的素材按照顺序放进时间轴中；一种是按标记，即先在时间轴上做好标记，再选择“序列自动化”→“至序列”→“放置”。如果是要覆盖时间轴原有剪辑部分，就选择“覆盖编辑”；如果是要在原有时间轴的剪辑部分插入素材，就选择“插入编辑”。单击“确定”后便完成自动匹配序列，在时间轴的目标轨道上就成功地添加了序列素材。

（2）查找（Ctrl+F）

使用查找功能可以在项目中查找该项目内容的任意信息。

（3）新建素材箱

素材管理是进行影视编辑中的一个重要环节，在项目面板中对素材进行合理管理，可以为后期剪辑工作带来事半功倍的效果。在 Premiere Pro 中，素材箱的作用就相当于文件夹，新建素材箱可以对项目中的各类文件进行分类管理。

（4）新建项

通过新建项按钮，用户可以完成创建新的序列、已共享项目、脱机文件、调整图层、彩条、黑场视频、字幕、颜色遮罩、HD 彩条、通用倒计时片头、透明视频等操作。

（5）清除

在影视编辑过程中，对于多余的素材，可以选择清除以减少管理素材的复杂程度。在项目面板中，选中不用的素材，然后单击“清除”按钮，便可删除该素材。

四 基本操作

总结而言，作为一款非线性编辑软件，Premiere Pro 具有的强大功能：几乎可以与所有视频采集源完美地结合，允许多种格式文件的导入，允许用户在编辑视频过程中对素材进行随意放置、替换及拖动，对视频、音频、图像等内容进行效果编辑及任意更改，允许将编辑完成的剪辑素材导出成媒体格式进行分享等。其主要功能说明如下。

1. 导入媒体

用户可以通过多种方式将媒体导入 Premiere Pro，导入媒体的方式主要有两种：通过媒体浏览器导入；通过“文件”→“导入”，访问文件目录位置并导入需要的内容。

①媒体浏览器是一个查看媒体资源的面板（见图 1-3-30），它位于项目面板工作界面的左上角，用户可以在媒体浏览器中搜索访问素材的存储位置，找到剪辑素材后，用户可进行如下操作：

- 双击在源监视器中播放。
- 直接拖拽进时间轴编辑。
- 右击导入素材至项目面板。

使用媒体浏览器的好处在于：

- 可以选择只显示一个具体的文件类型，方便查找。
- 自动感应摄像机数据，使剪辑内容正确显示。
- 可以查看及自定义要显示的元数据种类。
- 正确地显示位于多个摄像机卡的媒体。

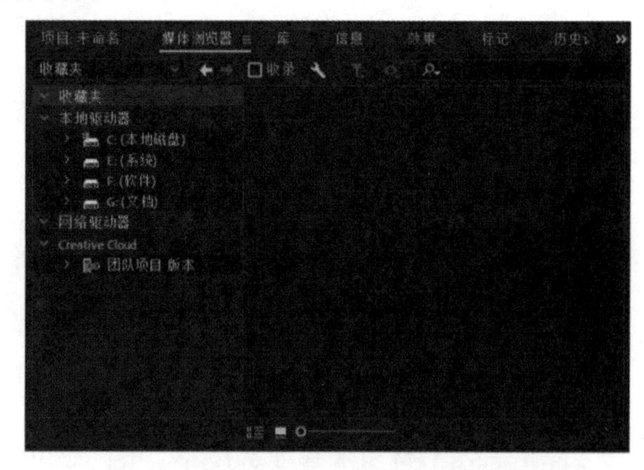

图 1-3-30 Premiere Pro 媒体浏览器

②除了以上两种素材导入方式，用户还可以通过使用“捕捉”功能，从电视实况广播、摄像机或磁带中捕捉数字视频。现在许多数码摄像机和磁带盒都可以将视频录制到磁带，在使用“捕捉”功能之前，应该先将视频从磁带拷贝到硬盘。

Premiere Pro 会通过安装在计算机上的数字端口（如 FireWire 或 SDI 端口）捕捉视频。在使用“捕捉”功能时，Premiere Pro 会先将捕捉的素材以文件形式保存到磁盘上，然后再将文件以剪辑的形式导入项目中。

使用“捕捉”功能捕捉数字视频素材对用户的计算机系统有如下要求：

- 带有 SDI 或组件输入的 HD 或 SD 捕捉卡。
- 对于存储在来自摄像机媒体中的 HD 或 SD 素材，需要能够读取相应媒体资源的设备。
- 对于来自模拟源的录制音频，需要带有模拟音频输入的音频卡。
- 适用于要捕捉的素材类型的编解码器（压缩程序 / 解压缩程序）。增效工具软件编解码器可用于导入其他类型的素材。一些捕捉卡内置了硬件编解码器。
- 能够为要捕捉的素材类型维持数据速率的硬盘。
- 足够供捕捉的素材使用的磁盘空间。

Premiere Pro 支持导入多种格式的文件，除了导入视频，还可以导入数字音频、静止图像，以及从其他程序导入等。

“导入”命令是将硬盘或连接的其他存储设备中的已有文件导入项目中。导入文件之后，这些文件便可供 Premiere Pro 项目使用。导入命令可以导入单个文件、多个文件或整个文件夹。

③可以使用 Adobe Prelude 对复制和导入无磁带媒体资源的过程进行管理。将一个 Prelude 项目导入 Premiere Pro 的步骤如下：

- 启动 Adobe Prelude。
- 打开想要发送的项目，在项目面板选择一个或多个项目。
- 选择“文件”→“导出”→“项目”。
- 选择项目复选框。
- 输入名称。
- 在类型下拉列表选择“Premiere Pro”。

• 单击“OK”按钮，打开选择文件夹窗口。

• 为新项目选择一个文件存储位置，然后单击“选择”按钮，一个新的 Premiere Pro 项目就创建好了。

④可以使用动态链接与 Adobe After Effects/Adobe Audition 搭配使用导入素材。导入方式是在两个应用程序之间创建一个实时链接，一旦采用这种方式，如在 Adobe After Effects/Adobe Audition 中进行修改时，相应的参数也会自动在 Premiere Pro 中更新。

2. 管理素材

（1）新建素材箱

导入 Premiere Pro 项目中的素材都会出现在项目面板中，为了方便管理项目素材，用户可以通过新建素材箱来组织所有素材内容。与硬盘上的文件夹一样，素材箱本质上是一个收纳整理的工具，但与硬盘文件夹不同的是，素材箱只存在于 Premiere Pro 项目中，并不能在硬盘中查找出单独文件夹。

（2）新建搜索素材箱

除了新建素材箱来管理素材外，用户还可以创建一种特殊的可视化素材箱——搜索素材箱。右击项目面板，选择“新建搜索素材箱”选项，在弹出的“创建搜索素材箱”窗口中输入搜索对象后，搜索素材箱会显示所执行的结果，用户可以选择重命名搜索素材箱将其放在其他素材箱中。需要注意的是，搜索素材箱中的内容会根据项目编辑执行自动更新，可以节省许多烦琐工作。

（3）自定义媒体缓存

当导入某些视频和音频格式时，Premiere Pro 需要处理并缓存一个相应的格式版本，这个过程被称为“相符性”。当导入音频文件时，会自动生成 .cfa 文件；导入图像文件时，会生成 .mpgindex 文件；导入媒体时，在软件的右下角有一个蓝色的进度条，这表明软件正在创建缓存。序列具有帧速率、帧大小和音频母带格式（单声道 / 双声道 / 立体声），它们会调整所添加的剪辑以匹配这些设置，用户可以选择是否更改剪辑以匹配序列设置。

值得肯定的是，媒体缓存会使 Premiere Pro 在处理项目时更容易解码和播放媒体，从而提升播放性能。用户可以通过自定义缓存，进一步提升播放性能。媒体缓存数据库有助于 Premiere Pro 管理这些缓存文件，这些缓存文件可以在多个 Adobe 系列应用中共享，从而提升跨软件协作性能。

用户可以在菜单栏的“编辑”菜单选择“首选项”，在弹出的“首选项”窗口中选择“媒体缓存”页面，根据不同需求对媒体缓存进行设置，用户根据不同需求可以考虑以下几种选项：

①如果要将媒体缓存文件或媒体缓存数据迁移至新的文件设置目录位置，则执行“浏览”命令，选择需要的位置，单击“OK”按钮便可完成。

②定期清理媒体缓存数据，以便移除那些不需要的旧格式和索引文件，可以执行“删除未使用”命令，Premiere Pro 便会执行移除其缓存文件以及不必要的预览渲染文件等操作，从而节省空间。

③勾选“如有可能，保存原始媒体文件旁边的 .cfa 和 .pek 媒体缓存文件”选项，可以将缓存文件存放在与媒体文件相同的硬盘上。如果不想将所有内容都存放在同一个位置，则不要勾选该选项。

④媒体缓存管理选项可以在缓存文件的管理中配置一定程度的自动化，如果需要的话，Premiere Pro 会自动创建这些文件，启用这些文件可以节省一定的空间。

（4）添加标签

在项目面板列表视图中，所有的素材都有对应的标签颜色，将这些剪辑添加进时间轴，它们会分别以标签颜色在时间轴的面板上显示。用户可在一个单独步骤中修改多个剪辑的标签颜色，选中一个剪辑，右击便可以选择其他标签颜色。

Premiere Pro 最多可以对项目中的素材指定 16 种标签颜色，目前来说，有 7 种标签颜色可以根据素材类型自动分配，意味着还有剩余 9 种标签颜色可供备用修改。在菜单栏的“编辑”菜单下选择“首选项”，在弹出的“首选项”窗口中选择“标签”页面，可以看见颜色列表，每种颜色都有一个色板，用户可以选中色板来更改颜色，还可以对其重命名。

（5）元数据显示

Premiere Pro 编辑视图下，工作区的左上角最后一个面板便是“元数据”面板，单击面板菜单可以执行“元数据显示”命令。

元数据面板更为详细地展示素材的原始数据信息，比如除显示标记入点和出点的信息之外，拍摄日期、拍摄设备、是否脱机等信息都会直接展示，方便用户随时调用和查看。元数据显示面板允许用户选择任意类型的元数据，用户可直接对剪辑名称、备注信息等进行直接修改且修改的信息不影响原始文件。在项目面板中显示为剪辑标题的详细信息，用户可以选择显示出来的信息类型。

一些标题信息可以在素材箱中直接进行编辑，比如为剪辑添加场景号，而一些标题只提供相关的信息，不能直接进行编辑，比如媒体类型的信息。

单独素材箱的元数据显示设置存储在项目文件中，但项目面板的元数据显示设置则是与工作区一起存储的，没有修改元数据显示设置的任何素材箱都可从项目面板中继承设置。

3. 视频效果

无论是直接用鼠标将素材拖进序列中，或是使用源监视器，本质上使用的都是两种编辑方式：插入编辑和覆盖编辑。当素材进入时间轴序列后，用户可以对其编辑视频效果（见图 1-3-31）。

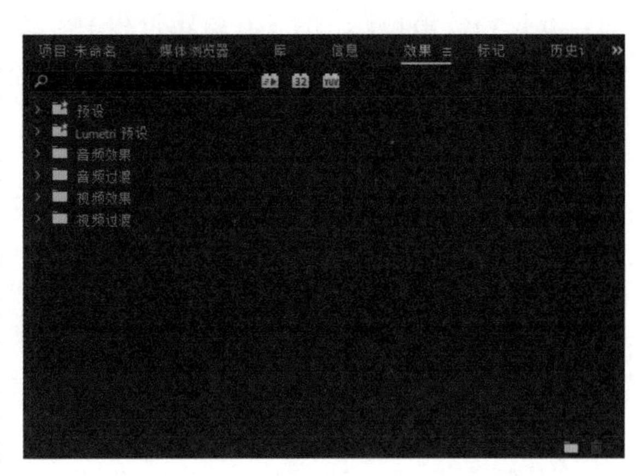

图 1-3-31 Premiere Pro 效果面板

当用户想要对视频素材编辑效果时，可以转到效果工作区，该工作区位于工作界面的左下角，要进入“效果”面板，还可以在菜单栏选择“窗口”→“效果”。用户可以在“效果”面板中找到所有效果，可以在效果控件面板中配置效果参数。还可以在节目监视器中预览添加的效果。

使用视频效果可以解决图像质量问题，组合使用效果还可以创建复杂的视觉效果。Premiere Pro 提供多达 100 种视频效果，每种效果都可以调整参数，用户可根据项目需求对其自定义设置。

①固定效果。用户可以将视觉效果直接拖动至时间轴上剪辑，或者选中该剪辑后在效果面板中双击添加效果。为序列添加剪辑时，项目会自动应用集中效果，这些效果称为固定效果，包含运动、不透明度、时间重映射等控件，所有固定效果都可使用效果控件面板进行修改。其中，运动效果可以对剪辑进行动态、旋转和缩放处理；不透明度效果支持控制剪辑的不透明度；时间重映射允许加、减速或倒放剪辑，或者冻结帧运动。这些固定效果都可以设置关键帧。

②添加关键帧。使用关键帧几乎可以修改视频剪辑的所有参数，使其随时间变化出现。用户可以选中想要修改的剪辑，移动剪辑的时间指针到需要添加关键帧的位置，在效果控件面板中，选择想要更改的固定参数，单击效果名称前的秒表图标，便可在当前位置设置关键帧了。

当为效果添加关键帧时，是在剪辑指定的位置设置特定的值，保存在该帧设置的信息。随着时间的变化，当视频播放到关键帧位置时，该设置效果就会出现。

当效果在不同设置的关键帧之间移动时，默认情况下关键帧的变化是匀速变化的，为了更好地呈现效果，可以对其逐渐加速或减速。

除了可以通过设置关键帧来调速外，用户也可以选择使用贝塞尔曲线来更改剪辑速度。

③新建自定义素材箱。除了视频的固定效果外，在效果面板中还有其他标准效果可供选择，视频效果按照其功能，每个类别都有相对应的素材箱可供查找。视频效果提供较多的预设，有时用户很难查找相应的效果，这时用户可以选择在效果面板的搜索栏输入该效果名称，将会显示对应的效果。用户也可选择新建自定义素材箱，将编辑过程中需要使用的视频效果复制到素材箱中，方便取用。另外，当效果添加到素材箱中，进行的是效果的复制操作，其原始文件仍在原位置。

④加速效果 /32 位颜色 /YUV 效果。在效果面板搜索栏的右侧有加速效果的图标，表示可以使用图形处理单元（GPU）来加速效果；相邻的图标是 32 位颜色（高位深）效果，在处理带有每通道 10 位或 12 位编码器的视频镜头，以及对任意素材应用效果后想要保持更大的图像保真度时可以应用该效果；最后一个图标是 YUV 效果，指的是在 YUV 中处理颜色，YUV 效果将视频分为 Y 通道（亮度）和两个颜色信息通道。

⑤调整图层。在为剪辑设置视频效果时，为了提高工作效率，可以使用调整图层。右击项目面板，在新建项目里选中创建一个调整图层，将其拖进时间轴的最顶层轨道，将想要调整的视频效果应用至该图层，其所有应用效果会显示在节目监视器中且不影响下方轨道的剪辑。借助调整图层，用户可以更快速地处理效果。

⑥视频效果预设。为了在编辑过程中节约时间，Premiere Pro 提供了大量的效果预设，根据其功能不同可分为如下类别：Obsolete、变换、图像控制、实用程序、扭曲、时间、杂色与颗粒、模糊与锐化、沉浸式视频、生成、视频、调整、过时、过渡、透视、通道、键控、颜色校正、风格化等。其具体效果如下。

- Obsolete。Obsolete 其中的效果已经使用了更好的版本进行替换，保留这一类别是确保与较早的项目文件相兼容。
- 变换。变换下设四种变换方式，分别是垂直翻转、水平翻转、边缘羽化、裁剪。其具体功能如表 1-3-7 所示。

表 1-3-7　变换方式功能一览表

垂直翻转	使剪辑垂直向下翻转，可制作倒影效果
水平翻转	使剪辑水平翻转
边缘羽化	控制剪辑画面边缘产生逐渐透明效果
裁剪	裁剪剪辑的边缘像素（大小），可用于视频合成

- 图像控制（见表 1-3-8）。

表 1-3-8　图像控制功能一览表

灰度系数校正	轻微地调节剪辑的明暗度，可在保持剪辑的黑色和高亮区域不变的情况下，改变中间色调的亮度
颜色平衡（RGB）	分别调节剪辑的三个颜色通道来改变剪辑显示的色调
颜色替换	可指定剪辑画面中某一种颜色替换为另一种颜色
颜色过滤	可使剪辑的指定颜色保留，其他颜色按各灰度显示
黑白	将剪辑转换为黑白影像

● 实用程序——Cineon 转换器。

Cineon 是由柯达公司开发的，它是一种适用于电子复合、操纵和增强的 10 位通道数字格式。使用 Cineon 格式可以在不损失图像品质的情况下输出高质量胶片。此格式需在 Cineon Digital Film System 中使用，该系统将源于胶片的图像转换为 Cineon 格式，再重新输出为胶片。

Cineon 视频效果可以增强素材的明暗和对比度，使亮部更亮、暗部更暗，主要应用于将标准线性至曲线的转变。

● 扭曲（见表 1-3-9）。

表 1-3-9 扭曲功能一览表

位移	可进行水平和垂直方向的位移，也可控制不透明度与原图像混合产生移位效果
变形稳定器	消除因摄像机移动造成的影像抖动现象，手持摄像机或手机拍摄的素材通常需要变形稳定器来进行稳定处理
变换	使剪辑画面产生二维平面变换效果，类似运动效果
放大	将剪辑画面的某一部分放大，可调整大小、不透明度和边缘羽化
旋转	使剪辑围绕其中心点产生漩涡旋转的效果
果冻效应修复	用来修复拍摄时产生的类似螺旋桨波纹扭曲的图像，可通过调整参数使扭曲的线变为直线
波形变形	使剪辑产生波浪变形扭曲的效果
球面化	使剪辑产生包裹在球面上的效果，可使物体或文字产生三维效果
紊乱置换	利用分形噪声对剪辑进行扭曲变形，可模拟物体表面纹理、波动、噪波、混乱等效果
边角定位	可变化剪辑的四个顶点位置，产生伸展、收缩、透视、歪斜等效果
镜像	使剪辑沿着指定位置产生镜像效果
镜头扭曲	使剪辑产生变形透视效果

● 时间（见表 1-3-10）。

表 1-3-10 时间功能一览表

像素运动模糊	基于像素运动引入运动模糊
抽帧时间	抽帧时间效果将剪辑锁定到特定的帧速率，如一段 60 场的视频素材可锁定到 24 fps（然后以 60 场 / 秒的速度进行场的渲染）
时间扭曲	可以让剪辑素材重新定时为慢运动、快运动以及添加运动模糊
残影	使剪辑素材产生重影效果，主要用于运动变化的视频

● 杂色与颗粒（见表 1-3-11）。

表 1-3-11 杂色与颗粒功能一览表

中间值	中间值效果将每个像素替换为另一像素，此像素具有指定半径的邻近像素的中间颜色值。当“半径”值较低时，此效果可用于减少某些类型的杂色；在“半径”值较高时，此效果为图像提供绘画风格的外观
杂色	杂色效果随机更改整个图像中的像素值

表 1-3-11（续）

杂色 Alpha	杂色 Alpha 效果将杂色添加到 Alpha 通道
杂色 HLS	杂色 HLS 效果在使用静止或移动源素材的剪辑中生成静态杂色
杂色 HLS 自动	杂色 HLS 自动效果自动创建动画化的杂色
蒙尘与划痕	减少图像的杂色与划痕，会降低画质的清晰度

• 模糊与锐化（见表 1-3-12）。

表 1-3-12　模糊与锐化功能一览表

复合模糊	复合模糊效果根据控制剪辑（也称为模糊图层或模糊图）的明亮度值使像素变模糊。默认情况下，模糊图层中的亮值对应于效果剪辑的较多模糊，暗值对应于较少模糊。对亮值选择“反转模糊”可对应于较少模糊
方向模糊	方向模糊效果为剪辑提供运动幻象
相机模糊	相机模糊效果模拟离开摄像机焦点范围的图像，使剪辑变模糊
通道模糊	通道模糊效果使剪辑的红色、绿色、蓝色或 Alpha 通道各自变模糊。可以指定模糊是水平、垂直还是两者兼顾
钝化蒙版	应用半径和阈值对图像素材的色彩进行钝化处理
锐化	锐化效果增加颜色变化位置的对比度
高斯模糊	高斯模糊效果可模糊和柔化图像并消除杂色。可以指定模糊是水平、垂直还是两者兼顾

• 沉浸式视频。Premiere Pro 将全景视频和 VR 视频统称为 VR 沉浸式视频。要为 VR 视频剪辑使用专门的视频效果和视频过渡，普通的视频效果和视频过渡会带来问题，因而在编辑 VR 视频时需要用到以下效果，其功能跟普通视频效果类似（见表 1-3-13）。

表 1-3-13　沉浸式视频功能一览表

VR 分形杂色	在 VR 剪辑中添加杂色
VR 发光	使 VR 剪辑图像边缘产生渐变发光的效果
VR 平面到球面	使 VR 画面形成 360° 的球面效果
VR 投影	为 VR 剪辑添加阴影效果，应用在多轨道编辑中
VR 数字故障	使 VR 剪辑素材形成数字故障效果
VR 旋转球面	可旋转 VR 剪辑画面的角度
VR 模糊	使 VR 剪辑素材形成模糊效果
VR 色差	调整 VR 剪辑画面色彩变化
VR 锐化	增强相邻像素的对比度，可提高 VR 剪辑画面清晰度
VR 降噪	为 VR 剪辑画面降低噪点，提高 VR 剪辑画面质量
VR 颜色渐变	可以创建线性渐变或径向渐变，并随时间推移而改变渐变位置和颜色

• 生成（见表 1-3-14）。

表 1-3-14 生成功能览表

书写	书写效果可动画化剪辑中的描边
单元格图案	单元格图案效果的生成基于单元格杂色的单元格图案
吸管填充	吸管填充效果将采样的颜色应用于源剪辑
四色渐变	四色渐变效果可产生四色渐变。通过四个效果点、位置和颜色（可使用“位置和颜色”控件予以动画化）来定义渐变
圆形	圆形效果的创建可自定义实心圆或环
棋盘	棋盘效果创建由矩形组成的棋盘图案，其中一半是透明的
椭圆	椭圆效果用于绘制椭圆
油漆桶	油漆桶效果是使用纯色来填充区域的非破坏性油漆效果
渐变	渐变效果创建颜色渐变
网格	网格效果用于创建可自定义的网格
镜头光晕	镜头光晕效果模拟将强光投射到摄像机镜头中时产生的折射
闪电	闪电效果用于在剪辑的两个指定点之间创建闪电、雅各布天梯和其他电化视觉效果

• 视频（见表 1-3-15）。

表 1-3-15 视频功能一览表

SDR 遵从情况	将 HDR 媒体转换为 SDR
剪辑名称	剪辑名称效果用于在视频上叠加剪辑名称显示，控制显示位置、大小和不透明度及显示和音轨
时间码	时间码效果用于在视频上叠加时间码显示，时间码效果中的设置可控制显示位置、大小和不透明度及格式和源选项
简单文本	在时间轴上添加文本

• 调整（见表 1-3-16）。

表 1-3-16 调整功能一览表

ProcAmp	ProcAmp 效果模仿标准电视设备上的处理放大器。此效果可以调整剪辑图像的亮度、对比度、色相、饱和度以及拆分百分比
光照效果	对剪辑应用光照效果，最多可采用五个光照来产生有创意的光照
卷积内核	卷积内核效果根据称为“卷积”的数学运算来更改剪辑中每个像素的亮度值
提取	提取效果从视频剪辑中移除颜色，从而创建灰度图像。明亮度值小于输入黑色阶或大于输入白色阶的像素将变为黑色。这些点之间全显示为灰色或白色
色阶	色阶效果操控剪辑的亮度和对比度

● 过时（见表 1-3-17）。

表 1-3-17 过时功能一览表

RGB 曲线	分三色进行颜色调整
RGB 颜色校正器	通过色调 / 通道调整图像
三向颜色校正器	对素材阴影、中间调、高光进行调整
亮度曲线	通过调整亮度值的曲线调节图像的亮度
亮度校正器	调整画面的亮度、对比度和灰度值
快速颜色校正器	使用色相、饱和度来调整素材文件的颜色
自动对比度	在无需增加或消除色偏的情况下调整总体对比度和颜色混合
自动色阶	自动校正高光和阴影
自动颜色	通过对中间调进行中和并剪切黑白像素，来调整对比度和颜色
阴影 / 高光	阴影 / 高光效果增亮图像中的主体，而降低图像中的高光

● 过渡（见表 1-3-18）。

表 1-3-18 过渡功能一览表

块溶解	使剪辑在随机块中消失
径向擦除	使用围绕指定点的擦除来显示底层剪辑
渐变擦除	使剪辑中的像素根据另一视频轨道（称为渐变图层）中的相应像素的明亮度值变透明
百叶窗	使用指定方向和宽度的条纹来显示底层剪辑
线性擦除	在指定的方向对剪辑执行简单的线性擦除

● 透视（见表 1-3-19）。

表 1-3-19 透视功能一览表

基本 3D	在 3D 空间中操控剪辑
投影	添加出现在剪辑后面的阴影
放射投影	在应用此效果的剪辑上创建来自点光源的阴影，而不是来自无限光源的阴影（如同投影效果）
斜角边	为图像边缘提供凿刻和光亮的 3D 外观
斜面 Alpha	将斜缘和光添加到图像的 Alpha 边界，通常可为 2D 元素呈现 3D 外观

• 通道（见表 1-3-20）。

表 1-3-20　通道功能一览表

反转	反转图像的颜色信息
复合运算	复合运算效果以数学方式合并应用此效果的剪辑和控制图层
混合	使用五个模式之一混合两个剪辑
算术	对图像的红色、绿色和蓝色通道执行各种简单的数学运算
纯色合成	通过纯色合成效果可以在原始源剪辑后面快速创建纯色合成
计算	计算效果将一个剪辑的通道与另一个剪辑的通道相结合
设置遮罩	设置遮罩效果将剪辑的 Alpha 通道（遮罩）替换成另一视频轨道的剪辑中的通道

• 键控（见表 1-3-21）。

表 1-3-21　键控功能一览表

Alpha 调整	需要更改固定效果的默认渲染顺序时，可使用 Alpha 调整效果代替不透明度效果
亮度键	亮度键效果可抠出图层中指定明亮度或亮度的所有区域
图像遮罩键	图像遮罩键效果可根据静止图像剪辑（充当遮罩）的明亮度值抠出剪辑图像的区域
差值遮罩	差值遮罩效果创建透明度的方法是将源剪辑和差值剪辑进行比较，然后在源图像中抠出与差值图像中的位置和颜色均匹配的像素
移除遮罩	移除遮罩效果可从预乘某种颜色的剪辑中移除颜色边纹
超级键	超级键效果采用 GPU 加速，从而可提高播放和渲染性能
轨道遮罩键	使用轨道遮罩键可移动或更改透明区域
非红色键	非红色键效果可基于绿色或蓝色背景创建透明度
颜色键	颜色键效果可抠出所有类似于指定主要颜色的图像像素

• 颜色校正（见表 1-3-22）。

表 1-3-22　颜色校正功能一览表

ASC CDL	类似 RGB 曲线，分三色进行颜色调整，可用于调整图像的偏色
Lumetri 颜色	包括基本校正、创意、曲线、色轮和匹配、HSL 辅助、晕影等功能模块
亮度与对比度	主要对图像的亮度、对比度进行调节
分色	实现一些单色效果
均衡	通过 RGB、亮度或 Photoshop 样式等方式对图像进行色彩均化，主要是将图像中最亮的像素点用白色取代，最暗的像素点用黑色取代，介于二者之间的像素点则用平均灰度值来取代

表 1-3-22（续）

更改为颜色	将图像中的一种颜色或颜色范围改变为另外一种颜色
更改颜色	通过色相、饱和度和亮度对图像进行颜色改变
色彩	通过指定颜色对图像进行颜色喷射处理
视频限幅器	对图像的色彩值进行调整，可设置视频限制的范围，使其符合视频限制的要求，以保证其能在正常范围内显示
通道混合器	通过修改一个通道的颜色来调整图像的色彩
颜色平衡	用于调整图像的色彩均衡
颜色平衡（HLS）	通过对图像的色相（H）、亮度（L）和饱和度（S）三个参数的调整来改变图像的颜色

- 风格化（见表 1-3-23）。

表 1-3-23　风格化功能一览表

Alpha 发光	在蒙版 Alpha 通道的边缘周围添加颜色
复制	复制效果将屏幕分成多个平铺并在每个平铺中显示整个图像
彩色浮雕	彩色浮雕效果与浮雕效果的原理相似，但不抑制图像的原始颜色
抽帧	抽帧效果可用于为图像中的每个通道指定色调级别数（或亮度值）
曝光过度	曝光过度效果可创建负像和正像之间的混合，导致图像看起来有光晕
查找边缘	查找边缘效果可识别有明显过渡的图像区域并突出边缘
浮雕	浮雕效果可锐化图像中对象的边缘并抑制颜色
画笔描边	画笔描边效果向图像应用粗糙的绘画外观
粗糙边缘	粗糙边缘效果通过使用计算方法使剪辑 Alpha 通道的边缘变粗糙
纹理化	纹理化效果为剪辑提供其他剪辑的纹理的外观
闪光灯	闪光灯效果对剪辑执行算术运算，或使剪辑在定期或随机间隔透明
阈值	阈值效果将灰度图像或彩色图像转换成高对比度的黑白图像，指定明亮度级别作为阈值；所有与阈值亮度相同或比阈值亮度更高的像素将转换为白色，而所有比其更暗的像素则转换为黑色
马赛克	马赛克效果使用纯色矩形填充剪辑，使原始图像像素化

4. 视频过渡

在编辑过程中，为了使剪辑之间的过渡更加顺畅自然，呈现更好的视觉效果，Premiere Pro 提供了多种预设方案供用户选择，用户可以在效果面板选择“视频过渡”的素材箱。

为项目添加过渡效果的操作十分简单，只需将需要过渡的效果拖至两个剪辑之间的镜头即可，但是具体的参数还需要用户自行调节才能达到最佳效果。

视频添加过渡效果有助于让观众更好地了解剪辑想要传达的内容，但是盲目地使用过渡效果则会分散观众的注意力，在剪辑过程中要确认使用过渡效果的目的。

为剪辑添加过渡效果后，用户可以按下 Enter 键执行渲染播放即可在节目监视器中看到应用效果，播放过程中，可以看见时间轴的时间标尺下方会出现一条红色或黄色的水平线，黄色的线表示 Premiere Pro 能够平滑地播放，红色的线则表示在保证不丢帧的情况下，Premiere Pro 先渲染一部分的序列效果。

Premiere Pro 提供的视频过渡效果按照其功能不同分为 8 个类别：3D 运动、划像、擦除、沉浸式视频、溶解、滑动、缩放、页面剥落。

其类别涵盖的效果如表 1-3-24 所示。

表 1-3-24　视频过渡效果类别一览表

3D 运动	立方体旋转、翻转
划像	交叉划像、圆划像、盒型划像、菱形划像
擦除	划出、双侧平推门、带状擦除、径向擦除、插入、时钟式擦除、棋盘、棋盘擦除、楔形擦除、水波块、油漆飞溅、渐变擦除、百叶窗、螺旋框、随机块、随机擦除、风车
沉浸式视频	VR 光圈擦除、VR 光线、VR 渐变擦除、VR 漏光、VR 球形模糊、VR 色度泄露、VR 随机块、VR 莫比乌斯缩放
溶解	MorphCut、交叉溶解、叠加溶解、渐隐为白色、渐隐为黑色、胶片溶解、非叠加溶解
滑动	中心拆分、带状滑动、拆分、推、滑动
缩放	交叉缩放
页面剥落	翻页、页面剥落

5. 音频效果

在 Premiere Pro 中，用户可以编辑音频并向其添加效果，还可以在一个序列中混合计算机系统能处理的尽可能多的音频轨道。轨道可包含单声道或 5.1 环绕立体声声道。此外，还有标准轨道和自适应轨道。

标准音频轨道可在同一轨道中同时容纳单声道和立体声。例如，如果用户将音频轨道设为“标准”，则可在同一音频轨道上使用带有各种不同类型音频轨道的素材。对于不同种类的媒体，可选择不同种类的轨道，例如，可为单声道剪辑选择仅编辑至单声道音轨上。默认情况下可选择多声道，而单声道音频会导向自适应轨道。

（1）单声道轨道

单声道轨道只能包含单声道和立体声剪辑。不过，立体声剪辑的左右声道会汇总为单声道并减弱 3dB 以避免剪切。单声道轨道（所含输出被分配到单声道序列主轨道或单声道子混合轨道）没有平移控件，可使用“平移”旋钮在立体声序列的左右声道之间平移单声道轨道的音频信号。

（2）立体声轨道

标准（立体声）轨道只能包含单声道和立体声剪辑。不过，单声道剪辑信号会被拆分为左右声道并减弱 3dB。立体声轨道（所含输出被分配到单声道序列主轨道或单声道子混合轨道）没有平衡控件，使用“平衡”旋钮可设置立体声序列左右声道之间的平衡。

（3）5.1 轨道

5.1 轨道只能包含 5.1 剪辑。5.1 轨道中没有平移 / 平衡圆盘或低音管理。5.1 轨道在单声道序列中混音至单声道，或在立体声序列中混音至立体声。在 5.1 序列中，5.1 轨道将其声道直接传输至未更改的相应输出声道。Premiere Pro 具备针对 5.1 轨道的轨道输出声道分配，从而实现更灵活、更轻松的声道映射。

（4）自适应轨道

自适应轨道只能包含单声道、立体声和自适应剪辑。自适应轨道包括平衡控件。自适应轨道与其序列拥有一样多的声道数量。除非在多声道序列中，否则自适应轨道不再包括轨道输出声道映射。

用户要编辑音频，首先可以将其导入项目或直接录制至音轨。另外，导入视频剪辑时通常也包含了音频。

音频剪辑处于项目中时，可将其添加至序列并以类似编辑视频剪辑的方式对其进行编辑。在将音频添加至序列之前，还可查看音频剪辑的波形并在源监视器中对其进行修剪。用户可直接在时间轴或“效果控件”面板中调整音频轨道的音量和声像 / 平衡设置；可使用“音频轨道混合器”对混合音轨进行实时更改；也可以将效果添加到序列的音频剪辑中；如果是多个音轨之间的复杂混合，可考虑将它们整理到子混合和嵌套序列中。

序列始终包含一条主音轨，用于控制序列中所有轨道的合成输出。序列可包含两类音轨：常规音轨和子混合音轨。常规音轨包含实际音频，子混合轨道输出轨道的合并信号，或者发送向它传送的信号；子混合音轨可用于管理混音和效果。

在 Premiere Pro 的音频效果中包含了大量的效果预设，其涵盖效果如表 1-3-25 所示。

表 1-3-25　预设音频效果一览表

过时的音频效果	多频段压缩器、Chorus、DeClicker、DeCrackler、DeEsser、DeHummer、DeNoiser、Dynamics、EQ、Flanger、Phaser、Reverb、变调频谱降噪
音频效果	吉他套件、多功能延迟、多频段压缩器、模拟延迟、带通、用右侧填充左侧、用左侧填充右侧、电子管建模压缩器、强制限幅、Binauralizer-Ambisonics、FFT 滤波器、扭曲、低通、低音、Panner-Ambisonics、平衡、单频段压缩器、镶边、陷波滤波器、卷积混响、静音、简单的陷波滤波器、简单的参数均衡、互换声道、人声增强、动态、动态处理、参数均衡器、反转、和声 / 镶边、图形均衡器（10 段）、图形均衡器（20 段）、图形均衡器（30 段）、声道音量、室内混响、延迟、母带处理、消除齿音、消除嗡嗡声、环绕声混响、科学滤波器、移相器、立体声扩展器、自适应降噪、自动咔嗒声移除、雷达响度计、音量、音高换挡器、高通、高音

6. 添加字幕

Premiere Pro 支持使用图形面板来创建文字和形状，用以快速将信息传递给观众，用户可以使用加载在计算机上的字体，还能调节文字的不透明度及颜色。

用户可以在项目面板右击“新建项目”选择“字幕”，也可以在工具栏选择“T”文字工具，在节目监视器中单击创建文本，还可以选择菜单栏的“文件”→“新建”→“旧版标题”或“字幕”。

①创建字幕后，用户可以根据需要调整以下参数：

- 调整字偶距。在添加字幕时用户调整字符之间的间距，使其与背景的设计相匹配，这个调整过程称为字偶距调整。调整字偶距的目标是改进文字的外观和易读性。
- 设置字间距。与字偶距类似，字间距可以对一行文字中所有字母的距离进行总体控制。
- 调整行间距。字偶距与字间距是控制字符之间的水平距离，行间距则是控制文字行之间的垂直距离。

• 设置对齐，设置对齐的方式有左对齐、居中对齐、右对齐。

②用户还可以对字幕的属性参数进行调整，可编辑部分属性包括以下几种。

• 文本属性。通过从下拉列表中选择字体更改选定文本的字体，还可以更改文本的字体样式（例如粗体或斜体）。如果某一字体不包括所需的样式，则可以应用仿样式、仿粗体、仿斜体、全部大写字母、小型大写字母、上标、下标和下划线，Premiere Pro 旧版标题界面如图 1-3-32 所示。

• 填充。更改文本的颜色，方法为选择文本，单击基本图形面板中“外观”部分的“填充 / 描边”色板，然后选择一个颜色填充。

• 描边。更改文本的描边（边框），方法为选择文本，单击“描边颜色”并选择一种颜色，可以更改描边宽度，描边样式或向文本添加多种描边，从而生成新的效果。

• 背景。更改文本的背景，方法为选择文本并单击“背景颜色”选项，然后可以调整背景的不透明度和大小。如果不想要任何文本背景，取消选择“背景”选项。

• 阴影。更改文本的阴影，方法为选择文本，然后单击“阴影颜色”选项，可以调整各种阴影属性，如“距离”“角度”“不透明度”“大小”“模糊”等。

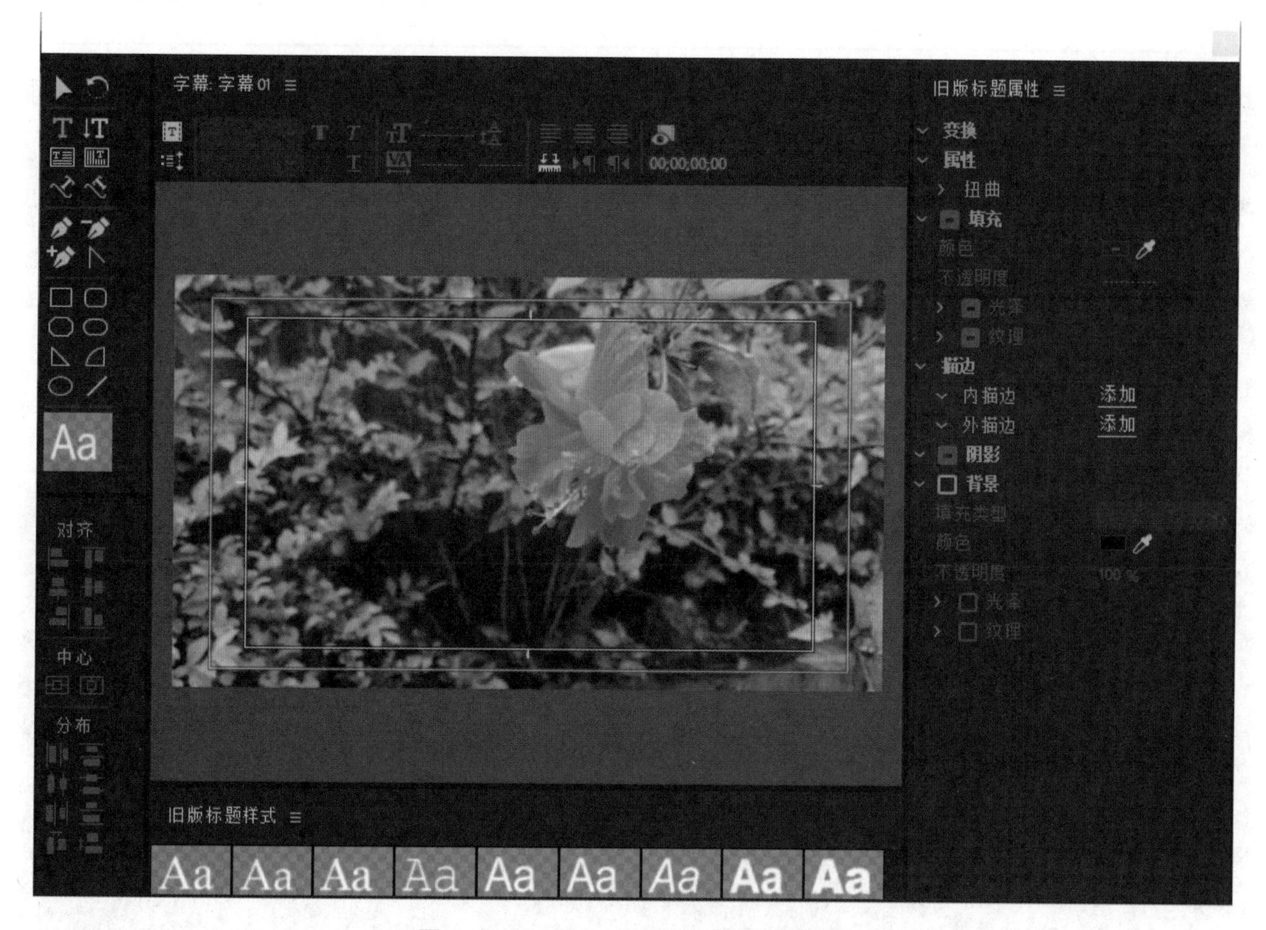

图 1-3-32　Premiere Pro 旧版标题界面

③在创建字幕时，用户可能需要文字以外的内容来构建完整的图形，Premiere Pro 提供创建矢量形状作为图形元素的功能。用户可以使用“钢笔工具（P）”，在节目监视器中直接绘制图形，也可以在“钢笔工具”子菜单下选择“矩形”“椭圆形”等形状。

④用户可以通过启用“滚动”创建在屏幕上垂直移动的字幕或滚动字幕。当启用“滚动”时，用户会在节目监视器中看到一个透明的蓝色滚动条，在时间轴中选择图形，然后到基本图形面板的“编辑”选项卡，确保选择的图形未选中任何单个图层，选中“滚动”旁边的复选框以启用滚动字幕，指定是否要让文本或其他图层在屏幕外开始或结束，使用每个属性的时间码调整“预卷”“过卷”“缓入”“缓出”的时间，这样一个滚动字幕就创建完成了。

7. 导出媒体

当用户编辑好项目之后，可以选择导出项目结果。Premiere Pro 采用 Adobe Media Encoder 编码应用程序，当用户在“导出设置”对话框中指定导出设置并单击“导出”按钮时，Premiere Pro 会将导出请求发送到 Adobe Media Encoder。

在“导出设置”对话框中，用户可以采用最适合查看的形式从序列中导出视频，Premiere Pro 支持采用适合各种用途和目标设备的格式导出。

“导出设置”对话框左侧包含一个视频预览视图，其中包含源视图和输出视图之间切换的选项卡，以及一个时间码显示区和时间轴。对话框的右侧显示所有可用的导出设置；在此处可以选择导出格式和预设、调整视频和音频编码设置，添加效果、隐藏字幕和元数据，并发布到社交媒体网站等选项（见图 1-3-33）。

图 1-3-33　Premiere Pro 导出设置

① Premiere Pro 支持采用适合形式将项目媒体导出。

• 快速导出。用户可以使用“快速导出”从 Premiere Pro 快速导出序列。利用这种方式，可针对各种用途和目标设备，快速、高效地导出文件。

• 导出文件以做进一步编辑。用户可以导出可编辑的影片或音频文件，然后对已完成渲染效果与过渡的作品进行预览。此外，用户还可以继续在 Premiere Pro 以外的其他应用程序中编辑文件。

• 导出到磁带。可以使用支持导出到磁带的摄像机或 VTR 将序列或剪辑导出到录像带。此类型的导出适用于存档母带，或者提供粗剪以供从 VTR 中进行筛选。

• 导出其他系统的项目文件。用户可以将项目文件（不仅仅是剪辑）导出到 AAF 文件，还可以将 AAF 文件导入各种第三方编辑系统进行最终编辑。

• 适合各种设备和网站的导出格式。使用 Adobe Media Encoder，可以采用适合各种设备的格式导出视频，这些设备包括专业磁带机、DVD 播放器、视频共享网站、移动电话、便携式媒体播放器及标清和高清电视机。

②导出视频和音频文件的工作流程如下。

• 单击“节目监视器”或“时间轴”面板，选中剪辑；在“项目”面板、“源监视器”或“素材箱”中，选中剪辑。

• 在菜单栏中选择“文件”→“导出”，根据需要选择导出形式。Premiere Pro 提供多种格式的导出文件，包括 AAC 音频、AIFF、AS-10、AS-11、AVI、AVI（未压缩）、BMP、DNxHR/DNxHD MXF OP1a、DPX、GIF、H.264、H.264 蓝光、HEVC（H.265）、JPEG、JPEG2000 MXF OP1a、MP3、MPEG2、MPEG2 蓝光、MPEG2-DVD、MPEG4、MXF OP1a、OpenEXR、P2 影片、PNG、QuickTime、Targa、TIFF、Windows Media、Wraptor DCP、动画 GIF、波形音频等。

• 在弹出的“导出设置”窗口，选择所需导出的文件格式。

• 若要裁剪图像，则在“源”面板中指定裁剪范围。

• 若要指定导出范围，则在时间轴设置入点和出点。

• 若要自定义导出选项，则选择对应选项卡选择相应选项。

• 设置好选项后，单击“导出”按钮，Adobe Media Encoder 会立即进行渲染和导出相应项目。

默认情况下，Adobe Media Encoder 会将导出的文件保存在源文件所在的文件夹中，其指定格式的扩展名会附加到文件名末尾，用户也可以在“导出设置”中为各种类型的导出文件指定输出文件夹，再执行导出操作。

拓展阅读

中国传统文化中的“家国情怀”是一种高尚的精神品质，它深深根植于中华民族数千年生生不息的民族血脉之中。在社会主义核心价值观中，最深层、最根本、最永恒的是爱国主义。爱国主义是常写常新的主题。拥有家国情怀的作品，最能感召中华儿女团结奋斗。徐悲鸿作为一位艺术战士，他的作品大都与时代紧密相连，其中饱含着对国家和人民命运的关心，体现了拳拳的爱国之心，具有感人的艺术魅力和深刻的教育意义。徐悲鸿的爱国事迹和精神力量是对青少年厚植爱国情怀的良好“营养剂”，有益于引导青少年把个人抱负和祖国前途、把自己的人生和国家的命运紧密联系在一起，自觉践行“爱国、强国、报国”。

课后习题

1. 简要说明线性编辑系统及非线性编辑系统的组成。
2. 简要说明 Premiere Pro 如何添加字幕。

第二章
非线性编辑项目实训

本章概述

在熟练掌握 Premiere Pro 的基础操作知识后，本章将通过 Premiere Pro 相关功能的训练，包括字幕效果训练、初级调色训练、音视频转场效果训练、音视频特效训练等，使同学们进一步掌握 Premiere Pro 实际工作流程。

学习目标

通过本章的学习，学生可以掌握影视编辑中的相关技巧，熟练运用 Premiere Pro 相关功能，为在不同场景要求下能够迅速做出相应的解决方案打下坚实的基础，提升自身的工作能力。

第一节

项目训练——字幕效果 1：书写文字

新媒体时代下，人们的阅读习惯随着屏幕的改变而做出了相应的调整，从纸张到电视、从电视到电脑甚至是电影巨幕。人们对信息的摄取量越来越大，除了最为直观的图像信息，文字是辅助人们理解信息意义的最好方式之一。

出色的文字效果能在第一时间吸引读者的注意力，可以更好地完成对信息的输出以及接收的过程。如何对文字做出相应的改变来满足人们对信息的需求，时下已成为设计专业的一个重要命题。在影像的后期编辑中，也是同样的道理。

上章述及，在影视后期编辑过程中，用户可以通过工具栏的文字工具，或是从菜单栏中选择新建字幕或者旧版标题，还可以在项目面板右击新建字幕等方式自由创建出想要的文字内容。

任何效果的实现途径实质上都大同小异，其根本在于对软件知识的掌握以及能否对其灵活运用，在项目实操训练部分，本书对每一个项目的操作步骤尽可能地进行详细说明，以帮助学生理清编辑思路，更好地完成项目要求。

一 课程概况

本节内容将通过对字幕效果其中一种的案例，即书写文字的案例，引导学生完成这一字幕效果。案例流程大致包含新建或打开已有项目、导入素材、新建字幕、字体选用及相关调整、文字嵌套、选择效果、关键帧动画、浏览效果、导出文件等几个步骤。案例试图将理论与实践相结合，力求寓教于乐。

1. 课程主要内容

包括①新建字幕；②字体选用；③调整参数；④文字嵌套；⑤选择效果；⑥关键帧动画；⑦浏览效果。

2. 训练目的

通过本节的项目训练，学生将学习字幕效果中的书写文字效果，一方面使学生学会综合运用 Premiere Pro 的部分功能，另一方面使学生为之后课程需要学习技能。

3. 重点和难点

重点：掌握书写文字所需的相关命令。

难点：理解嵌套效果的意义、关键帧动画。

4. 作业和要求

作业：完成一个具有书写文字效果的 Vlog 开头视频。

要求：具备基本美感，运用书写文字所需的相关命令，包括对字体的选用、文字参数调整、关键帧动画等。

二 案例解析

1. 字幕对展示效果的影响

人们通常将显示在影像中的文字称之为字幕，随着影像艺术的发展，作为影视后期制作的重要环节之一，一方面字幕成为人们视觉信息中的重要组成部分，可以帮助人们更好地理解影像传递的含义，其主要功能在于提供信息的补充、说明；另一方面，字幕不单是对视觉信息的补充，它还具有美化影像画面的效果，合适的字幕效果能为影视节目增添光彩。

常见的字幕形式有片头 / 片尾、同期声、标题、说明性字幕等，从字幕的不同形式到其具体的应用场景，都有不同的字幕样式对应使用。

优秀的节目必然同时具备优秀的内容和优秀的表达。字幕作为信息表达的重要手段之一，在不同节目中应用不同字幕设计不仅能让人耳目一新，更能充分展现节目内容、渲染节目气氛、突出节目品牌形象。

字幕承载的是文字，所以文字的信息量要符合视觉传达的规律。一般来讲，人们每秒可读解 6~8 个汉字，电视字幕中汉字的出现数目不定，多则十几个，少则几个。一般情况下，画面停留 3 秒以上就可以让观众看清字幕并理解画面的含义。理论上屏幕上的总文字信息量上限应该控制在 30 字左右。

（1）字幕在后期影视编辑过程的意义

字幕作为影视后期制作的重要组成部分，其主要作用在于辅助理解影像信息以及具有一定意义上美化画面的作用，因而在后期制作过程中，应当重视字幕在其中的意义。

字幕对影像信息具有辅助作用的意义在于，在访谈类、纪实类等节目中，有时会出现因方言、外语、不标准口语等使观众不能清晰获得信息的情况，字幕的出现以统一标准的注释帮助人们获取信息；在电视剧、电影等影视作品中，观众需要处理大量的画面以及语音信息，为了能够更好地进入剧情，字幕能够有效节省观众的精力。

对于字幕对影像画面具有一定意义上的美化作用可以理解为，根据不同性质的节目对应不同的字幕运用，更能贴合节目的调性。比如对字幕合理进行色彩的搭配，在画面上不仅美观且能够吸引观众的注意力；为字幕添加运动效果能够为画面增添动感，提升画面的可观性；选用不同的字体能够凸显不同节目的风格；等等。

（2）选用合适字体

字体，或称字形，是一个具有同一外观样式和同一排版尺寸（字宽、字高和行间距）的字形的集合。在影视后期制作中，运用独特的字体能给人焕然一新的视觉感受。在 Premiere Pro 中，一般默认使用系统自带的字体，每个系统中载入的特定字体不尽相同，也可以根据需要登录 Adobe Creative Cloud 账户去访问下载合适的字体。

经常使用的字体可以分为专门为屏幕显示而设计的屏幕字体与非屏幕字体。不同于印刷字体，屏幕字体通常采用中宫扩大、内白增加、调整笔画粗细、简化笔画等手段，提高屏幕上的文字显示效果，尤其在屏幕字体为小字号时优化更为明显。

一般情况下，Windows 默认提供以下字体。

① Windows 95/98/98SE：宋体、黑体、楷体 GB2312、仿宋 GB2313。

② Windows XP/2000/2003/ME/NT：宋体 / 新宋体、黑体、楷体 GB2313、仿宋 GB2313。

③ Windows Vista/7/2008：宋体 / 新宋体、黑体、楷体、仿宋、微软雅黑、SimSun-ExtB。

若电脑还安装了 Office，还会新增以下字体。

①隶书、幼圆、方正舒体、方正姚体、华文细黑、华文楷体、华文宋体、华文中宋、华文仿宋、华文彩云、华文琥珀、华文隶书、华文行楷、华文新魏。其中，中文字体主要按照书法分类，比较常用的字体为黑体和宋体。

②黑体。黑体（见图 2-1-1）是最基础的中文字体之一，属于无衬线字体，其笔画厚重有力、清晰稳健、线条统一、简约醒目。因其线条笔直、转角锐利，使得黑体具备阳刚、果敢的文字性格，因此黑体多适用于标题处或严肃正式的话题场景中（例如公共设施的导向标识）。

③宋体。宋体（见图 2-1-2），其突出的特色是粗细不一的笔画及末端的字脚，属于衬线字体。因为其清晰挺拔、辨别性强，所以常用于书籍、杂志、报纸印刷的正文排版。

黑体 宋体

图 2-1-1　黑体字体 　　图 2-1-2　宋体字体

英文字体分为衬线字体、无衬线字体、手写体。

④衬线字体。衬线字体（见图 2-1-3）是指具有装饰性（有边角）的字体。代表字体：Times New Roman、Garamond。

⑤无衬线字体。无衬线字体（见图 2-1-4）是指不具有沿着中央横梁和顶部横条的任何装饰元素的字体。代表字体：Arial。

Times New Roman
Garamond

Arial

图 2-1-3　Times New Roman 和 Garamond 字体 　　图 2-1-4　Arial 字体

⑥手写体。手写体（见图 2-1-5）通常没有什么规则约束，具有较多的装饰元素及较为随意的笔画风格，且结构松散。代表字体：Comic Sans MS。

Comic Sans MS

图 2-1-5　Comic Sans MS 字体

衬线字体与无衬线字体的区别在于是否有“衬线”。衬线指的是字母结构笔画之外的装饰性笔画，尤其是笔画开始和末尾处具有“鼻头”痕迹的装饰。衬线字体的每个字母都易于辨别且字母连续性良好，读者在阅读多文字、长段落时会变得轻松，因此衬线字体适用于书籍、杂志、报纸印刷的正文字体。相

反的，无衬线字体没有装饰性元素、笔画粗细基本一致，容易造成字母辨识的困扰，作为正文字体时容易出现读者阅读错行的情形，因此无衬线字体通常不适用于正文使用。无衬线字体适合于用文字较少的场合，或者标题之类需要醒目但又不被长时间阅读的地方，如年度报告和小册子，杂志的标题等。

（3）选用字体的原则

在影视后期制作中，为视频设计文字时，重要的是重视版式规范，在易读性与样式之间找到平衡点。在字体选择中，有以下几条原则可供参考。

①可读性，保证屏幕上的文字可读、易读，一般需要注意合理调整字体的字号、字间距、行间距等，使信息容易阅读；在颜色的选择上既要使文字在背景上凸显、清晰，又不能与屏幕内容相斥、突兀。在创建字幕后，可以为字体选择添加一个边缘描边或投影与背景进行区分，通常情况下，字体的颜色是白色。

②样式，字体的选用要与节目的定位和风格相符，要考虑不同字体的特征、字幕与主题内容的协调、形式美感等，体现其个性，与节目风格相得益彰。

③灵活性，字体的选择要避免繁杂凌乱，减去不必要的修饰变化，能够清晰、正确、规范地表达画面的内容并强化主题，甚至可以通过合适的字体使传达意义变得更简单。

（4）隐藏式字幕与开放式字幕

在制作用于广播电视节目等视频的过程中，通常有两种字幕类型：隐藏式字幕和开放式字幕。

①隐藏式字幕。

被嵌入在视频之中，可由观众启用或禁用，其文件的颜色范围以及设计特征限制较开放式字幕更多，这是由于在开始播放之前，隐藏式字幕的控件就已经准备就绪，将可见的字幕信息插入视频文件中，并借助支持的格式传输到特定的播放设备且能成功被设备解码。

②开放式字幕。

用户可以创建、导入、调整及导出开放式字幕，其方式与隐藏式字幕相一致，区别在于开放式字幕是可见的。开放式字幕的优势在于在时序上文字与讲话同步，节约了大量时间，与标题的功能类似，外观选项的数量也比隐藏式字幕更多。与隐藏式字幕被限制、只能在电视设备及软件播放器上显示、只能采用通用标准相比，开放式字幕没有这样的限制，因此有许多额外的选项可用，所以隐藏式字幕可以转换为开放式字幕，但是反之则不行。

2. 关键帧动画的作用

在解释什么是关键帧动画之前，首先需要先明确帧与关键帧的概念。

（1）帧与关键帧

①帧。

无论是动画还是影视，都是利用人类的视觉暂留现象，将一系列差别很小的静态图像通过一定速率的连续播放形成运动错觉，从而在人们视觉上产生动态影像效果。帧意味着组成影像的每一幅静态图像，构成影像变化的最小单位便是帧。

②关键帧。

任何影像要表现运动或变化，至少前后要有两个不同的关键状态，表示其中关键状态的帧叫作关键帧。从视频编辑意义上来说，关键帧就是一种控制效果与时间关系的工具。在 Premiere Pro 中，通过计算机给定的关键帧，能够将图像和视频进行移动、旋转、缩放以及变形等变化，而这种对视频运动的设置通常在效果控件窗口中进行。

（2）关键帧的作用

在 Premiere Pro 中关键帧主要作用是通过设置关键帧的方式，在不同的时间设置不同的视频特效参数值以改变视频特效，从而达到改变视频节目在播放进程中效果变化的目的，也可以说，通过设置不同效果控件关键帧的变化以此形成一段关键帧动画。为了美化视频效果，可以对其添加一些效果控件或者直接调整其素材的固有效果，比如位置、缩放、旋转、不透明度设置，等等。

使用关键帧可以让视频素材或静态素材更加生动，还可以导入标志静态帧素材，并通过关键帧为其创建动画。

（3）一个小圆的出现、移动到消失

以一个小圆的出现、移动到消失的效果为例（见图 2-1-6），首先要考虑整个过程出现了哪些变化。“出现”代表由无形到现形的阶段，在效果中是通过“不透明度”实现的。

①展开“效果控件”面板的“不透明度”参数，使用“椭圆工具”，同时按住 Shift 键可以在节目监视器中拉出一个正圆，同时也可以在“工具面板”中单击“钢笔工具”，在其出现的下设菜单中可以找到“椭圆工具”，如图 2-1-6（a）所示。

接下来，打开“不透明度”前的关键帧开关，就可以修改其参数值来设置不透明度的关键帧动画。为了实现从无至有的过程，这里在第一帧的位置将正圆的不透明度设置为“0%”，在时间轴上的移动时间指示器到一秒处时，再将不透明度值调回至“100%”，这时单击“播放”按钮可以发现有一个圆从节目监视器中慢慢出现，如图 2-1-6（b）所示。

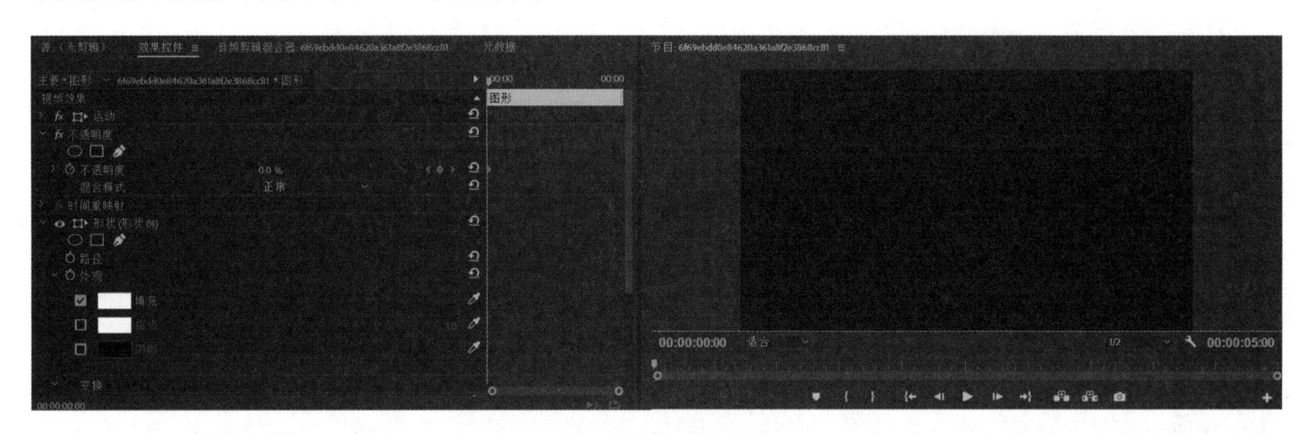

图 2-1-6（a） 小圆的变化 1

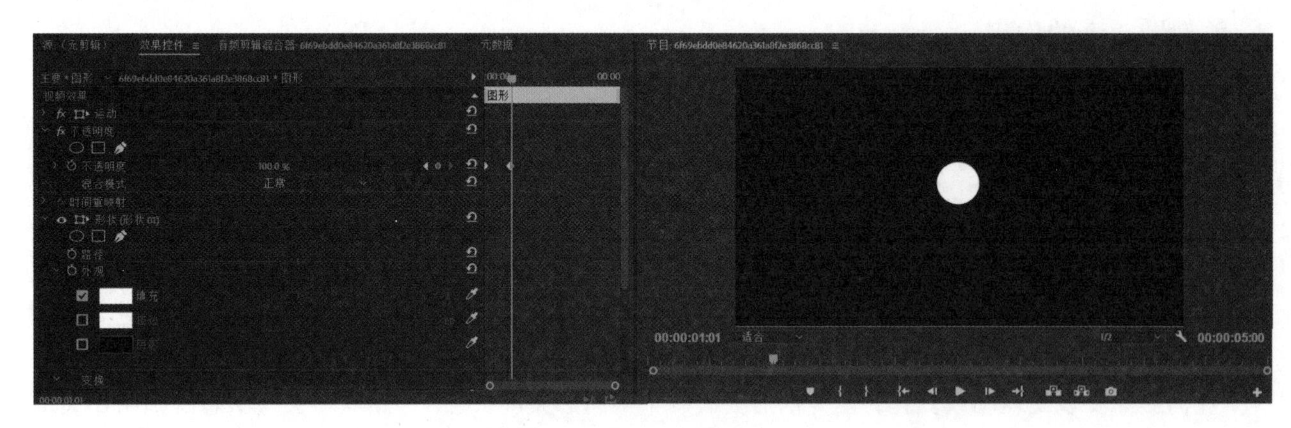

图 2-1-6（b） 小圆的变化 2

②“移动”指代的是小圆的运动变化，在效果变化的值为“位置”。当创建一个任意形状出来时，无论你在节目监视器中将其绘制在何处，其默认位置值都为“960，540”，其数值分别对应“x 轴，y 轴”的位置，创建之后再进行移动操作，其位置值才会发生相应的改变，这里做椭圆向右移动的动画，对应“x 轴”的值，其中数值越大，表示向右运动，数值越小，表示向左运动，如图 2-1-6（c）所示。

动画结束后，在“效果控件”面板打开“位置”前的关键帧开关，移动时间指示器前进一秒时间，在第二秒处将数值修改为“1550，540”，一个向右运动的关键帧动画便完成了，如图 2-1-6（d）所示。

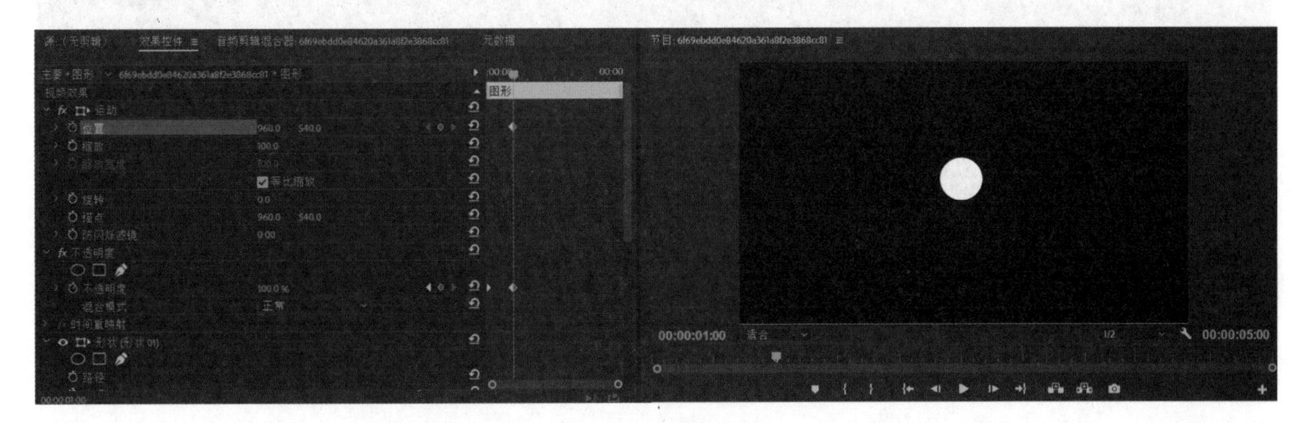

图 2-1-6（c） 小圆的变化 3

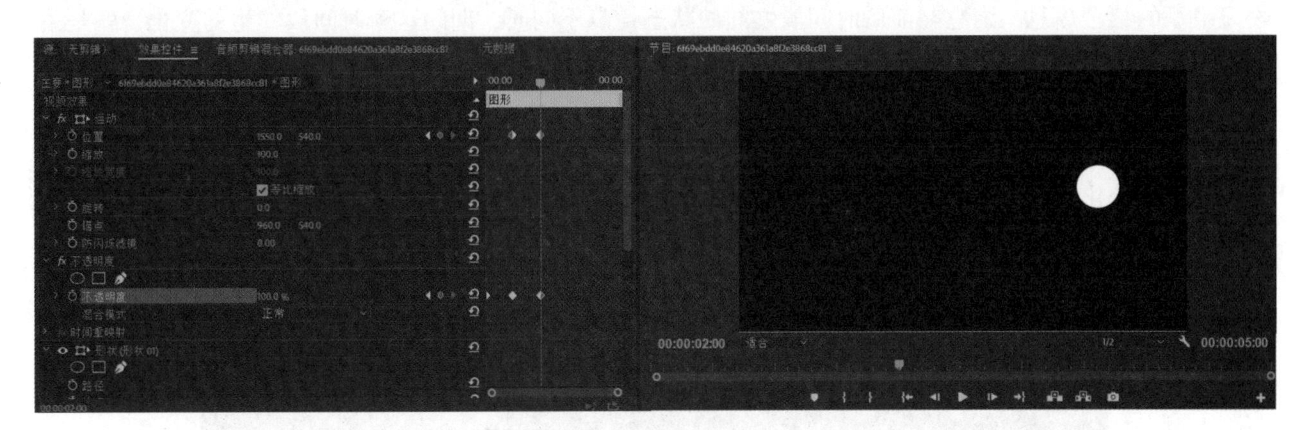

图 2-1-6（d） 小圆的变化 4

③“消失”可以是小圆的状态变化，也可以是运动变化，在效果变化中分别可以用“缩放”“不透明度”实现，如图 2-1-6（e）所示。

这里以“缩放”为例，一般创建出来的任意形状默认值为“100”。在时间 2 秒处打开“缩放”前的关键帧开关，前进 1 秒后，在第 3 秒处修改值为“0”，一个椭圆消失动画就完成了，如图 2-1-6（f）所示。

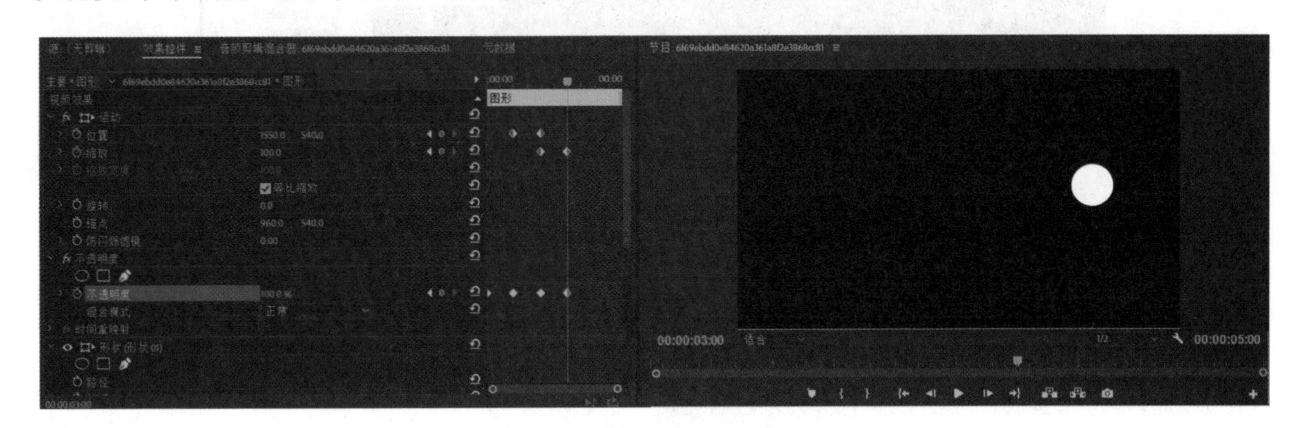

图 2-1-6（e） 小圆的变化 5

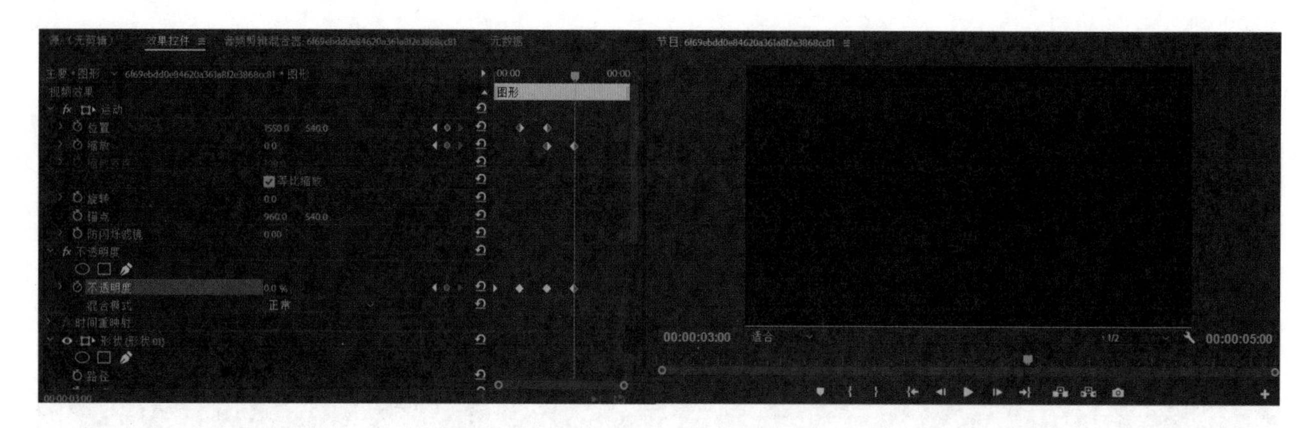

图 2-1-6（f） 小圆的变化 6

值得注意的是，以上的操作需要记录下关键帧的信息，否则在效果变化上的调整是不会被记录下来以及产生对应变化的。关键帧的难点在于如何去理解，以更加通俗的话来解释，关键帧就是在某个时间段记录下的某个信息，当它与前后时间段之间的状态信息不同时，期间这个时间段发生的变化，就是关键帧动画。

（4）插值与贝塞尔曲线

用户在给视频进行后期剪辑时，视频播放在默认状态下为线性变化，线性关键帧会使动画对象均匀、稳定的运动变化。如果对播放效果不是特别满意，可以将其转化为曲线变化，使用贝塞尔曲线能够得到更加舒缓的效果，可以右击关键帧，选择“临时插值”→“贝塞尔曲线”（见图 2-1-7）选项，这样就会转变为曲线状态以供调整。

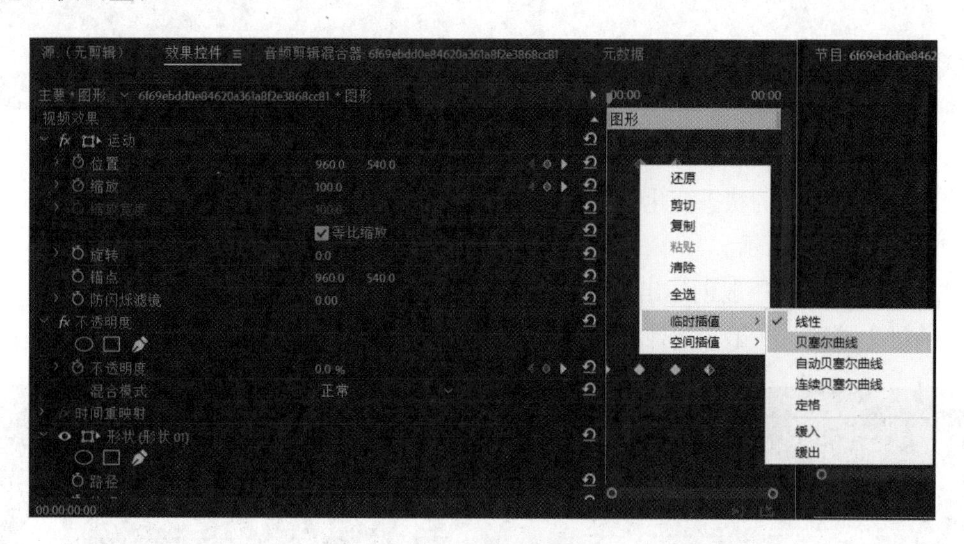

图 2-1-7 选择贝塞尔曲线

这里需要引入插值的概念。插值是用来填充两个关键帧之间图像变换时像素之间的空隙的。在离散数据的基础上补插连续函数，使得这条连续曲线通过全部给定的离散数据点。插值是离散函数逼近连续曲线的重要方法，而一般情况下我们创建关键帧后，关键帧之间默认为线性插值（Linear），可以看到两个关键帧之间是一条直线，也就是速率默认为匀速运动。

选择贝塞尔曲线后，可以发现单击贝塞尔曲线关键帧会出现控制手柄（见图 2-1-8），可用于调整其所产生的动画曲线。调整的内容包括对时间进行加 / 减速处理，以及调整运动路径中的位置。拖动控制手柄将直线变为曲线时，曲线越陡的地方变化越快，而趋于平缓的地方则变化越慢。

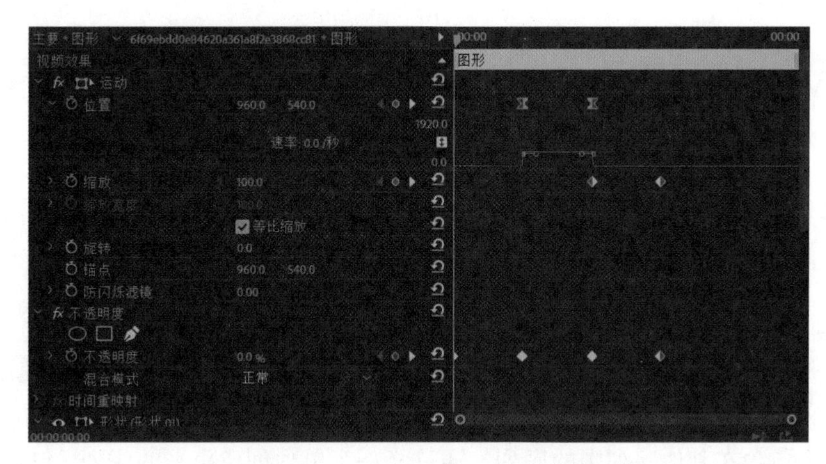

图 2-1-8　贝塞尔曲线与控制手柄

贝塞尔曲线在起始点和终止点锁定的情况下匀速移动。在编辑过程中，选择“缓入”“缓出”选项可以将关键帧转换为贝塞尔关键帧，并且自动为其设置自然的加 / 减速度，使其平滑过渡。需要注意的是，贝塞尔曲线上的所有控制点、节点均可编辑。

（5）其他关键帧插值方法

除了线性插值和贝塞尔曲线，Premiere Pro 还提供了自动贝塞尔曲线、连续贝塞尔曲线、定格、缓入、缓出等关键帧插值方法，其具体作用如下。

①自动贝塞尔曲线（Auto Bezier）：该选项在关键帧中，可创建平滑的速率变化，即时改变关键帧的数值并在更改设置时自动进行更新，属于贝塞尔曲线的快速修复版本。

②连续贝塞尔曲线（Continuous Bezier）：该选项与自动贝塞尔曲线选项功能类似，但提供了控制手柄，能够调整贝塞尔曲线的形状。如果调整连续贝塞尔曲线关键帧一侧的控制手柄，关键帧另一侧的手柄也会进行相应的运动，确保关键帧之间平滑过渡。

③定格（Hold）：该选项是仅供时间属性使用的插值方法，定格类型的关键帧会在时间跨度上保留其修改的值而不应用在渐变的过程中，直到下一个定格关键帧，便会立刻改变修改的值。

④缓入（Ease In）：该选项逐渐减缓进入关键帧的数值变化，使其变成一个贝塞尔关键帧。

⑤缓出（Ease Out）：该选项逐渐增加离开关键帧的数值变化，使其变成一个贝塞尔关键帧。

3. 运用场景——Vlog

（1）概念

Vlog 是 Video Blog 或 Video log 的简称，意思是视频日志或视频博客，2018 年起，Vlog 迅速火爆全网。随着移动智能终端的普及发展，作为众多风格视频的其中一款形式，Vlog 已经逐渐成为“95”“00 后”最为熟悉及喜爱的视频传播形式，在抖音、快手、西瓜视频等视频平台出现了越来越多的 Vlog 视频作品。

Vlog 在国外的 YouTube、Facebook 等平台兴起后迅速风靡全网，目前国内的 Vlog 正处于蓬勃发展阶段，Vlog 内容产品的开发也尚处初期。

（2）特点

作为个人记录生活、表达个性的方式之一，Vlog 具有如下特点。

①素材面宽广：生活琐碎可以是素材，旅行美食可以是素材，展览比赛也可以是素材，丰富多样。

②个性化：Vlog 着重表达创作者记录生活的点滴，个人的自我表达鲜明。

③创作门槛低：只要拥有一部手机，便可以进行 Vlog 的视频拍摄。但是，如果要创作精良的 Vlog 作品，离不开良好的策划、拍摄与剪辑。

（3）理由

大多数人拍摄 Vlog，一方面是满足自身记录生活的需要，另一方面是希望能够分享给更多人观看。

三 知识总结

1. 嵌套

嵌套，本质就是将选定的一个或多个剪辑实例制作成子序列，在时间轴面板上使用绿色标识，并可以多层嵌套，使用嵌套会合并时间轴面板上选中的剪辑实例并在项目面板上生成一个嵌套序列。

嵌套序列是一个包含在其他序列中的序列，通过将一个单独创建出来的序列（包含所有剪辑、图像、图层、音视频轨道和效果）拖放进另一个“主”序列中，功能上类似于 Photoshop 中的智能对象。在该嵌套序列中做出的修改或效果可以在主序列上看到对应的变化。

（1）嵌套序列的用途

①通过创建嵌套序列可以简化编辑工作，避免因意外移动而破坏编辑。

②可以在一个单独步骤中将一种效果应用到一组剪辑中。

③允许在多个其他序列中将序列用作源。用户可以为由多个部分组成的序列创建一个用于修改个别参数的序列，然后将其添加到每个部分中，如果需要修改该嵌套覆盖的序列，只需修改一次便能在其嵌套的所有位置看到相应变化。

④可以使用在项目面板上创建子文件夹的相同方式进行编辑。

⑤可以为一组剪辑应用切换。

值得注意的是，如果需要对一个嵌套序列进行更改，可以双击它，便会在时间轴上打开该嵌套序列的内容。另外，一种快速创建嵌套序列的方法是将序列从项目面板拖放至时间轴的当前工作轨道上，还可以将序列拖放到源监视器中，应用入点和出点，然后执行插入 / 覆盖编辑命令，便可完成嵌套序列。

（2）嵌套序列的优势

使用嵌套的优势在于，一是可以方便管理素材，随着剪辑不断进行，轨道上的剪辑片段逐渐变多，为了方便修改以及管理，使用嵌套序列可以提高编辑效率；二是可以对素材进行分段渲染导出，查看编辑效果。

需要注意的是，嵌套是为了更好地处理多种层级效果，即以嵌套的方式给效果做预处理，使后续效果不受其他条件或平行效果的影响。因为渲染时会优先对嵌套层做预处理，在后期编辑过程中要根据实际需求来进行嵌套功能的使用，盲目地对编辑素材进行嵌套，最终反而会拖慢整体渲染效率。

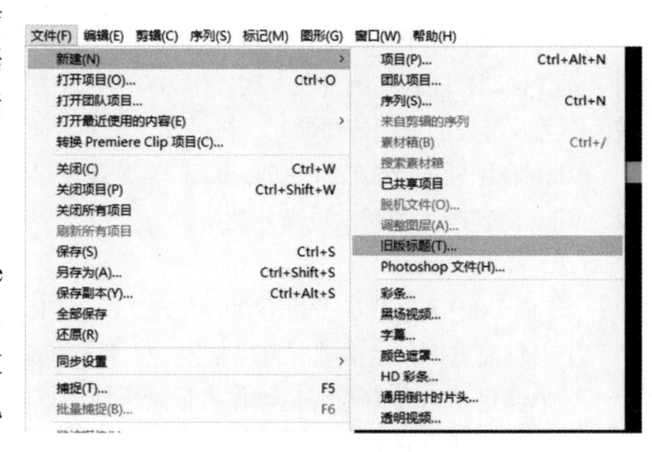

图 2-1-9　菜单栏的旧版标题

2. 图形面板

自 Premiere Pro CC 2017 版本更新后，Adobe 就启用了新版字幕，同时去掉了旧版字幕的入口，旧版字幕更变为旧版标题，在菜单栏中选择“文件”→“新建”→“旧版标题”选项可以找到（见图 2-1-9）。

新建新版字幕可以直接在工具栏单击文字工具，

在节目监视器中添加字幕；当添加完字幕后，选中文本层，可以在效果控件的窗口看到文本效果出现，用户可在其中对当前文本的字体、颜色、描边、位置等参数进行修改。

除了可以在效果控件窗口对文本参数进行修改，用户还可以打开图形面板，基本的图形面板用于创建文字和形状，然后向观众传递信息。

基本图形面板提供了一系列文本编辑和形状创建工具，另外用户可以使用加载到计算机上的字体，还能控制不透明度以及颜色，另外，基本图形面板支持导入 Adobe 其他应用程序如 Adobe Photoshop、Adobe After Effects 以及 Adobe Illustrator 创建的图形元素或动态模板（见图 2-1-10）。

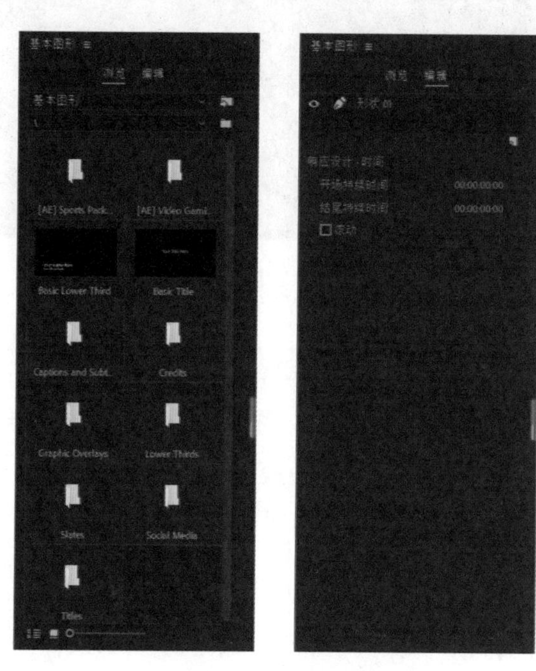

图 2-1-10 基本图形面板

（1）基本图形面板概述

基本图形面板分为了两部分：浏览与编辑。

①浏览。用于浏览大量的内置字幕模板，包含动态图形模板。

②编辑。可以对添加到序列中的字幕或形状，以及创建的字幕或形状做出修改。

（2）基本图形面板的主要功能

①新建字幕或标题。在工具面板选择文字工具，单击要放置文本的节目监视器并开始输入文本，文本框中的文本可自动换行以便形成段落文字。使用选择工具可以在节目监视器中直接操作文本以及形状，例如调整位置、更改锚点、更换缩放、调整文本框大小并旋转等。

②基于图层的层级关系及动画。通过文字工具、钢笔工具、形状工具等创建的元素，都会显示成类似 Adobe Photoshop 的图层样式。其中，文本工具可以创建水平横排文字及垂直竖排文字，形状工具可以创建矩形或椭圆，钢笔工具可以绘制任意形状。

③动态图形及模板。在浏览窗口可以使用，并快速实现各种图形效果。直接将预设拖入时间轴的剪辑便可以对预设内容进行修改，快速实现自己的需求，也可以与 Adobe After Effects 联动。由于更为复杂的动态图形模板一般需要使用 Adobe After Effects 来完成，用户可以将在 Adobe After Effects 创建的动态图形模板导入 Premiere Pro。

在时间轴上选中图形或者动态模板之后，基本图形面板下的编辑窗口会根据所选内容显示“对齐并变换”“主样式”“文本”“外观”等效果控件（见图 2-1-11）。

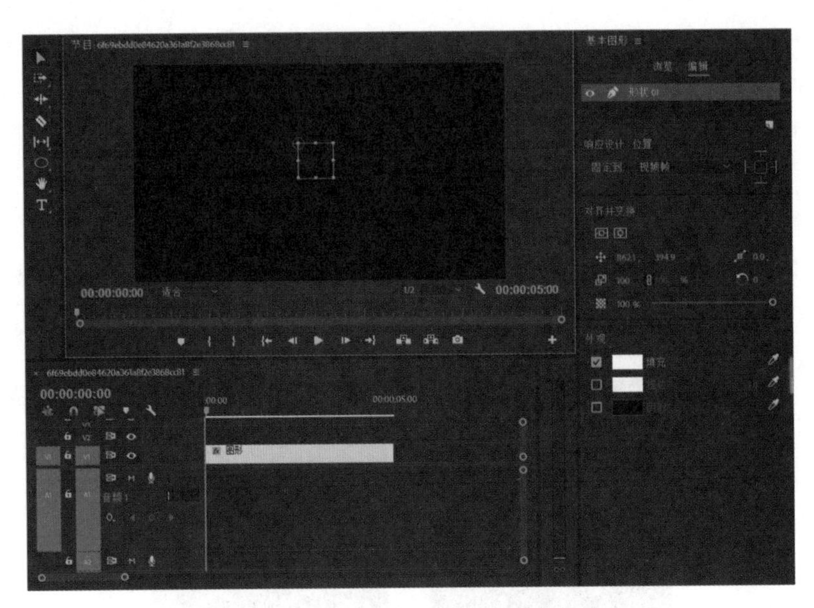

图 2-1-11　基本图形面板的编辑窗口

3. 字幕面板

从项目面板空白区域右击选择“新建项目”→“字幕”选项，或者从菜单栏选择“文件”→“新建”→“字幕”选项时，会弹出“新建字幕”窗口（见图 2-1-12），其中“标准”选项有五种类型的字幕可供选择：CEA-608、CEA-708、图文电视、开放字幕、开放式字幕。其中，CEA-608、CEA-708、图文电视、开放字幕为闭合字幕（隐藏式字幕）。所谓闭合字幕，是北美和欧洲地区电视类节目传输的字幕标准，隐藏式字幕最开始是为了照顾听力障碍者观看而设计的，需要播放设备控制才能解码显示。由于隐藏式字幕并非中国地区的标准，所以并不支持中文字体，观众在播放时可以控制字幕是否显示。

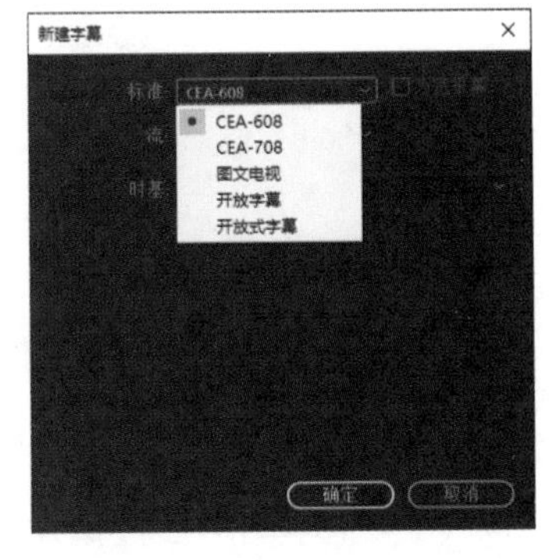

图 2-1-12　新建字幕选项

①闭合字幕（Closed Caption），简称 CC 字幕，是国际标准化组织 ISO 所制定的标准，在欧美国家已经非常普及，通过电视遥控器的“ CC”按钮便可以选择观看 CC 字幕。闭合字幕的主要标准有两个：CEA-608、CEA-708。CEA-608 是用于模拟电视上的标准；CEA-708 是美国、加拿大数字电视的闭合字幕标准。在美国，联邦通信委员会（FCC）要求所有 13" 以上的数字电视都必须支持 CEA-708 解码。

②开放字幕（Open Subtitling），在美国、加拿大，“ Subtitling”一词代表观看者具有理解该语言的能力且无听力障碍，但由于观影对象说话吐词不清、难以理解，故而需要提供字幕以便获取信息。

开放字幕与闭合字幕是一个相对的概念，是指可直接显示、总是可见的字幕。

除了直接在 Premiere Pro 中新建字幕，Premiere Pro 还支持导入不同的字幕文件来制作修改字幕。

其中，Premiere Pro 支持导入的隐藏式字幕格式有 .scc、.mcc、.xml、.stl 等。成功导入后，字幕文件如同普通的剪辑，且带有帧速率和持续时间。若想在节目监视器中显示出字幕，可以在“按钮编辑器”中找到“隐藏字幕显示”图标（见图 2-1-13），选择对应的字幕文件类型，单击“确认”按钮便可以观看字幕。

Premiere Pro 支持的开放式字幕的文件格式一般为 .srt。另外，从外部导入字幕文件时，需要事先单击“字幕”面板左下角的“导入设置”按钮进行字幕导入设置。

在开始制作字幕前，首先要确定字幕的类型。中国大陆地区一般选择开放式字幕，使用开放式字幕的好处是不仅可以在字幕文件或字幕剪辑中设置时间，而且外观控制选择比隐藏式字幕更多。

确定字幕类型后，在项目面板找到新建的字幕剪辑，双击进入字幕面板（见图 2-1-14），可以添加、删除、修改字幕的内容，设置起止时间（出 / 入点）及格式等。

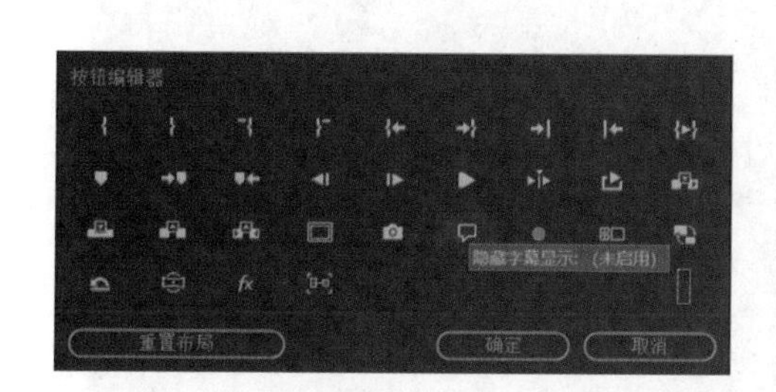

图 2-1-13　隐藏字幕显示命令（未启用）

图 2-1-14　字幕面板

四 实践程序

本实践按照基本的视频编辑要求，完成一个含有书写文字字幕效果的 Vlog 开头视频剪辑。

1. 新建或打开已有项目

这里直接使用“小圆运动”的原项目。在“项目”面板右击“新建序列”，新建项目时可以先选择接近使用素材大小的序列设置，序列设置可以在弹出的“新建序列”窗口栏下的“设置”中进行自定义选择，也可以使用默认设置新建序列（见图 2-1-15）。

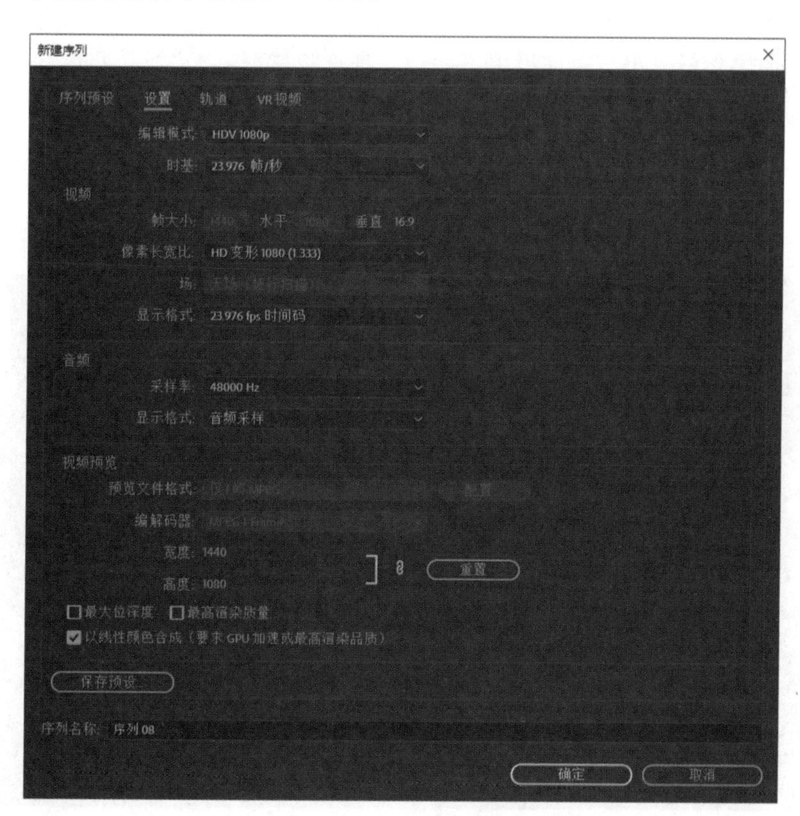

(a)

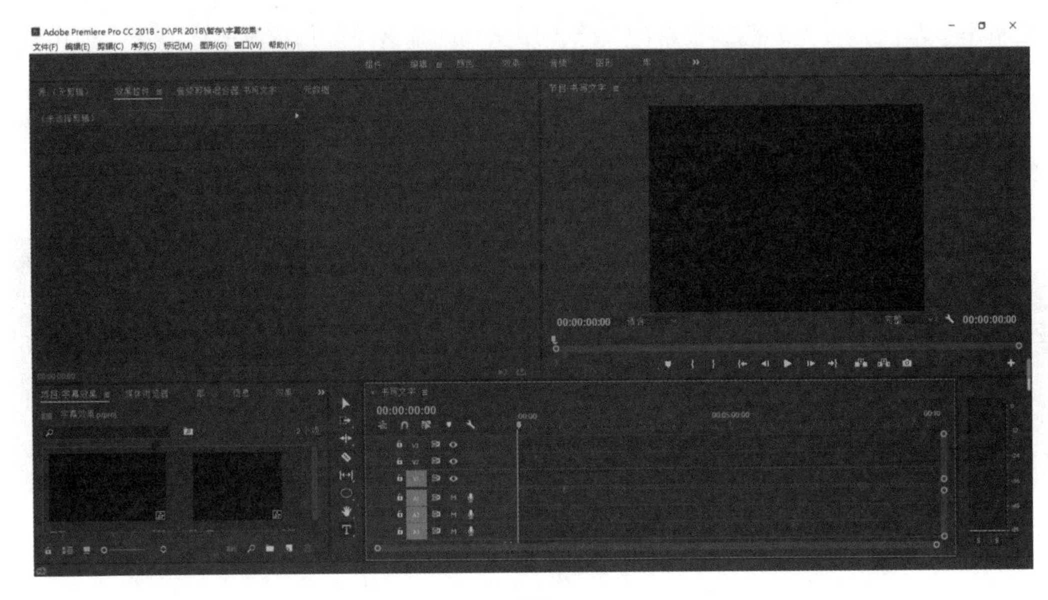

(b)

图 2-1-15　新建序列

2. 导入素材

新建序列之后便可以选择导入文件，在“项目”面板右击选择“导入”选项，在弹出的“导入”窗口中选择素材所在磁盘文件目录的位置，选中素材之后单击“打开”便可以将素材导入“项目”面板之中；也可以选择在“媒体浏览器”面板中直接寻找素材所在磁盘文件目录位置，打开之后便可以直接将所需素材拖至时间轴。若需要对源素材进行裁剪截取需要的部分等基础操作，可以双击源素材，在源监视器中进行简单的预操作。

导入素材之后，如果素材大小与序列设置不一致，那么将素材拖至时间轴时，Premiere Pro 会显示是否需要根据更改序列匹配设置。如果序列设置符合导出后的要求，那么选择“保持现有设置”；如果默认设置的序列大小不符合导出后的要求且源素材大小和导出后的视频大小一致，则可以选择“更改序列设置”以符合素材大小（见图 2-1-16）。

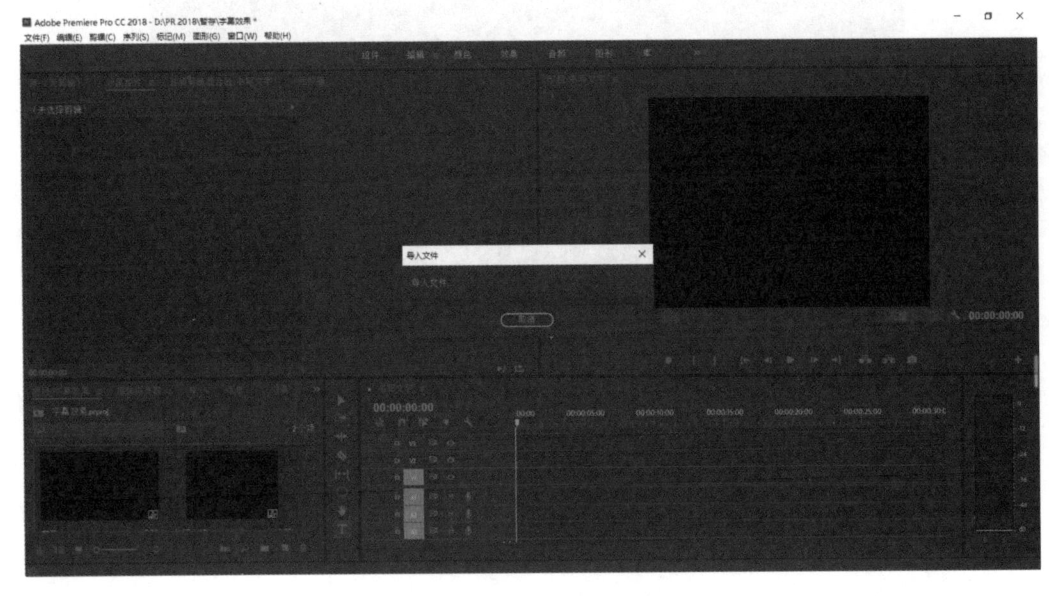

(a)

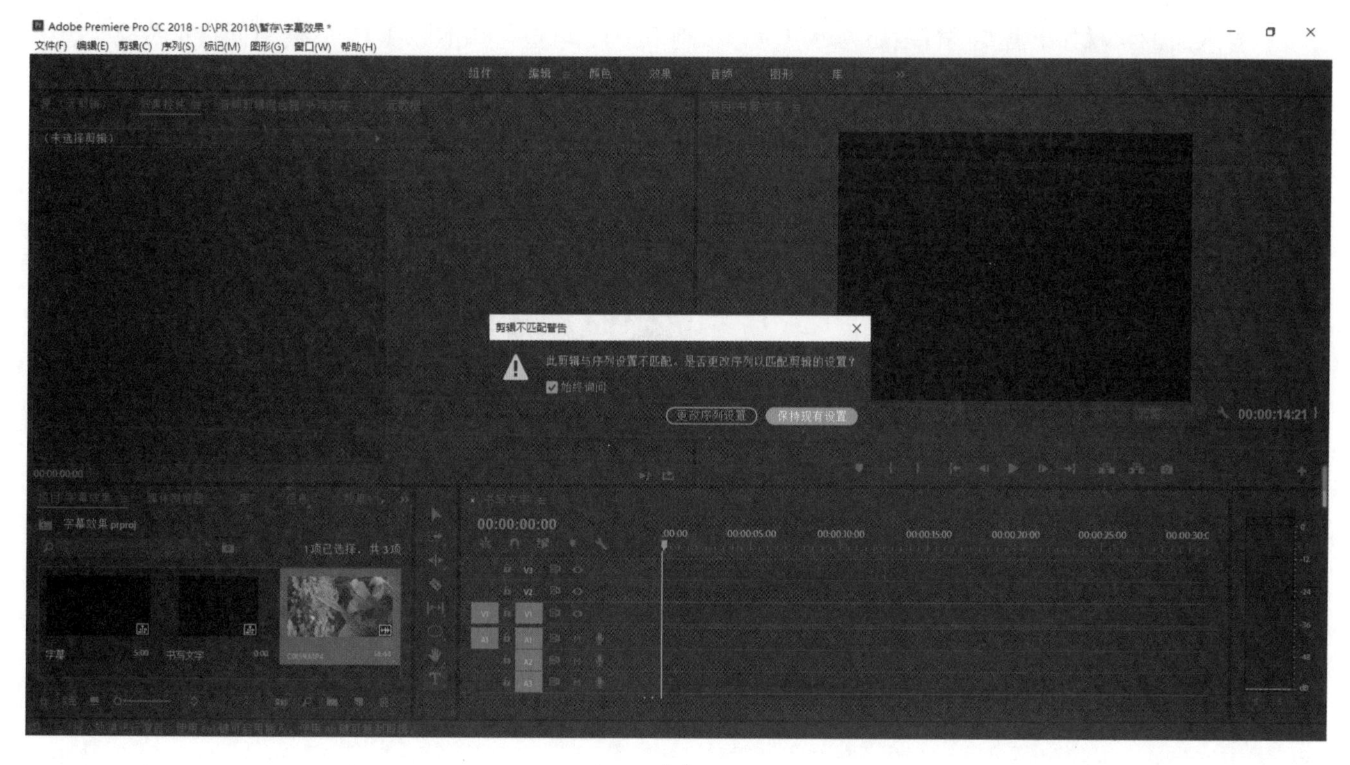

（b）

（c）

图 2-1-16　导入素材

导入后的素材如果需要进行裁切，可以选择“剃刀工具”选项（见图 2-1-17），将时间指示器拖至想要保留的素材片段处之后单击便可以将素材分为两段，之后右击选择“清除”选项，清除不需要的部分即可（见图 2-1-18）。

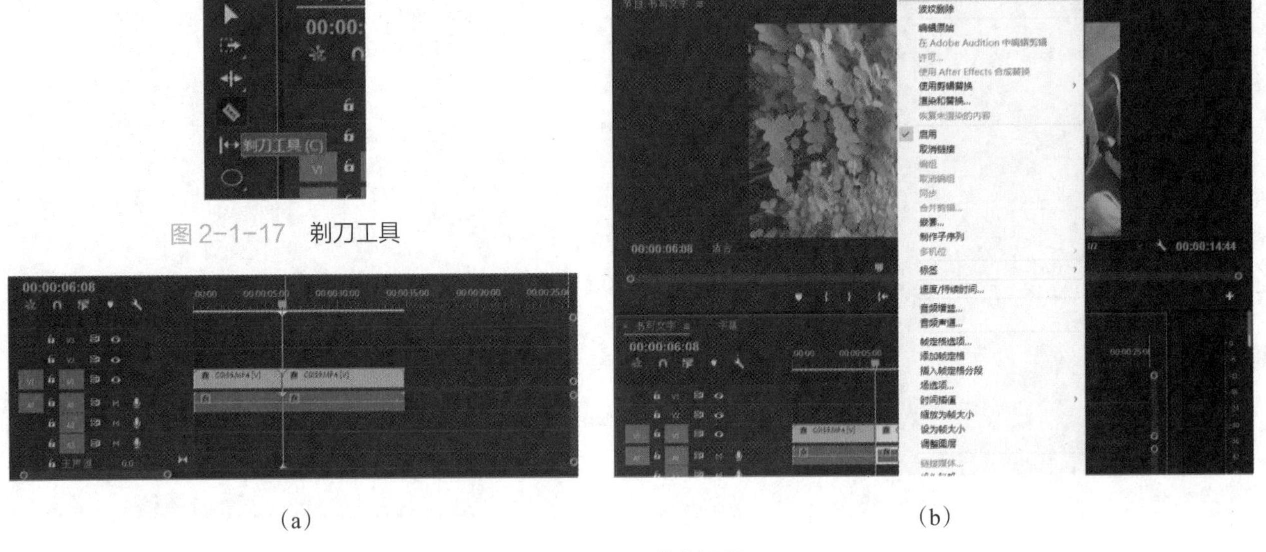

图 2-1-17　剃刀工具

（a）　　（b）

图 2-1-18　裁剪视频

3. 新建字幕

导入素材并截取所需部分后，接下来便是新建字幕。Premiere Pro 提供多种字幕新建方式，其中最为简便的操作是直接在工具面板中选择“文字工具”选项（见图 2-1-19），而后在节目监视器单击便可以输入所需的文案了。

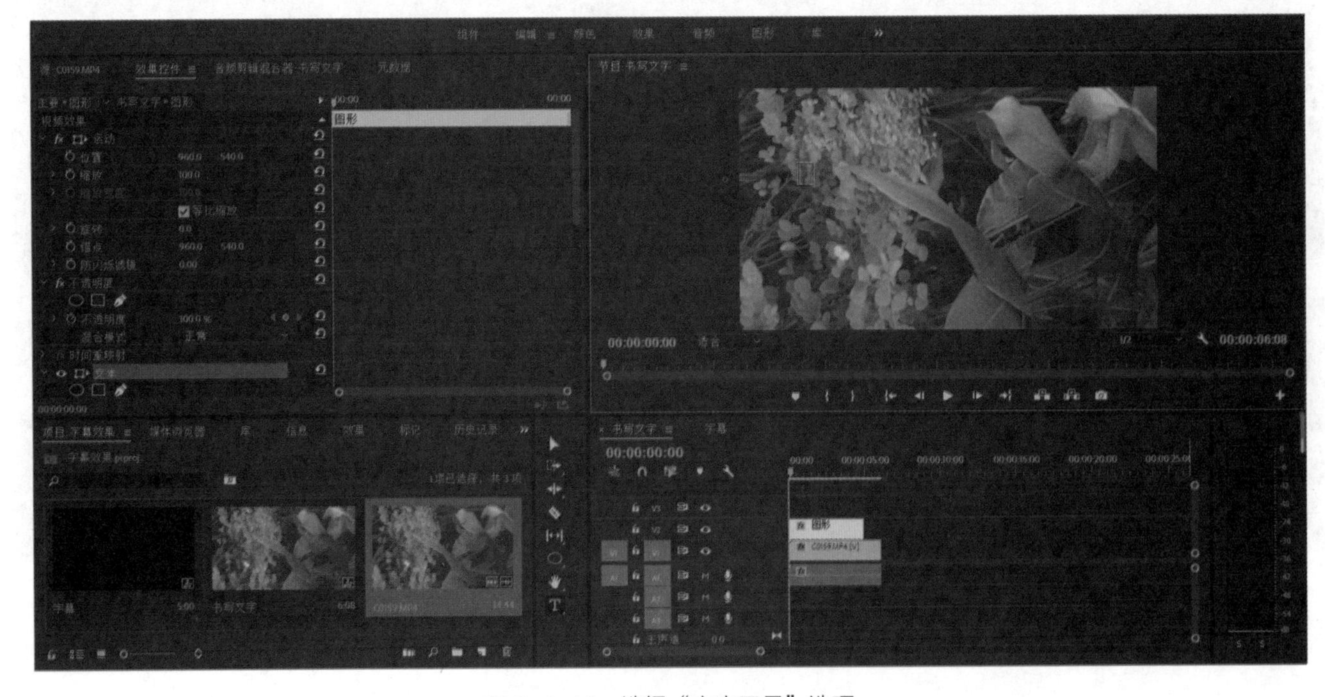

图 2-1-19　选择“文字工具”选项

需要注意的是，这种文字输入方式比较适合标题、片头、片尾等文字量较少的地方。

在节目监视器中输入文案“SUMMER”之后，可以在“效果控件”窗口对文字的位置及大小进行调整。这里将“SUMMER”的位置移到了“1200，765”，缩放值设为“140”（见图 2-1-20），学生在实践过程中可以按照喜好自行设定位置及大小。

位置值的改变分别对应文字在“x 轴，y 轴”的移动，其中，x 轴的数值越高，运动越向右，而数值越低，运动越向左；y 轴的数值越高，运动越向下，而数值越低，运动越向上。以默认值“960，540”与移动后的“1200，765”相比，从“960”到“1200”表示从 x 轴由左向右的移动，从“540”到“765”表示从 y 轴由上至下的移动。

另外，对于时间轴上的素材，一般默认其缩放值为“100”，输入数值 >100 时，则表示放大该素材的大小；输入数值 <100 时，则表示缩小该素材的大小。

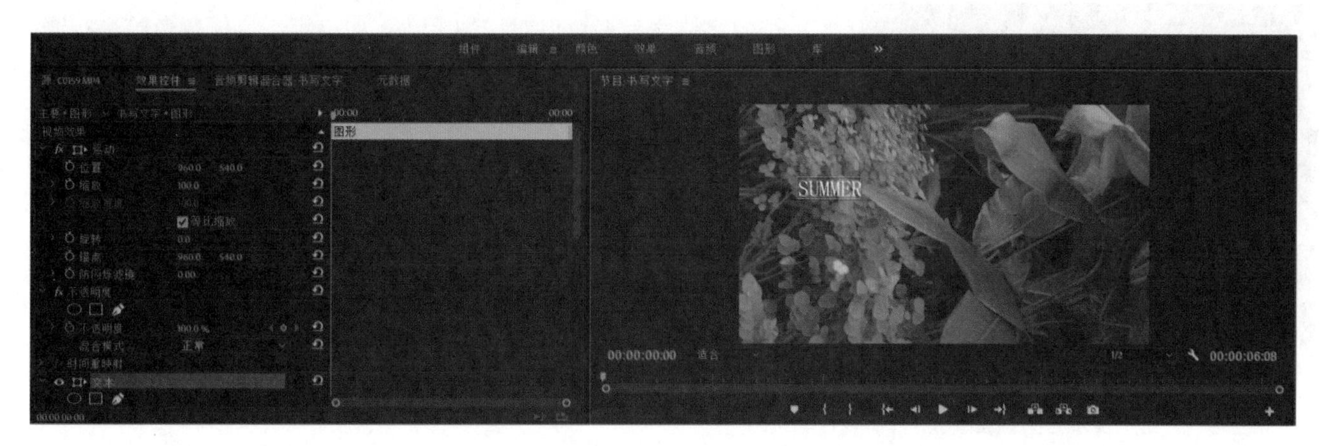

（a）

（b）

图 2-1-20　输入以及调整文字

4. 字体选用及相关调整

调整好文字的位置和大小之后，通过观察，如果文字的字体不太符合影像内容的风格，可以更换其他字体。

在“效果控件”面板展开“文本（SUMMER）”，下拉“源文本”菜单可以选择不同字体。这里由于导入的素材为树叶的自然风光，整体风格偏向清新、明快的感觉，无衬线字体比较符合，再加上需要一些手写的风格，“Ink Free”字体是不错的选择（见图 2-1-21）。

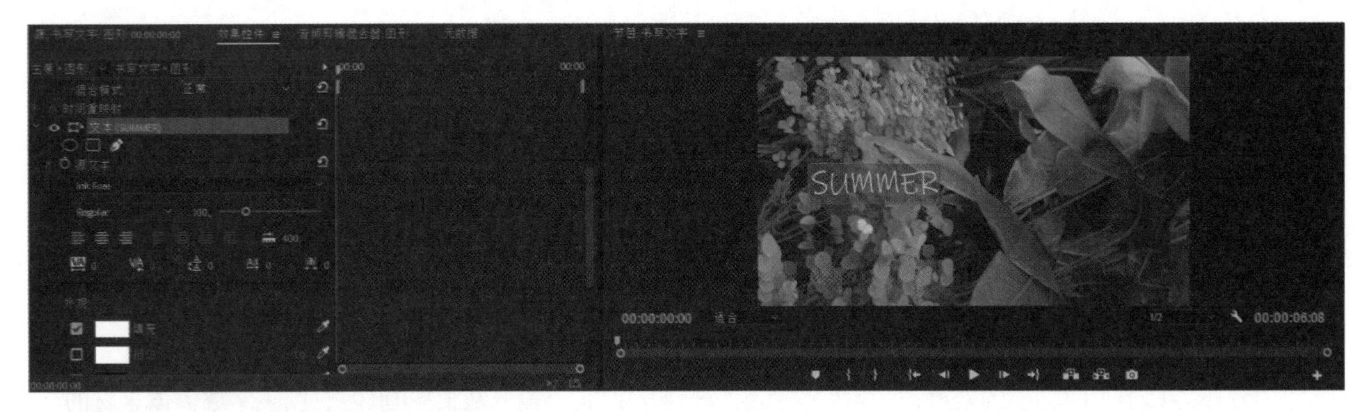

图 2-1-21　选择文字字体

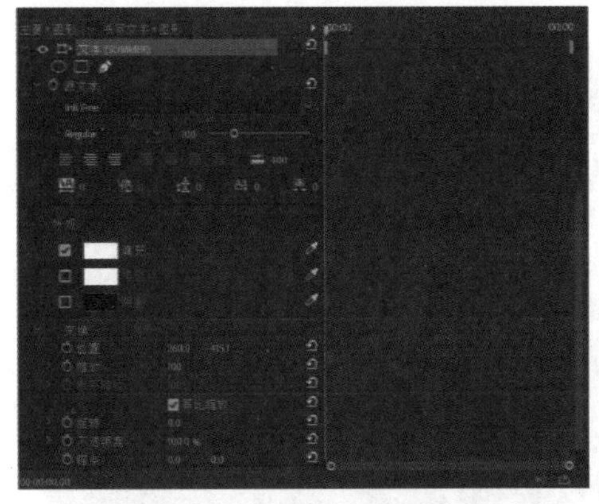

图 2-1-22　文本效果编辑面板

选中字体之后，可以对详细参数，如字距、字体颜色等进行调整（见图 2-1-22）。

如果觉得文案“SUMMER”的字距过宽或过窄，则可单击“字距调整”向左或向右拖动修改字距，也可以直接在“字距调整”中输入所需数值，其中正值为拓宽字距，负值为缩短字距。这里以负值“100”及正值“100”为例（见图 2-1-23），如果觉得文字字距合适可以直接使用的话，按照默认值“0”进行编辑即可。

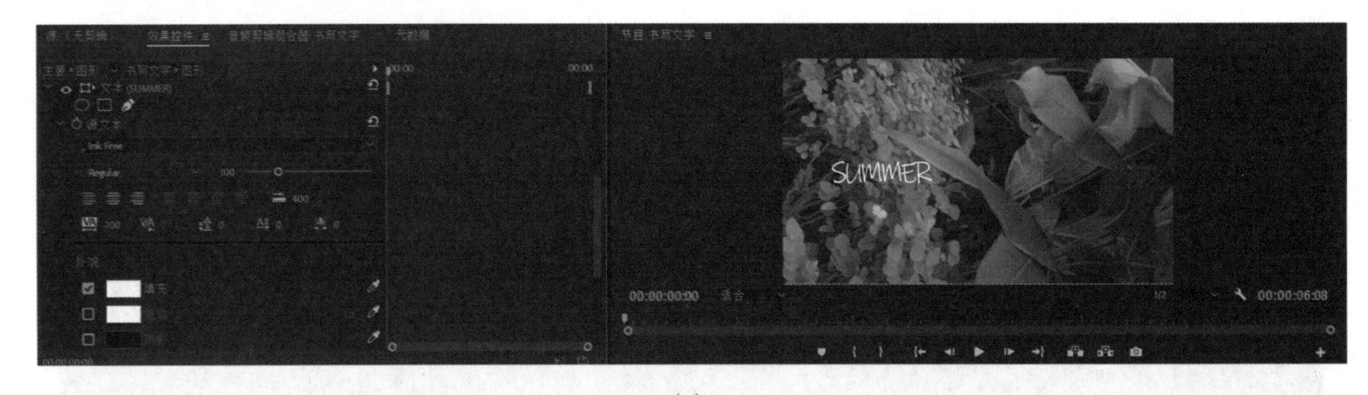

（a）

（b）

图 2-1-23　正值与负值字距

除了可以调整字距，还能调整行距。单选字母“S”并修改其缩放值为“200”，按Enter键将字母“ER”放至第二行，调整行距值为“–70”（行距为正值，则两行距离越远；行距为负值，则两行距离越近）。其中，将字母“ER”放至第二行后，可以发现“字偶间距”由灰色不可选状态变成可编辑状态，将数值修改成“–155”后，则可以将“M”与“E”相连（见图2-1-24）。

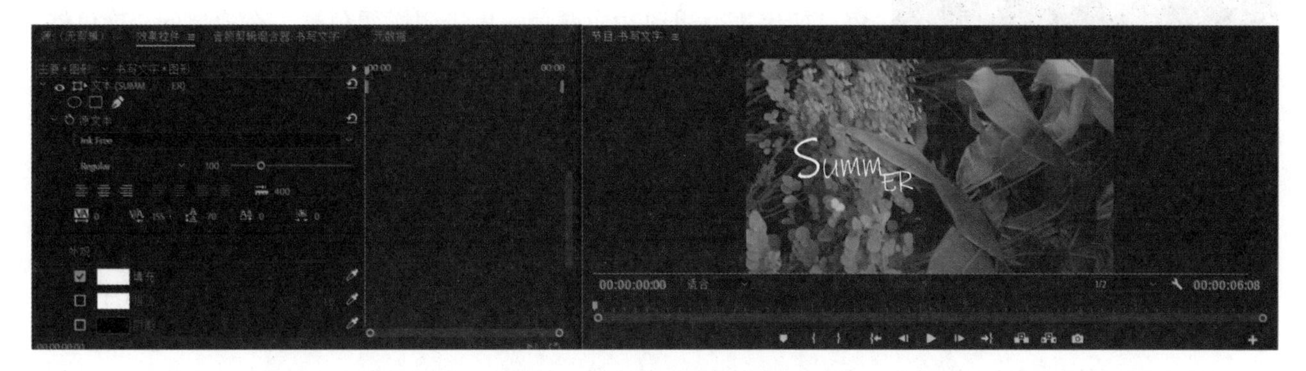

图2–1–24　修改文本行距与大小

调整好文案的基础样式之后，如果还想更改文字的颜色、修改描边、增加阴影的话，可以在“外观”选项（见图2-1-25）中进行相应控件的勾选。

如果想要更改字体颜色，直接单击填充颜色框，在弹出的“拾色器”窗口（见图2-1-26）中选择想要的颜色单击“确定”按钮即可。

图2–1–25　外观选项

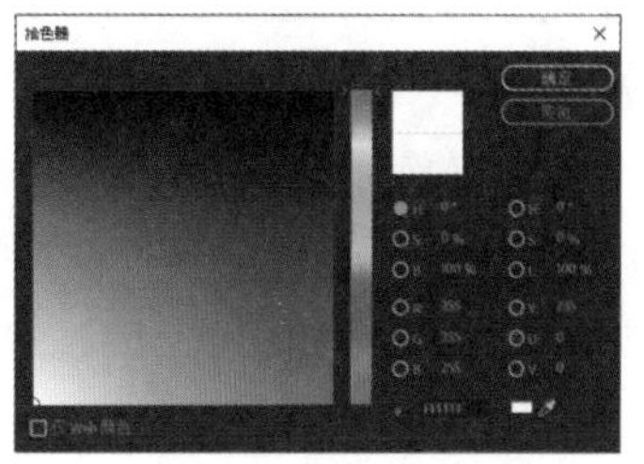

图2–1–26　拾色器

除了使用“拾色器”填充文字颜色，还可以单击“填充”右边的“吸管”工具，该工具可以吸取所在页面的任意颜色。

当文字与视频背景难以区分的情况下，可以勾选“描边”复选框，为文字添加颜色边框，一般勾选后默认的边框颜色为白色。除了可以指定描边颜色，还可以修改“描边宽度”的数值，这里将“描边宽度”的值设置为“5”，颜色值取“6766CA”以供观察（见图2-1-27）。

图2–1–27　文本描边

图 2-1-28　勾选“阴影”

除了使用“描边”来区分文案与背景，还可以选择勾选“阴影”选项（见图 2-1-28）。

勾选“阴影”复选框后，会出现“不透明度”“角度”“距离”“模糊”四个参数值。其中，阴影颜色的默认值为“000000”，显示为黑色，如果需要更改阴影颜色，单击阴影颜色框，在弹出的“拾色器”窗口中选中所需颜色后单击“确定”按钮即可。

“不透明度”默认值为“100%”，通过调整不透明值可以降低阴影颜色的不透明度。

一般情况下，“角度”默认为“135°”，通过单击角度仪的任意角度或直接输入角度值可以更改阴影生成的角度。

“距离”指的是生成阴影与文字之间的距离，默认数值为“10”，当值为“0”时，阴影与文字将会重叠，其最大值为“200”。

“模糊”指的是生成阴影的模糊值，一般默认值为“0”，数值越大，其阴影边缘模糊范围越大。

5. 文字嵌套

设置好文字大小、位置及相关样式后，在时间轴上选中文字图层，右击选择“嵌套”选项（见图 2-1-29）。

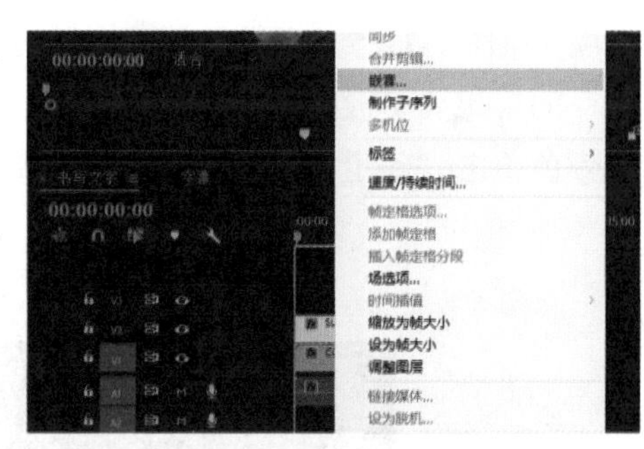

图 2-1-29　选择“嵌套”选项

“嵌套”是 Premiere Pro 的一个常见功能，能够合并时间轴中的素材文件，方便之后进行编辑工作。对嵌套后生成的序列进行效果、属性、关键帧等设置，会对所有的原始素材生效。

右击选择“嵌套”选项之后，在弹出的“嵌套序列名称”窗口输入嵌套序列名称“书写文字”，单击“确定”按钮后在“项目”面板中会出现相应的嵌套序列（见图 2-1-30）。

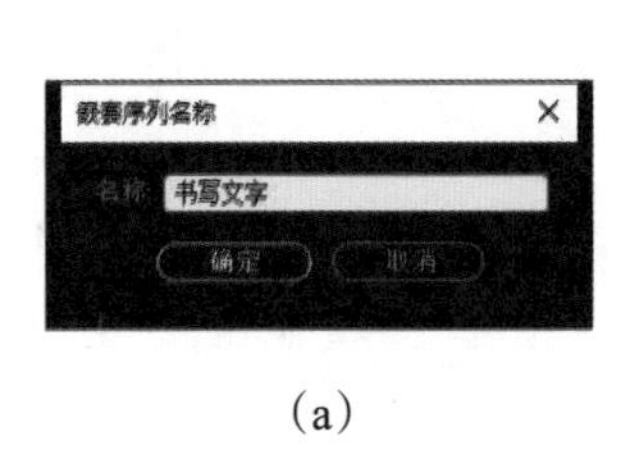

（a）

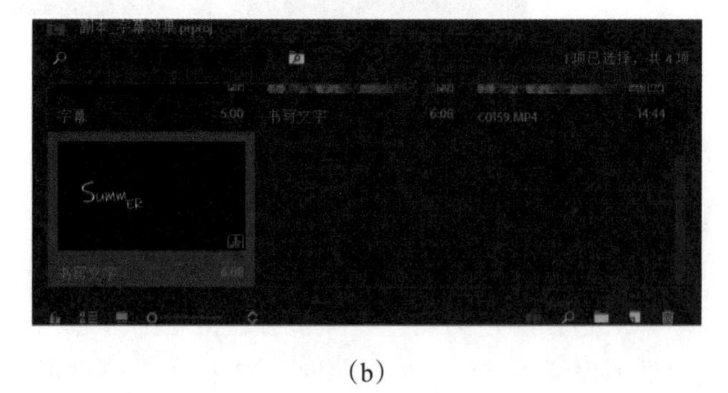

（b）

图 2-1-30　嵌套序列

生成嵌套序列后，被选中的素材在时间轴上会显示为绿色，方便辨别。对于将多个素材进行嵌套的序列，如果需要对素材进行再修改，可将时间标尺移到要嵌套素材的开始处，在“项目”面板中找到需要嵌套的素材，右击选择“覆盖”选项，此时被嵌套的素材就会变回原有的单个素材，可以进行再修改。

此外，还可以在“项目”面板中双击嵌套素材，在轨道上单独打开，此时时间轴上显示的是嵌套序列内的单个素材，然后返回原序列，在“项目”面板选择需要更改的素材，右击选择“插入”便可更改素材了。

6. 选择效果

生成嵌套序列后，在“效果”面板的搜索栏中直接输入“书写”，选择“视频效果”→“生成”→“书写”选项，单击“效果”后直接拖至时间轴上的嵌套序列，也可以先在时间轴上选中嵌套序列，打开“效果控件”窗口，之后再将“效果”拖至“效果控件”窗口（见图 2-1-31）。

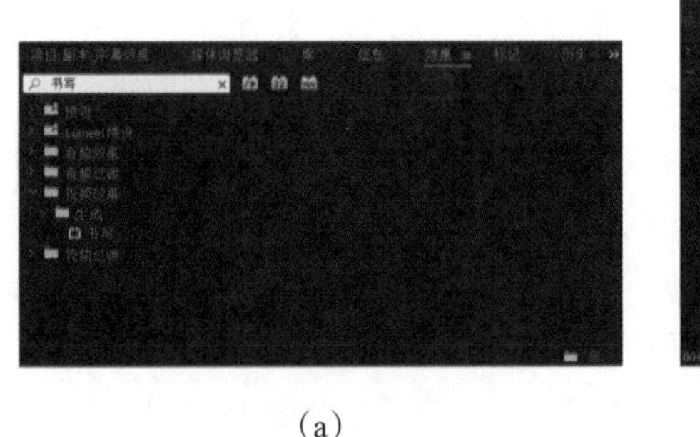

(a)

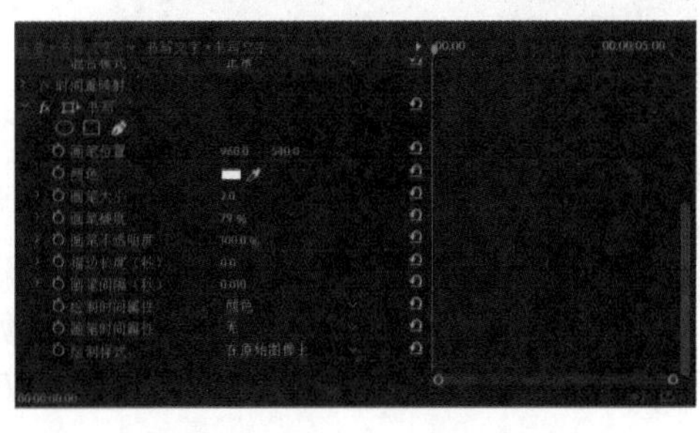

(b)

图 2-1-31　添加“书写”效果

7. 关键帧动画

添加书写效果之后，可以在“效果控件”窗口中看到书写效果的详细参数。为了方便效果查看，可以在节目监视器中将“选择缩放级别”调整为“100%”（见图 2-1-32）。

图 2-1-32　选择缩放级别

在“效果控件”面板中，可以先修改画笔大小的值，将数值设为“20”之后，在节目监视器中会同时出现画笔的形状。根据文字的粗细，一般画笔的大小需要设置到能够覆盖文字大小的程度，这样在后续绘制过程中才能不暴露文字的底层。

将画笔大小调整完毕后，移动画笔位置到要书写文字的第一笔处，可以直接在节目监视器中拖动画笔，也可以在“效果控件”中的“画笔位置”进行移动，这里移动后的位置为“360, 400”（见图 2-1-33）。

(a)

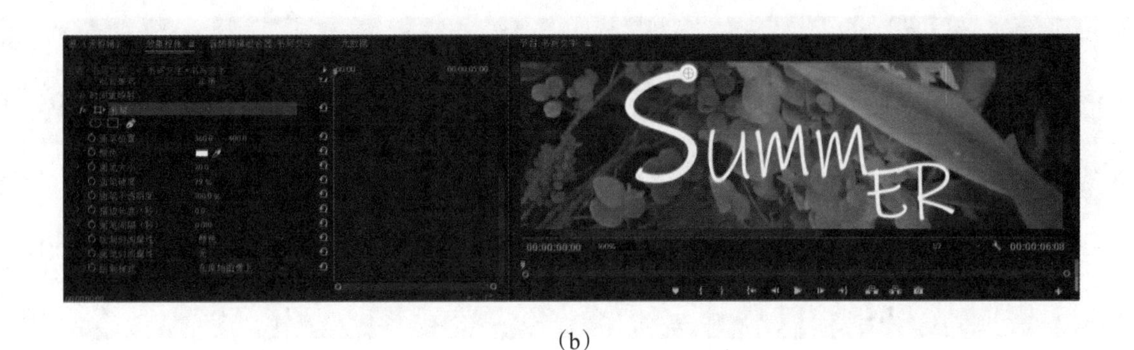

(b)

图 2-1-33　调整画笔大小以及移动画笔位置

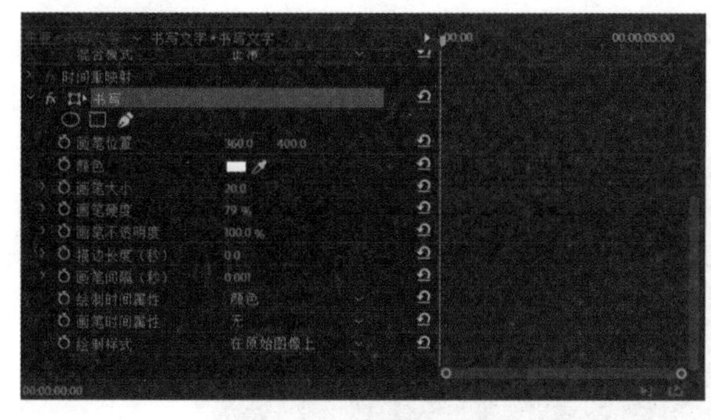

图 2-1-34　设置画笔间隔

在开始做关键帧动画之前，可以根据需求将“画笔间隔”调整为“0.001”（见图 2-1-34），画笔间隔的数值越小，呈现的效果越顺滑。

设置好基本参数后，将画笔位置的关键帧打开。通过键盘的左右键，按右键一下为前进一帧，按右键两下为前进两帧，按左键则表示后退。这里选择每隔一帧前进一次画笔位置，接下来只需要每隔一帧移动一下画笔的位置，不断地跟着文字的笔画进行绘制，直到全部覆盖即可（此步骤进行到这里需要耐心绘制，见图 2-1-35）。需要注意的是，进行绘制前一定要确认“效果面板”的“书写”是否为默认选中的状态。

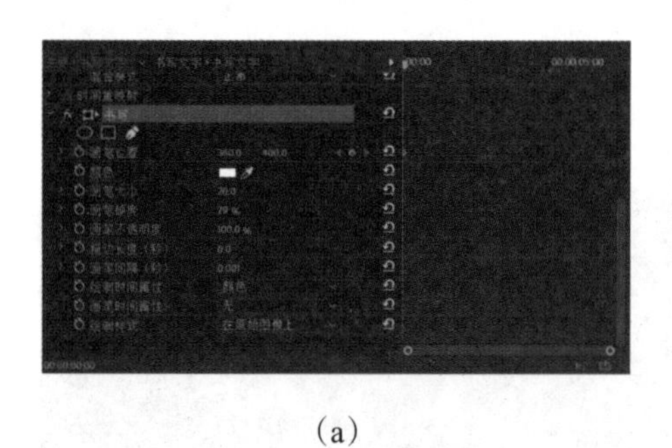

(a)

(b)

图 2-1-35　绘制书写路径

书写好第一个字母之后，先进行检查，选择“转到入点”选项来到第一帧，按住 Enter 键，之后进行渲染播放，渲染完成后可以看到一个有书写过程但是没有演示的效果（见图 2-1-36）。

图 2-1-36　书写第一个字母

如果想要提前看到演示效果，可以在“效果控件”工具栏中找到“书写”选项中的“绘制样式”选项，下拉菜单选择“显示原始图像”选项，就可以看到书写的效果了（见图 2-1-37）。

(a)

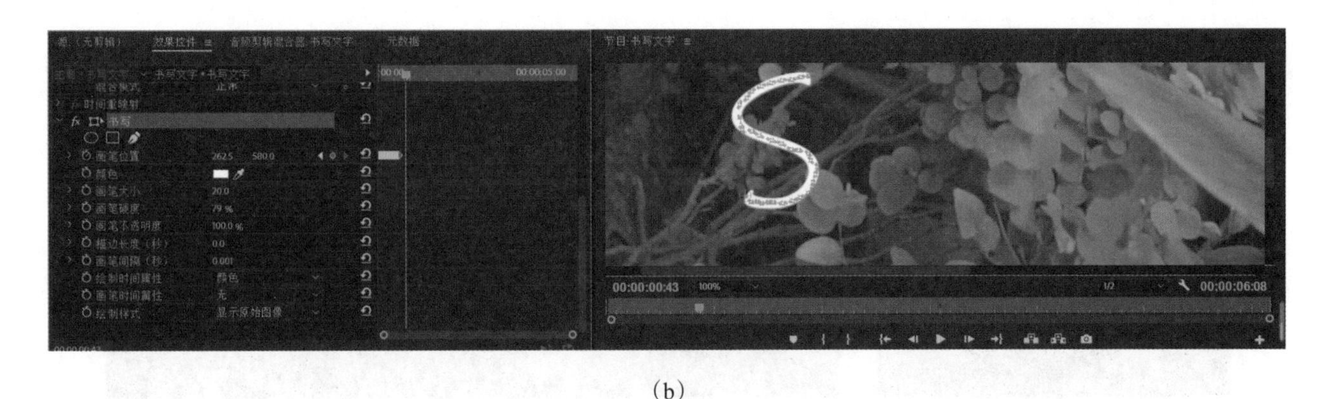

（b）

图 2-1-37　预览单字母效果

8. 浏览效果

耐心绘制全部的关键帧之后，可以看到在节目监视器中，书写效果绘制的路径已经将文字全部覆盖，此时在“效果控件”工具栏中的“绘制样式”选项中选择“显示原始图像”选项，可以跳转时间轴到入点（见图 2-1-38）。

（a）

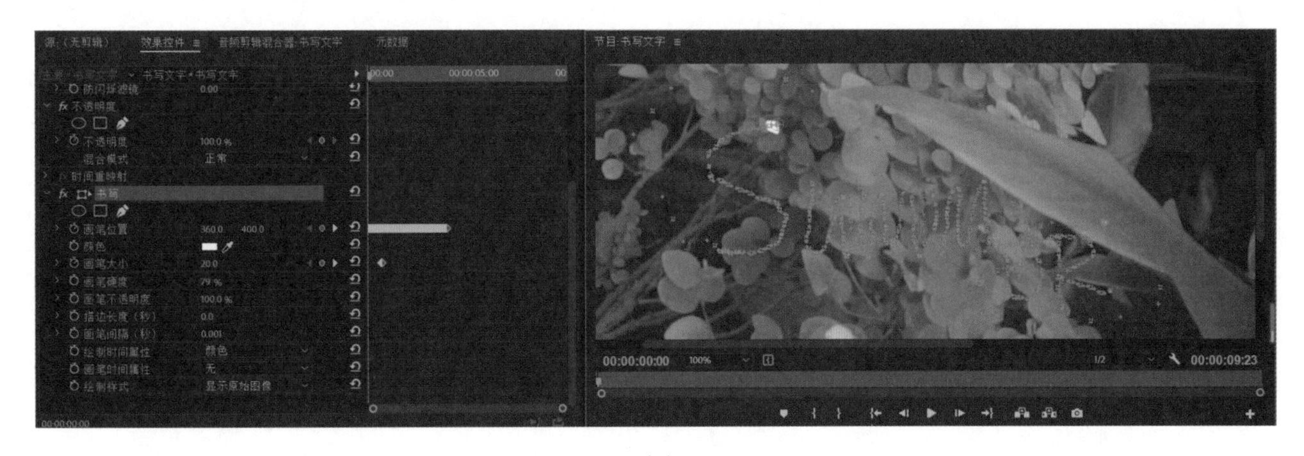

（b）

图 2-1-38　显示画笔原始图像

按 Enter 键进行整体渲染，渲染完毕后就可以得到流畅的书写文字效果（见图 2-1-39）。

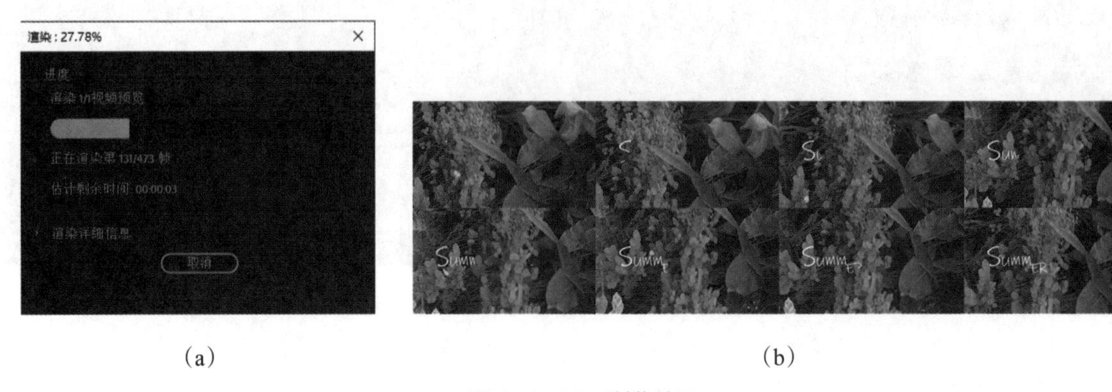

（a）　　　　（b）

图 2-1-39　浏览效果

本节对字幕效果中的书写文字效果进行了详尽的操作步骤解析，除此之外，还补充了对关键帧动画及嵌套序列的知识普及，其中关键帧动画部分是整个训练的重点。虽然实践操作并不复杂，但仍需投入足够的耐心并掌握“书写”效果的细节。作为入门训练，学会这些操作只是初步要求，通过熟识各步骤所运用的相关命令，去发散思维并应用到之后的学习和工作之中，才算得上是学有所成。

第二节

项目训练二——字幕效果 2：文字故障

通过本章第一节的练习，我们完成了具有书写文字字幕效果的视频剪辑，学习了字幕及图形面板的相关知识，并且对序列嵌套、关键帧动画的意义有了一定的了解，还进行了相关的实际操作。书写文字作为字幕效果练习中的一种，其能够通过不同方式呈现的效果还有许多，而练习最为重要的目的是要对软件基础知识的熟练掌握及融会贯通。

本节将针对字幕效果的文字故障效果进行练习。通过对字幕效果进一步的强化训练，学生可以在之后的项目编辑中对如何制作字幕效果能够有所收获。

一 课程概况

本节课程将通过字幕效果中的文字故障效果案例，引导学生完成这一字幕效果的练习。案例流程主要包含新建字幕、字体选用及相关调整、添加相关效果及编辑效果、浏览效果、导出文件等几个步骤。案例试图将理论与实践相结合，以便寓教于乐。

1. 课程主要内容

包括①添加波形变形效果；②选择一：添加颜色平衡效果；③选择二：添加投影效果；④编辑效果；⑤浏览效果。

2. 训练目的

通过本节项目训练，学生将学习字幕效果中的文字故障效果，通过项目练习进一步加强学生综合运用 Premiere Pro 相关功能的能力，为之后的课程需要学习必要的技能。

3. 重点和难点

重点：掌握文字故障所需的相关命令。

难点：了解扭曲、透视等视频效果的知识及视频剪辑混合模式的内容。

4. 作业和要求

作业：完成一个具有文字故障效果的片头视频。

要求：具备基本美感，运用文字故障所需的相关命令，包括对效果参数调整，以及对混合模式的适当运用。

二 案例分析

1. 故障艺术

（1）故障艺术的缘起：赛博朋克

我们经常能够见到类似的画面（见图 2-2-1 至图 2-2-4）。

图 2-2-1 《黑客帝国》/ 莉莉 · 沃卓斯基、拉娜 · 沃卓斯基 / 华纳兄弟 /1999

图 2-2-2 《攻壳机动队》/ 鲁伯特 · 山德斯 / 派拉蒙影业 /2017

图 2-2-3 《银翼杀手 2049》/ 丹尼斯 · 维伦纽瓦 / 美国哥伦比亚影片公司 /2017

图 2-2-4 《赛博朋克 2077》/CD Projekt RED/2020

无论是电影领域的《黑客帝国》《攻壳机动队》《银翼杀手 2049》，还是游戏领域的《赛博朋克 2077》，其中所涵盖的人工智能、虚拟现实、基因工程、黑客技术、故障艺术、霓虹灯等元素均被称为“赛博朋克”风格。

①概念。赛博朋克（Cyberpunk），是“控制论”（Cybernetics）与“朋克”（Punk）的结合词，起源于 20 世纪 60~70 年代，作为未来主义科幻小说、电影、游戏的一个品类，其核心理念在于低端生活与高等科技的结合。赛博朋克又叫网络朋克，其内容侧重“高等科技—低端生活”，情节通常是关于社会秩序受到高度控制，而角色利用其中的漏洞做出了某种突破。在这类风格的作品中，我们常能发现故障艺术的身影。

②发展。1984 年，威廉 · 吉布森出版了自己的首部小说《神经漫游者》（*Neuromancer*，见图 2-2-5），这部小说从朋克亚文化和早期黑客文化中汲取灵感，开创了赛博朋克的先河。

这一流派的早期电影包括雷德利·斯科特在 1982 年导演的电影《银翼杀手》（见图 2-2-6），该电影改编于菲利普·迪克的作品《仿生人会梦见电子羊吗？》(*Do Androids Dream of Electric Sheep*)。电影《银翼杀手》中高耸的天际线和肮脏的街道被耀眼的霓虹灯照亮的场景，成为启发赛博朋克风格的最大的视觉影响元素。

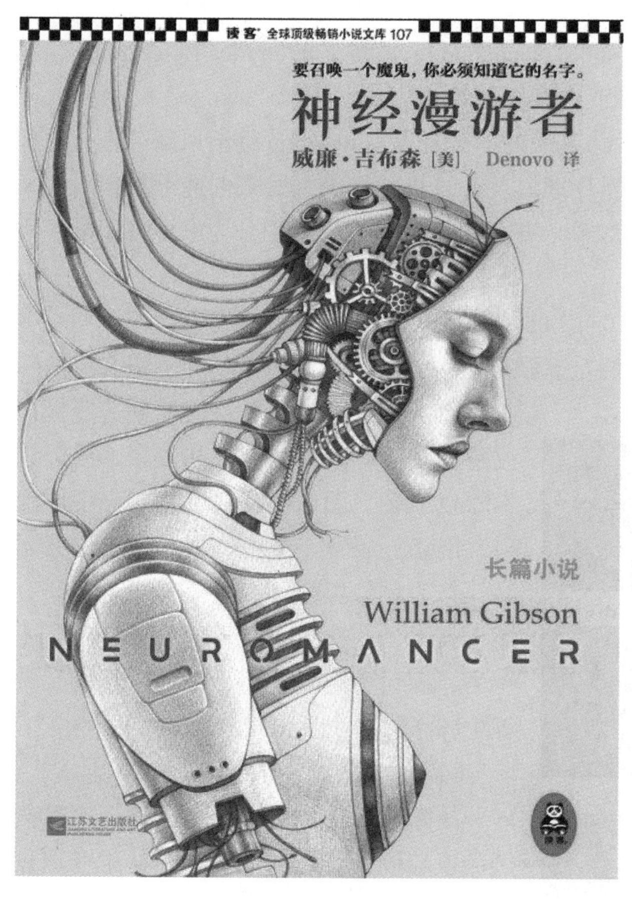

图 2-2-5 《神经漫游者》/ 威廉·吉布森 /1984

图 2-2-6 《银翼杀手》/ 雷德利·斯科特 / 华纳兄弟 /1982

赛博朋克风格的电子游戏一直很受欢迎，借助于技术和互联网发展的推动，著名的赛博朋克游戏有《杀出重围》(*Deux Ex*，见图 2-2-7）和《赛博朋克 2077》(*Cyberpunk 2077*，见图 2-2-8）等。

图 2-2-7 《杀出重围》/Edios Interactive/2000

图 2-2-8 《赛博朋克 2077》/CD Projekt RED/ 2020

（2）故障艺术的发展

故障艺术（Glitch Art），就是赛博朋克艺术风格的其中一种艺术表现形式。顾名思义，它产生于我们生活中一些常见的事物——数据和数字设备的故障，利用这类事物形成的故障进行艺术加工，使这种故障缺陷反而成为一种艺术品。

最早的“Glitch”的诞生来自一次意外。1962 年，在美国的一次航天任务中信号传输图像出现了错误，宇航员就这个现象描述为“Literally，a glitch is a spike or change in voltage in an electric current”，翻译过来的意思便是“这种故障，是由于电流电压的阻隔或改变而造成的”。

到了 20 世纪 90 年代中后期，一种以“失误美学”为基底的电子音乐 Glitch hop 逐渐风靡起来，这种音乐形式以电磁噪声、数字或模拟失真、硬件噪音、唱片划痕及计算机死机等方式来创造干扰声。2000 年，作曲家卡斯柯内在 *Computer Music Journal* 上发表文章，把这种毛刺般的音乐划分为电子音乐的一个流派，并用“后数字化”(post-digital) 来描述毛刺美学。

“Glitch Art”开始流行和进入学术讨论大概是 2010 年以后。2010 年，尼克·布里兹、罗莎·门克曼和乔恩·萨特罗姆联合组建了一个旨在发展故障艺术的全球联合会，并为故障艺术做了如下定义：故障艺术通常是指艺术家有目的地创造或挪用故障，基于对故障的调查和收集，故障艺术家以声音、图像、视频、实时音视频输出、网络、装置、文本、视频游戏、艺术品等作为创作媒介，探索审美概念，研究潜在技术，创造数字联觉体验，实践艺术行为，探讨失败、机遇、记忆、怀旧、熵等主题。

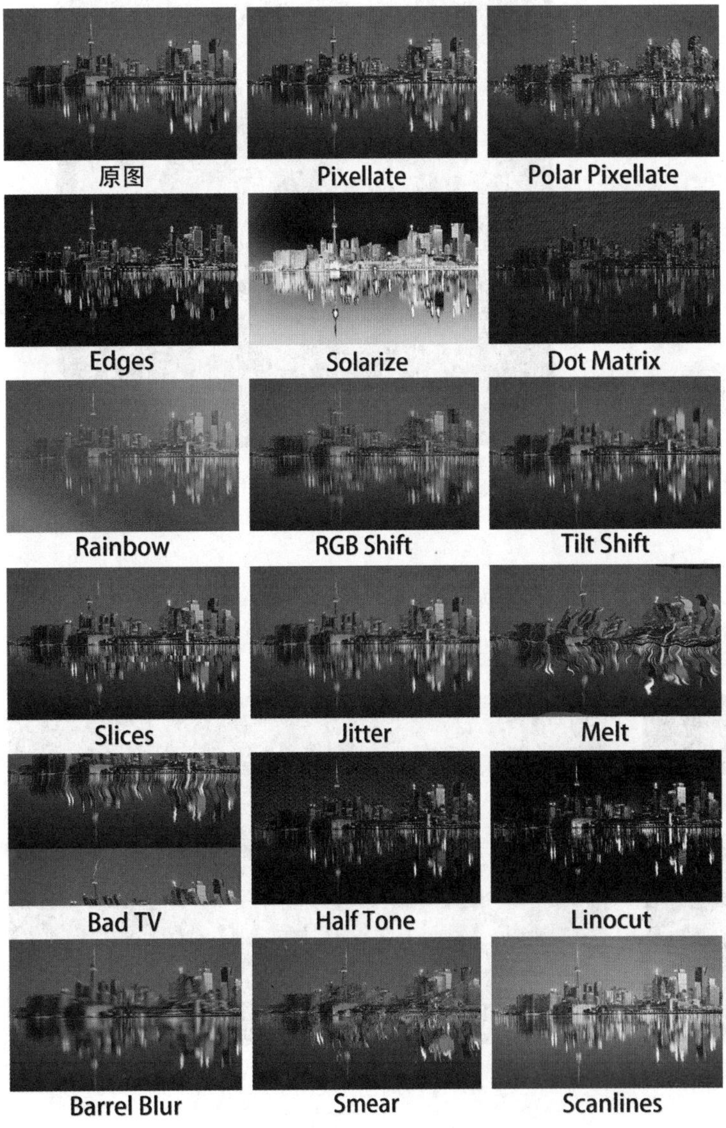

图 2-2-9　故障艺术风格图片

（3）故障艺术的特点

故障艺术创作的主要依据源于对数码产品机器硬件产生的故障，并从中获取创作灵感。

以下是根据有关网站生成的故障艺术作品的基本特征的图像（见图 2-2-9）。

从中我们可以发现，故障艺术的艺术表现核心形式在于图像的失真、破碎、错位、形变，以及颜色的失真、错位，并伴有条纹图形的辅助。

2. 效果

Premiere Pro 包括各种各样的音频与视频效果，可将它们应用于视频节目中的剪辑。通过效果可以增添特别的视觉或音频特性，或者提供与众不同的功能属性。Premiere Pro 提供的音视频效果类型大致可分为四种：固定效果、标准效果、基于剪辑或基于轨道的效果、效果增效工具。

（1）固定效果

固定效果即未添加任何内置效果且每个剪辑内容都存在的固有属性，单击任意剪辑内容都可以在“效果控件”窗口显示固定效果内容并进行调整。

固定效果包括以下内容。

①运动：包括多种属性，用于动画化、旋转和缩放剪辑，调整剪辑的防闪烁属性，或者将这些剪辑与其他剪辑进行合成。

②不透明度：允许降低剪辑的不透明度，用于实现叠加、淡化和溶解之类的效果。

③时间重映射：允许针对剪辑的任何部分减速、加速、倒放或将帧冻结。通过对剪辑提供微调控制，可以使这些变化加速或减速。

④音量：控制剪辑中的音频音量。

由于固定效果已内置在每个剪辑中，因此只需调整其属性来激活它们。

Premiere Pro 会在应用于剪辑的所有标准效果之后渲染固定效果。标准效果会按照从上往下出现的顺序渲染，可以在“效果控件”窗口中将标准效果拖到新的位置来更改它们的顺序，但是不能重新排列固定效果的顺序。若想更改固定效果的渲染顺序，可以用相同属性的标准效果进行替换，如使用变换效果替换运动效果，使用 Alpha 调整效果替换不透明度效果等。

（2）标准效果

位于“效果”面板中，可应用于项目的任何剪辑中，通过“效果控件”窗口进行调整。某些视频效果可直接通过节目监视器进行操控；可以通过在“效果控件”窗口使用关键帧更改标准效果属性使之随着时间变化形成动画化效果；可以通过在“效果控件”窗口调整贝塞尔曲线的形状改变效果动画的平滑度及速度；用户还可以通过网络资源下载效果预设放置在 Premiere Pro 的文件夹中以扩展实际效果集合大小。

（3）基于剪辑或基于轨道的效果

所有视频效果（包括固定效果和标准效果）都是基于剪辑的，通过创建嵌套序列，可将基于剪辑的效果应用在多个剪辑中；音频效果可应用于剪辑或者轨道中。若要应用基于轨道的效果，可以使用调音台，为效果添加关键帧后，可以在调音台或时间轴上调整效果。

（4）效果增效工具

除了 Premiere Pro 本身提供的效果外，用户还可以通过增效工具的方式使用大量效果，如可从 Adobe 或者第三方供应商购买增效工具，或者从兼容的其他应用程序获得增效工具。注意，Premiere Pro 仅支持本应用程序附带安装的增效工具。

3. 混合模式

与 Photoshop 的图层混合模式功能类似，在 Premiere Pro 中，使用混合模式（见图 2-2-10）能够改变视频之间的交互作用，呈现别具一格的视觉效果。

可以看到，虽然混合模式有很多选项，但有些选项中间会以分割线隔开，综合来看，混合模式被分成了 6 个部分，这 6 个部分可以简单地概括为正常类别、减色类别、加色类别、复杂类别、差值类别、HLS 类别。

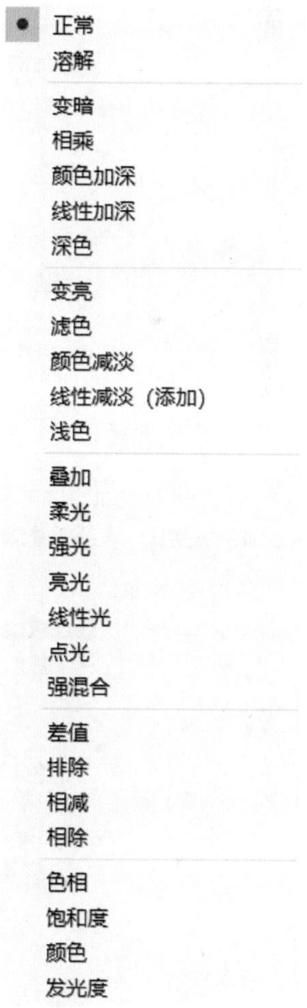

图 2-2-10 混合模式

其中涵盖的具体效果如表 2-2-1 所示。

表 2-2-1　混合模式涵盖效果一览表

类别	模式	效果
正常类别	正常	默认状态下的效果，呈现结果为原本状态
	溶解	该效果受源图像不透明度影响，结果颜色为源颜色的概率取决于源图像的不透明度 如果源图像的不透明度为 100%，则结果颜色为源颜色；如果源图像的不透明度为 0%，结果颜色为基础颜色
减色类别	变暗	结果颜色通道值是源颜色通道值和相应的基础颜色通道值之间的较小值，即用上层颜色和下层颜色进行对比 如果下层颜色为暗部区域显示，亮部区域就会被上层暗部区域颜色替换（显示较暗的一个）
	相乘	对于每个颜色通道，将源颜色通道值与基础颜色通道值相乘，并根据项目的颜色深度除以 8bpc、16bpc 或 32bpc 像素的最大值，呈现出来的结果颜色绝不会比原始颜色更亮 简单而言，可以使第一层画面中的白色完全消失，白色以外的区域都可以使底画面中的颜色整体变暗 此混合模式与使用多个标记笔在纸上绘图或在光前放置多个滤光板的效果相似。当与黑色或白色以外的其他某种颜色混合时，带有此混合模式的每个图层或绘画描边会产生更暗的颜色
	颜色加深	结果颜色比源颜色暗，通过提高对比度反映出基础图层颜色。原始图层中的纯白色不会改变基础颜色，即保留第一层画面中的白色，使第一层画面中深色颜色加深
	线性加深	结果颜色比源颜色暗，以反映出基础颜色，纯白色维持不变，是正片叠底和颜色加深的组合版本，在变暗的同时进一步提高颜色饱和度
	深色	用第一层颜色叠加第二层比较亮的区域，不会产生第三种颜色。每个结果像素的颜色为源颜色值与相应基础颜色值之间的相对较暗者。“深色”与“变暗”相似，但“深色”对单个颜色通道不起作用
加色类别	变亮	与“变暗”相反。结果颜色通道值是源颜色通道值和相应的基础颜色通道值之间的较大值（显示较亮的一个）
	滤色	可以使第一层画面中的黑色完全消失，黑色以外的区域都可以使底层画面中的颜色整体变亮，具体来说，“滤色”将通道值的补色相乘，然后获取结果的补色，得到的结果颜色绝不会比任一输入颜色暗。“滤色”模式的效果类似于将多个摄影幻灯片同时投影到单个屏幕之上
	颜色减淡	结果颜色比源颜色亮，通过减小对比度反映出基础图层颜色。如果源颜色为纯黑色，则结果颜色为基础颜色。简单来说，“颜色减淡”用于加亮底层颜色，提高对比度
	线性减淡（添加）	是“滤色”和“颜色减淡”的组合版本，结果颜色比源颜色亮，以通过增加亮度反映出基础颜色。如果源颜色为纯黑色，则结果颜色为基础颜色。主要是在变亮的情况下提高画面的对比度
	浅色	用第一层颜色叠加第二层比较暗的区域，不会产生第三种颜色。每个结果像素的颜色为源颜色值与相应基础颜色值之间的较亮者。“浅色”的作用类似于“变亮”，但“浅色”对单个颜色通道不起作用
复杂类别	叠加	根据基础颜色是否比 50% 灰色亮，对输入颜色通道值进行相乘或滤色，呈现结果保留基础图层的高光和阴影，提高对比度
	柔光	根据源颜色，使基础图层的颜色通道值变暗或变亮，原理类似于漫射聚光灯照在基础图层上。呈现效果比“叠加”更加柔和，也是提高画面的对比度 对于每个颜色通道值，如果源颜色比 50% 灰色亮，则结果颜色比基础颜色亮，就像被减淡了一样；如果源颜色比 50% 灰色暗，则结果颜色比基础颜色暗，就像被加深了一样；带纯黑色或纯白色的图层会明显变暗或变亮，但不会变成纯黑色或纯白色

表 2-2-1（续）

<table>
<tr><td rowspan="6"></td><td>强光</td><td>可以看成“相乘”和“滤色”的组合，在提高对比度时加亮底层
根据源颜色，对输入颜色通道值进行相乘或滤色，原理类似于耀眼的聚光灯照在图层上
对于每个颜色通道值，如果基础颜色比 50% 灰色亮，则图层将变亮，就像滤色后的效果；如果基础颜色比 50% 灰色暗，则图层将变暗，就像被相乘后的效果。此模式适用于在图层上创建阴影外观</td></tr>
<tr><td>亮光</td><td>根据基础颜色增加或减小对比度，使颜色加深或减淡
如果基础颜色比 50% 灰色亮，则图层将变亮，因为对比度减小了；如果基础颜色比 50% 灰色暗，则图层将变暗，因为对比度增加了
效果介于“颜色加深”和“减淡组合”之间，总体上可以让画面更加明快</td></tr>
<tr><td>线性光</td><td>可以产生更好的对比效果，根据基础颜色减小或增加亮度，使颜色加深或减淡
如果基础颜色比 50% 灰色亮，则图层将变亮，因为亮度增加了；如果基础颜色比 50% 灰色暗，则图层将变暗，因为亮度减小了</td></tr>
<tr><td>点光</td><td>根据基础颜色替换颜色
如果基础颜色比 50% 灰色亮，则比基础颜色暗的像素将被替换，而比基础颜色亮的像素保持不变；如果基础颜色比 50% 灰色暗，则比基础颜色亮的像素将被替换，而比基础颜色暗的像素保持不变
效果介于“变暗”和“变亮”之间</td></tr>
<tr><td>强混合</td><td>可以增加颜色的饱和度，使图像产生色相分离的效果</td></tr>
<tr><td colspan="2" style="display:none"></td></tr>
<tr><td rowspan="4">差值类别</td><td>差值</td><td>对于每条颜色通道，从颜色较亮的输入值减去颜色较暗的输入值
用白色绘画可反转背景颜色；用黑色绘画不会发生变化
注意：如果两个图层具有相同的可视元素要进行对齐，可将一个图层放在另一个图层之上，并将最上面图层的混合模式设置为“差值”。然后可移动其中一个图层，直到要对齐的可见元素的像素全部为黑色，即各像素之间的差值为零，即元素完全堆叠在一起。
简单而言，使用“差值”后上层白色区域会让底层颜色图像产生反向效果，黑色区域会接近底层图像的颜色</td></tr>
<tr><td>排除</td><td>原理与“差值”类似，比“差值”更加柔和。如果源颜色为白色，则结果颜色为基础颜色的补色；如果源颜色为黑色，则结果颜色为基础颜色</td></tr>
<tr><td>相减</td><td>从底色中减去源图像的颜色
如果源颜色为黑色，则结果颜色为基础颜色。在 32bpc 项目中，结果颜色值可小于 0</td></tr>
<tr><td>相除</td><td>基础颜色除以源颜色
如果源颜色为白色，则结果颜色为基础颜色。在 32bpc 项目中，结果颜色值可大于 1.0</td></tr>
<tr><td rowspan="4">HLS 类别</td><td>色相</td><td>色相混合模式可以让上层图像的中的颜色信息应用于底层，同时保留底层图片的亮度和饱和度信息，其结果颜色具有基础颜色的发光度和饱和度，以及源颜色的色相
可以新建一个颜色图层，叠加到视频上，实现视频色调的统一，比较实用</td></tr>
<tr><td>饱和度</td><td>可以让上层图像的中的饱和度信息应用于底层，同时保留底层图片的亮度和颜色信息，其结果颜色具有基础颜色的发光度和色相，以及源颜色的饱和度</td></tr>
<tr><td>颜色</td><td>可以让上层图像的中的颜色和饱和度信息应用于底层，同时保留底层图片的亮度和对比度信息，其结果颜色具有基础颜色的发光度，以及源颜色的色相和饱和度
此混合模式会保留基础颜色的灰色阶；此混合模式适用于给灰度图像上色以及给彩色图像着色</td></tr>
<tr><td>发光度</td><td>可以让上层图像的中亮度信息应用于底层，同时保留底层图片的色相和饱和度，其结果颜色具有基础颜色的色相和饱和度，以及源颜色的发光度
此模式与“颜色”模式正好相反</td></tr>
</table>

其中，源颜色是指应用混合模式图层的颜色；基础颜色是指时间轴中位于源影像图层下方合成图层的颜色；结果颜色是指混合操作后的输出，即合成的颜色。

总结来说，正常类别受图像不透明度的影响；减色类别涵盖的混合模式往往会使图像颜色变暗，原理与绘画中混合彩色颜料的方式大致相同；加色类别涵盖的混合模式往往会使图像变亮，原理与混合投影光的方式大致相同；复杂类别则根据某种颜色是否比 50% 灰色亮，根据情况不同对源颜色与基础颜色执行不同的操作；差值类别会根据源颜色和基础颜色之间的差值创建颜色；HLS 类别会将颜色的 HLS 表示方式中的一个或多个分量从基础颜色转变为结果颜色。

根据项目风格、混合模式的不同特性进行合理运用，有助于提高视频质量，用户可以通过以下操作实现混合模式（见图 2-2-11）。

图 2-2-11　不透明度→混合模式

①在时间轴中，将剪辑置于另一个剪辑所在轨道上方的一条轨道中。Premiere Pro 会将上方轨道中的剪辑叠加（混合）在下方轨道中的剪辑之上。

②选择上方轨道中的剪辑，并选择“效果控件”窗口将其激活。

③在“效果控件”窗口中，单击“不透明度”旁边的三角形。

④向左拖动“不透明度”数值，将不透明度设置为小于 100%。

⑤单击“混合模式”菜单的三角形。

⑥从“混合模式”下拉列表选中需要应用的混合模式。

4. 运用场景——片头

（1）概念

片头视频通常是一个简短的内容展示，旨在引导观众对以后的故事产生兴趣。随着电影电视的发展，片头的种类越来越多，除了最初的电影片头，还有广告片头、电视栏目包装片头、电视节目宣传片头，等等。

片头字幕也可以称为“片头”，片头字幕常在片头视频的衬底下出现，通常而言，片头字幕及其衬底、音乐等内容风格是一致的。

（2）理由

通过分析故障艺术的缘起、发展及特点总结，我们发现将故障艺术运用在具有科技感、未来感的作品时是比较符合其特征的。热门综艺节目《中国有嘻哈》以及抖音 App 的视觉都将故障风格作为一种效果呈现并受到观众热捧，也因此带动了“故障风”设计风格的传播。文字故障作为故障艺术中的一个标志性特征，学会如何运用后有助于之后进行同类型作品的创作。

三 知识总结

1. 扭曲

扭曲（见图 2-2-12）属于视频效果的一大类别，顾名思义，通过添加扭曲效果中的不同效果命令，以呈现不同的扭曲效果，并且通过对参数的详细调整，产生独特的视觉扭曲效果，增添视频的观赏性。

其类别具体效果内容在上一章有过详细的图表讲解，这里简单地将扭曲效果的内容罗列出来：位移、变形稳定器、变换、放大、旋转、果冻效应修复、波形变形、球面化、紊乱置换、边角定位、镜像、镜头扭曲（见图 2-2-12）。

2. 透视

透视（见图 2-2-13）是 Premiere Pro 视频效果的一个类别，主要用来对剪辑内容添加透视效果。其类别包含了基本 3D、投影、放射投影、斜角边、斜面 Alpha 等 5 个效果，具体效果上一章有所涉及，这里仅做简单介绍。

图 2-2-12　效果→扭曲

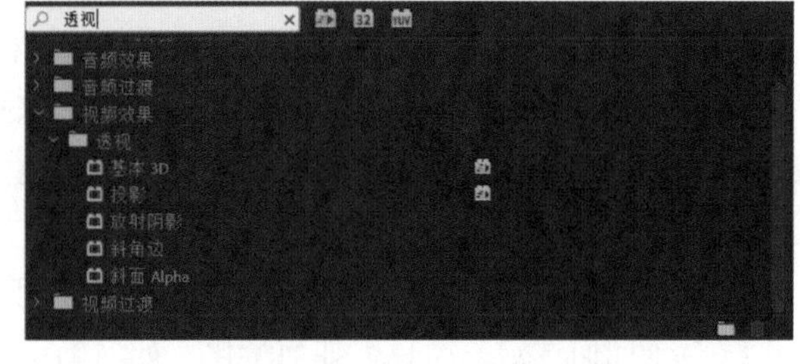

图 2-2-13　效果→透视

①基本 3D：可以围绕水平和垂直轴旋转图像，以及朝靠近或远离的方向移动它。一般可用于创建简单的 3D 动画效果。

②投影：添加出现在剪辑内容后面的阴影，通过设置阴影可以让物体更有立体感。

③放射阴影：可以改变光源位置及投影距离等，也称径向阴影。

④斜角边：为图像边缘提供凿刻和光亮的 3D 外观。

⑤斜面 Alpha：将斜面和光亮添加到图像的 Alpha 边界，通常可为 2D 元素呈现 3D 外观。

3. 颜色平衡（RGB）

用于调整图像的色彩均衡。

（1）RGB 概念

RGB（见图 2-2-14）指红（R）、绿（G）、蓝（B）三色。我们肉眼可见的颜色是由波长范围很窄的电磁波产生的，不同波长的电磁波表现为不同的颜色。RGB 色彩模式是工业界的一种颜色标准，通过对红、绿、蓝三个颜色通道的变化及其相互之间叠加得到各种各样的颜色，RGB 模式是目前运用最广的颜色系统之一。

RGB 是从颜色发光的原理来设计制定的，当它们的光相互叠加的时候，色相相混，两色亮度相加，混合亮度越高，称为加法混合。人们肉眼识别世界上的所有颜色几乎都由红、绿、蓝三色混合而成。

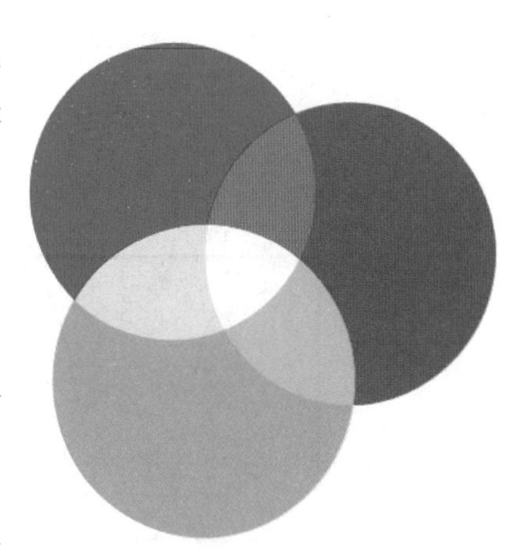

图 2-2-14　RGB 颜色

（2）RGB 起源

① RGB 三原色源于 20 世纪初，物理学家托马斯・杨第一个测量了 7 种光的波长，最先建立了三原色原理学说，随后科学家赫尔姆霍尔茨也提出：人的视网膜存在三种视锥细胞，分别含有对红、绿、蓝三种光线敏感的视色素，当一定波长的光线作用于视网膜时，以一定的比例使三种视锥细胞分别产生不同程度的兴奋，这样的信息传至大

脑中枢，就产生某一种颜色的视觉。

② RGB 颜色空间以红、绿、蓝三种基本色为基础，进行不同程度的叠加，从而获得广泛的颜色，俗称为三基色模式。在计算机中，RGB 的所谓“多少”通常意义下指的是亮度，并且使用整数来表示，RGB 各有 256 级亮度，用数字表示为 0、1、2……255（虽然数字最高是 255，但 0 也是数值之一，因此共 256 级）。按照计算，256 级的 RGB 色彩总共能组合出约 1678 万种色彩，即 256×256×256=16777216。这也被称为 1600 万色、千万色或 24 位色（即 2^{24}）。

（2）用途

作为常见颜色模型的一种，RGB 颜色模型最常使用的途径是显示器系统，其中彩色阴极射线管、彩色光栅图形的显示器都是利用 R、G、B 数值来驱动 R、G、B 电子枪发射电子以此激发荧光屏上三种颜色的荧光粉来发出不同亮度的光线，并通过相互混合产生各种颜色。RGB 色彩空间也称为与设备相关的色彩空间，不同设备、不同型号显示同一图像，也会显示出不同的色彩显示效果。与此类似的还有扫描仪，扫描仪也是通过吸收原稿经反射或透射发送过来的光线中的 R、G、B 成分以显示原稿的颜色。与其相反的 CIE 标准色度学系统则是与设备无关的色彩空间标准。

（3）CIE 标准色度学系统

CIE 标准色度学系统于 1931 年由 CIE（国际照明委员会）提出，称为 CIE1931-RGB 标准色度系统。这套系统对于如何选定三原色、如何量化、如何确定刺激值等问题给出了一套标准。

CIE1931-RGB 系统（见图 2-2-15）选择了 700nm（R）、546.1nm（G）、435.8nm（B）三种波长的单色光作为三原色，之所以选这三种颜色是因为比较容易精确地产生出来（汞弧光谱滤波产生，色度稳定准确）。

从图 2-2-15 中可以看到，三种颜色的刺激值 R、G、B 如何构成某一种颜色，例如 580nm 左右（红绿线交叉点）的黄色光，可以用 1:1（经过亮度换算）的红绿两种原色混合来模拟。

如果要根据三个刺激值 R、G、B 来表现可视颜色，则绘制的可视图形呈现为三维形态，但为了能在二维平面上表现颜色空间，就需要适当做一些转换。

颜色的概念可以分为两部分：亮度（光的振幅，即明暗程度）、色度（光的波长组合，即具体某种颜色）。我们将光的亮度（Y）变量分离出来，之后用比例来表示三色刺激值，得出 r+g+b=1。

可以发现，在色度坐标 r、g、b 中只有两个变量是独立的。这样我们就把刺激值 R、G、B 转换成 r、g、Y（亮度）三个值，把 r、g 两个值绘制到二维空间得到的图就是色域图（见图 2-2-16）。

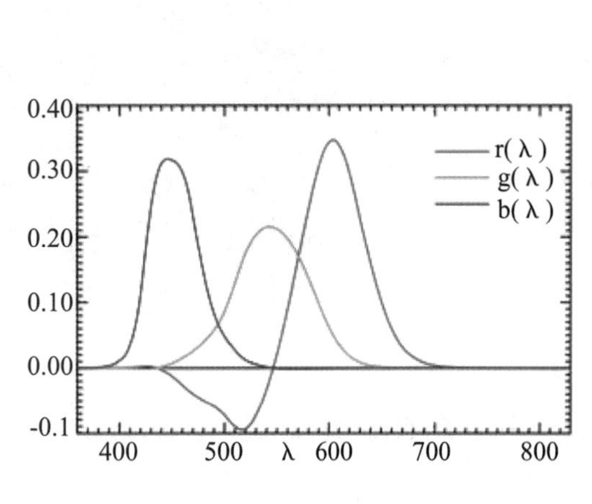

图 2-2-15 CIE1931-RGB 系统

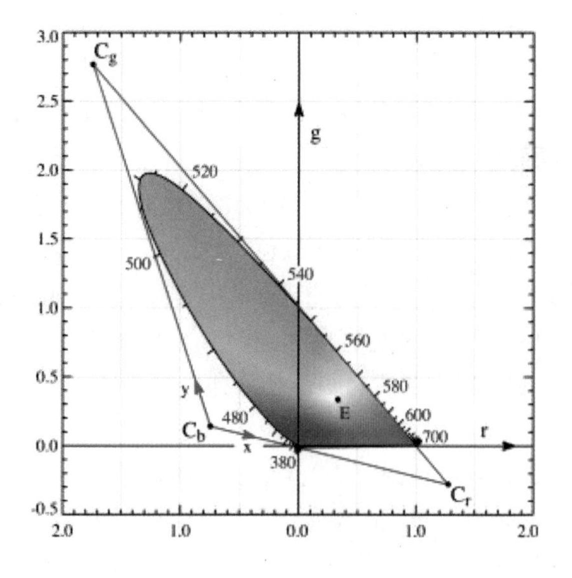

图 2-2-16 光谱轨迹色域图

在图 2-2-16 中，马蹄形曲线就表示单色的光谱（即光谱轨迹）。

比如在 540nm 的单色光，可以看到由 r=0、g=1、b=（1-r-g）=0 三个原色的分量组成；再比如 380~540nm 波段的单色光，由于颜色匹配实验结果中红色存在负值的原因，该段色域落在了 r 轴的负区间内。自然界中，人眼可分辨的颜色，都落在光谱曲线包围的范围内。

CIE1931-RGB 标准是根据实验结果制定的，出现的负值在计算和转换时非常不便。为了应对这种情况，CIE 假定人对色彩的感知是线性的，对 r-g 色域图进行了线性变换，将可见光色域变换到正数区域内。CIE 在 CIE1931-RGB 色域中选择了一个三角形，该三角形覆盖了所有可见色域，之后将该三角形进行如下的线性变换，将可见色域变换到（0，0）、（0，1）、（1，0）的正数区域内，即假想出三原色 X、Y、Z，它们不存在于自然界中，但更方便计算，得到的结果如图 2-2-17 所示。

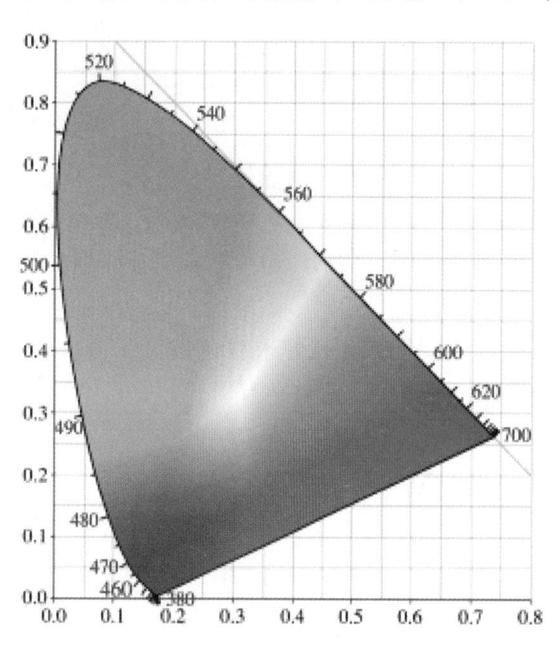

图 2-2-17 CIE1931-XYZ 标准色度学系统

需要注意的是，以上的颜色只是作为示意，事实上还没有设备能完全显示上面所有的自然色域。

图 2-2-17 所示的颜色包含了一般人可见的所有颜色，即人类视觉的色域。色域的马蹄形弧线边界对应自然界中的单色光，色域下方直线的边界只能由多种单色光混合成。

在该图中任意选定两点，两点间直线上的颜色可由这两点的颜色混合而成；给定三个点，三点构成的三角形内颜色可由这三个点颜色混合而成；给定三个真实光源，混合得出的色域只能是三角形（如液晶显示器的评测结果），绝对不可能完全覆盖人类视觉色域。

图 2-2-17 所示测试结果也被称为 CIE1931-XYZ 标准色度学系统。该系统是国际上色度计算、颜色测量和颜色表征的统一标准，是几乎所有测色仪器的设计与制造依据。

（5）颜色平衡（RGB）

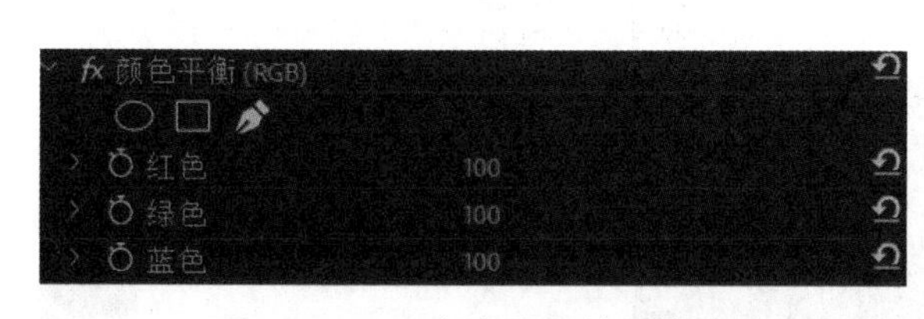

图 2-2-18 颜色平衡效果控件

概括地说，颜色平衡（见图 2-2-18）包括对整个图像的红绿蓝颜色的调整，可更改画面中红色、绿色、蓝色的数量。

有些视频在拍摄时没有注意调整参数，导致拍摄后出现过曝或者曝光不足的现象，影像呈现出过亮或过暗的情况，这个时候需要对影像进行调整。通过添加“颜色平衡”效果，在“效果控件”窗口可以查看“颜色平衡”的控件选项。

其中含有以下命令。

①创建椭圆形蒙版。

通常指的是创建椭圆形的透明区域边框，只显示在图形内的部分。

②创建 4 点多边形蒙版。

通常指的是创建 4 点多边形的透明区域边框，只显示在图形内的部分。

③自由绘制贝塞尔曲线。

通常指使用钢笔工具自由绘制蒙版区域，只显示被绘制区域的部分。

蒙版常用于移除画面上多余的元素，所以也称为无用信号遮罩。无论是创建哪种形状的蒙版，其本质都是通过定义像素的透明度，即创建临时的 Alpha 通道，让剪辑中被选择的部分显示为不透明状态，未选中的部分显示为透明状态。

Alpha 通道描述了像素的显示方式，专门用于存储像素的不透明度信息，其创建与图像内容无关。在 8 位（0 ~ 255）的 Alpha 通道中，数值“0”为黑色像素，显示为不可见；数值“255”为白色像素，显示为可见；灰色像素则显示为部分透明或可见。默认情况下，Alpha 通道为“白色”，即全部可见。另外，动画、文字、形状等图形剪辑通常都自带 Alpha 通道。

④补色。

在对颜色平衡选项下的红、绿、蓝三色进行讲解前，首先需要先了解什么是补色。

补色指的是一种原色与另外两种原色混合而成的颜色形成互为补色的关系，比如蓝色与绿色混合为青色，青色与红色互为补色等。在标准色轮上，绿色和洋红色互为补色；黄色和蓝色互为补色。简单来说，如果两种颜色相混能够产生灰色或黑灰色，这两种颜色便是互补色。

⑤红色。

通过滑动或者直接修改红色数值，可以改变影像内容红色的部分，增加或者减少互补色。一般来说，Premiere Pro 默认的数值为“100”，向左滑动或修改数值小于 100，青色互补色增加，画面色调往青色调方向偏移；向右滑动或修改数值大于 100，红色增加，画面色调往红色调方向偏移。

⑥绿色。

通过滑动或直接修改绿色数值，可以改变影像内容绿色的部分，增加或减少互补色。向左滑动或修改数值小于 100，洋红色互补色增加，画面色调往洋红色调方向偏移；向右滑动或修改数值大于 100，绿色增加，画面色调往绿色调方向偏移。

⑦蓝色。

通过滑动或者直接修改蓝色数值，可以改变影像内容蓝色的部分，增加或减少互补色。向左滑动或修改数值小于 100，黄色互补色增加，画面色调往黄色调方向偏移；向右滑动或修改数值大于 100，蓝色增加，画面色调往蓝色调方向偏移。

四 实践程序

本实践按照基本视频编辑要求，完成一个含有文字故障字幕效果的片头视频剪辑。

1. 新建或打开已有项目

基于教学方便，本节项目训练是在“书写文字”项目文件基础上新建序列。在“项目”面板右击“新建序列”，新建项目时可以先选择好接近使用素材大小的序列设置，也可以使用默认设置新建序列，这里选择“HDV”→“HDV 1080p24”。

将序列名称修改为“文字故障”，然后单击“确定”按钮新建序列（见图 2-2-19）。

图 2-2-19 新建序列

2. 新建字幕

在第一节项目训练中使用的是“工具”面板的“文字工具”在节目监视器中输入文字的

操作。除了“文字工具”，还可以在主菜单上选择“文件”→“新建”→“旧版标题”选项（见图 2-2-20）。

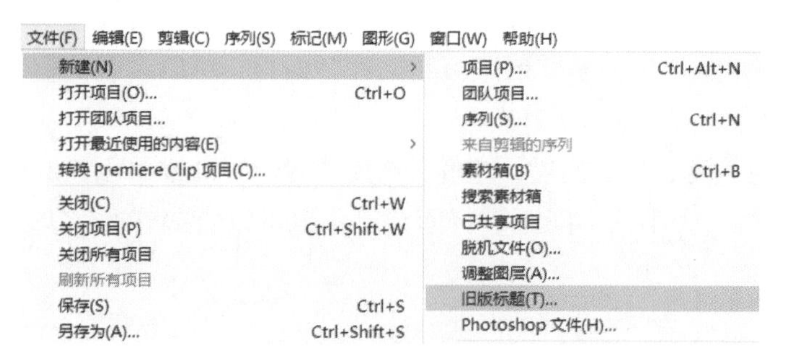

图 2-2-20 文件→新建→旧版标题

在弹出的“新建字幕”窗口（见图 2-2-21）中将字幕名称修改为“文字故障”，另外“宽度”“高度”“时基”“像素长宽比”一般默认与序列设置保持一致，不然可能会产生一些偏差。单击“确定”按钮后便会弹出一个“字幕编辑”窗口（见图 2-2-22）。

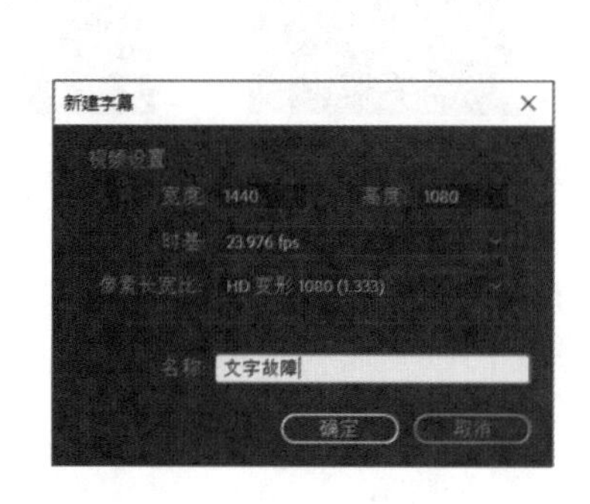

图 2-2-21 “新建字幕”窗口

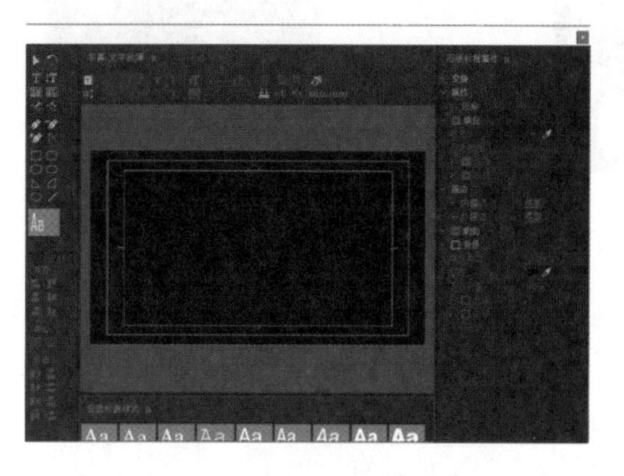

图 2-2-22 “字幕编辑”窗口

旧版的字幕编辑窗口大致可以分为四类：工具、样式、动作和属性。

工具箱（见图 2-2-23）最常使用的部分有选择工具、文字工具、钢笔工具等。其中，“选择工具”可以选择监视器中的文字或图形并进行移动；“文字工具”可以输入文字；“钢笔工具”可以绘制路径形状。

旧版标题字幕编辑窗口中还提供了一些旧版标题样式的预设（见图 2-2-24），为文字和图形提供保存和载入预置样式的功能。默认样式只提供了英文字体样式的效果，如果想要使用中文字体样式效果，可以创建（窗格菜单里）一个新的标题样式效果以供之后使用。另外，除了可以新建样式、载入样式，还可以复制、重命名和删除样式，也可以修改样式样本在字幕窗口中的显示方式。

图 2-2-23 工具箱

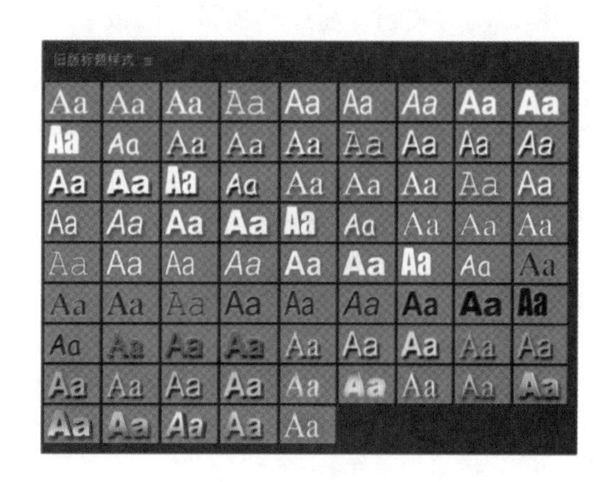

图 2-2-24 文字预设

当项目中有文字或图形时，有关文字或图形位置的操作可在主工具选项栏下的“对齐、中心、分布”中进行设置（见图 2-2-25）。

旧版标题字幕编辑窗口的右侧便是“旧版标题属性”面板，可以设置的标题属性主要包括变换、属性、填充、描边、阴影和背景等（见图 2-2-26）。

“变换”里主要有不透明度、X/Y 位置、宽度、高度及旋转等设置（见图 2-2-27）。

“属性”可以设置字体、大小、字间距、行间距等，也可以直接在主工具选项栏里进行设置（见图 2-2-28）。

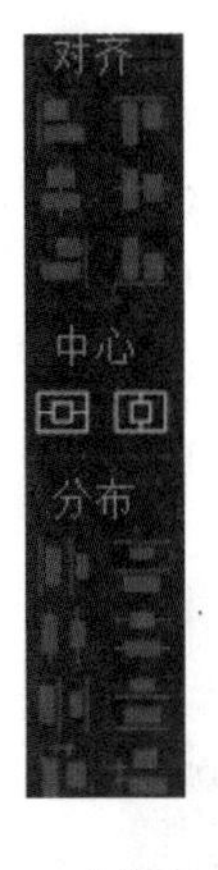

图 2-2-25　对齐、中心、分布

图 2-2-26　旧版标题属性

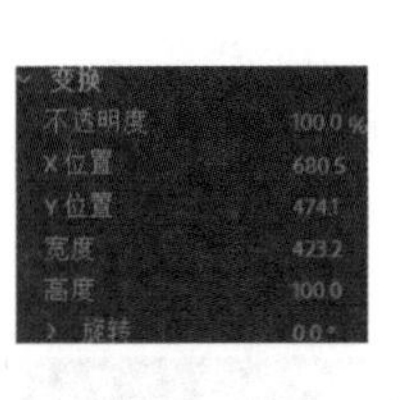

图 2-2-27　变换

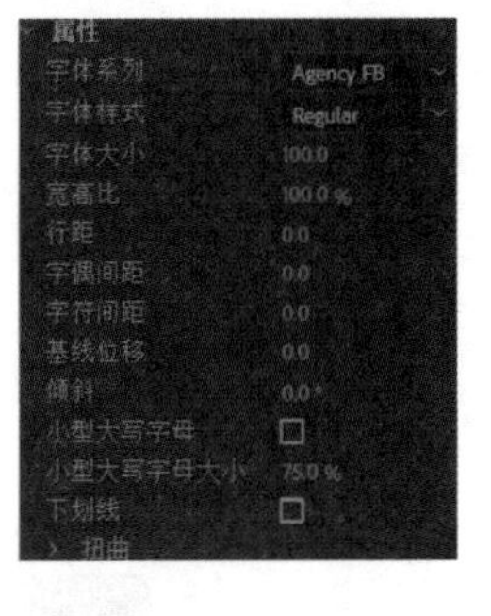

图 2-2-28　属性

“填充”主要用于设置文字的颜色，包括渐变色、光泽与纹理等设置（见图 2-2-29）。

“描边”可以添加多层描边，包括内描边以及外描边。对于白字，通常加黑色描边；对于黑字，通常加白色描边，以便文字能在各种亮度的画面里被辨识（见图 2-2-30）。

“阴影”（见图 2-2-31）的设置有助于文字立体感的呈现。

勾选“背景”（见图 2-2-32）后，文字所在的画面背景就与视频剪辑的当前画面无关了，比如，黑色背景常用在片尾字幕上。

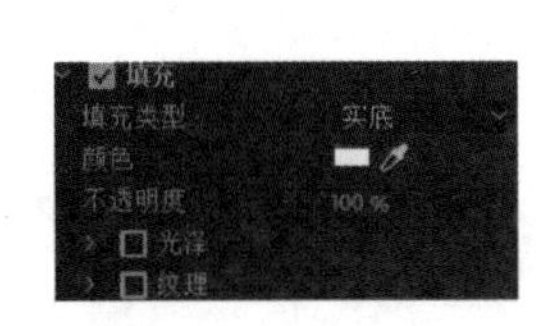

图 2-2-29　填充

图 2-2-30　描边

图 2-2-31　阴影

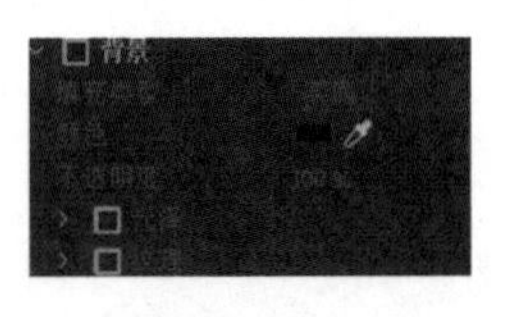

图 2-2-32　背景

新建的字幕窗口可以随时关闭，通过“项目”面板（见图 2-2-33）便可找到，双击可再次进行编辑。

需要注意的是，当在时间轴面板上移动播放指示器时，旧版标题的字幕编辑窗口中的画面也会跟着刷新，另外，还可在旧版标题字幕编辑窗口的右上角拖动时间编码（见图 2-2-34）来更新背景。

图 2-2-33　“文字故障”项目

图 2-2-34　时间编码

在旧版标题字幕编辑窗口左上角选择“文字工具”后，单击监视器可以输入文案，这里直接输入文案为“文字故障”（见图 2-2-35）。

调整文字的位置至居中位置，可以直接单击选择“中心”的选项，接着可以切换文字字体，根据“文字故障”的字意理解，可以选择笔画较为粗直的字形，这里选择“站酷高端黑”字体（需要注意的是，在平时训练中尽量选择无版权争议的免费正版字体），为了方便查看效果可以在“属性”中修改字体大小数值为“120”（见图 2-2-36）。

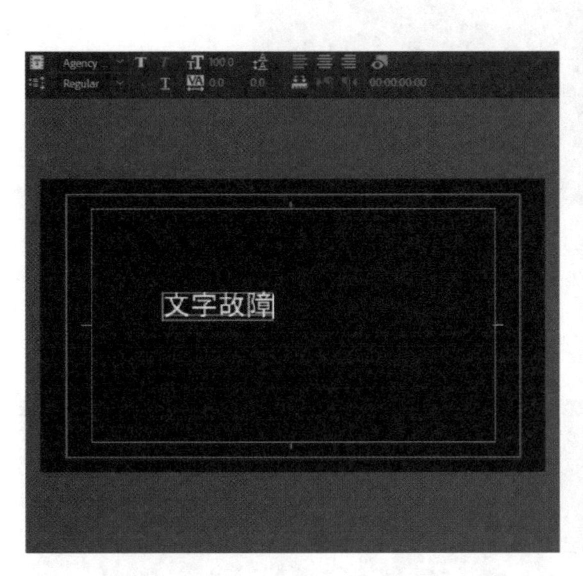

图 2-2-35　输入“文字故障”

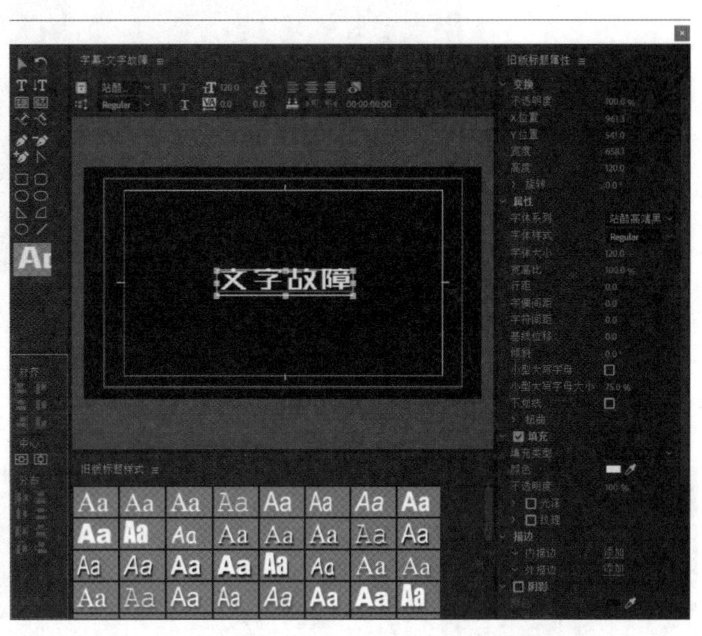

图 2-2-36　调整文字位置、选择字体、调整字体大小

调整好文字的字体、大小、位置之后，便可以关闭旧版标题窗口了。关闭窗口之后，在“项目”面板中找到“文字故障”的字幕文件，将其拖放至时间轴，节目监视器便会显示之前在旧版标题窗口中编辑的文字了（见图 2-2-37）。

图 2-2-37　节目监视器显示画面

3. 添加以及编辑效果

（1）波形变形

在“效果”面板中搜索效果“波形变形”（见图 2-2-38），将其拖放至时间轴，或者在时间轴上选中文件，打开“效果控件”窗口，再双击“波形变形”效果，该效果便会应用在“效果控件”窗口中了。

图 2-2-38　效果→波形变形

在“效果控件”中展开“波形变形”效果，将“波形类型”由“正弦”修改为“正方形”（见图 2-2-39）。

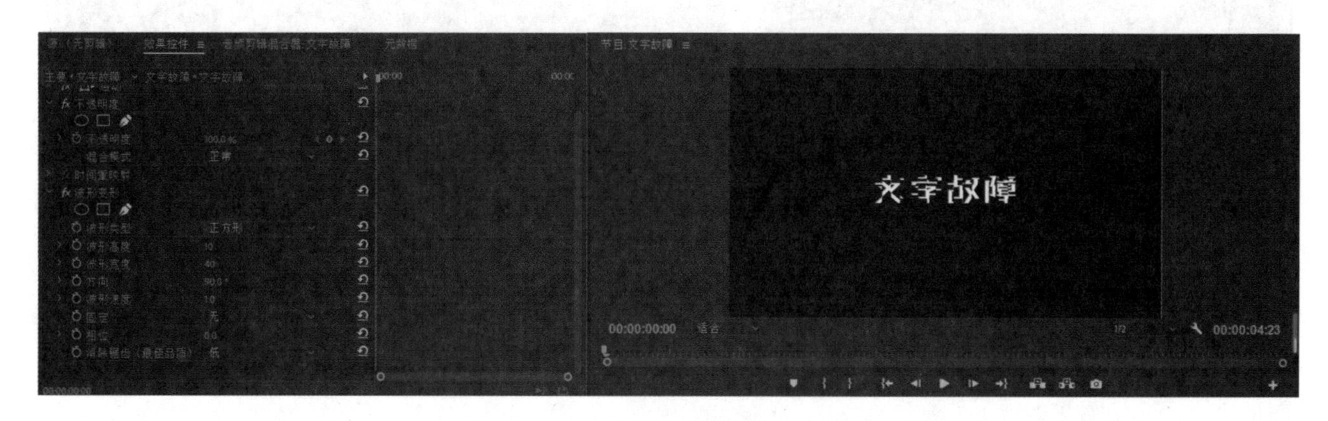

图 2-2-39　波形类型→正弦→正方形

再将时间指示器转到第一帧，修改“方向”为“0”（见图 2-2-40）。

图 2-2-40　修改方向

接下来是关键帧动画的环节，在“波形高度”和“波形宽度”分别设置关键帧（见图 2-2-41），修改其数值为“0”，由于“波形宽度”的值不能低于 0，所以显示为“1”。

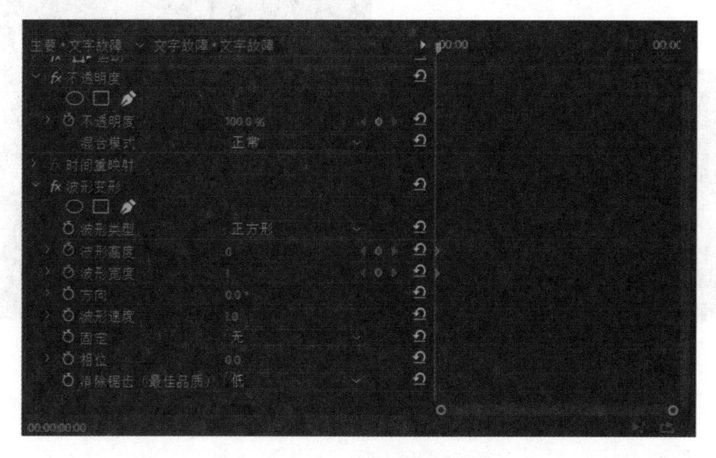

图 2-2-41 设置关键帧

通过键盘的左右键，按右键一下为前进一帧，按右键两下为前进两帧，按左键则表示后退，这里选择向前前进两帧的关键帧动画。为了实现故障常见的错乱感，每前进两帧之后，随意修改“波形高度”以及“波形宽度”的数值，前进到大约 30 帧左右的时候，将“波形高度”和“波形宽度”的数值更改为“0”。这时回放视频可以发现已经具有文字故障的雏形了（见图 2-2-42）。

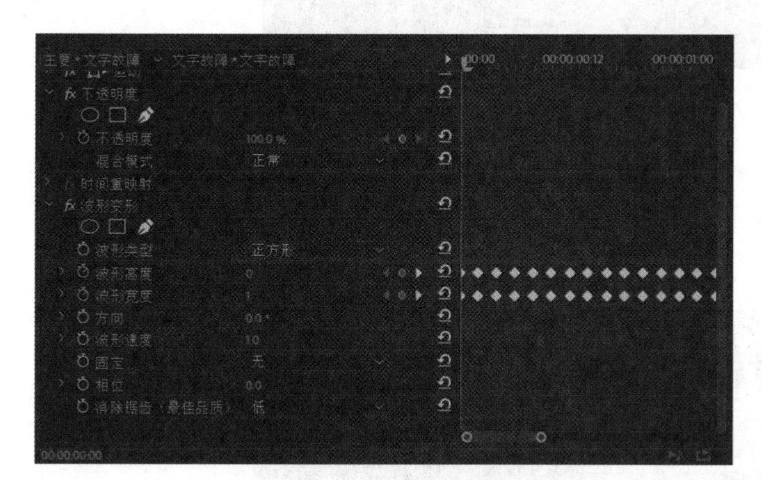

图 2-2-42 文字故障效果雏形

为了呈现的效果更加真实，我们可以选择使用“颜色平衡”效果或“投影”效果对素材进行进一步调整。

（2）颜色平衡

首先是颜色平衡，在“效果”面板搜索“颜色平衡”，将效果拖至时间轴上，然后在“效果控件”窗口展开“颜色平衡”效果的详细参数（见图 2-2-43）。

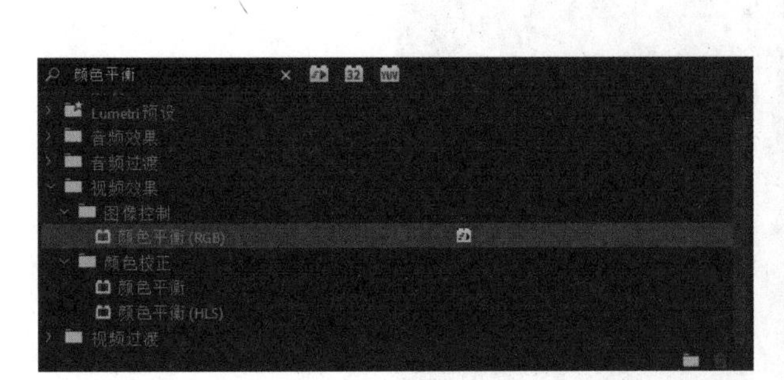

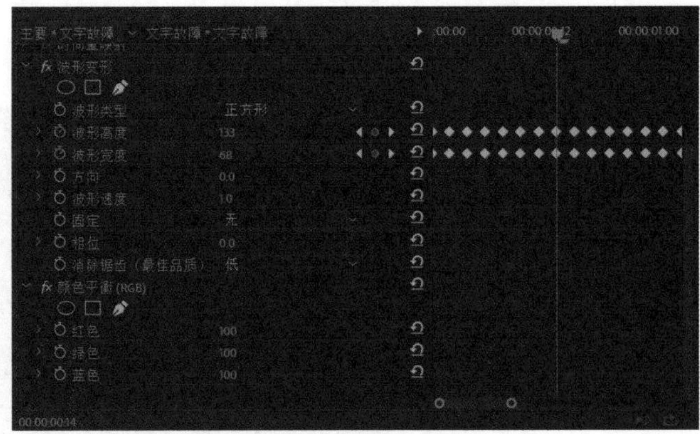

图 2-2-43　效果面板→颜色平衡

接着，在时间轴上选中文字图层，按住 Alt 键向上拖动复制三层图层，也可以右击文字图层，选择“复制”（见图 2-2-44）。

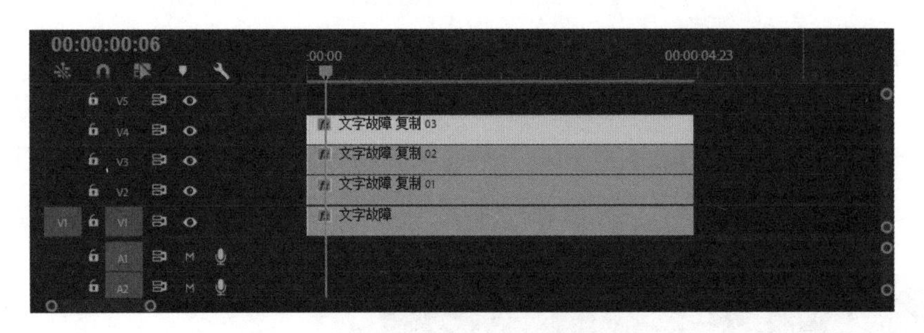

图 2-2-44　复制图层

通过键盘的左右键，向右做前进两帧之后拖动第三层（文字故障 复制 01）的文字图层，再向右前进两帧之后拖动第二层（文字故障 复制 02）的文字图层，最后再前进两帧拖动第一层（文字故障 复制 03），如图 2-2-45 所示。

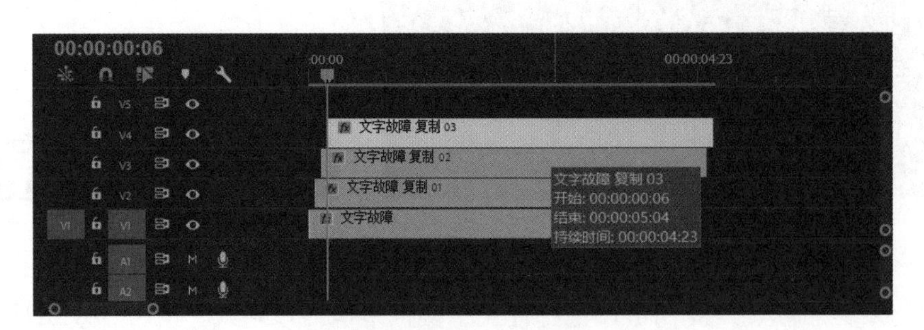

图 2-2-45　移动图层

打开“效果控件”窗口开始修改“颜色平衡”的数值，保留第一层（文字故障 复制 03）的红色，将绿色以及蓝色的值改为“0”；保留第二层（文字故障 复制 02）的绿色，将红色及蓝色的值改为“0”；保留第三层（文字故障 复制 01）的蓝色，将红色及绿色改为“0”；第四层不需要颜色平衡的效果，可以在“效果控件”中右击选择删除该效果。

修改完颜色平衡之后，将第一层（文字故障 复制 03）、第二层（文字故障 复制 02）及第三层（文字故障 复制 01）的不透明度设置为“80%”左右，将第一层（文字故障 复制 03）到第三层（文字故障复制 01）的“不透明度”的混合模式修改为“滤色”后，可以看到已经有一些文字故障的效果了（见图 2-2-46）。

图 2-2-46　无主次文字故障效果

但播放效果时会发现，各个分离的文字混乱、没有主次，这时只需将最底层（文字故障 01）移动放置到第一层，接着文字故障的效果就比较清晰并具有主次了（见图 2-2-47）。

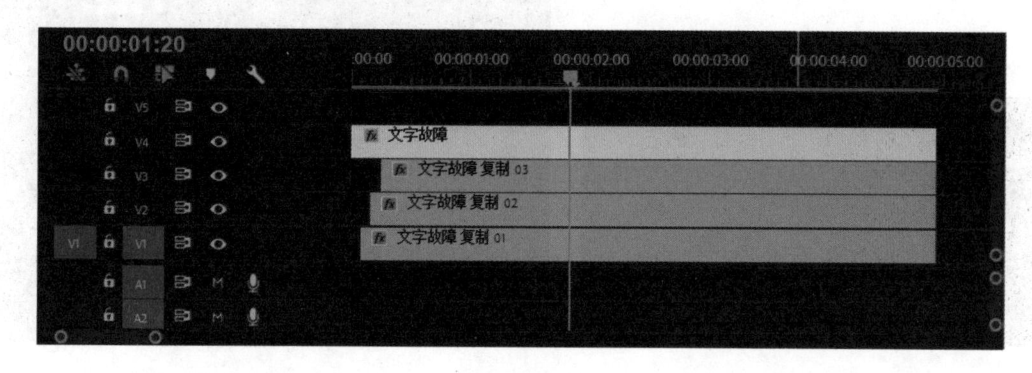

（a）

（b）

图 2-2-47　文字故障效果

实际上，如果要将效果做得更加逼真，还可以针对每一层的文字效果进行数值的微调，这个任务可以在实践过程中一一尝试，也许在“缩放”及“不透明度”上不断尝试后会有意想不到的效果。

（3）投影

完成“波形变形”效果的关键帧动画之后，在时间轴上选择文字图层，按住 Alt 键复制一层图层拖放至时间轴（见图 2-2-48），为了方便操作，可以在复制的文字图层设置入点和出点，这样后续的操作便不会影响之前的效果。

需要注意的是，这一步的操作是实现“文字故障”效果的另一方式，故而不需要进行“颜色平衡”的步骤。

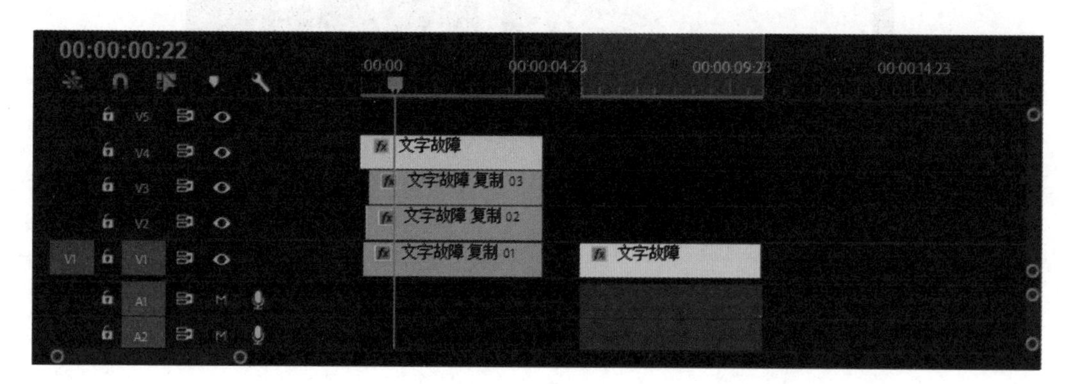

图 2-2-48　复制图层

在“效果”面板中搜索“投影”，选择“透视”→“投影”选项，可以直接将其拖放至时间轴的图层，也可以先在时间轴选中文字图层，再在“效果”面板中双击“投影”效果，展开“效果控件”窗口后可以看到该效果已被选中（见图 2-2-49）。

（a）　　　　　　　　（b）

图 2-2-49　效果→投影

在“效果控件”窗口找到“阴影颜色”一项，单击填充颜色框，在弹出的“拾色器”窗口中选择绿色，这里取值为“22833D”（见图 2-2-50）。

图 2-2-50　拾色器

单击“确定”按钮后，将“不透明度”数值调大，这里取值“100%”，之后调整“方向”，根据文字故障效果的需求，方向值可以随意调整，这里取值为“44° ”，将“距离”拉大方便看清投影，这里取值为“10”（见图 2-2-51）。

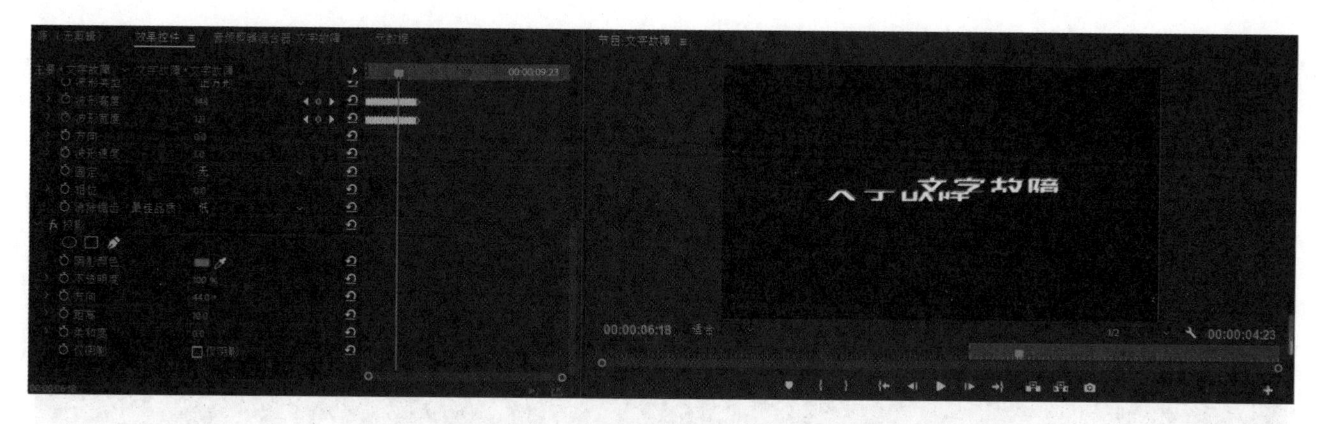

图 2-2-51　调整不透明度、方向、距离

调整完成后，在“效果控件”面板选中“投影”效果，使用快捷键组合“Ctrl+C”和“Ctrl+V”复制该效果（见图 2-2-52）。

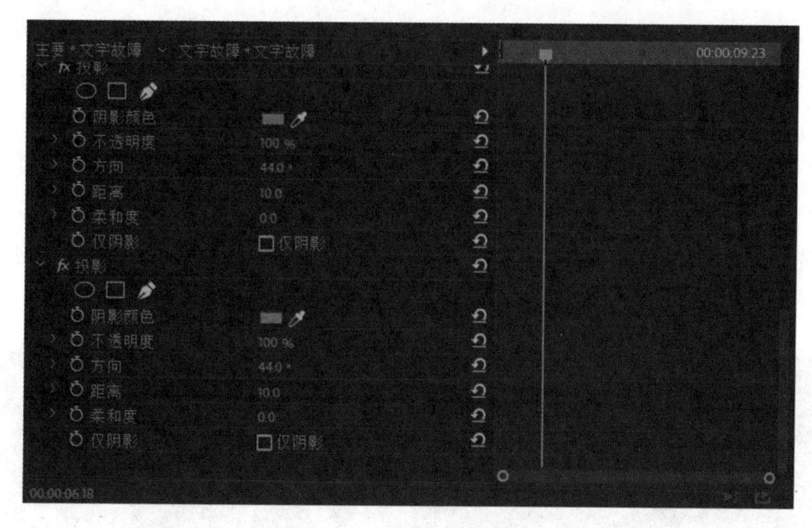

图 2-2-52　复制效果

复制完成后，单击填充颜色框，在“拾色器”窗口选择更改颜色为红色，这里取值“CC4249”（见图 2-2-53）。

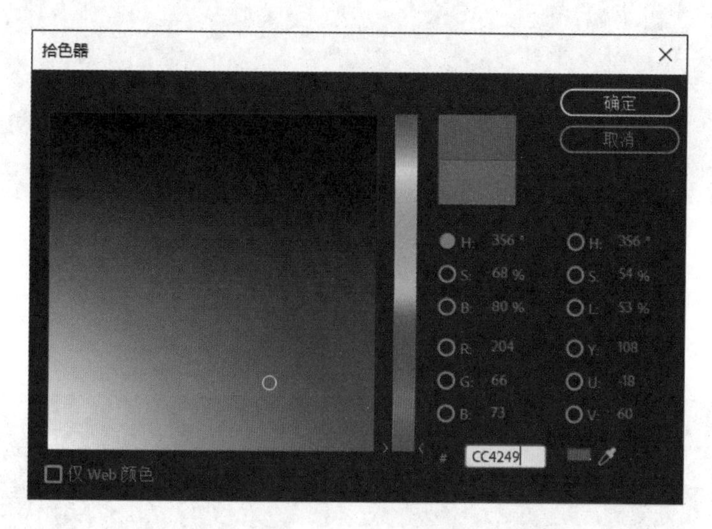

图 2-2-53　拾色器

单击“确定”按钮后，在“效果控件”中调整“方向”及“距离”参数，这里移动方向稍微靠左，取值为“-97°”，距离也拉开多一些，取值为“21”(见图 2-2-54)。

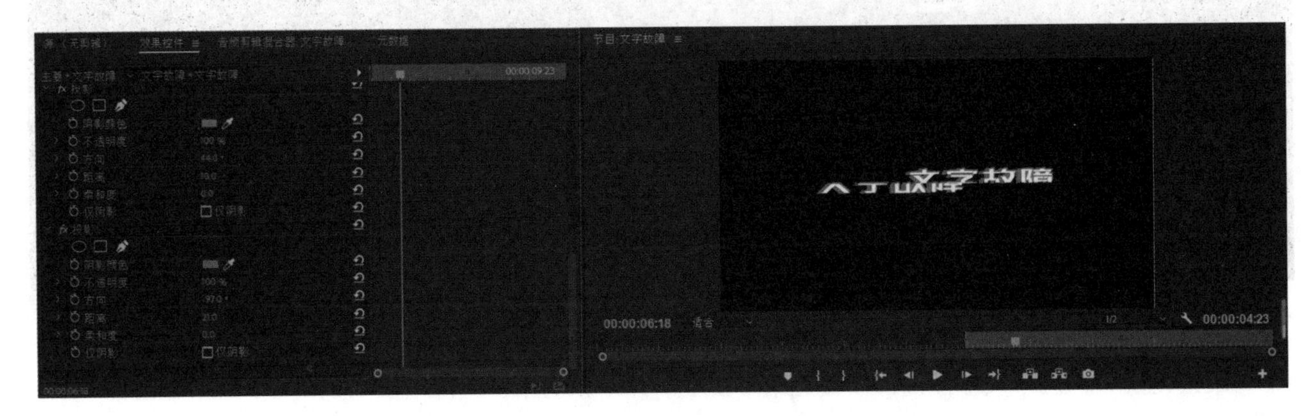

图 2-2-54 调整方向、距离

这时播放效果可以发现已经大致有了文字故障的感觉了，如果想要字体在开始及结束时保持正常的样式，中间有故障的效果，那么需要对两个“投影”效果的“距离”做关键帧动画。

将时间指示器转到入点，在“效果控件”窗口的两个“投影”下分别给“距离”设置关键帧动画，分别将参数值设置为“0”，如果要与波形变形效果动画结合，就前进两帧，修改参数值使得效果可见，这里分别取值为“15”，将时间指示器拖放到文字故障效果的倒数第二帧，再分别单击“距离”的关键帧，向右前进两帧来到效果的最后一帧，再将距离值分别设置为“0”，完成后的关键帧动画设置如图 2-2-55 所示。

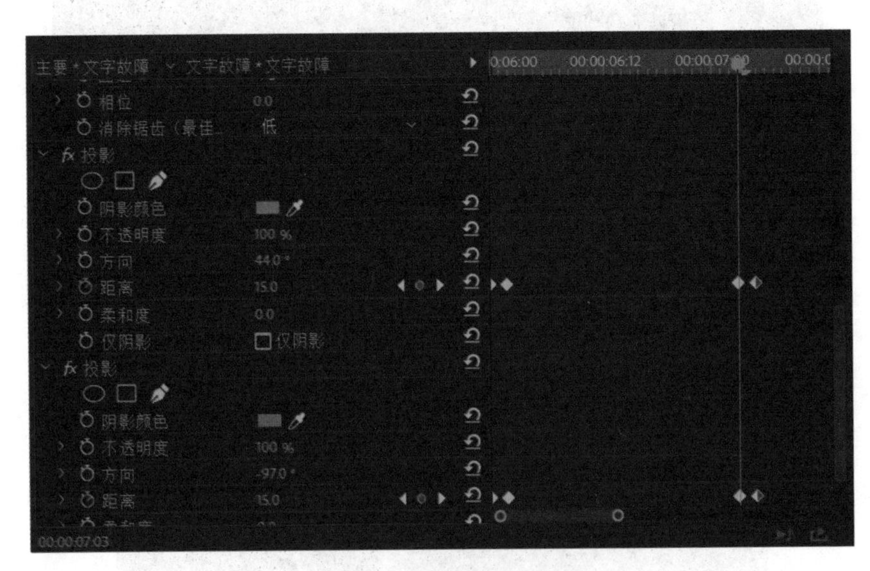

图 2-2-55 关键帧动画

（4）浏览效果

文字故障效果如图 2-2-56 所示。

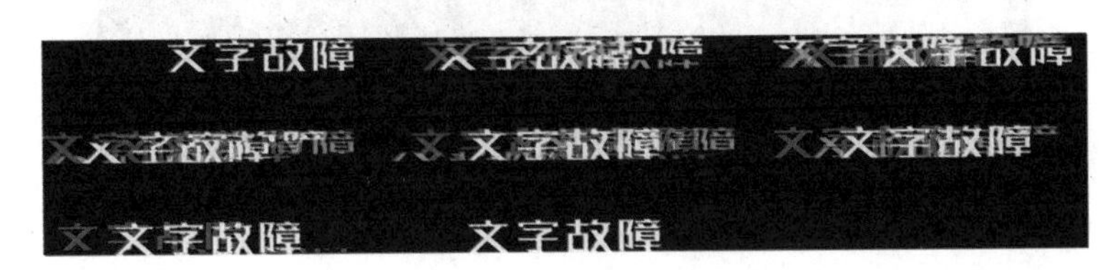

(a)

（b）

图 2-2-56 文字故障效果

经过以上两种不同操作，我们分别得到两个不同的文字故障效果，尽管故障的变化不尽相同且所需的步骤也不同，但万变不离其宗，回归到分析问题开始：如何实现。

我们已经知晓故障艺术的概念及特点，并从中选取了颜色分离及距离跳跃作为本节项目训练的重点，通过这两种修改方式对字幕效果之一的文字故障效果进行详尽的步骤解析，其中“关键帧动画”部分仍是整个训练的重点之一。另外，本节项目训练也补充了有关视频效果及 RGB 颜色的相关概念及理论知识，希望通过此次实践操作，学生能够学以致用。

第三节

项目训练三——初级调色运用

通过本章第一、二节有关字幕效果的练习，我们完成了具有书写文字字幕效果及文字故障字幕效果的视频剪辑，其中不仅学习了字幕的相关知识，而且拓展了解了关键帧动画、序列嵌套、混合模式等知识训练，以及部分视频效果的使用场景和相关操作。

通过学习前两节项目训练课程，我们对于字幕效果的练习就此告一段落。接下来将进入影像的调色，本节课程将详细地介绍调色过程所需注意且必须掌握的知识点。

一 课程概况

以电影为例。一部影片的表达语言由画面、音效、同期音与配音等基本元素构成。其中，画面是最为重要的基本要素，画面的表达方式不一样，对影片内容会产生非常大的影响。

本节内容将详细介绍影视后期编辑中有关调色的知识。在正式调色前需要先对影像内容进行校色，然后对其对比度、饱和度等属性进行调整；最后进行影像的局部或者整体调色等。另外，本节案例也将着重补充 Premiere Pro 颜色面板相关知识，以便学生进行查漏补缺。

1. 课程主要内容

包括①色彩的相关基础知识；②一级校色与二级调色（风格化校正）；③ Lumetri 的相关知识及运用。

2. 训练目的

通过学习本节项目训练，学生能够掌握有关影视后期编辑调色的相关知识，提升自身对影像内容的审美，在创作中更好地掌握调色方法，提高工作效率。

3. 重点和难点

重点：掌握初级调色的相关知识与应用命令。

难点：理解影响调色的各方面因素，熟练操作 Premiere Pro 颜色面板的各项命令。

4. 作业和要求

作业：完成一部经过初级调色后的短片。

要求：具备视觉美感，对色彩有一定的理解。影像经过一级校色、二级调色（风格化校正）、调整等具体步骤，符合影像内容风格。

二 案例分析

1. 调色的必要性

（1）必要性

为什么要调色？最为直接的解释便是调色可以从形式上更好地配合影片内容的表达。

在影视后期编辑阶段，要想把影片内容表现得很饱满、很到位，那么画面的影调、构图、曝光、视角等细节都要精心安排，才能统一形成适合主题的表现力。

（2）前期拍摄准备

当原始视频素材进入 Premiere Pro 项目后，我们可以发现素材画面虽然是以中性的所谓“标准”基色为主，但有时也会出现过曝或曝光不足的现象，其成因仍要追溯到前期拍摄时有关器材的相关设置。

在前期拍摄中，影响拍摄内容的元素除了自然光线，还包括画面的曝光、白平衡、构图、视角、运动等。由于不能确定后期处理的所有要求和操作，以及素材要用在哪种场景和氛围当中，因此通常前期只需尽量提供“标准”拍摄，把握好构图、曝光这种后期很难处理的环节。

对于色调，一般也不会在前期进行调整和设置，拍摄时只要提供准确的白平衡即可。如果需要模拟夜景、晚霞渲染之类的白平衡的话，可以适当改变色调色温，使其大致符合后期要求。

（3）作用

前期素材拍摄完毕后，在后期编辑阶段，剪辑师根据影片风格来确定色调风格，之后会对前期素材进行一级校色和二级调色，其目的是尽量还原素材真实的色彩，方便后期调色把握整体风格的方向。

优秀的调色呈现可以调动观众的观赏情绪，甚至改变一部影片的风格，成为对叙事推进起到决定性作用的添加剂。合格的调色应该与影片主题相吻合，不突兀。当然，调色也是一把双刃剑，在后期编辑中，过犹不及，恰到好处才行。

（4）色彩

在进行影视后期调色前，需要对色彩的属性进行初步的了解。

色彩是光在不同介质上的反射结果。物体的材质不同，其对光的色谱吸收程度也不同，因此有了不同的色彩表现。本质上，除了太阳和灯光等发光体，一般物体是没有色彩的，而物体呈现颜色归根到底是对光的不同反射能力使人类产生了各种色彩感受，这些色彩的物理属性，也会随着光的强弱、角度等不同而发生改变。简单来说，色彩是人类对特定波长光的感知（见图 2-3-1、表 2-3-1）。

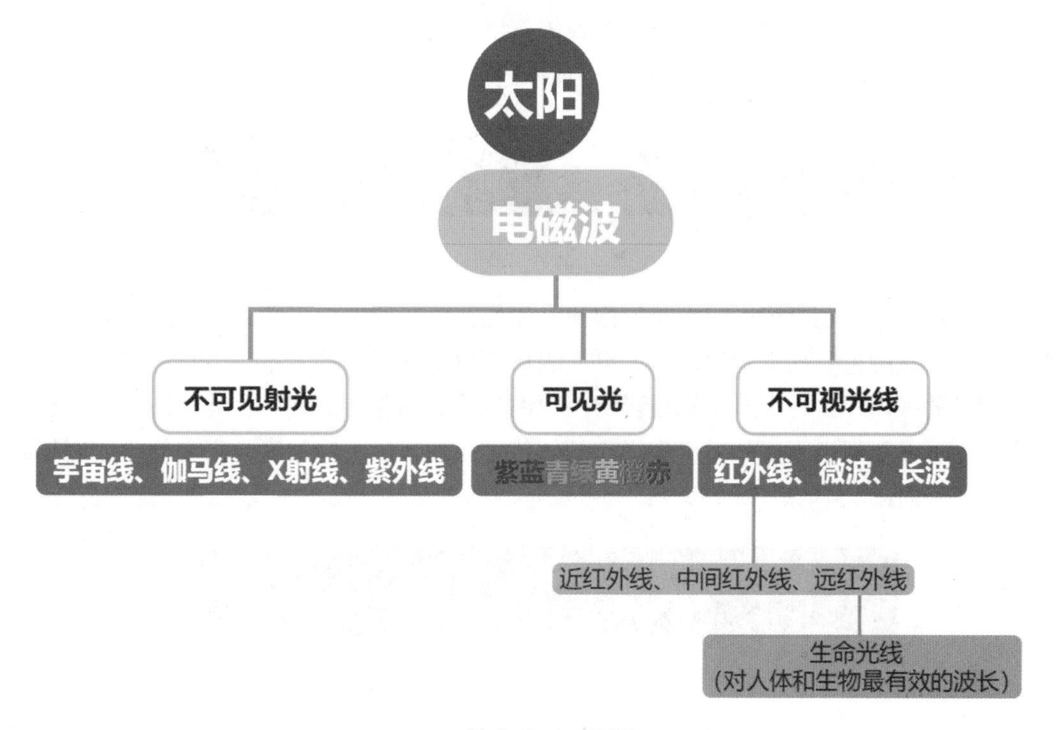

图 2-3-1　光谱

表 2-3-1　不同色彩的光波频率和波长一览表

颜色	频率	波长
赤	400~484THz	620~750nm
橙	484~508THz	590~620nm
黄	508~526THz	570~590nm
绿	526~606THz	495~570nm
青	606~630THz	475~495nm
蓝	630~668THz	450~475nm
紫	338~789THz	380~450nm

在前期布光中，可以先把色彩的分布进行妥当安排，通过调整灯光的不同照射角度和强弱、增减不同的色温滤片等方法来改变光线的物理属性，让摄像机处于标准的主体色温范围。通过机器进行白平衡数值调整，也能改变色彩，但白平衡改变色彩是通过机器对色彩的不正确还原实现的，可能对真实环境的某些色彩还原偏差过大，甚至产生严重的噪点。

色彩除了本身的物理属性，在视频制作中，其主观作用更加重要。所谓主观作用，就是一种色彩在画面中能对观众的视觉产生什么样的影响，从而影响到观众的心理。色彩有时是一种心理上的错觉，在进行视觉刺激之后，能够对观众的心理产生更深层次的影响。

色相、饱和度、明度三者是形成色彩感知的重要组成部分，以下简要介绍这三个组成部分。

①色相是一种色彩区别于其他色彩的属性（见图 2-3-2）。尽管自然界的色彩极其丰富，但我们观看影片的媒介却远远不能还原那么多色彩，摄像机可以记录很高的色彩色域范围，而电视机这类媒介，仅仅能够接受 8bit 色彩。也就是说，尽管前期拍摄采集的色相很丰富，但在后期制作中，只是提供了更多的可控范围，真正能够让观众欣赏的色域由于受到传播媒介的限制，其范围要压缩很多。我们常说的红色、黄色、橙色、绿色、蓝色等，就是对色相的一种描述。

图 2-3-2　色相

②饱和度简单理解就是色彩浓度的大小。饱和度过低，色彩便黯淡，缺乏足够的色彩冲击力；饱和度适当，则显示出明显的色彩视觉刺激，让人更加醒目地感受到色彩的力量；但是饱和度过高，就会在暗部色彩产生明显的噪声，这种噪声干扰是影响视频调色质量的重要因素。在处理饱和度过程中，既要保持一定的饱和度，又要保证不能越过出现噪声的阈值。从左至右，饱和度由高变低，纯度越高，颜色越正，越容易分辨（见图 2-3-3）。

图 2-3-3　饱和度

③明度是一种色彩的纯洁度、通透度。明度高，则色彩干净准确；明度低，则色彩有些混沌（见图 2-3-4）。调色时未必要追求所有色彩的明度都很高。根据内容需求，当需要表现的主体需要高明度时，可

以用其他低明度的辅助物体做对比。在明度调整中，光线起到了关键作用：光线越强，明度越高；光线越弱，明度越低。在前期拍摄中可以充分利用布光来改变明度的大小。可以通俗地理解为，这个颜色加了多少白颜料，加了多少黑颜料。

图 2-3-4 明度

2. 调色原则

调色是一个整体的操作过程，不能以单一画面为主，而是要整体把握影片的基调。有时候，某个画面用某种色调表现很有冲击力，但是和整体影片风格冲突，这种情况下只能舍弃，以整体风格为准，这是整体调色的基本要求。

3. 色调作用

现实中，通过观察不同环境建筑的色调，可以发现其色彩基调也是不一样的。比如，大多数酒店、饭店会采用暖色调来营造一种安全、温馨、放松的氛围；而书店、咖啡店的环境，则大多使用冷色调，强调清爽、冷静的主观感受（见图 2-3-5）。在影视后期编辑调色中，可以参考类似的色调设置来表达影片的视觉风格。

(a)

(b)

图 2-3-5 冷暖色调

一般来说，暖色调给人以厚重、可靠、饱满、沉稳的感受，而冷色调则会给人以安静、空荡、遥远、清灵的视觉感受。在调色中，要根据影片的风格，采用恰当的冷暖色调，甚至通过冷暖色调的反差和对比，进一步强化主观的视觉感受，让观众潜移默化地受到影片色调的影响，从而实现影片思想的有效传达。

例如，冰天雪地、冷风呼啸的大片冷色调中，画面突然出现一束温馨的暖色调火光，不管火光的暖色调有多小，在这大面积的冷色调里就会显得非常的显眼，观众的注意力会立刻被吸引。接下来，通过这束火光让暖色调不断扩大，直至进入完全的暖色调中，尽管场景并无太大变化，但一种心理上的温暖会被火焰跳动带来的吸引力填满。色彩通过冷暖色调的作用形成鲜明的反差，在强烈的对比中自然形成，而这种色彩上的主观感受，并不需要过多的语言解释，就能在观众心里产生相对的印象，这就是色调的作用（见图 2-3-6）。

（a）

（b）

图 2-3-6　冷暖调雪地

一般性的新闻报道，为了更好地传递事实真相，通常采用标准、客观的自然色彩还原（见图 2-3-7），基本不会采用主观的人为色调。在纪录片、剧情片的后期调色中，也可以根据影片的整体风格，采用一种色调为基础的调色，适当加入冷暖对比，可以更好地突出想要表达的主题。

新闻报道需要快速、真实，因而在保持白平衡、曝光等基本参数正常的情况下，并不会对画面有所调整。

纪录片根据不同记录主题及主体，受到拍摄环境、受众等因素影响，有时也会在后期编辑时采取不同的色调进行调整，比如由 CGTN 出品的系列纪录片《巍巍天山——中国新疆反恐记忆》（见图 2-3-8），其主题内容为记录社会严肃事件，通过亲历暴恐案件的普通人视角来讲述恐怖主义为祸新疆的那段历史。主题严肃，故而整体影像呈现为冷色调，即便是在雪域阳光下，也不禁为那段冰凉过往感到伤心。冷蓝的色调使得观者在观看过程中保持肃穆与冷静。

图 2-3-7　新闻报道

图 2-3-8《巍巍天山——中国新疆反恐记忆》/CGTN/2020

电影《西虹市首富》（见图 2-3-9）是一部典型的喜剧片，讲述混迹于业余足球队的守门员王多鱼因意外继承巨额遗产后展开的令人啼笑皆非的故事。影片整体风格轻松，故而画面也以温馨的暖黄色调为主。无论是见到黄金库时夸张的表演，或是进入城堡后那奢华的土豪金、大红与大绿的配色，还是健身房拼命健身想要通过减肥而得到金钱的人们，可以发现这些画面通通被一层淡淡的暖黄色调所覆盖，显得亲近又幽默。

图 2-3-9 《西虹市首富》/ 闫飞、彭大魔 / 北京开心麻花影业有限公司 /2018

4. 运用场景——短片

（1）概念

虽没有定义，但一般来说，30 分钟以内的电影即被称为短片。短片大致分为真人短片、动画短片、纪录短片三种类型。

（2）理由

在观看不同类型的片子时我们可以发现，战争片的色调一般偏冷，爱情片通常是暖色调，科幻片喜欢偏蓝色调，而美食片喜爱黄、红色调，等等。通过分析色调的作用，我们可以明白不同颜色会带给人不同的心理暗示，而当我们想要创作某一特定类型的作品时，调色是达成目标不可缺失的重要方式。

三 知识总结

Premiere Pro 的颜色工作区可以在“窗口”→“工作区”→“颜色”打开，或者直接从工作区切换器中选择“颜色”选项（见图 2-3-10）。打开 Premiere Pro 颜色工作区后可以发现，在左上“源监视器”窗口的旁边会出现“ Lumetri 范围”的窗口，在右边工作区会出现“ Lumetri 颜色”的窗口。在 Premiere Pro 后期调色开始前，我们需要先认识这两个窗口的作用。

图 2-3-10 工作区→颜色

1. Lumetri 范围

Lumetri 范围面板中包含了一系列图示工具（见图 2-3-11），包括矢量示波器 HLS、矢量示波器 YUV、直方图、分量（RGB）和波形（RGB）等。Lumetri 范围面板会根据不同的色彩调整将亮度和色度的不同分析显示为波形，从而更好地对画面色彩进行评估。

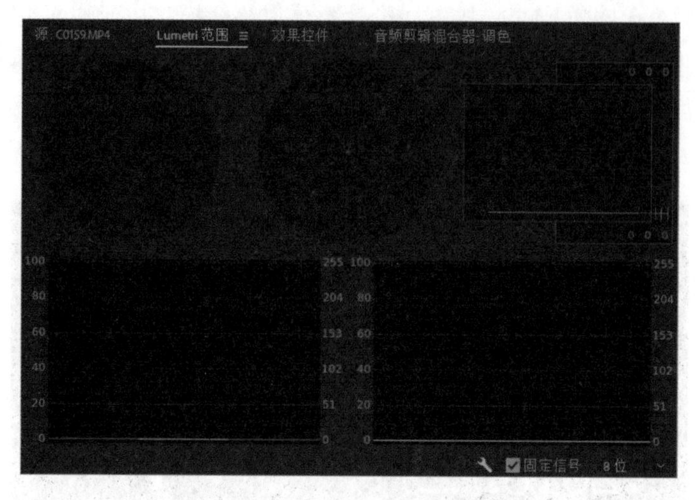

图 2-3-11　Lumetri 范围窗口

（1）矢量示波器 HLS/YUV（见图 2-3-12 和图 2-3-13）

着重色彩监测。矢量示波器是一个圆形图表，常用于判断画面色相和饱和度，在调整画面色彩时监控色彩的变化。HLS/YUV 为两种不同的颜色模型，基于这两种不同模型产生的观测方式大同小异，其中 YUV 代表亮度（Luminance/Luma）、色度（Chrominance/Chroma），用于描述色相和饱和度；HLS 代表色相（Hue）、亮度（Lightness）和饱和度（Saturation）。

图 2-3-12　矢量示波器 HLS/YUV

图 2-3-13　矢量示波器 YUV

矢量示波器非常实用，它提供了序列中颜色的客观信息，通常在矢量示波器显示中比较容易观察出色偏问题。

这里以矢量示波器 YUV 为例。

①在矢量示波器 YUV 中，中心点表示无色，从中心点向外，饱和度逐渐从 0% 慢慢增加，圆周表示 0~360° 色相。若示波器中的信息都集中在中心点，则说明该影像为黑白影像；若示波器中的信息扩散，则表示画面色彩范围很广，饱和度也较高。另外，矢量示波器并不包含亮度信息，所以在调色过程中需要配合使用亮度波形示波器一同查看色彩变化。

②由于矢量示波器主要对色彩进行判断，所以只要 R、G、B 数值相同的像素都会出现在示波器的中心，即在正常情况下，黑白灰的轨迹点都应该集中在中心点上。

③矢量示波器 YUV 中有一个十字交叉线，称为“肤色线”。正常情况下，在调整皮肤色彩时，需要

依靠此线段作为参考，正常的肤色轨迹应该依靠在左上角的线上，除非为非人类的皮肤。

④在矢量示波器 YUV 中可以发现每个颜色有一个较小的框和较大的框，其中较小的框的框线相互连接形成一个范围，在这个范围内的颜色意味着可正常呈现的色域，是 YUV 的颜色限制，具有 75% 的饱和度；较大的框是 RGB 的颜色限制，具有 100% 的饱和度，超出范围的色彩可能在广播设备播放时无法显示或直接被剪切掉。在编辑过程中可以根据这个范围确定饱和度的大小。

其中，除了原色：R=Red（红色）、G=Green（绿色）、B=Blue（蓝色）；还有合成色：Yl=Yellow（黄色）、Cy=Cyan（青色）、Mg=Megenta（洋红色）。另外示波器中还有两条十字交叉线，其中 I=In-phase，代表色彩从橙色到青色；Q=Quadrature-phase，代表色彩从紫色到黄绿色。

⑤我们都知道三原色为红、绿、蓝三色。对于显示系统来说，以不同的相对数量组合这三种颜色可以生成不同颜色。任意两种原色组合会生成一种混合色，混合色是剩余原色的互补色。比如，红色和绿色混合生成黄色，黄色则是蓝色的互补色。

⑥除了确认饱和度的范围，在矢量示波器中还可以对特定区域内的色彩进行测量，在画面上绘制一个图形蒙版，将想要测定的区域留出，此时示波器上只显示该留出区域的色彩，其余被遮住的范围则不被显示，这时可以通过留出的部分判断该影像偏向的色调，通过调整来得到想要的色彩效果。除了遮罩，还可以使用放大功能来达到相同的效果。

⑦在项目面板上右击新建一个彩条视频，可以发现在示波器上每种颜色的轨迹都准确地落在对应框线的位置上，两个不在框内的点则为彩条视频左下方的蓝色和紫色，彩条视频最开始是为校正色彩而产生的。

（2）直方图

着重曝光监测。几乎所有的后期处理软件都有直方图面板。Premiere Pro 中的直方图面板是显示 RGB 色彩在各明度上含量的彩色直方图示波器（见图 2-3-14）。其中，从上往下表示从暗到亮的亮度级别，从左到右对应明度上的像素数量。每个通道的最小亮度值会作为数值反馈显示在底部，最大值显示在顶部，两条水平线表示输出范围。

彩色直方图示波器上显示的并非 RGB 三原色的颜色，而是根据发光混色原理产生的分布。彩色直方图的显示可以帮助用户准确评估阴影、中间调和高光，从而更好地调整总体图像色调等级。通过观察彩色直方图示波器，可以校正画面的白平衡。

（3）分量

分量示波器分为 RGB、YUV、RGB 白色、YUV 白色四种类型（见图 2-3-15）。可以显示表示数字视频信号中的明亮度和色差通道级别的波形。

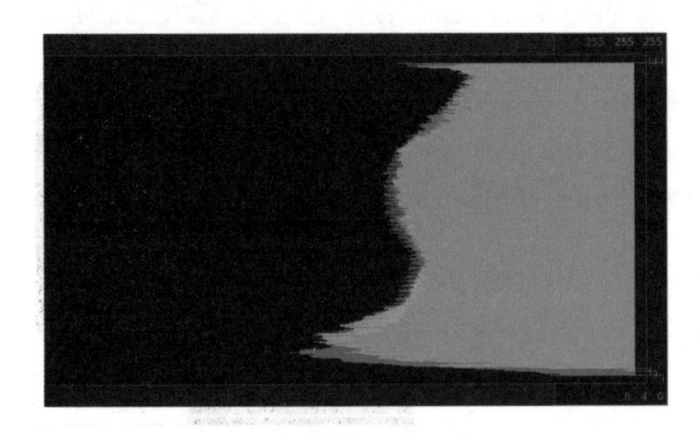

图 2-3-14 彩色直方图示波器

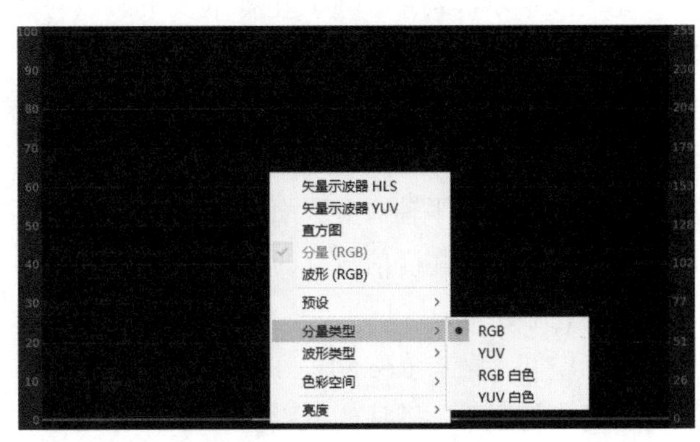

图 2-3-15 分量类型

① RGB 分量示波器是将三原色分别独立显示的，当画面信息较为复杂时，使用 RGB 分量示波器会比较容易观察判断各原色的明度分布。其中，RGB 分量示波器三个图的底部表示画面的暗部，顶部表示亮部，高度差代表原色的丰富程度。

②某种程度上，YUV 分量示波器类似于 Photoshop 中的 Lab 色彩模式（L 表示亮度信息；a 表示红绿色度信息；b 表示黄蓝色度信息），在调整颜色和明亮度时，可以使用 YUV 分量示波器。

③ RGB 白色以灰度图的方式表示 RGB 分量信息。

④ YUV 白色以灰度图的方式表示 YUV 分量信息。

（4）波形

着重曝光监测。如果不熟悉波形（见图 2-3-16），可能会对其显示感到奇怪，但要理解它其实很简单。波形显示的是图像的亮度和颜色饱和度，当选中剪辑，在波形示波器中会将当前帧的每一个像素都显示其中，像素越亮，其出现的位置越高，每个像素都有其对应的水平位置。但在波形示波器中，垂直轴的分布呈现受到图像亮度以及颜色强度的影响。

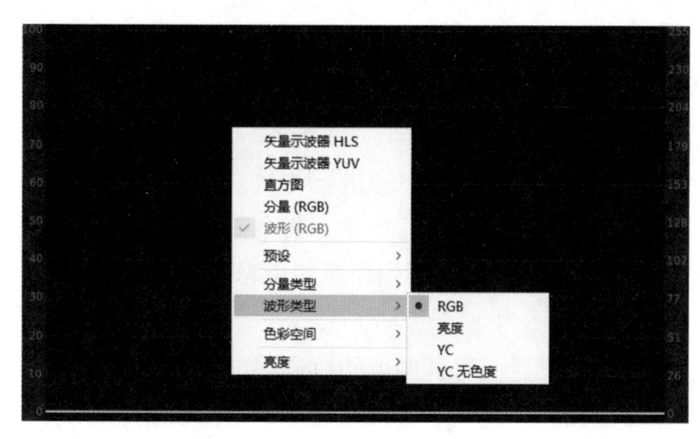

图 2-3-16　波形类型

① RGB 波形示波器是将红、绿、蓝三原色的发光强度表现出来，即提供所有颜色通道的信号级别的快照视图，方便查看三原色通道对齐的状况。当 R、G、B 的数值不同时，较亮的颜色会出现在示波器上方；当 R、G、B 的数值一致时，RGB 波形示波器显示为白色。通过观察 RGB 波形示波器有关三原色的呈现，可以进行白平衡校正，利用曲线等调色工具，使示波器区域中的三原色重叠在一起。当然，以上只是简单的白平衡校正方式，并不意味着任何时候只要三原色重叠在一起就代表白平衡准确。

②亮度波形示波器。使用亮度波形示波器可以观察影像的明暗关系和明暗程度。在亮度波形示波器左边的垂直轴显示 0~100 的亮度数值，对应影像的明暗程度，其垂直轴上的数值都有对应的含义，比如“0”表示没有亮度或者没有颜色强度，位于标度的底部；“100”表示像素是全亮的，位于标度的顶部；右边垂直轴显示 0~255 的颜色数值。

亮度数值对应的单位为 IRE，由无线电工程学会（Institute of Radio Engineers）命名。通常情况下，任何视频信号在播放时的亮度电平不能超过 100IRE。

亮度波形示波器中，垂直坐标的上下位置对应影像内容的最亮点与最暗点。通过观察亮度波形示波器，可以调整影像的曝光数值到安全区间（0~100IRE）内。

③ YC 波形示波器。Y 显示为绿色波形，代表亮度信息；C 显示为蓝色波形，代表色度信息，色度信息叠加在亮度波形上。坐标轴如同亮度波形示波器，即水平轴对应画面（从左到右），垂直轴代表 IRE 信号强度，也可以选择仅显示亮度信息，即 YC 无色度类型。

（5）色彩空间

色彩空间一般有 Rec.601、Rec.709、Rec.2020（见图 2-3-17）。

①通常情况下，默认的色彩空间为 Rec.709。

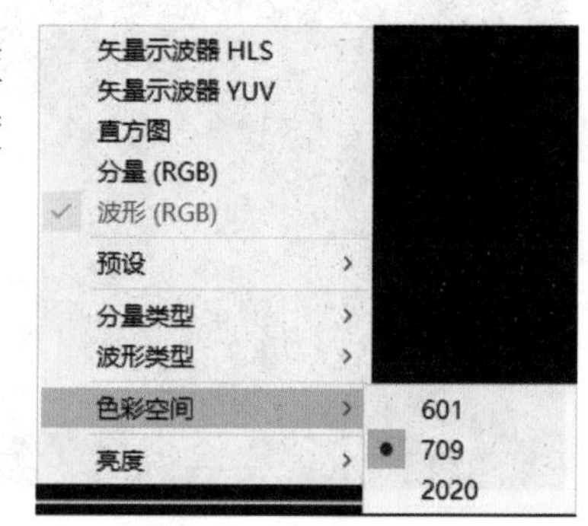

图 2-3-17　色彩空间

国际电信联盟于 1990 年将 Rec.709 作为 HDTV 的统一色彩标准。Rec.709 的色彩空间相对较小，与用于互联网媒体的 sRGB 色彩空间相同。各大电视台在拍摄、制作及播放 HDTV 节目时基本遵循 Rec.709 规格，Rec.709 成为 HDTV 和蓝光 DVD 以及影视硬件设备行业标准。

② Rec.601 首选的色彩空间为 YCbCr 色彩空间，是支持标清电视的色彩标准。

③ Rec.2020 是国际电信联盟制定的超高清电视（UHDTV-UHD）色彩标准，支持 4K/8K 视频，色深方面较 Rec.709 的 8bit 提升至 10bit/12bit，分别对应 4K/8K 系统。

（6）固定信号

根据要分析范围的性质，可以在 Lumetri 范围窗口右下角“固定信号”的下拉列表选择包含“8 位”、“浮点型”及“ HDR”在内的三个选项（见图 2-3-18）。

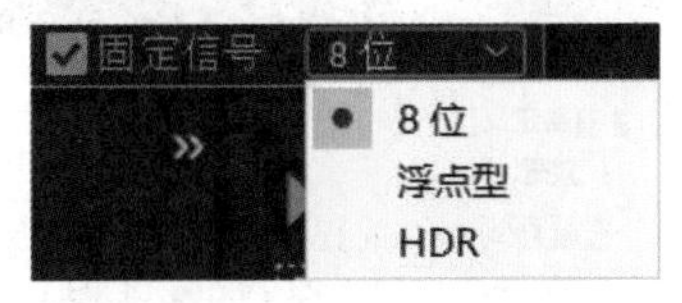

图 2-3-18　固定信号

①在选择 HDR 的情况下，示波器会更改为高动态数据范围，示波器的刻度也会显示为 0~10000Nits。

② 8 位视频的工作范围为 0~255，意味着每一个像素在这个范围内都有对应的 R、G、B 值，这三个值产生不同的颜色。可以将 0 作为“0%”，255 作为“100%”，一个像素的红色值为“127”，约等于 255 的“50%”。

广播电视使用的是类似但范围不同的颜色系统，名为 YUV。如果将 YUV 与 RGB 相比，则当波形示波器固定信号为 8 位时，RGB 像素值范围为 0~255，而 YUV 像素值范围为 16~235。

③浮点是指 32 位的浮点数颜色。

2. Lumetri 颜色

Premiere Pro 的 Lumetri 颜色面板提供了专业质量的颜色分级和颜色校正工具，其中包括基本校正、创意、曲线、色轮和匹配、HSL 辅助、晕影等功能模块（见图 2-3-19），每个功能模块侧重颜色工作流程的不同部分。

图 2-3-19　Lumetri 颜色窗口

（1）基本校正

基本校正面板的效果控件包含输入 LUT、白平衡、色调及饱和度（见图 2-3-20）。其中，如果要调整控件数值，可以拖动滑块至想要实现预期效果的位置，或者可以直接在滑块旁边的框中选中数值然后设置特定值。通过使用“基本校正”部分中的控件，可以修正过暗或过亮的视频，在剪辑中调整色相（颜色或色度）和明亮度（曝光度和对比度）。

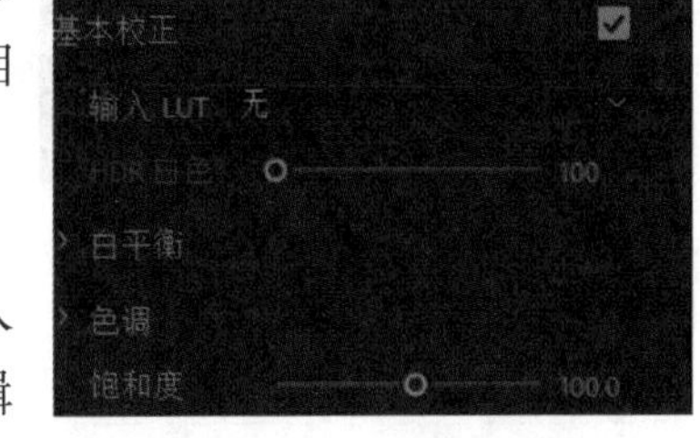

图 2-3-20　基本校正

①输入 LUT。

LUT 是颜色查找表（Look Up Table）的缩写，用于处理颜色值并输入相应的值，可以通过使用 LUT 来处理饱和度和对比度以及完全改变剪辑的颜色。通过单击 LUT 下拉列表，可以选择若干预设 LUT 应用在视频素材上，一般来说选择剪辑对应摄像机配套的 LUT 最为合适。

我们已经知晓，画面中每个像素是由 RGB 三组颜色通道组成的，而 LUT 可以理解为定义了某种 RGB 值的变化规则，通过改变每个像素 RGB 值的变化而得到的新画面。

LUT 文件通常分为校准类、技术类、创意类等，从输入 LUT 下拉列表选中的通常为校准类。相机厂家会基于自身对色彩科学模式的理解而推出对应的 Log 模式视频，此类视频一般画面对比度很低，饱和度也低，整体呈现灰蒙蒙的样子，为后期修改保证了足够的空间。而使用对应的还原 LUT 可以迅速将图像恢复至我们熟悉的色彩模式（709 色域），由于每个相机厂家会针对自身产品的 Log 模式专门开发特定的专业 LUT，故而该类型的 LUT 具有特定针对性，不能称之为“滤镜”。

LUT 分为两类，一类为输入 LUT，用于解释素材，主要应用在平面记录素材上，增强素材并进行颜色校正；另一类为 Look。下面会进行详细解释。

添加 LUT 可以执行以下操作：首先，在“时间轴”面板中选中剪辑；接下来，一种方式是可以在 Lumetri 面板中打开“基本校正”选项，另一种方式是可以在“效果控件”面板的 Lumetri 部分里打开“基本校正”选项；然后，在“基本校正”选项下，选择“输入 LUT”下拉列表（见图 2-3-21），选择添加 Premiere Pro 中已有的 LUT 预设，如果要添加新的 LUT，选择“浏览”选项便可上传新的 LUT 以供使用；最后，该 LUT 会应用在选择的剪辑上，之后编辑剪辑的白平衡以及色调即可。

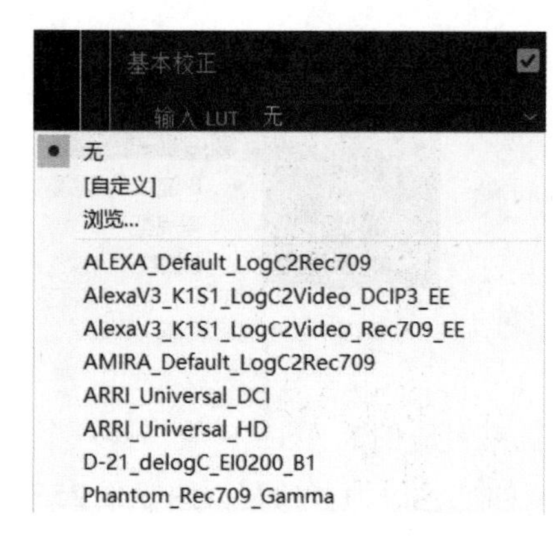

图 2-3-21　输入 LUT 下拉菜单

②白平衡。

白平衡反映了拍摄视频时的采光条件，在后期处理中通过调整白平衡可有效地改进视频画面的环境色。

校准白平衡的方法通常有两种：一是当画面有明显本该是黑白灰区域时使用蒙版 + 矢量示波器 + 白平衡吸管进行调整；二是当无法通过白平衡吸管确定白平衡时，使用分量示波器 + 调色工具（色温、色彩、曲线等）进行白平衡的调整。

在 Lumetri 颜色面板的“白平衡”控件（见图 2-3-22）下，可以看出白平衡由“色温”及“色彩”两个属性构成，通过更改色温和色彩的属性可以调整选中剪辑的白平衡。

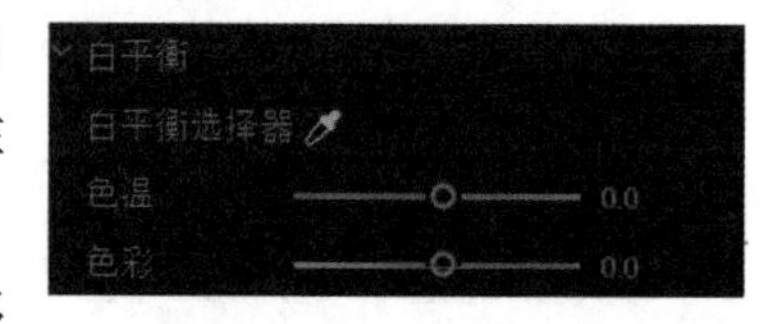

图 2-3-22　白平衡

若使用色温等级来微调白平衡，可以将滑块向左右进行移动，向左移动则视频偏冷色调，向右移动则视频偏暖色调；若使用色彩属性进行微调白平衡，可以补偿视频画面的绿色或洋红色色彩，要增加视频的绿色色彩，则向左移动滑块（负值），反之要增加洋红色色彩，则向右移动滑块（正值）。

也可以使用滴管功能，单击素材中白色或中性色的区域，系统会自动调整白平衡。

③色调。

通过使用不同的“色调”控件，可以调整视频剪辑的色调等级（见图 2-3-23）。其中，色调控件下包含了曝光、对比度、高光、阴影、白色、黑色、HDR 高光（重置与自动）等命令，其不同效果如表 2-3-2 所示。

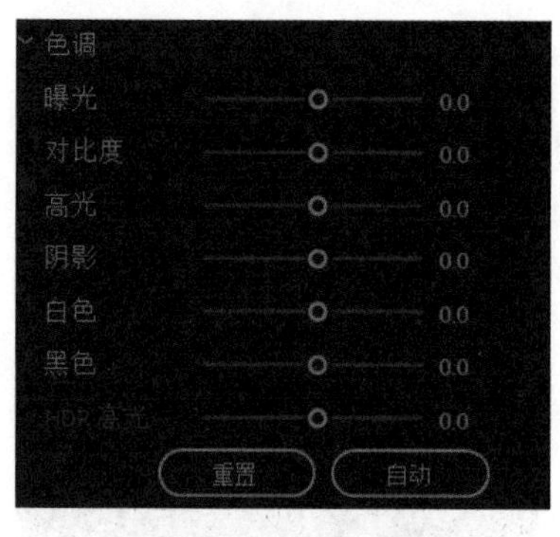

图 2-3-23　色调

表 2-3-2　色调控件下的不同效果一览表

曝光	可以设置视频剪辑的亮度。向右移动曝光滑块可增加色调值并增强高光；向左移动滑块可减少色调值并增强阴影
对比度	可以增加或减小对比度，调整对比度主要影响视频中的颜色中间调。当增加对比度时，中间到暗区变得更暗；降低对比度则可使中间到亮区变得更亮
高光	调整亮部。向左拖动滑块可使高光变暗；向右拖动可在最小化修剪的同时使高光变亮
阴影	调整暗部。向左拖动滑块可在最小化修剪的同时使阴影变暗；向右拖动可使阴影变亮并恢复阴影细节
白色	调整白色修剪。向左拖动滑块可减少对高光的修剪；向右拖动滑块可增加对高光的修剪
黑色	调整黑色修剪。向左拖动滑块可增加对黑色的修剪；向右拖动滑块可减少对阴影的修剪

表 2-3-2（续）

HDR 高光（重置与自动）	重置：将所有“色调”控件还原为初始值 自动：当选择“自动”时，Premiere Pro 会通过设置滑块，以最大化色调等级并最小化高光和阴影修剪
饱和度	均匀地调整视频中所有颜色的饱和度。向左拖动滑块可降低整体饱和度，向右拖动滑块可增加整体饱和度

（2）创意

创意面板由“Look”和“调整”两大控件组成（见图 2-3-24）。

① Look。

Look 是用于更改剪辑的外观和颜色样式的 LUT，可以简单视为创意类的 LUT，通过应用 Look 可以使视频看起来像专业摄像机拍摄的影片，并可在 Lumetri 预设中找到大量的与影片库和摄像机匹配的 Look（见图 2-3-25）。

Look 可以保存晕影、颗粒、黑白等内容，在这个角度上也可以视为视频调色预设，与一般的 LUT 不同，应用 Look 的剪辑不需要去对应原始拍摄设备。

选定好 Look 后可以调整其应用的强度。

②调整。

调整由淡化胶片、锐化、自然饱和度、饱和度、色彩平衡构成（见图 2-3-26），其不同效果调整作用如表 2-3-3 所示。

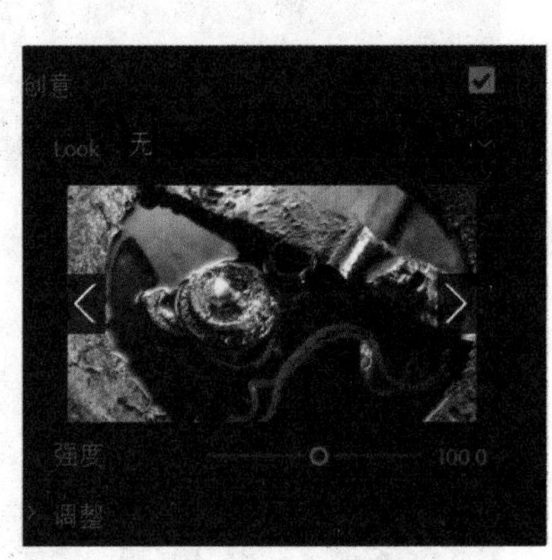

图 2-3-24 创意面板

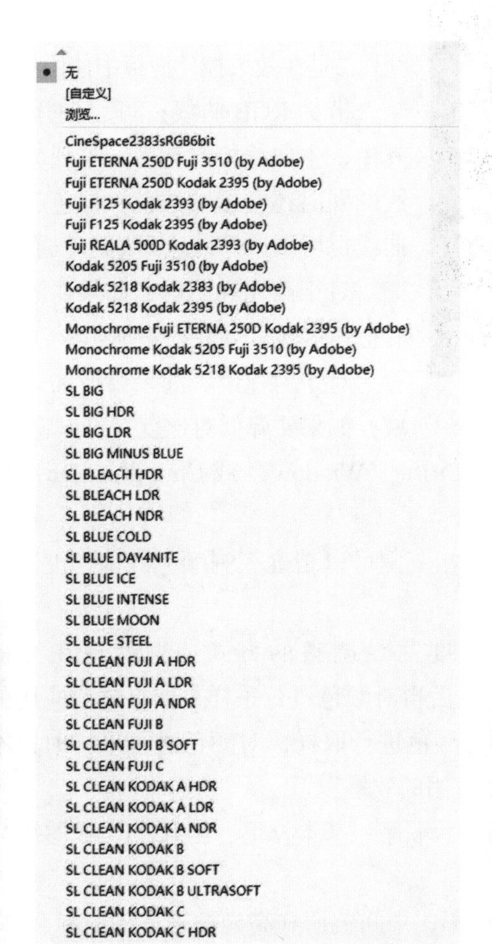

图 2-3-25 Look 下拉菜单

图 2-3-26 调整面板

表 2-3-3　调整的不同功能效果一览表

淡化胶片	应用淡化胶片的效果，可以使影片看起来怀旧
锐化	通过调整锐化数值改变视频边缘清晰度。向右拖动滑块可增加边缘清晰度，向左拖动滑块可减小边缘清晰度 边缘清晰度的增加可使视频中的细节显得更明显，但过度锐化会使其看起来不自然。如果要关闭锐化，可以将滑块数值调整为“0”
自然饱和度	调整饱和度可以在颜色接近最大饱和度时最大限度地减少修剪。通过设置自然饱和度，可以在更改所有低饱和度颜色的饱和度的同时保证对高饱和度颜色的影响较小。另外，自然饱和度还可以防止肤色的饱和度变得过高
饱和度	均匀地调整剪辑中所有颜色的饱和度，调整范围从 0（单色）到 200（饱和度加倍）
色彩平衡	平衡剪辑中任何多余的洋红色或绿色

（3）曲线

“曲线”面板由“RGB 曲线”和“色相饱和度曲线”构成（见图 2-3-27）。使用曲线功能可以快速、精确地对色彩进行颜色调整。

图 2-3-27　曲线

①RGB 曲线。

有两种方式可以编辑曲线，一是使用 Lumetri 颜色面板的 RGB 曲线；二是在效果控件面板中使用提供的 RGB 曲线效果（见图 2-3-28）。

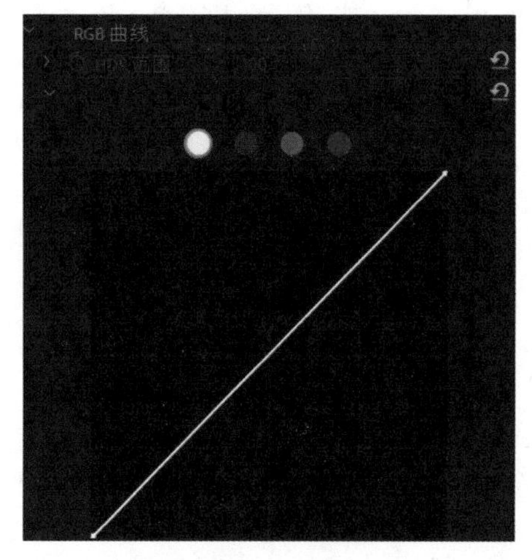

图 2-3-28　RGB 曲线

借助 RGB 曲线，可以使用曲线跨剪辑调整亮度和色调范围。其中，主曲线控制亮度，表现为一条直的白色对角线，在调整主曲线的同时还会影响红色、绿色、蓝色这三个通道的值。另外，RGB 曲线也可以选择性地调整三个通道的色调值。

对于高光和阴影，如果要添加高光，可以将控制点拖至线条的右上角区域；如果要添加阴影，可以将控制点拖至左下角区域。

对于对比度，如果要增加对比度，可以将控制点拖放至左边区域；如果要降低对比度，可以将控制点拖至右边区域。

如果想要删除控制点，按住 Ctrl 键（Windows）或 Cmd 键（Mac）后单击控制点便可。

②色相饱和度曲线。

色相饱和度曲线控件基于色相范围可以精确控制颜色的饱和度，并且不会引入色偏（见图 2-3-29）。

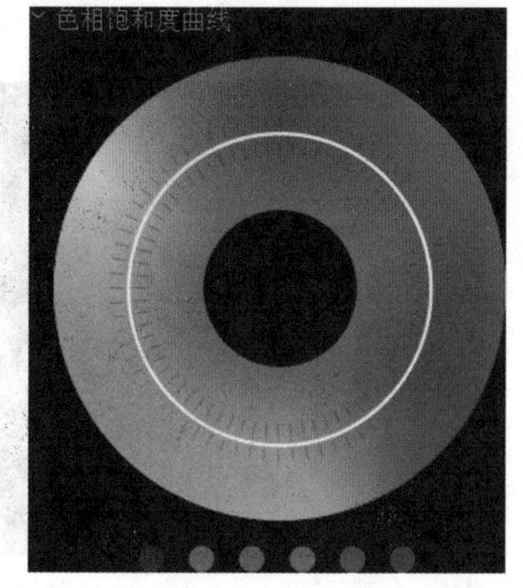

图 2-3-29　色相饱和度曲线

Premiere Pro 处理色相饱和度曲线调整的方式：先处理在当前 Lumetri 效果之前应用的效果，然后再对颜色进行采样，如果之前应用的效果影响颜色，则会对更改后的颜色进行取样，对颜色进行采样时，不会考虑在当前 Lumetri 效果之后应用的效果。

Lumetri 面板中各个流程的先后顺序：基本校正、创意、RGB 曲线。

（4）色轮和匹配

使用色轮可以对图像中的阴影、中间色调和高光像素进行控制调整，只需要将控制点从色轮中间位置拖向边缘，便可应用调整。每个色轮都有对应的一个亮度控制滑块，通过移动滑块可以简单地调整亮度，并适当改变素材的对比度。

Premiere Pro 提供了三种色轮，分别为中间调、阴影和高光（见图 2-3-30）。通过调整阴影或高光细节，在亮度不适宜的剪辑中使区域变亮或变暗；通过使用中间调色轮调整剪辑的总体对比度。

（5）HSL 辅助

HSL 辅助（见图 2-3-31）是对一个图像中的特定区域所做的颜色调整，这个特定区域由色相（Hue）、饱和度（Saturation）、亮度（Luminance）范围选择决定。

图 2-3-30　色轮

图 2-3-31　HSL 辅助

模块内的上下顺序反映了基本处理流程（见图 2-3-32）：首先通过“键”来选择区域并设置遮罩，然后通过“优化”来调整遮罩边缘，最后通过“更正”来调色。

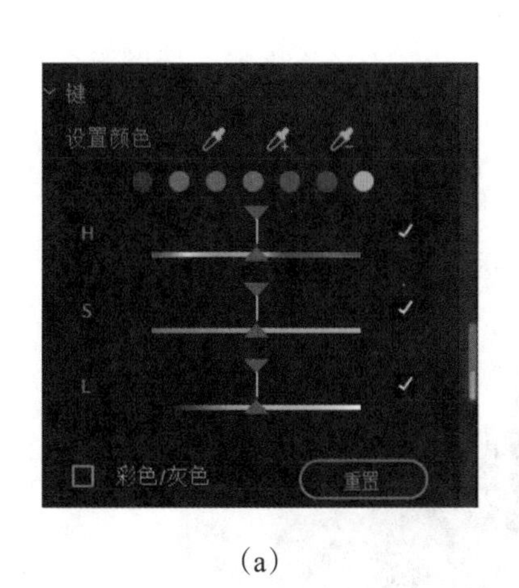

（a）

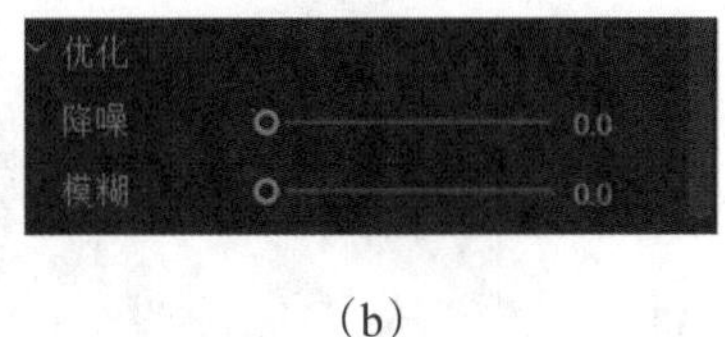

（b）

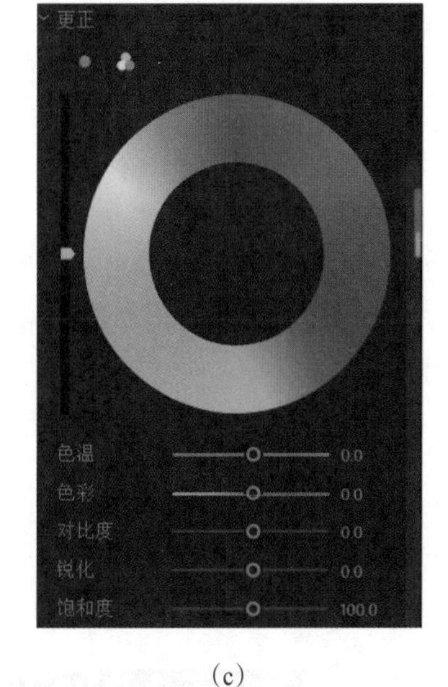

（c）

图 2-3-32　基本处理流程

启用“彩色 / 灰色”遮罩显示功能，可以更方便定位要调整的色彩。选取范围确定之后，则可以关闭遮罩，然后使用“更正”模块进行色彩调整。

更正模块内也可以通过三个色轮分别调整高光、阴影、中间调（见图 2-3-33）。

（6）晕影

晕影最初是由相机镜头边框较暗边缘引起的，但现代镜头很少出现这种问题了。现在晕影效果常用来在图像中心点创建焦点，起到聚焦视线的作用，即通过应用晕影可以得到在边缘逐渐淡出、中心突出的外观。“晕影”控件（见图 2-3-34）可控制剪辑边缘的大小、形状及变亮或变暗量。

图 2-3-33　更正色轮

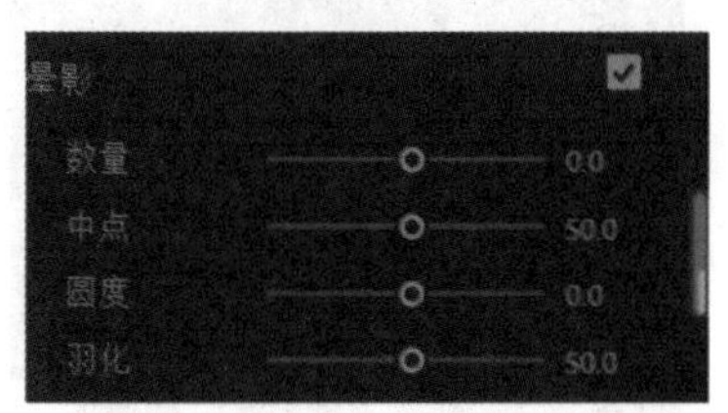

图 2-3-34　晕影

可以通过以下方式在 Premiere Pro 中创建晕影。

①使用 Lumetri 颜色面板中的“晕影”选项，此方法创建的晕影可以创造出环绕帧的晕影，这也是创建晕影最简单的方法。

利用 Lumetri 颜色面板中“晕影”控件，可控制剪辑边缘的大小、形状以及变亮或变暗量。

想要创建晕影，首先，要在时间轴中选择剪辑；接下来，在 Lumetri 颜色面板的“晕影”中调整以下控件。

- 数量：沿图像边缘设置变亮或变暗量。可以在框中键入数字或直接移动滑块对剪辑着色。向右移动滑块可将数字移动到正值，这样可添加一个环绕帧的晕影，使得四周变亮；向左移动滑块可将数字移动到负值，这样可添加一个环绕帧的晕影，使得四周变暗（见图 2-3-35）。
- 中点：指定受“数量”滑块影响区域的宽度。移动滑块或输入较小的数字，会影响图像的更多部分；输入较大的值则可以限制图像边缘的效果。
- 圆度：指定晕影的大小（圆度）。滑块移动到负值会产生夸张的晕影效果，在正值则产生较不明显的晕影。
- 羽化：指定晕影的边缘。数值越小，边缘越细、越清晰；数值越大，边缘越厚、越柔和。

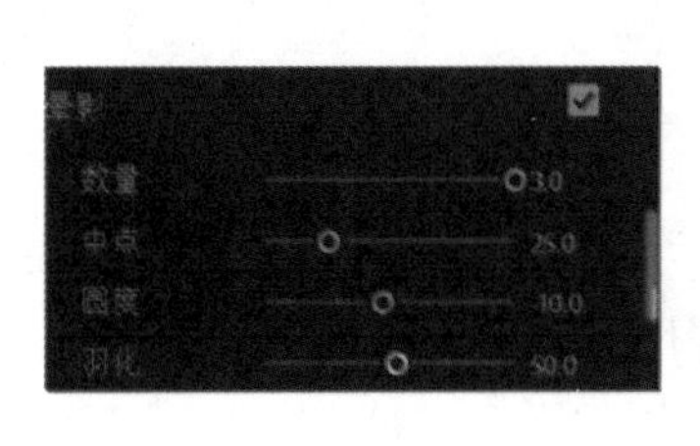

（a）

（b）

图 2-3-35 数量为正值与负值

②利用“创建蒙版”可以控制晕影的形状，这种方式非常适合为诸如访谈之类的场景增添戏剧感。执行以下操作便可创建晕影。

• 在时间轴中选择剪辑；接下来，在效果面板中搜索“亮度与对比度”效果（见图 2-3-36），将“亮度与对比度”拖至剪辑上。

• 打开“效果控件”窗口，在“亮度与对比度”效果下，修改降低效果的亮度和对比度的数值以更改画面的亮度和对比度，这里亮度和对比度取值分别为“–45”、“–40”（见图 2-3-37）。

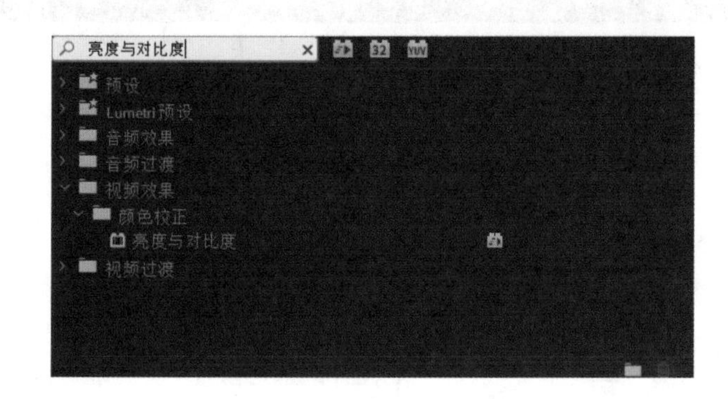

图 2-3-36 效果→亮度与对比度

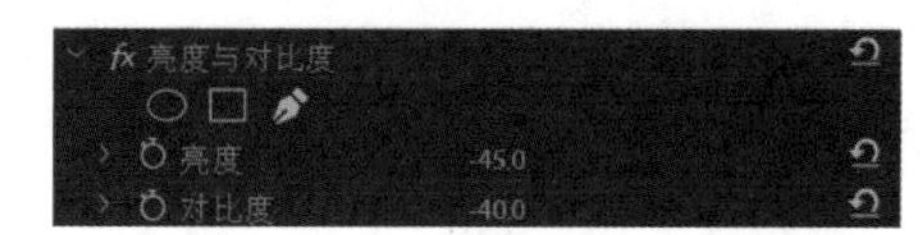

图 2-3-37 调整亮度与对比度

• 使用“钢笔”工具绘制蒙版，或者使用“效果控件”面板中“亮度与对比度”部分的圆形或矩形蒙版，在节目监视器中调整圆形或矩形蒙版的大小范围（见图 2-3-38）。

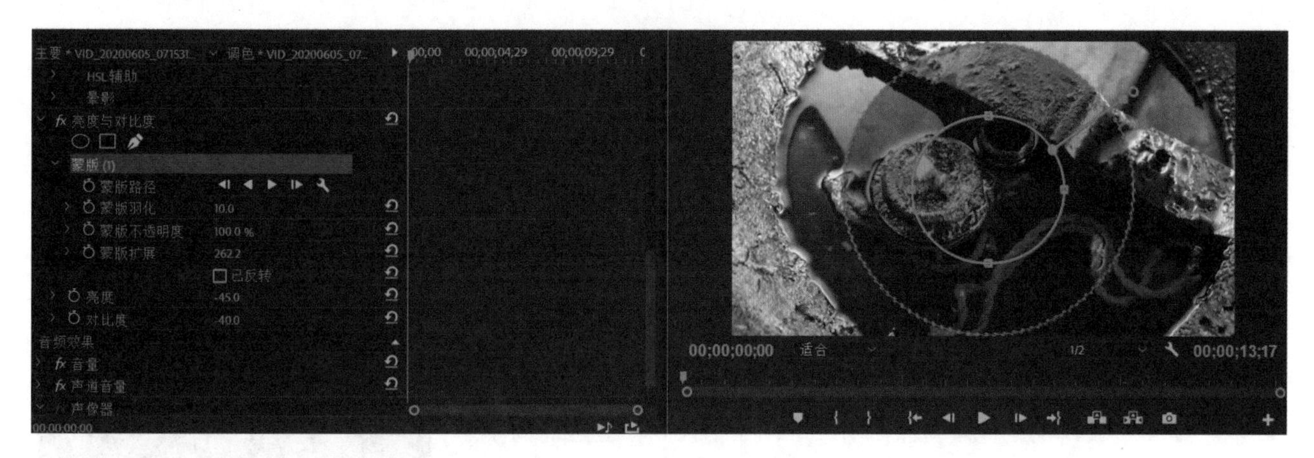

图 2-3-38 绘制椭圆形蒙版

图 2-3-39　反转蒙版

●绘制好蒙版后，在“效果控件”面板中勾选“已反转”的复选框，从而让圆形或矩形蒙版的范围反转，使较暗的图层环绕被蒙版的画面（见图 2-3-39）。

●调整羽化、蒙版不透明度、蒙版扩展及亮度、对比度等参数以调整晕影效果，这里分别取羽化值为“128”、蒙版不透明度值为“100%”、蒙版扩展值为“415.2”以及修改亮度值为“-70”、对比度值为“-40”（见图 2-3-40）。

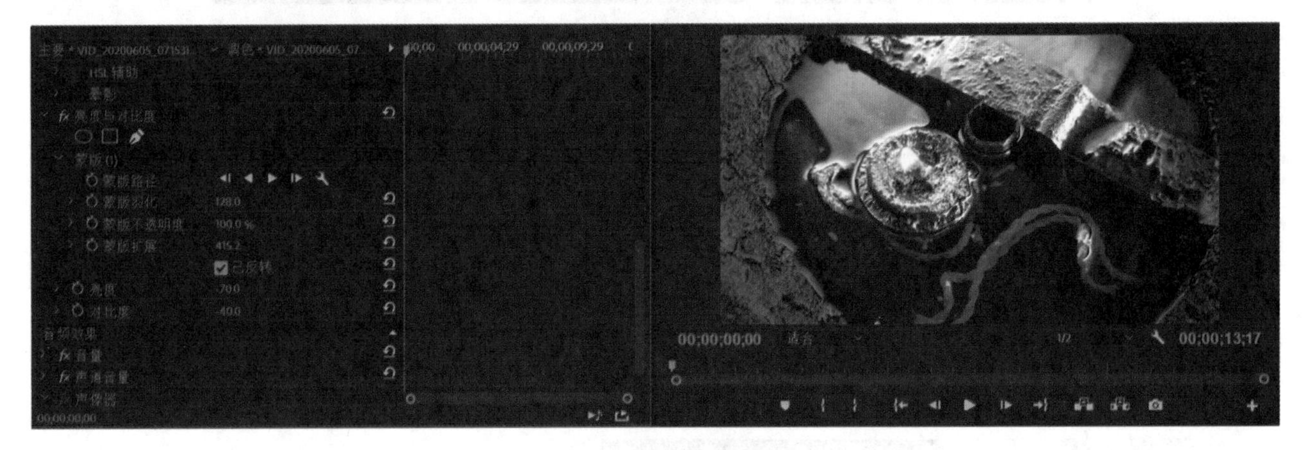

图 2-3-40　调整蒙版参数

（7）调色基本思路

在进行调色前，应该先明确调色基本思路（见图 2-3-41）。

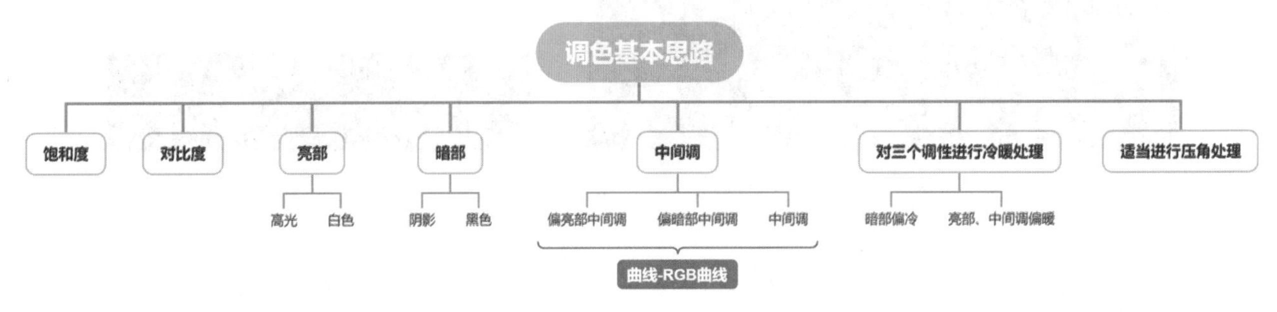

图 2-3-41　调色基本思路

3. Lumetri 的颜色校正工作流程

①选择颜色工作区。

②将时间指示针放置在序列所需的剪辑上，可以看到在“Lumetri 颜色”面板显示时间指示针所在剪辑的内容，之后的所有颜色调整都会应用在该剪辑上，或者也可以在“效果面板”展开“Lumetri 颜色”效果。

③按照“基本校正”“创意”“曲线”“色轮”“HSL 辅助”“晕影”的顺序开始颜色调整（见图 2-3-42）。

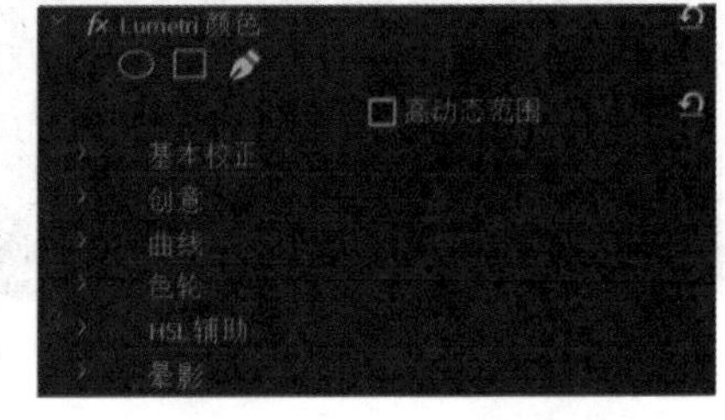

图 2-3-42　Lumetri 颜色调色流程

一般来说，在后期处理调色的过程中一般会经过一级校色及二级调色。其中一级校色是整体调色，用一个词概括便是：定准。简单来说，就是使白色是白色，黑色是黑色，确保每一个场景中的剪辑具有相匹配的颜色、亮度及对比度，使其看起来像是使用同一摄像机在相同地点、时间拍摄的产物。二级调色是风格化调色，也可以是局部调色，对局部需要调整的颜色进行精确微调，另外为所编辑的内容赋予新的外观，即一种特定的色调。需要注意的是，如果同一场景的两个剪辑没有匹配的颜色，则会出现不和谐的连续性问题，使剪辑看起来突兀。

4. 色彩管理

将媒体从数码相机移动到监视器时，颜色会发生微妙的变化，发生这种变化的原因就是因为每个设备都有不同的颜色色域，因此会以不同的颜色来再现颜色。

（1）色彩管理的作用

色彩管理可转换媒体的颜色，以便各个设备以相同的方式再现媒体图像，实现颜色的一致性。尽管监视器上显示的颜色与打印图像中的颜色非常接近，但也有可能无法精确匹配所有颜色，这是因为打印机无法重现与监视器相同的颜色范围，色彩管理为解决这一问题提供了有效的方式，利用 Premiere Pro 中的色彩管理，使用色域 P3 显示屏和 sRGB 显示屏时可以正确显示颜色，从而更好地对项目进行管理。显示色彩管理同时也适用于作为操作系统界面组成部分的内部和辅助计算机监视器，利用该功能可以显示需要校准或特性化的显示屏所需要的准确颜色和对比度。

（2）色彩管理的设置场景

在决定使用色彩管理前，需要先考虑素材最终的播放场所，根据不同的播放场所设置工作流的主要颜色空间。比如对于用于网络或广播的内容，选择 Rec.709 是最好的选择，因为其易于管理；如果需要为数字影院放映创建内容，则需要使用 DCI-P3，这将需要更专业的硬件；如果需要构建 4K+HDR 工作流程，那么选择 Rec.2020 提供支持是最好的选择。

确定工作的颜色空间之后，不意味着它是唯一必须处理的颜色空间。通常情况下，每个素材的颜色空间不尽相同，这意味着需要在色彩空间之间进行适当的转换，从一个颜色空间转换到另一个颜色空间的过程是色彩管理的重要组成部分。

与图像分辨率和编解码器一样，但相机通常使用所谓的宽域（大于 Rec.709）色彩空间，捕获的彩色信息会更多。在这些颜色空间，比如 REDWideGamutRGB、Arri 宽格穆特和索尼 S-Gamut，支持最大化记录图像中可以记录的颜色范围，为在后期制作过程中的图像操作提供了额外的操作空间。

但就像 8K 未压缩的镜头一样，处理这些宽广的色域空间需要耗费极大的工程精力，因此在正式编辑前需要对其进行正确转换，以便在后期处理软件上正确显示。另外，在转换时应确保捕获范围中的颜色信息不会被剪到没有返回的点之外，在不能确保不会破坏素材视觉风格的情况下最好不进行转换。

（3）ICC 配置文件

Mac 和 Windows 具有彩色管理系统，使用“ICC 配置文件”以确保颜色在不同的屏幕上正确显示，这些配置文件标准由设备制造商根据国际色彩联盟（ICC）制定，ICC 配置文件描述了设备对颜色信息的反映和表示方式，以便不同的设备可以在同一颜色空间的相同基本规则下运行。ICC 配置文件在任何捕获或显示颜色信息的设备都可以进行剖析，这些配置文件有助于跨不同的硬件设备实现色彩管理。

打开显示颜色管理时，Premiere Pro 会读取操作系统中选定的 ICC 配置文件，并转换其颜色输出以便在显示器上准确显示颜色。这适用于首映程序和源监视器、项目面板中的缩略图预览、首映专业版和媒体编码器中的媒体浏览器，以及首映专业版和媒体编码器中的导出和编码预览。在 Premiere Pro CC 2018 中首次引入了此功能。

需要注意的是，显示色彩管理对导出的颜色并没有影响，它只影响显示屏上看见的颜色。默认情况下，需要手动设置才能在首映专业版和媒体编码器中打开色彩管理。

（4）色彩管理的设置

在 Premiere Pro 中可以通过以下操作对色彩管理进行设置。

①选择“编辑”→“首选项”→“常规”。

②在“首选项”窗口选择“启用显示色彩管理”(需要 GPU 加速)。

若“启用显示色彩管理”显示为灰色不可选，可以执行以下操作。

①选择“文件”→“项目设置”→“常规”。

②在“项目设置”窗口中的“视频渲染和播放”下将“渲染器”设置为“仅 Mercury Playback Engine 软件”。

如果“渲染器”显示为灰色不可选，可以执行以下操作。

①检查 GPU 的 VRAM。VRAM 应大于 1GB，以便 Premiere Pro 检测 GPU。

②检查 GPU 驱动程序版本是否为最新版，可以前往制造商的网站下载更新驱动程序（Windows）。

当想要在参考监视器上显示时间轴的颜色外观时，可以启用色彩管理；当屏幕与时间轴上的媒体匹配时，最好禁用色彩管理。色彩管理适用于 Rec.709、sRGB 和其他社交媒体的交付。

要启用或禁用色彩管理，可以参考表 2-3-4。

表 2-3-4　启用或禁用色彩管理

时间轴	画面	禁用色彩管理后的画面	启用色彩管理后的画面
Rec.709	Rec.709	画面良好	画面良好，非必须
Rec.709	P3	画面过于饱和	画面良好
Rec.709	sRGB	画面稍微褪色，与在 sRGB 显示屏上看到的画面相符合	中间调与 Rec.709 相符，可能会丢失部分阴影细节

注：阴影细节丢失是因为阴影中的 sRGB 编码达不到 Rec.709 阴影的精细度。在 8 位信号中，20 个最低的 Rec.709 代码会被处理为 7 个最低的 sRGB 代码；对于 10 位信号，78 个最低的 Rec.709 代码会被处理为 28 个最低的 sRGB 值。

（5）监视器的色彩空间

大多数计算机屏幕都是 sRGB 类型，部分如 iMac Retina 显示屏和惠普的 DreamColor 显示屏为 P3 类型和其他类型的宽色域色彩空间显示屏。其中惠普的 DreamColor 显示屏可以显示多种标准，如 sRGB、Rec.709、P3。

Rec.709 类型的显示屏为通用广播监视器，大部分 Rec.709 视频在进行编辑时，启用色彩管理后，显示的 Rec.709 类型视频会造成质量降低。

大多数的 sRGB 显示器为 8 位，因此 19 个最低的 8 位的 Rec.709 代码值会被处理为 7 个最低的 8 位 sRGB 值；8 位 Rec.709 代码（0~6）会被映射为 8 位 sRGB 的 0 值（四舍五入到最接近的值）。

由于不是所有显卡都使用四舍五入而是向下取整，所以有

① 8 位 Rec.709 代码（0~8）会被映射为 8 位 sRGB 的 0 值（使用向下取整而不是四舍五入）；

② 78 个最低的 10 位 Rec.709 代码值将被处理为 8 个最低的 8 位 sRGB 值；

③ 10 位 Rec.709 代码（0~26）会被映射为 8 位 sRGB 的 0 值（如果四舍五入到最近的值）；

④ 10 位 Rec.709 代码（0~35）会被映射为 8 位 sRGB 的 0 值（使用向下取整而不是四舍五入）。

许多显示屏是“有名无实的 sRGB”，比如 SINO。尽管校准为 sRGB，但 SINO 显示屏可能达不到目标。因为大多数校准工具都只进行少量采样，所以 SINO 显示的细节比在 sRGB 编码中表示的要少。

需要注意的是，无论怎样设置“色彩管理”，都会不可避免地出现部分细节的丢失，这是由于 sRGB 显示屏永远无法完整真实地呈现 Rec.709 的画面。另外，如果视频在网络在线频道（比如 YouTube、Facebook）进行播放，那么不要启用色彩管理；如果是在广播播放，则可适当使用显示色彩管理。

四 实践程序

本实践按照基本视频编辑要求，完成一个经过初级调色的视频剪辑。

1. 新建或打开已有项目

新建一个项目，命名为“调色”，设置好文件存储位置之后单击“确定”按钮（见图 2-3-43）。

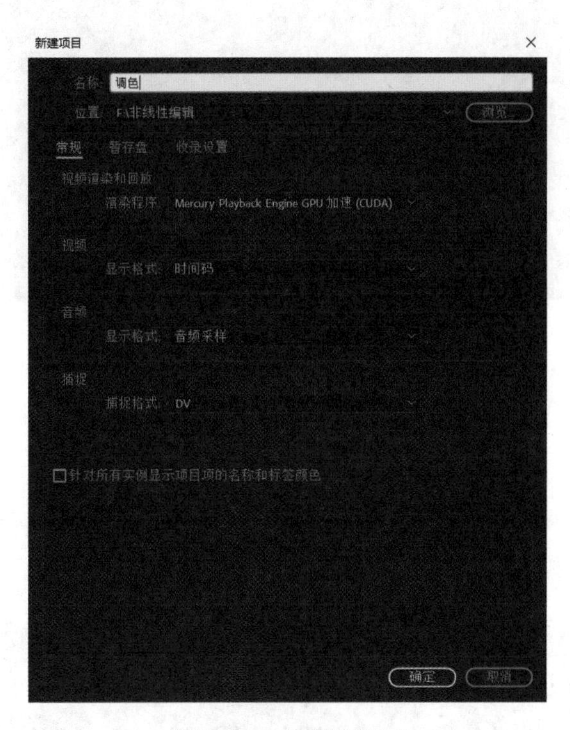

图 2-3-43 新建项目

2. 导入素材

在媒体浏览器或直接在项目面板双击“导入媒体以开始”，在弹出的“导入”窗口中找到素材文件所在的目录位置，选择需要的素材后单击“打开”按钮（见图 2-3-44），然后在项目面板可以查看导入的视频素材。

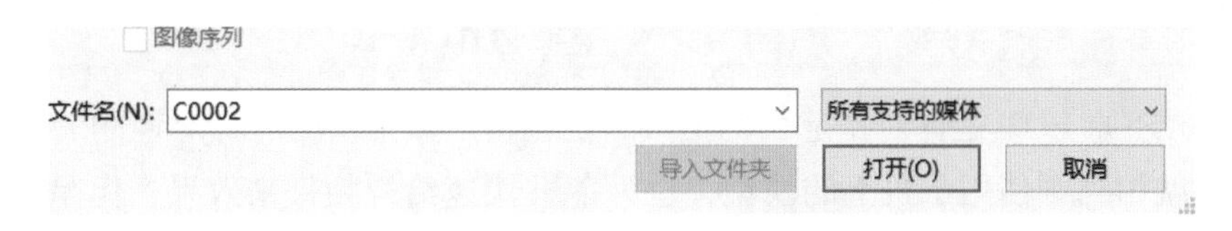

图 2-3-44 选择素材

双击该视频素材，在源监视器中对该视频素材进行初步浏览，可以判断该视频为定机位拍摄，视频内容基本一致。为了方便操作，只需要截取 5 秒左右的视频即可。标记好入点和出点后，直接在源监视器中拖动该视频至时间轴即可（见图 2-3-45）。

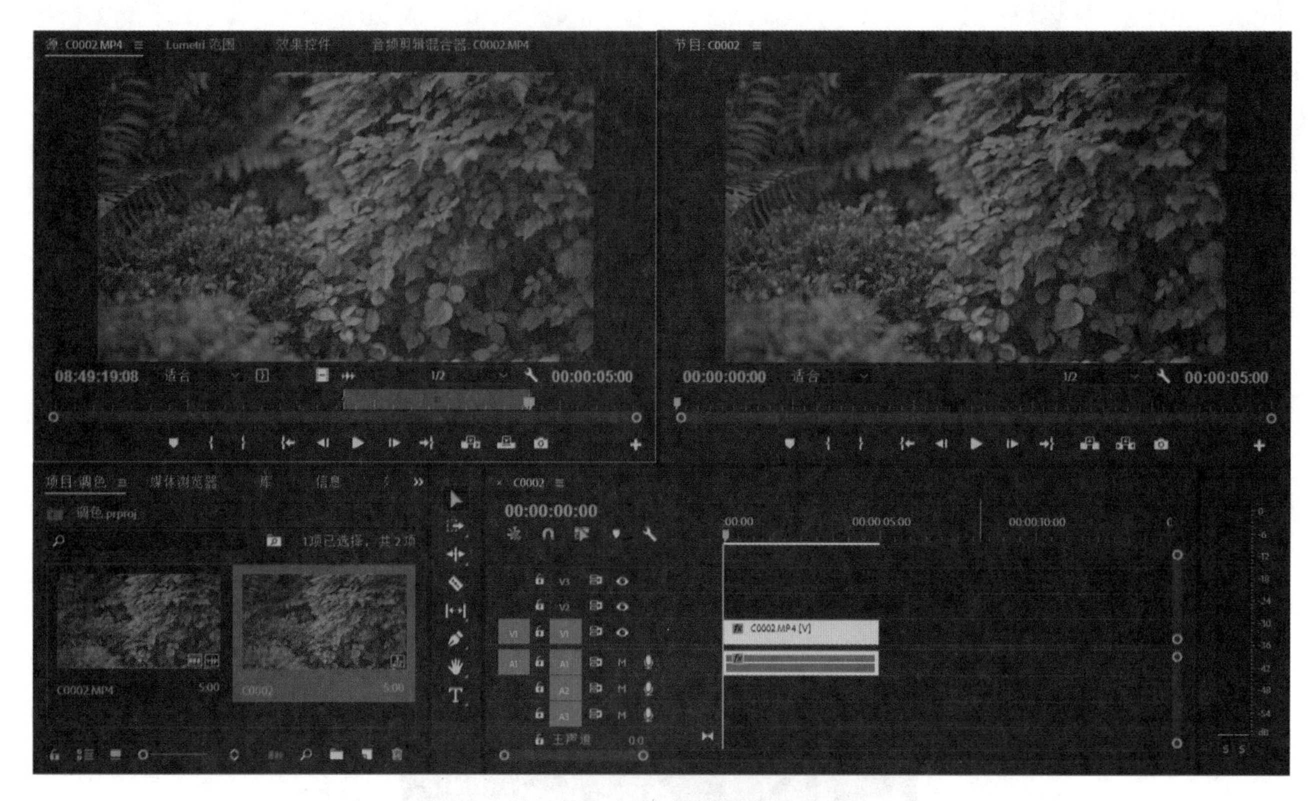

图 2-3-45 浏览素材

3. 一级校色

（1）还原 LUT

对视频素材进行裁切后，可以先对其进行还原 LUT 的操作，该视频素材为索尼 SLOG3 模式下拍摄，通过加载索尼官方的 SLOG3 还原至 709（色域）的 LUT 后，可以发现颜色变成了我们熟悉的样子（见图 2-3-46）。

图 2-3-46 还原 LUT

需要注意的是，还原 LUT 是针对特定相机拍摄的视频由厂家推出的有针对性的 LUT，如果随意套用其他的 LUT，那么就相当于使用手机上的滤镜，也许能够快速给视频带来效果，但是无益于对调色的感知以及练习。

如果在前期没有设置正确的白平衡以及曝光等参数，还原的视频也会出现原本的问题。我们可以发现使用还原 LUT 后，画面整体的对比度有些过低、暗部黑色部分过多、画面饱和度也有些过低、绿色偏重、同时也存在曝光不足的问题。

（2）基本校正

这时我们可以选择“Lumetri 颜色”的“基本校正”选项来进行调节，尽可能让素材的曝光、白平衡、饱和度及色彩处在合适的程度，以得到想要的画面（对待有两个或两个以上的素材也是同样的道理）。

前面有关 Lumetri 颜色界面的介绍也讲解过有关“基本校正”的各参数内容，基本校正包含白平衡、色调、饱和度三个板块。其中，白平衡面板是矫正画面色彩的，白平衡正确，视频呈现的画面就与肉眼见到的真实画面基本一致，若是白平衡不正确，则画面会出现偏蓝或偏黄等偏色的情况；色调面板是用来校正曝光的，分别由曝光、对比度、高光、阴影、白色及黑色组成。

图 2-3-47 直方图

以直方图为例，越靠右画面越亮，将其划分为五个区域，其中最暗的部分由黑色控制，次暗的部分由阴影控制，中间调由曝光控制，较亮的部分由高光控制，最亮的部分就由白色控制（见图 2-3-47）。

对比度（见图 2-3-48）则可以控制画面中的亮暗对比，对比度越高，则亮的部分越亮，暗的部分越暗；对比度越低，则画面会变得越灰。

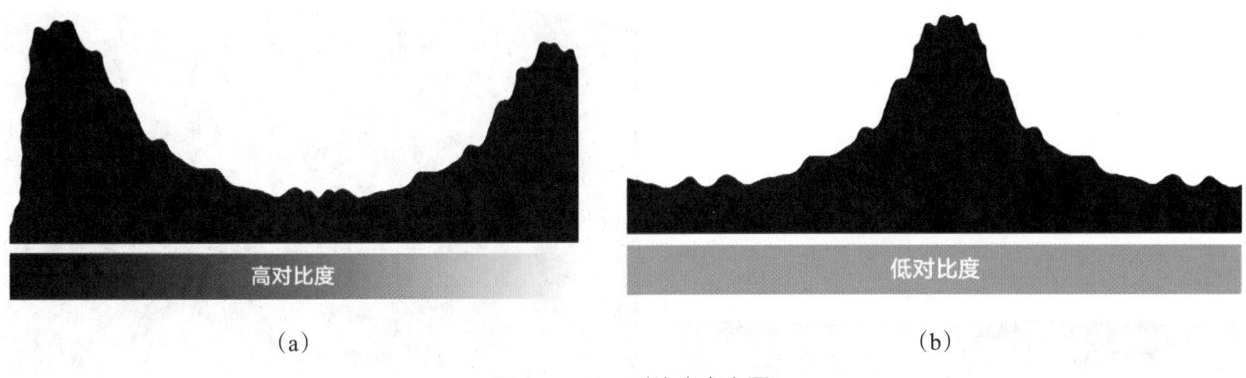

（a） （b）

图 2-3-48 对比度直方图

我们有两种方法来对视频素材进行调节。

①直接取消还原 LUT，回到原本的视频素材，先找出画面中存在的问题：对比度不足、饱和度不足、曝光不足，整体显得灰蒙蒙的（见图 2-3-49）。

图 2-3-49 视频原画面

针对各个问题，首先是对比度不足，在“色调”→“对比度”调整数值，将对比度取值为“55.8”(见图 2-3-50)。

(a)　　(b)

图 2-3-50　调整对比度

其次是饱和度，将饱和度取值为“166.4”(见图 2-3-51)。

(a)　　(b)

图 2-3-51　调整饱和度

最后是曝光，将曝光取值为“1.2”(见图 2-3-52)。

(a)　　(b)

图 2-3-52　调整曝光

经过这三个参数的修改，我们可以发现，现在的视频素材画面更接近我们肉眼可见时的样子了。

②在还原 LUT 的基础上对刚才发现的问题进行修正，首先是画面整体的对比度，将对比度取值为“–68.1”，降低对比度（见图 2-3-53）。

（a）　　　　（b）

图 2-3-53　降低对比度

接下来是暗部黑色部分过多的问题，通过调整黑色以及阴影，将黑色和阴影分别取值为“4.4”和“16.8”（见图 2-3-54）。

（a）　　　　（b）

图 2-3-54　调整黑色与阴影

再将画面饱和度取值为“102.7”（见图 2-3-55）。

（a）　　　　（b）

图 2-3-55　调整饱和度

然后解决绿色偏重的问题，调整白平衡中的色温及色彩，将色温和色彩分别取值为“ –0.9”和“6.2”（见图 2-3-56）。

（a） （b）

图 2-3-56 调整色温与色彩

最后解决曝光不足的问题，我们通过提高曝光值可以解决这个问题，将曝光取值为“0.9”（见图 2-3-57）。

（a） （b）

图 2-3-57 提高曝光

通过上述这两种方式，我们都得到了白平衡正确、曝光正常、饱和度及色彩和谐的画面，一级校色的工作基本完成。

需要注意的是，以上所有的调整取值参数并非唯一值（这也包括之后的案例参数取值），只是一个大约取值，在实际进行校色的过程中，可以依照自己喜欢的校色方向进行调整。校色和调色是一个主观性极强的工作，也正因如此，每个作品才会带有创作者独有的个人特征，甚至成为其标志性的代表风格。

（3）分量（RGB）/ 波形（RGB）示波器

除了上面单纯以肉眼观察的方式来进行一级校色，在正式的调色工作中比较常用的方式是通过搭配示波器来对视频素材进行一级校色。合理使用示波器对调色工作的帮助极大。

我们可以在“ Lumetri 范围”面板中右击选择“分量（RGB)”及“波形（RGB)”的预设。两者在形状分布上整体一致，只不过前者将红、绿、蓝分别排开显示，后者为混合显示。其中，波形示波器及分量示波器都可以用来分析画面的明暗、曝光情况，但分量示波器还可以用来分析画面的白平衡等情况。

接下来，在时间轴上载入素材，打开“ Lumetri 范围”面板，观察分量（RGB）示波器以及波形（RGB）示波器（见图 2-3-58）可以发现，两种示波器范围皆集中在中部偏下的位置，画面缺少亮部的细节，对比度较小，整体显得灰蒙蒙的。

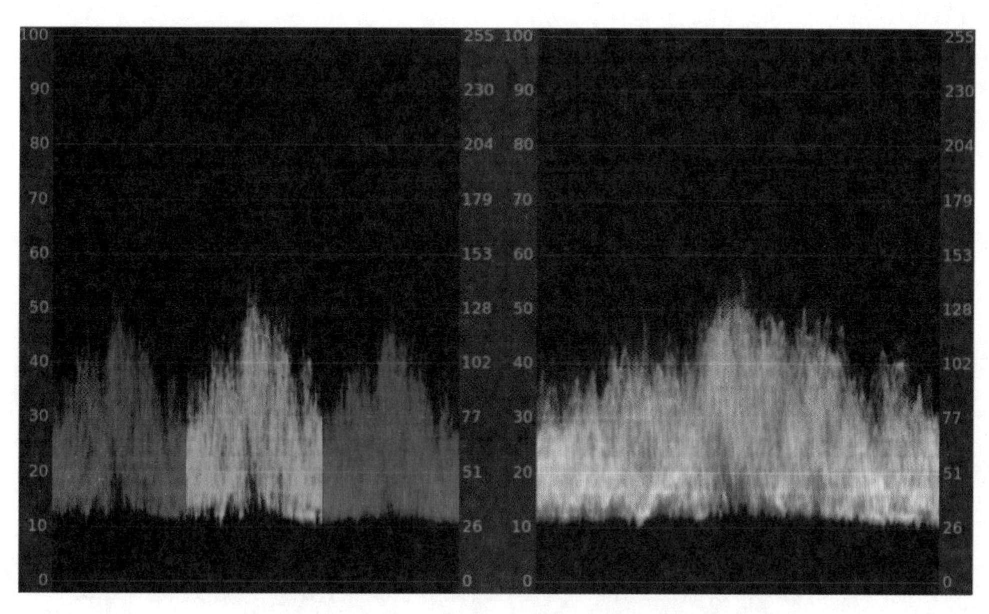

图 2-3-58　分量（RGB）示波器 / 波形（RGB）示波器

要解决两种示波器显示出来的问题，首先可以提高对比度，将对比度取值为“63.2”（见图 2-3-59）。

（a）　　　　（b）

图 2-3-59　提高对比度

通过调整高光及白色提高亮部的细节，将高光和白色分别取值为“59.3”和“48.7”（见图 2-3-60）。

（a）　　　　（b）

图 2-3-60　调整高光与白色

可以发现，增加完亮部细节后，示波器的范围扩大了（见图 2-3-61）。

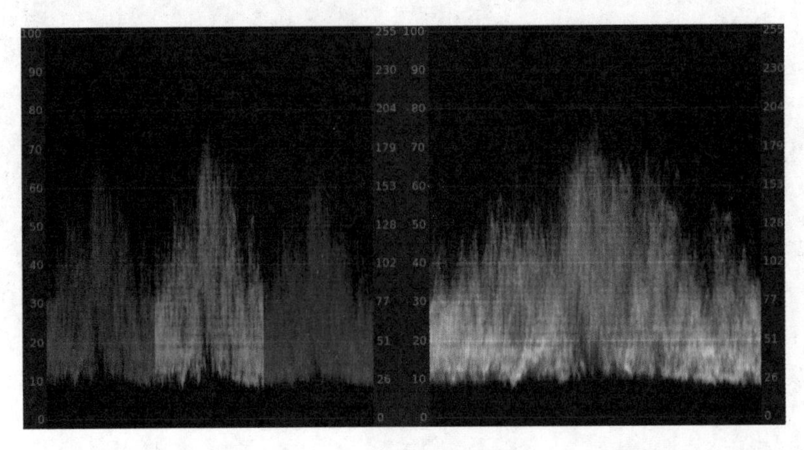

图 2-3-61 示波器变化

需要说明一点，如果在调节数值的过程中，示波器的范围向上触及或超过值“100”，向下触及或低于值“0”的话，则代表画面色彩失真，画面会出现过白及死黑，没有细节，故而在调整数值的时候要注意将显示范围控制在“0~100”的区间内。

接下来，我们可以发现，尽管示波器的范围已经在合适的范围内了，但是画面还是稍显暗淡，且饱和度不足，这时可以先调整曝光值，将其取值为“0.6”（见图 2-3-62）。

(a) (b)

图 2-3-62 调整曝光

再修改饱和度参数为“157.5”（见图 2-3-63）。

(a) (b)

图 2-3-63 调整饱和度

可以发现，通过调节视频的对比度、高光及白色、饱和度、曝光等参数，Lumetri 范围的分量（RGB）示波器以及波形（RGB）示波器范围仍控制在合适的区间内。其中分量（RGB）的三个通道基本处在同一水平位置，蓝色相较红色、绿色虽偏低但相对而言没有较大的偏色问题，且亮部细节得到补充，基本使该视频素材回归到应有的色彩（见图 2-3-64）。

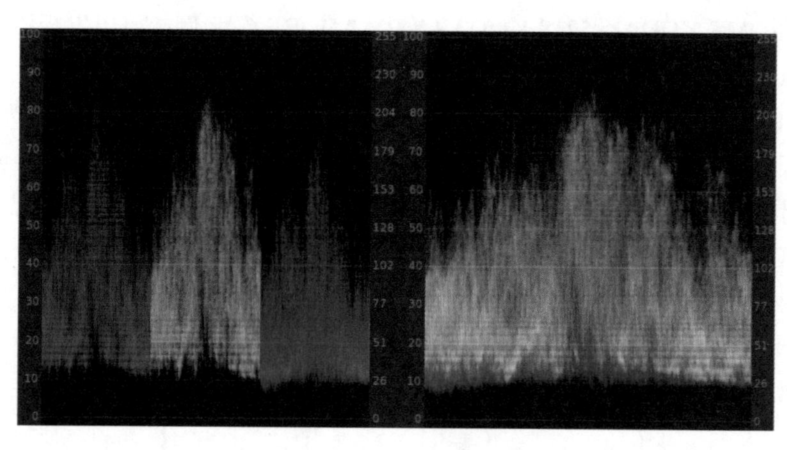

图 2-3-64　示波器变化

通过以上调整参数取值的方式，我们基本就对一级校色便有了一定程度的理解，归根结底，只需明白一句话：一级校色就是通过调节白平衡使得视频中白色的部分为白色、黑色的部分为黑色，将其还原至肉眼可见的事物原貌。

4. 二级调色

完成一级校色之后，就进入到二级调色的阶段，简而言之，二级调色就是在一级校色的基础上，对素材进行风格化调色，其对应的参数调整在“ Lumetri 颜色”面板中为创意、曲线、色轮、HSL 辅助以及晕影。

（1）Look 及调整

首先打开“创意”面板，单击“Look”进入下拉菜单，可以选择不同的 Look 滤镜进行套用。

特别提示：Look 的功能类似于创意 LUT，与 LUT 的区别在于，Look 还可以对视频进行一些暗角的处理或调整胶片颗粒的效果，以及添加杂色进行黑白等风格化的处理。简而言之，Look 的调色范围更广泛，而 LUT 则是仅针对颜色信息的转换。

我们可以随意选择几个 Look 观察成品效果，可以发现画面出现了明显的风格变化（见图 2-3-65）。

(a)　(b)　(c)　(d)

图 2-3-65　添加 Look 预设

以“FUJI ETERNA 250D KODAK 2395（BY ADOBE）”为例，可以发现添加完此 Look 后，画面整体以暖调为主，黄绿色彩居多，像是笼罩在回忆里的风格，如图 2-3-65（a）所示。

以“KODAK 5205 FUJI 3510（BY ADOBE）”为例，可以发现添加完此 Look 后，画面整体色调变得清新，绿色葱郁，如图 2-3-65（b）所示。

以“MONOCHROME KODAK 5218 KODAK（BY ADOBE）”为例，可以发现添加完此 Look 后，画面变成黑白色调的风格，如图 2-3-65（c）所示。

以“SL BLUE DAY4NITE”为例，可以发现添加完此 Look 后，整体以冷色调为主导，画面蓝绿色彩为主，并且添加了暗角的效果，给人雨后潮湿阴暗角落的氛围，如图 2-3-65（d）所示。

通过添加以上不同的 Look 效果，我们可以对视频进行不同风格化的处理，但需要注意的是，Look 只是一个辅助性的工具，在调色训练上，还是需要自身多加练习。当然，善用 Look，在 Look 的基础上进行针对性调整有时也能使工作事半功倍。

（2）小清新色调

这里选取“KODAK 5205 FUJI 3510（BY ADOBE）”的 Look 为例，让我们尝试在 Look 的基础上再进行新的调整。

我们已经大致了解套用“KODAK 5205 FUJI 3510（BY ADOBE）”的 Look 后，整体的画面是比较清新的，但是整体画面色彩并不是很通透，那么在进行新的调整前，需要先给自己设定好调整目标（注意，调整的方向最好与 Look 的调性一致），进行针对性调色。

这里设定的目标关键词为阳光、通透感、小清新。

首先分析关键词：阳光意味着画面亮度高，可以在白色、高光、对比度着手；如何提升画面的通透感，可以从画面的暗部及阴影处着手；小清新一般是指画面的亮部及色彩饱满清新、色调偏淡暖色系、也有部分是淡冷色系，给人干净、舒适的感觉。

接下来确定画面主体、提取色彩元素：视频素材拍摄的主体为树叶，色彩以绿色为主，掺杂些许红色。

提示：在进行调色前，可以找同类型的电影或短片作品进行色调分析，总结其特点后再根据视频素材进行调色。

通过分析关键词及提取画面主要色彩信息后，我们开始进行调整。

由于要往小清新的方向调整，所以可以先降低 Look 的强度，将强度值调整为“30.0”（见图 2-3-66）。

（a）

（b）

图 2-3-66　调整强度

接下来提高画面亮度，新增一个Lumetri颜色，接着在基本校正中提高画面亮度，设置曝光值为“1.0”，高光为“18.0”，白色值为“20.0”，营造一种强光感。另外，可以适当降低画面的饱和度，设置饱和度值为“75.0”。注意，在调整的过程要时刻观察Lumetri范围的波形示波器，不要让波形范围超过“100”，防止画面出现死白（见图2-3-67）。

（a） （b）

图2-3-67 调整曝光、高光、白色、饱和度

接下来对画面的绿色进行调整。打开Lumetri颜色的HSL辅助一栏，找到吸管，选取画面绿色，记得勾选“彩色/灰色”框，勾选之后可以将选取的颜色分离，以便观察（见图2-3-68）。

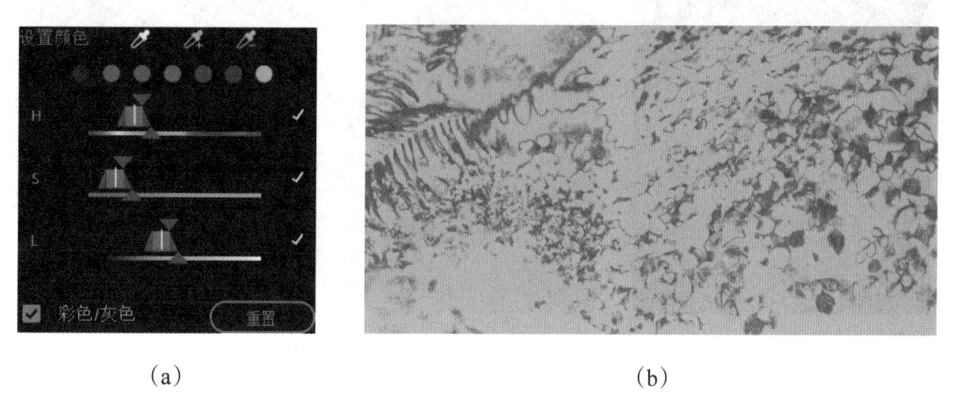

（a） （b）

图2-3-68 选择彩色/灰色

在“H”（Hue）色相一栏中可以适当调宽绿色范围，提高“S”（Saturation）饱和度。通过调整参数可以在节目监视器看到选中了多少颜色，如果选取的颜色不够，可以用“+”号的吸管再吸取更多的颜色，同理“-”号吸管就是消除不需要的颜色（见图2-3-69）。

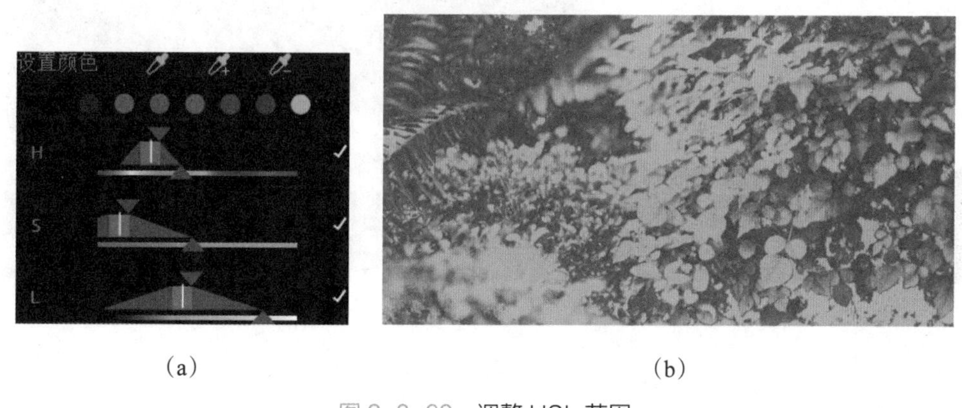

（a） （b）

图2-3-69 调整HSL范围

此时我们可以发现，在选取了适当绿色范围值后，画面出现了一些噪点与锯齿边缘，这时可以在“优化”一栏下进行降噪和模糊，但是注意不要降值太多，以免失真。将“降噪”与“模糊”分别取值为“55.8”和“2.1”(见图 2-3-70)。

(a)　(b)

图 2-3-70　调整降噪与模糊

调整到合适的范围后，取消“彩色 / 灰色”的勾选状态，在“更正”面板开始对画面中的绿色进行调色。我们可以往青绿方向调整 (见图 2-3-71)。

(a)　(b)

图 2-3-71　调整画面

这里也可以根据个人喜好，调整色温及对比度的参数，此处色温取值“-15.0”，再往青色方向偏，加强对比度，取值为“13.3”(见图 2-3-72)。

(a)　(b)

图 2-3-72　调整色温与对比度

之后来到色轮，我们可以让中间调偏暖一点，高光再加一些，阴影偏向青色。这里的调整不需要太多，微调即可（见图 2-3-73）。

（a）　　　　　　　　（b）

图 2-3-73　调整三色轮

调整完成后，打开曲线面板，调节色相和饱和度。在色环里先打几个点，如果想要降低一些绿色的饱和度，我们可以把绿色往里拉；如果想要画面的红色鲜亮一些，可以把红色向外拉一些（见图 2-3-74）。

（a）　　　　　　　　（b）

图 2-3-74　调整色相饱和度色环

调整到现在就已经基本完成，不过有的人会喜欢泛白的感觉，那么可以在“调整”的“淡化胶片”中提高数值，这里取值为“65.0”（见图 2-3-75）。

（a）　　　　　　　　（b）

图 2-3-75　调整淡化胶片

那么在套用Look的基础上进行二次调色的过程就完成了，我们可以对比画面前后的色调变化（见图2-3-76）。

（a）

（b）

图2-3-76　前后对比图

（3）电影感调色——青橙色调（Teal&Orange）

在调色之前，我们需要先大概了解什么是电影感。

电影感大致上是电影各项因素综合作用下营造出的一种特有的氛围感。从剧本、前期拍摄到后期制作，几乎涵盖了影片的方方面面，电影感并非强化某单一元素就能产生。围绕分辨率、景深、层次、风格化色彩、颗粒、遮幅这几个元素，我们可以试着解读何为电影感。

①分辨率。

设备器材的迭代更新使我们能够拍摄出更加清晰的画面。如今数码摄像机拍摄的4K、8K画面相较过往使用胶片拍摄出来的画面，分辨率更高，细节也更多，同时视觉效果也显得更加锐利，因此也有许多人在前期拍摄或后期剪辑时会故意加上一层柔化镜片，以及使用胶片特效来模拟传统胶片拍摄的“朦胧”及“模糊”的感觉。

时代与技术都在前进与变化，我们需要以开阔的视角看待“电影感”的塑造，高分辨率、大的色彩空间、器材的更新带来的好处，使我们在后期剪辑时有了更多的操作空间，也使创作者天马行空的想法更加容易实现。

②景深。

景深并非电影独有的特点，在摄影、电视节目都有这一概念。景深作为镜头讲述内容的方式，在电影中可以利用景深制造空间感使观众注意力集中于画面某个区域，从而更好地为电影叙事服务。

在调色时，如果要强调景深，要注意对画面部分区域的锐化、虚化以模拟大光圈浅景深、小光圈大景深的效果。

③层次。

丰富的层次可以展现电影画面的纵深空间，通过明暗对比可以使视觉产生很好的层次感。

在调色时要注意避免画面暗部、亮部出现死黑或死白的情况，同时也要避免画面灰掉“灰”会让画面显得没有层次感。我们可以通过强化对比度、增加光感，以及制造局部反差来营造画面的层次感。

④风格化色彩。

不同导演的电影作品都带有强烈的个人特质，如王家卫浓郁、热烈的色彩风格，以及偏好冷绿色调，这些特征在电影《重庆森林》中展现得淋漓尽致。

风格化的色彩并非完全依靠后期调色实现，而是贯穿影片前期准备、拍摄直至后期的整个阶段，调色更像是对整个影片的风格化进行平衡以及微调创作。

⑤颗粒。

胶片时代电影画面的质感来自胶片颗粒，它是底片在冲印时物理感光所产生的化学产物。影响底片颗粒的因素除了胶皮感光乳剂的固有特性外，显影时间、温度、显影液都会对颗粒感产生影响。

⑥遮幅。

常见的电影荧幕比例是 1.85 ：1（1998 × 1080）及 2.39 ：1（2048 × 858）。电影本身没有遮幅的概念，当在电视以及电脑上观看电影的时候，因为比例的不同，才有了遮幅。

总结来说，小到镜头选择，大到剧本架构，电影感的实现是集结了多方努力工作的结果。对于后期调色来说，我们需要做的便是对影像画面进行细致分析、大胆创造，帮助其融合多方因素从而形成影片独特的影调风格。

那么，在解释了什么是电影感并了解营造电影感的因素之后，我们再来分析什么是青橙色调（Teal&Orange）。

当我们仔细观察一些好莱坞大片的海报及电影画面时（见图 2-3-77），可以发现青橙色调几乎无处不在。那么，为什么青色和橙色会如此契合呢？最为直接的原因是高饱和度和明亮的色彩可以吸引人们的视线。

（a）

（b）

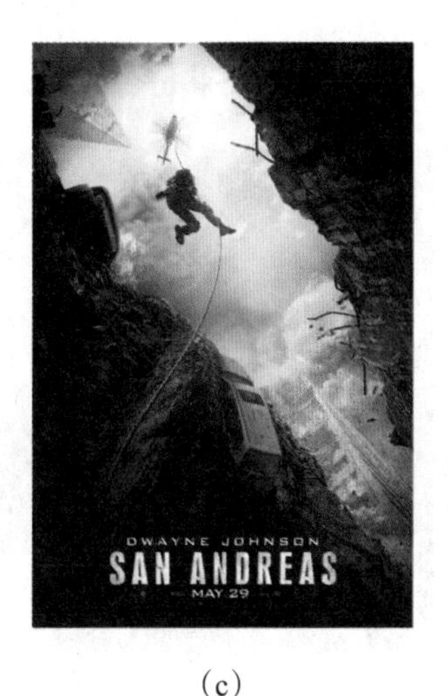

（c）

（d）

图 2-3-77　电影海报

让我们把视线放到色环（见图 2-3-78）上，可以发现在色环上青色和橙色正好是一组对比色，而对比色的组合特征便是为画面增加视觉冲突感，给人鲜明、饱和的视觉感受。不像其他对比色组合只是单纯的互补关系，冷调的青与暖调的橙就好比明与暗、冷与暖，像是旧时尚与未来科技的碰撞，使用这种方式进行调色，会使画面看起来更具电影感。

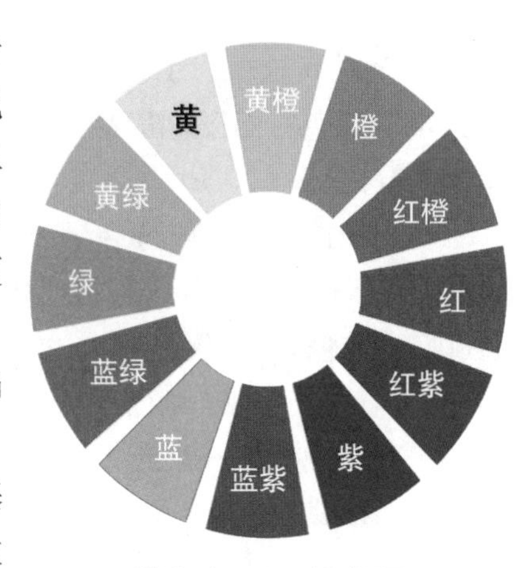

图 2-3-78　12 色环

通过上述分析我们可以得出青橙色调的一些特点：其画面普遍偏暗调，画面的明暗对比较突出，且画面色彩饱和度一般不高。

我们之前尝试了直接使用 Look 进行调色，以及在套用 Look 的基础上进行二次调色，二者都是经过计算之后的模板，这在提升工作效率方面是实用的。同时我们也可以尝试在不使用任何模板的情况下对视频素材进行二级调色。

在时间轴上导入一段新的视频素材，这次尝试如何调出具有电影感的色调。

首先进行一级校色，打开 Lumetri 范围观察波形示波器，这段素材亮部有一点死白，暗部也有一些细节缺失，我们在基本校正面板中将高光调整为“-2.7”，阴影调整为“-8.0”，白色值调整为“-15.0”，黑色值调整为“31.0”，这样基本完成了白平衡的调整（见图 2-3-79）。

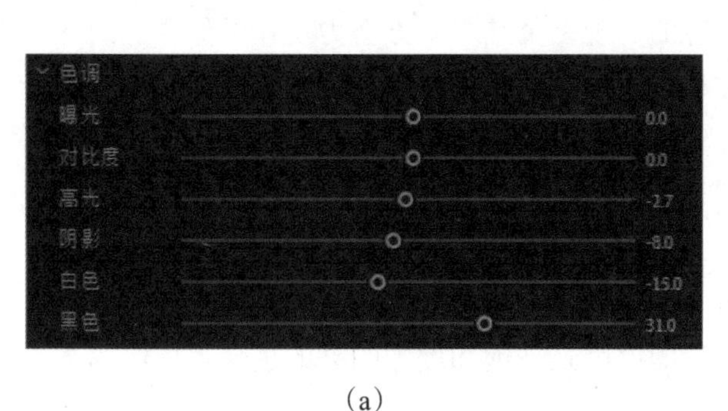

（a）

（b）

图 2-3-79　调整高光、阴影、白色、黑色

为了调色时可以更好地看到调色效果是否有偏差，我们可以导入一个色相环作为参考（见图 2-3-80）。

图 2-3-80　导入色相环

接着，在“效果”面板搜索“通道混合器”（见图 2-3-81），将效果添加至时间轴，为了方便查看，我们把“效果控件”面板向右拖至“Lumetri 颜色”面板的隔壁，这样就可以一边添加效果一边查看 Lumetri 范围的变化。

我们知道，RGB 三原色中，蓝加绿是青色，红加黄是橙色，那么在“通道混合器”中，可以将蓝色中添加绿色，将“蓝色 - 绿色”值改为“100”，“蓝色 - 蓝色”值改为“0”，“蓝色 - 红色”值改为“0”（见图 2-3-82），我们可以发现，画面出现了变化。

需要注意的是，无论更改哪一通道的值，都必须保证最终每个通道的值为“100”，这样色彩才不会出现偏差。

图 2-3-81　通道混合器

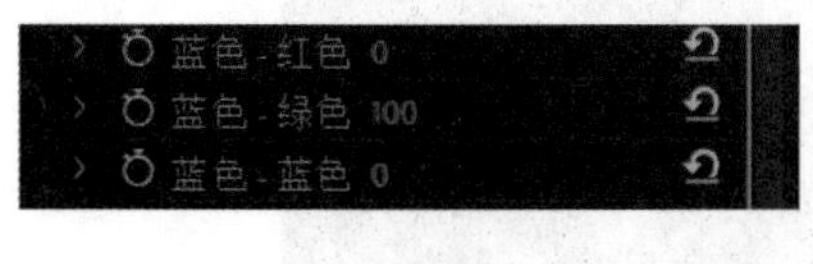

（a）　　（b）

图 2-3-82　调整蓝色 - 绿色

更改数值后，可以看到节目监视器中色相环的蓝色部分与绿色部分都没有了，变成了青色与红色的互补色。这样看上去色彩对比过于强烈，此时可以更改“蓝色 - 绿色”与“蓝色 - 蓝色”，分别取值为“80”和“20”，保留一些蓝色与绿色的细节（见图 2-3-83）。

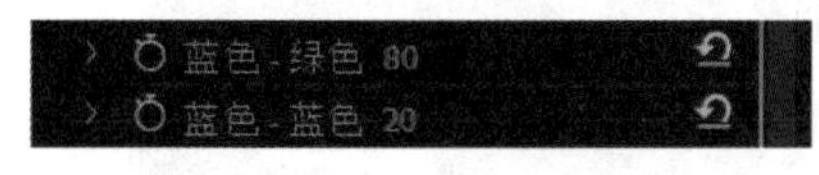

（a）　　（b）

图 2-3-83　调整蓝色 - 绿色与蓝色 - 蓝色

接下来我们来到红色通道，要加强橙色的细节，那么可以增加一些绿色并减小一些蓝色的数值来形成橙黄的感觉，这里将“红色 - 绿色”的值改为“50”，“红色 - 蓝色”的值改为“−50”（见图 2-3-84）。

（a）　　（b）

图 2-3-84　调整红色 - 绿色与红色 - 蓝色

这时画面已经有青橙调的感觉了，我们可以看看 Lumetri 范围面板中的矢量示波器与波形示波器（见图 2-3-85）。

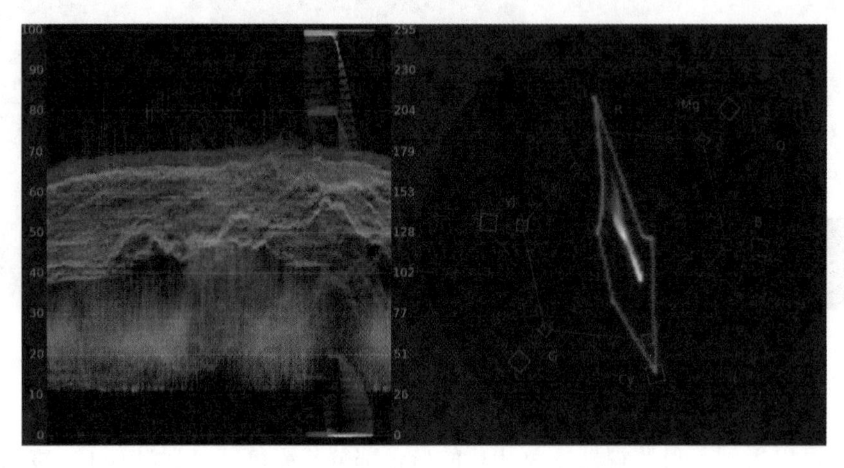

图 2-3-85　Lumetri 范围

可以看到，矢量示波器中的红色与青蓝色还是十分饱和的，那么我们需要把它往橙色与青色方向调整，可以在“效果”面板中搜索“快速颜色校正器”添加到“效果控件”面板中。

快速颜色校正器可以快速消除色偏，我们在“色相角度”中调整角度值为“ –10.0° ”，这样就获得了一个橙色和青蓝色的角度（见图 2-3-86）。

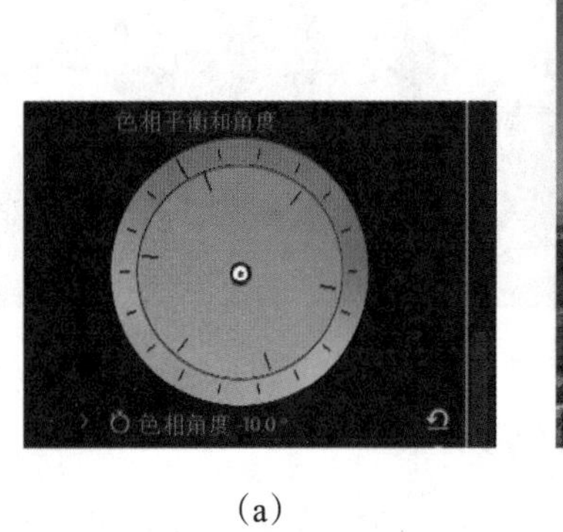

（a）　　　　　　（b）

图 2-3-86　调整色相角度

再观察得到的画面，如果不确定饱和度是过高还是不足，可以在时间轴上方再添加一个色相环进行比较（见图 2-3-87）。

图 2-3-87　导入色相环

在“效果”面板搜索“更改颜色”并添加到“效果控件”面板中。在“更改颜色”里选择“橙色”，可以直接吸取色相环中的橙色，然后在“视图”中选择“颜色校正蒙版”便可以看到吸取的颜色部分（见图 2-3-88）。

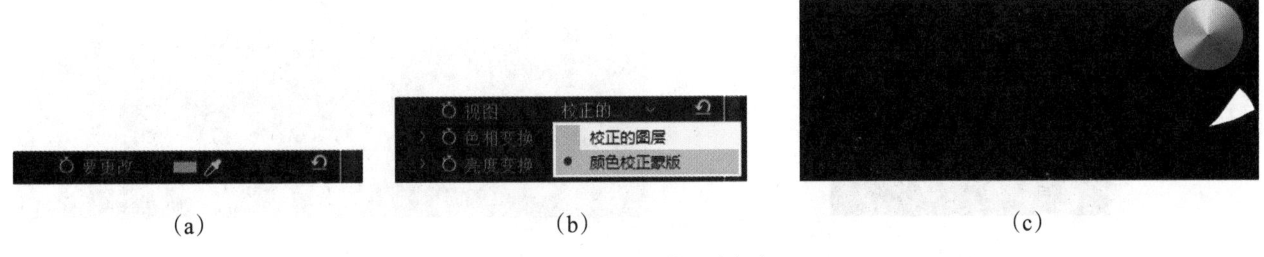

(a) (b) (c)

图 2-3-88　调整更改颜色

我们可以调高“匹配柔和度”的数值让其匹配更多的内容，这里的数值设置为“8.0%”（见图 2-3-89）。

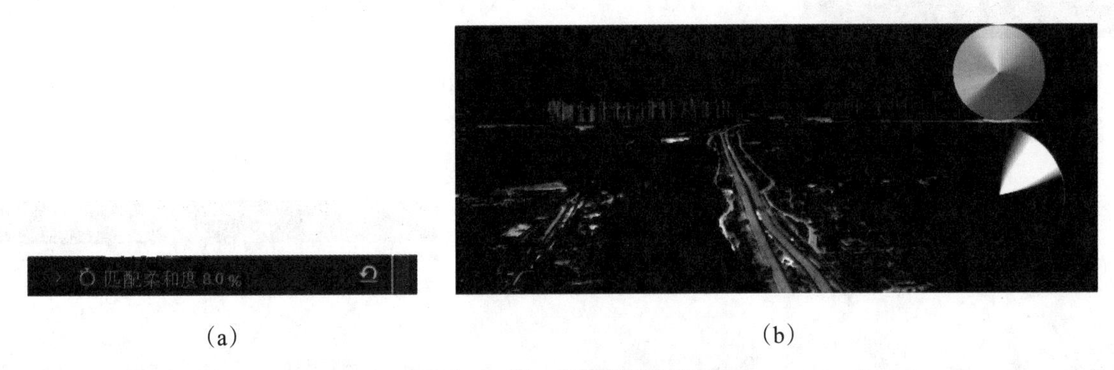

(a) (b)

图 2-3-89　调整匹配柔和度

设置好匹配的范围后，我们调整饱和度，将“饱和度变换”值设为“27.0”后，在“视图”中勾选“校正的图层”，就可以看到调整后的画面了（见图 2-3-90）。

(a) (b)

图 2-3-90　调整饱和度变换

经过调色后的青橙色调的画面就基本完成了，如果还想再添加一点胶片的质感，可以打开“ Lumetri 颜色”面板的“RGB 曲线”，同时移动曲线上下两角，可以适当在曲线下端调节暗部细节，调整过后的画面如图 2-3-91 所示。

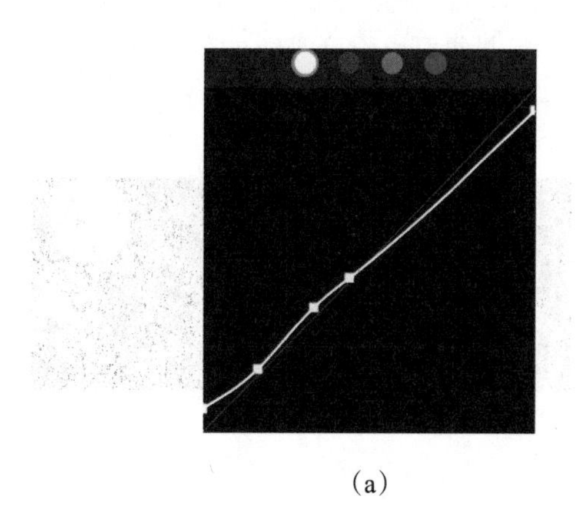

(a)

(b)

图 2-3-91　调整后画面

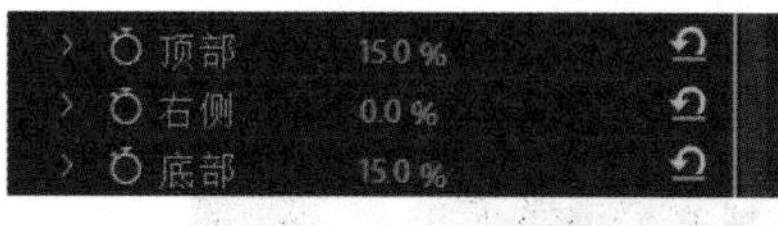

图 2-3-92　使用裁剪

为了增添电影感，我们还可以给画面添加遮幅，在“效果”面板搜索“裁剪”并放至“效果控件”面板中，将“顶部”与“底部”值均设置为“15.0%”(见图 2-3-92)。

我们可以对比前后色调的变化，可以很明显地看出经过调色后的青橙色调画面显得电影感十足（见图 2-3-93）。

(a)

(b)

图 2-3-93　前后对比图

(4) 王家卫的港片色调

说起王家卫，我们会想到《春光乍泄》《东邪西毒》《重庆森林》等经典电影画面（见图 2-3-94）。在他的电影中，支离破碎的画面、摇曳多姿的镜头、饱含深情的台词，都不及他对色彩的运用，也因为色彩，总让他的电影有一种特有的魔力。

(a)

(b)

(c)

图 2-3-94　王家卫电影截图

例如，《春光乍泄》中用黑白色调表示主角关系的破碎，用彩色色调表明两人关系的和好；《重庆森林》中大片的青灰色调以及流光溢彩的城市缩影；抑或是《东邪西毒》中除欧阳锋黄色的影调外，他人不同的色彩。导演用色彩塑造每个角色的主体，使色彩成为剧中人物的情绪语言。

我们可以看出，王家卫的电影风格在曝光方面是略微欠曝的，但其高光表现出了浓烈的黄色，人物的肤色也是偏暗淡的橙黄色，阴影则是明显的偏青色，整体的色彩对比非常强烈，浓郁的青黄色让人过目不忘，光影层次非常丰富。

我们可以通过学习王家卫电影的色彩美学，进一步锻炼自己的色感。将一段视频素材导入时间轴，可以看到该视频素材拍摄的内容为海边，有海及行走在沙滩上的人，我们的调色目标就可以以《东邪西毒》中的黄调为主。

首先进行一级校色，先在“ Lumetri 范围”面板中查看矢量示波器及波形示波器，可以发现该视频整体偏灰，饱和度不足，白色有点多，暗部细节不够，我们在基本校正面板中将曝光值设置为“1.0”、对比度值设置为“40.0”、高光值设置为“ -45.0”、阴影值设置为“ -50.0”、白色值设置为“8.0”、黑色值设置为“-55.0”，最后将饱和度值设置为“145.0”后就基本完成了白平衡调整及正确曝光了（见图 2-3-95）。

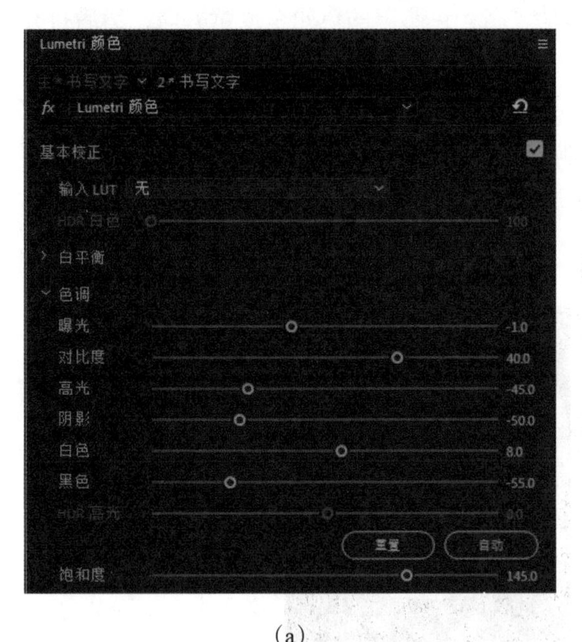

(a)

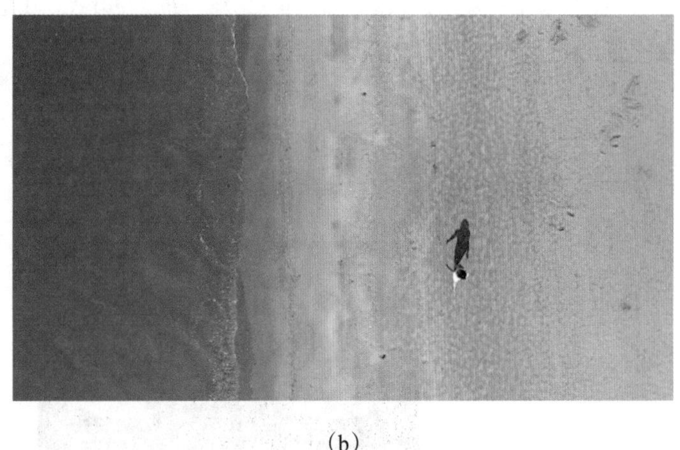

(b)

图 2-3-95　调整基本校正参数

为了调色时可以更好地观察调色效果是否存在偏差，我们可以导入一个色相环作为参考（见图 2-3-96）。

图 2-3-96　导入色相环

接着，新建一个调整图层放在时间轴的视频上层，在“Lumetri 颜色”面板的“基本校正”面板中将色温往暖色方向移动，最终取值为“55.0”(见图 2-3-97)。

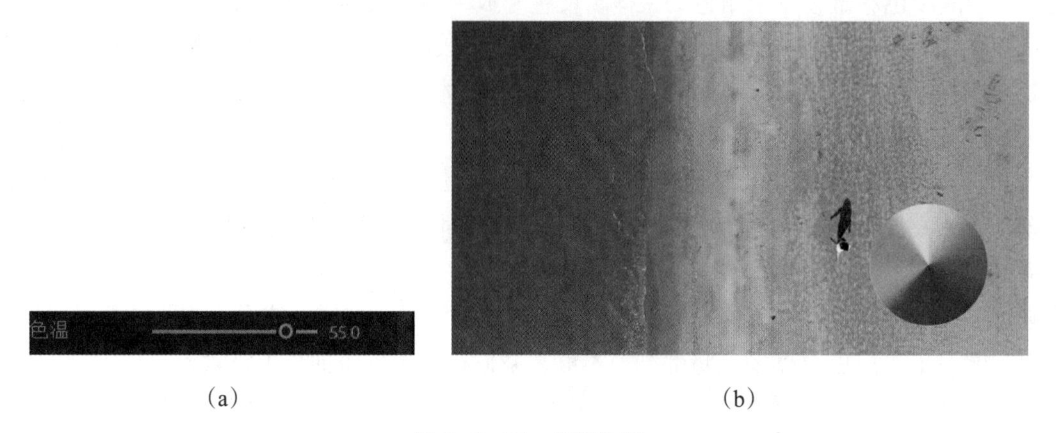

(a) (b)

图 2-3-97 调整色温

在“调整”中移动“阴影色彩”的色轮至青色方向，移动“高光色彩”的色轮至橙黄方向，然后打开“曲线”面板，在“色相饱和度曲线”中添加几个点，进一步加深阴影及高光部分的青黄色(见图 2-3-98)。

可以看到，经过调整后的画面已经初步具有《东邪西毒》中饱和的黄色调(见图 2-3-99)，接着在“效果”面板中搜索“更改颜色”，将画面中的海水颜色向青色调修改，可以用“吸管”吸取色相环中的青色。接着将“视图”更改为“颜色校正蒙版”，把“匹配柔和度”的值修改为“22.0%”，可以在画面中看到海水的部分被选中(见图 2-3-100)。

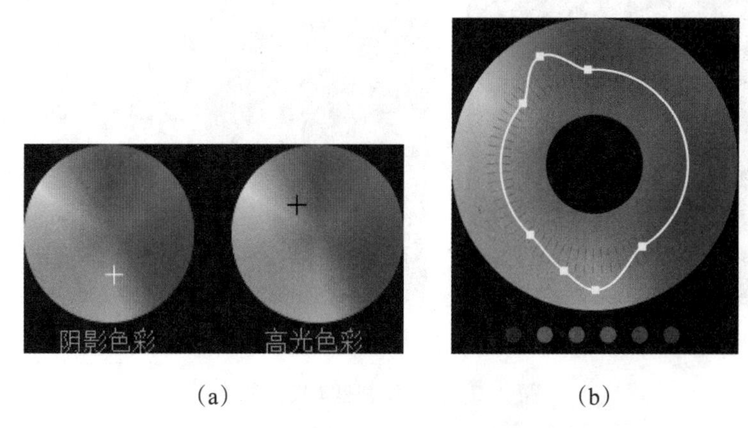

(a) (b)

图 2-3-98 调整色轮与色相饱和度曲线

图 2-3-99 调整后画面

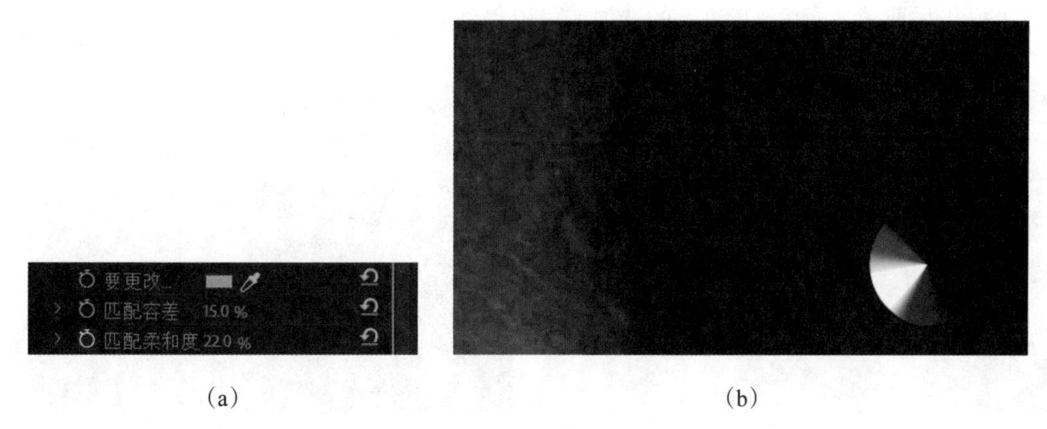

(a) (b)

图 2-3-100 调整更改颜色

把“视图”更改为“校正的图层”(见图 2-3-101)。

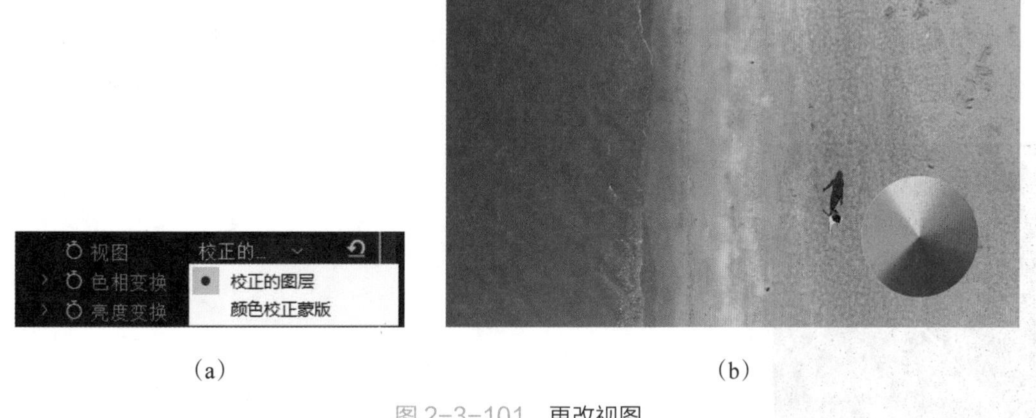

(a) (b)

图 2-3-101 更改视图

接着，打开“HSL 辅助”面板，用吸管吸取海面的蓝绿色，记得勾选“彩色 / 灰色”选项以便观察选中的区域。如果选择的区域不够，可以使用“+”吸管添加颜色区域，之后分别调整“H”(色相)一栏中的蓝绿色范围，提高“S”(饱和度)及“L”(亮度值)两个通道的色彩范围。如果选取之后的画面出现了噪点，那么可以在“优化”一栏调整“降噪”及“模糊”数值，这里分别设置为“30.0”和“2.7”，然后向下在“更正”的色轮中将选中的颜色往青色方向移动(见图 2-3-102)。

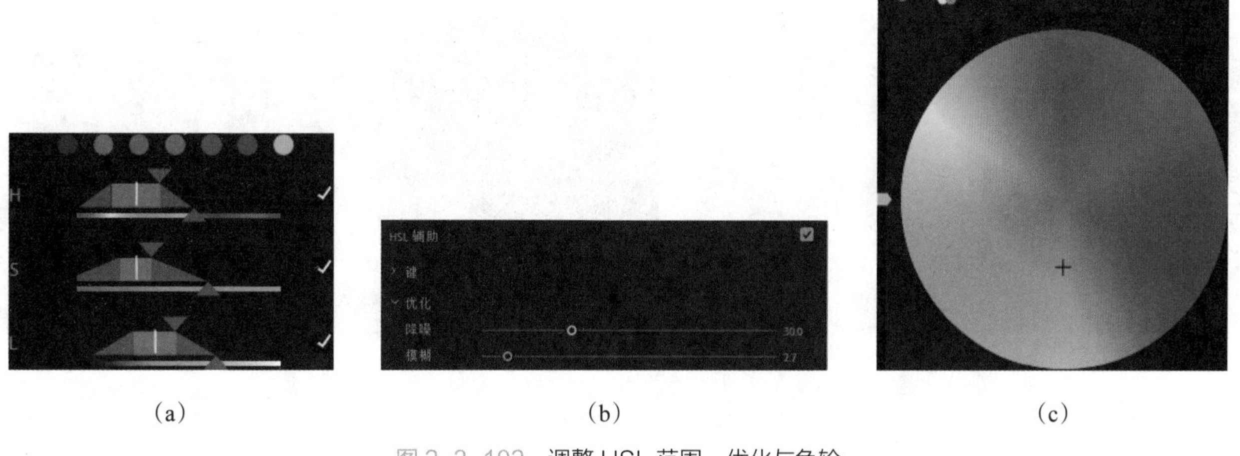

(a) (b) (c)

图 2-3-102 调整 HSL 范围、优化与色轮

完成以上操作后取消“彩色 / 灰色”的选项，可以得到如图 2-3-103 所示画面效果。

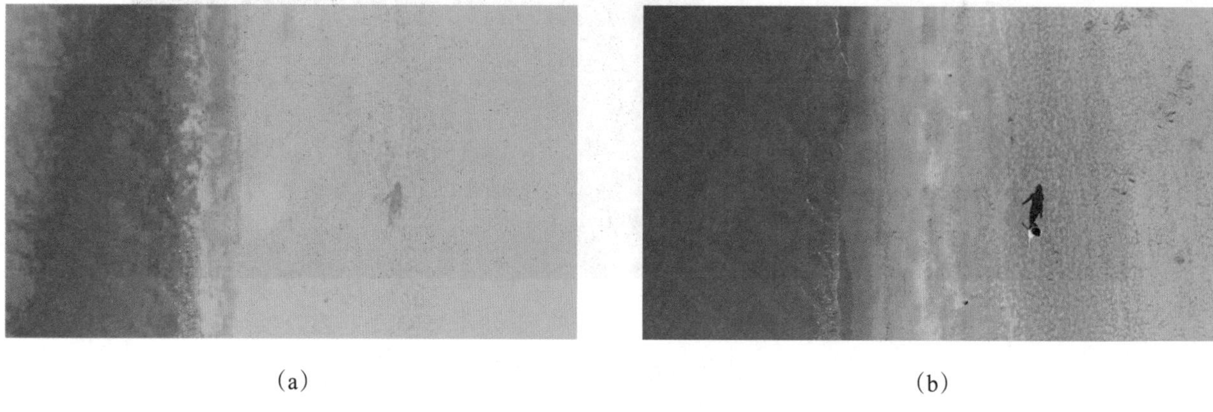

（a）　　（b）

图 2-3-103　取消彩色 / 灰色选项

最后，在“曲线”面板的“ RGB 曲线”上下各向下调节两个点，降低亮部及暗部细节，在“淡化胶片”一栏修改参数值为“25.0”，至此便完成王家卫电影风格的调色。这里我们可以再给画面添加一个遮幅，在“效果”面板中搜索“裁剪”，将“顶部”及“底部”参数的设置为“20.0%”（见图 2-3-104）。

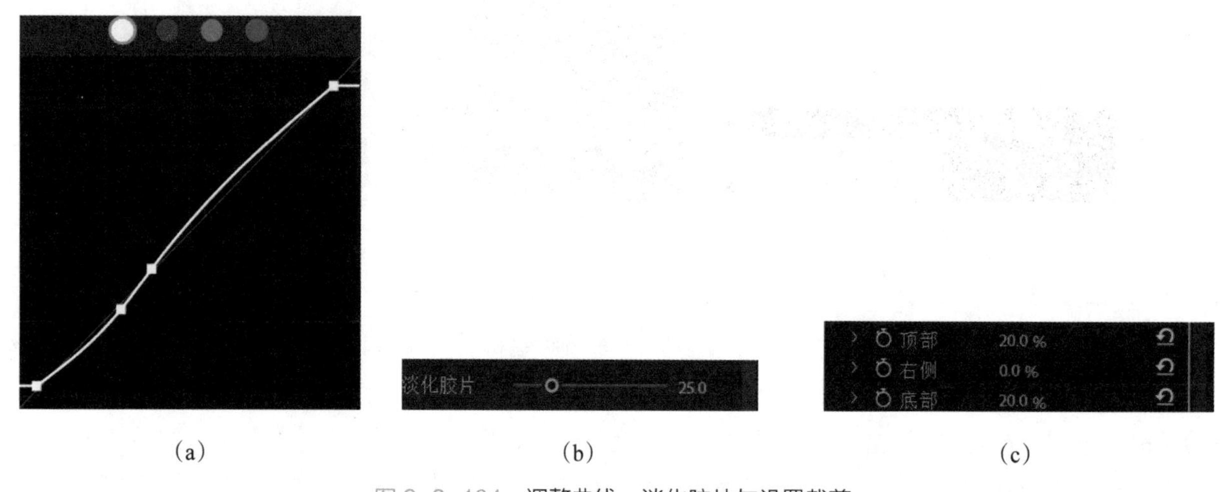

（a）　　（b）　　（c）

图 2-3-104　调整曲线、淡化胶片与设置裁剪

此时，一个具有王家卫风格的电影感镜头画面就完成了，我们可以对比调色前后的变化（见图 2-3-105）。

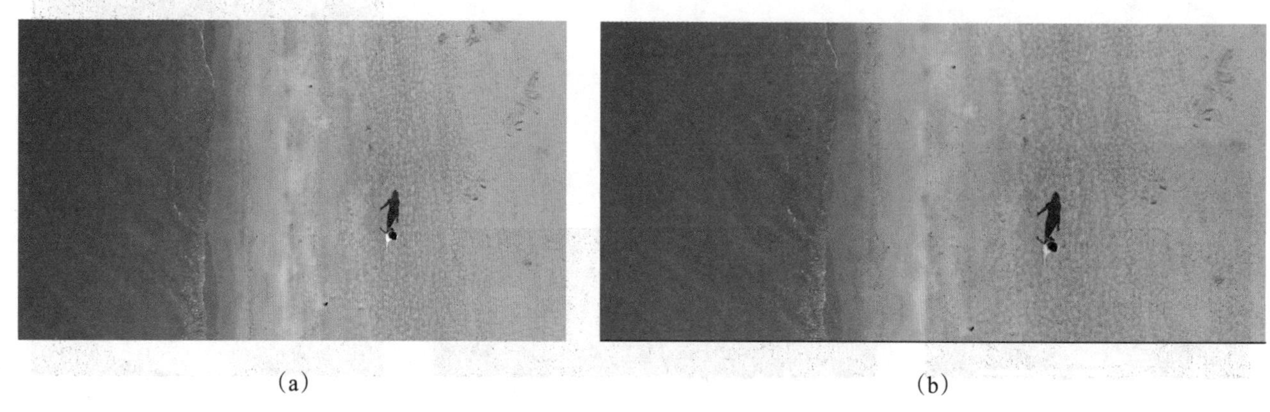

（a）　　（b）

图 2-3-105　前后对比图

那么我们的调色练习就到此为止。本节进行了小清新色调、电影感调色（青橙色调）及王家卫的港风色调练习。我们熟悉了调色的步骤，以及如何搭配使用矢量示波器及波形示波器对影像画面进行观察。总的来说，调色是个主观性极强的工作，它需要调色师内心细腻的感受，而非简单的公式搭配。调色师的工作，就好比用光和影为影视作品“补妆”，让色调最大化地渲染电影的情绪氛围。我们最后再总结调色的几个重点：学会还原、学会调色、通过大量地实践积累形成个人风格。

①学会还原。

也就是一级校色，只有学会如何将画面还原到与肉眼所看到的内容一致时，才是真正进入调色的前提。

②学会调色。

即二级调色，无论是课本教材或是视频教程，教的只是方法，是一个路标，起的是指引方向的作用。当我们在进行二级调色时，不能一味地照搬参数，而要学会分析，分析每一步操作的用意，理解每个步骤最终形成什么样的效果，总结思路并将其运用在自身的调色练习中。有些人喜欢套用滤镜，觉得省事、方便，事实上滤镜相当于一个参考答案，我们可以在参考答案的基础上去推论过程并完善结果，但不可以机械地照搬参考答案，那会让你失去思考的能力，失去对色彩的把控权。

③形成个人风格。

这是一个漫长的过程，只有不断积累，不断扩充知识，多看优秀作品，多去分析优秀作品的调色思路，不断拆分画面，然后看自己能否重组画面，才能在实践过程中找到最合适自己的风格。

5. 知识补充：使用 Photoshop 调色并导出 Lut 文件

当我们练习到一定程度，有时会遇到相似的调色倾向，这时如果重复操作会比较浪费时间，那么我们可以自己制作 Lut 文件来提高工作效率。注意，使用 Lut 只是节省一些调色的操作，在具体的调色过程中，还是需要实事求是，根据不同的影像画面进行相应调节。

打开 Photoshop，导入图片（见图 2-3-106）。

图 2-3-106　导入图片

为了方便查看效果，可以导入色相环，将色相环放置在图片中间（见图 2-3-107）。

图 2-3-107　导入色相环

接下来，创建一个“通道混合器”，在“图层”面板下角选择“创建新的填充或调整图层”选项，在弹出的菜单中选择“通道混合器”选项（见图 2-3-108）。这里示范的 Lut 为青橙色调，我们可以把在 Premiere Pro 中的操作转换至 Photoshop 中。

在“输出通道”中选择“蓝”通道，将“蓝色”值设置为“+20%”，然后将“绿色”值设置为“+80%”（见图 2-3-109）。这里需要注意每个通道内更改数值的和要等于“+100%”。

此时可以看到，图片中保留了一些青色与绿色，但是橙色还不够。我们在“输出通道”选择“红”通道，把“绿色”值修改为“+50%”，“蓝色”值修改为“-50%”（见图 2-3-110）。

照片滤镜...
通道混合器...
颜色查找...

反相
色调分离...
阈值...
渐变映射...
可选颜色...

图 2-3-108　通道混合器

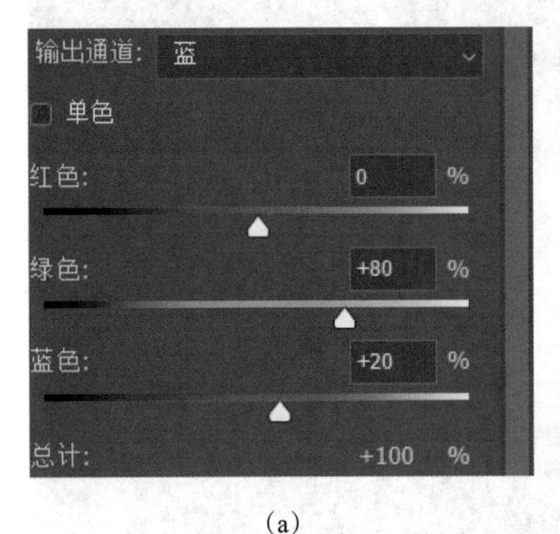

(a)

(b)

图 2-3-109　调整蓝色通道

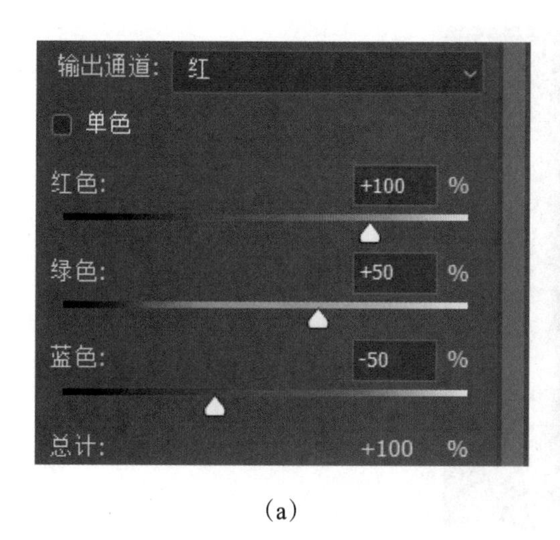

(a)

(b)

图 2-3-110　调整红色通道

接下来我们需要创建一个“渐变映射”，同样在“图层”下方选择“创建新的填充或调整图层”选项，在弹出来的“渐变编辑器”窗口的右边单击下拉菜单选择“照片色调”选项（见图 2-3-111）。“渐变映射”的作用就是将高光和阴影之间的不同的亮度区间映射到不同的颜色上去。

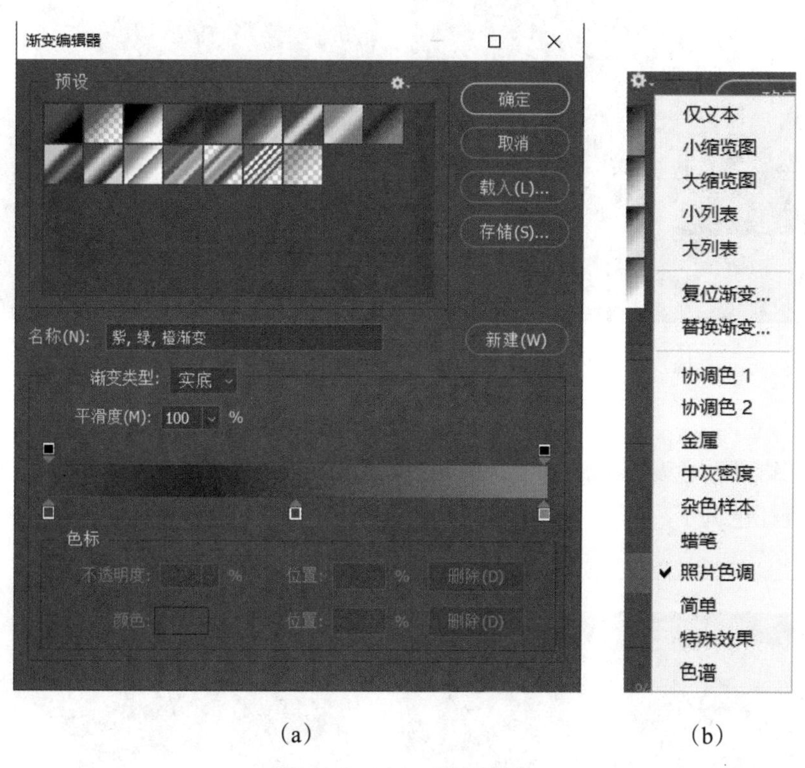

(a)　　　　(b)

图 2-3-111　渐变映射

根据需要选择一个渐变映射预设，这里为了便于演示而选择了“金蓝色”（见图 2-3-112）。

如果阴影的颜色不想要这么蓝，可以单击滑块的颜色，在弹出的“拾色器”窗口中选择合适的颜色，这里选择“0c5b53”（见图 2-3-113）。

图 2-3-112　选择渐变映射预设

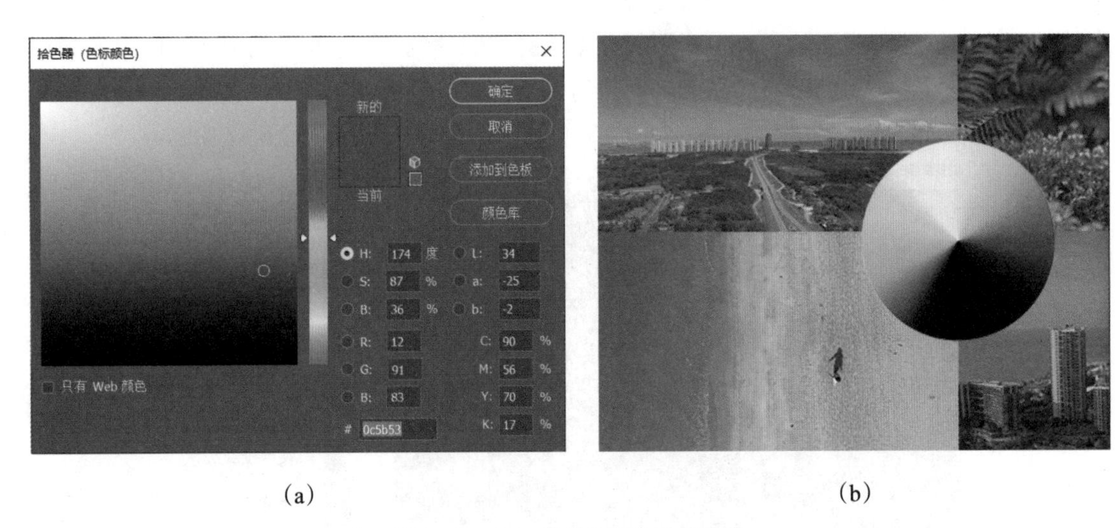

(a)　　(b)

图 2-3-113　拾色器选择阴影颜色

我们可以看到阴影的颜色变得偏冷绿了，接着单击高光下方的滑块，选择“e49670”（见图 2-3-114），这样高光部分便是橙红色调了。

(a)　　(b)

图 2-3-114　拾色器选择高光颜色

调整完之后色彩的整体效果过于强烈，我们需要降低效果强度，在“不透明度”一栏中将数值修改为“25%”(见图 2-3-115)。

(a) (b)

图 2-3-115 调整不透明度

此时可以看到，整个画面色彩的对比度较低，可以创建一个“色相 / 饱和度”，然后将“饱和度”一栏数值调到最低，接着在图层混合模式中选择‘柔光’选项，可以发现画面色彩对比度变高了（见图 2-3-116)。

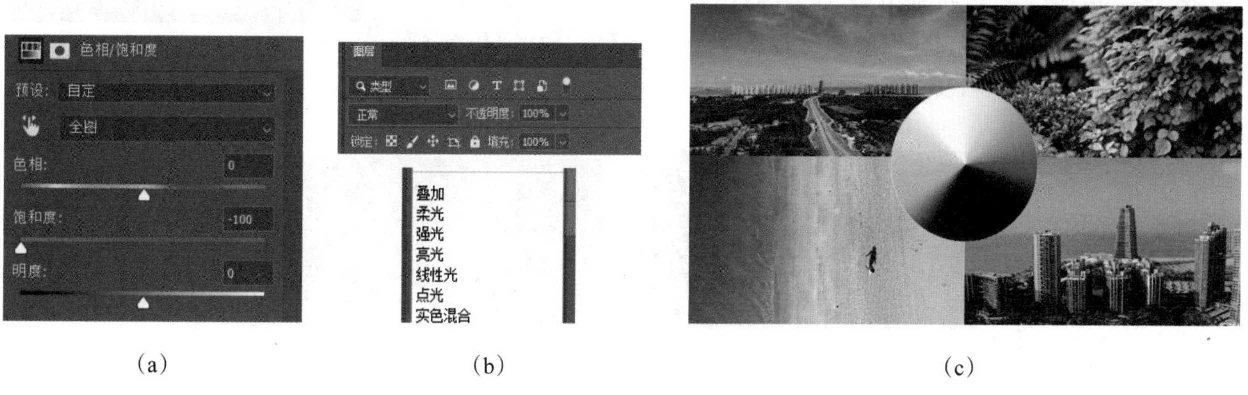

(a) (b) (c)

图 2-3-116 调整色相 / 饱和度、添加混合模式得到的画面

同样，如果觉得色彩效果过于强烈，可以修改“不透明度”数值到合适的区间，这里将数值修改为“60%”(见图 2-3-117)。

(a) (b)

图 2-3-117 调整不透明度

新建一个“曲线”来调节画面的亮度，我们可以提前调节成胶片质感，移动曲线两端向内微微靠拢（见图 2-3-118）。

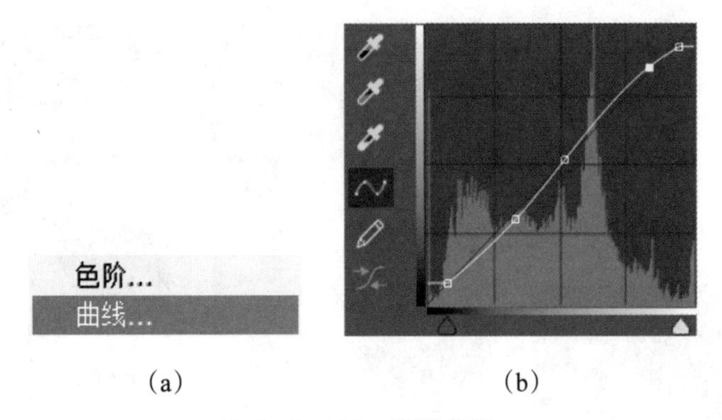

（a）　（b）

图 2-3-118　调整曲线

新建一个组，将调整图层拖进组内，方便前后效果的对比（见图 2-3-119）。

图 2-3-119　新建组

为了调出更细致的青橙色调，可以再添加一个“色相 / 饱和度”，选中“红色”通道，可以移动色相滑轨往蓝色方向，相对应画面的橙色会增多，再移动饱和度滑轨来增加饱和度。接着选择“蓝色”通道，移动色相滑轨往绿色方向，相对应画面的青色增多，同样，移动饱和度滑轨增加饱和度（见图 2-3-120）。

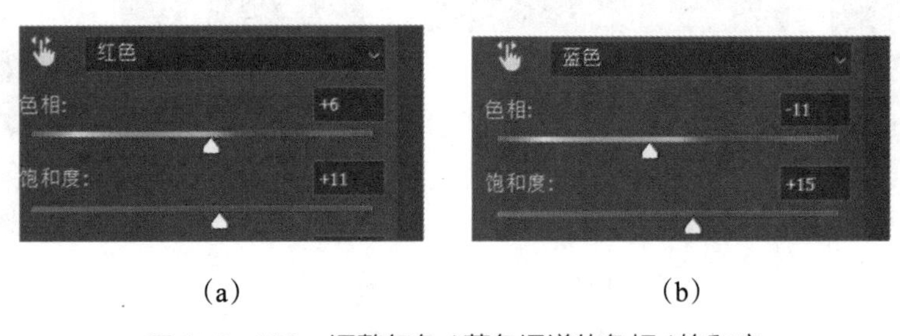

（a）　（b）

图 2-3-120　调整红色 / 蓝色通道的色相 / 饱和度

也可以新建一个可选颜色，在“颜色”中选择“绿色”，稍增画面的绿色，此时可以通过修改绿色的互补色洋红色的数值来增强或减弱画面的绿色。通过调节参数取值我们发现增强洋红，绿色变少，减少洋红，绿色变多。这里减少洋红的数值为“ –100%”，同时增加一些绿色的相邻色青色、黄色的数值，这里数值分别取为“+100%”（见图 2-3-121）。

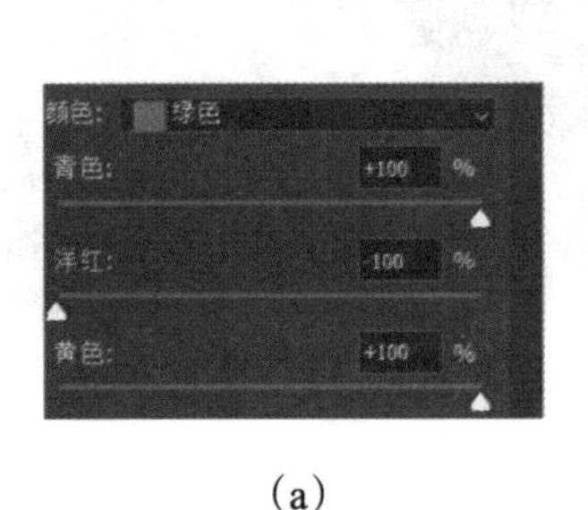

（a）　（b）

图 2-3-121　调整可选颜色

经过色调调节，我们便进入导出 Lut 文件的环节，此时需要注意的是，在导出前要先关闭与效果无关的图层，比如色相环的图层。另外，Photoshop 是通过计算调整图层的数值来导出 Lut 文件的，因此在制作效果时也不能随意添加蒙版及图层。

选择“文件”→“导出”→“颜色查找表”选项，在弹出的“导出颜色查找表”窗口中输入“说明”，这里写为“ TRY LUT”，记得勾选“使用小写的文件扩展名”选项，然后勾选“格式”下方的“ CUBE”选项。单击“确定”按钮后选择一个保存文件的路径即可（见图 2-3-122）。

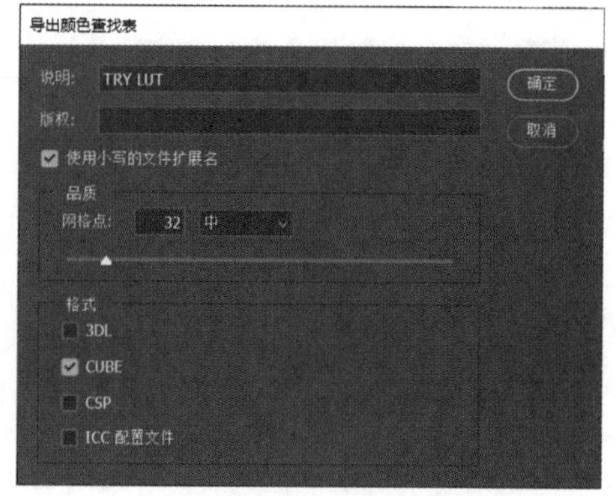

图 2-3-122 导出颜色查找表

提示：发现调整完成后单击导出“颜色查找表”时弹出“无法导出颜色查找表，因为此文档没有背景”的窗口的话，可以选中背景图片，接着在菜单栏的“图层”中选择“新建”→“背景图层”选项，即可将图层重置为背景层，接着再尝试导出“颜色查找表”就可以正常运行计算了。

导出完成后我们回到 Premiere Pro 中，打开调色文件，单击一个视频素材，在“ Lumetri 颜色”面板的“ Look”中选择“自定义”选项，在弹出的“选择 Look 或 Lut”窗口中找到之前保存 Lut 文件的路径，选中导出的 Lut 文件，可以发现视频直接出现了相应效果（见图 2-3-123）。

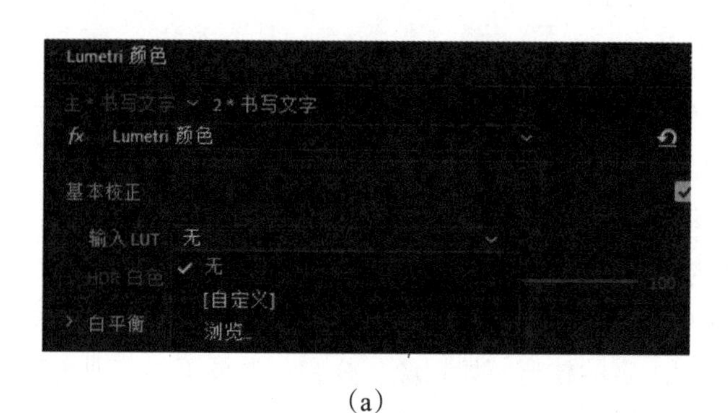

(a)

(b)

图 2-3-123 使用 Lut 后画面

之后只需在 Lut 文件的基础上进行微调即可，运用合适的方法可以极大提高工作效率，节省大量重复操作的时间。

第四节

项目训练四——视频转场：时间重映射、渐变擦除

通过本章前三节的练习，我们已经将有关字幕效果的两个项目训练及初级调色运用的几个案例进行了对应的实践，对项目的相关命令及知识要点也有了一定了解，相信学生也取得了不错的实践成果。

接下来的课程将进入视频效果中关于转场知识的两个训练，希望通过这两个训练项目，能对学生之后的工作和学习有所帮助及提升。

一 课程概况

什么是转场？从影像作品来分析，每个段落（构成影像的最小单位是镜头，两个以上镜头组合成的具有某个相对完整意义的片段称为段落）就像戏剧中的幕，小说中的章节一样，将不同段落串联起来，由此形成了故事。影像在内容上的结构层次是通过段落表现出来的。而段落与段落、场景与场景之间的过渡或转换，就叫作转场。从后期编辑上来看，影像内容经常需要进行场面转换。为了使转换的逻辑性、条理性、艺术性和视觉性更好更强，在场面与场面之间的转换中，需要利用一定的手法，也就是转场。

转场是指在两个场景（即两段素材）之间，采用一定的技巧，如划像、叠变、卷页等，实现场景或情节之间的平滑过渡，或达到丰富画面、吸引观众的效果。画面的表达方式不一样，对影片内容会起到非常大的改变。

本节内容将挑选影视编辑后期中有关视频转场效果的两个知识：时间重映射、渐变擦除。通过讲解相关理论知识以及实践操作，加深学生对知识的理解。

1. 课程主要内容

课程主要内容包括①速度 / 持续时间命令；②速率伸展工具；③时间重映射；④渐变擦除。

2. 训练目的

通过本节的项目训练，使学生学习掌握影视后期编辑有关视频转场的两个相关知识，提升自身对影像内容的审美，以便在创作中能够更好地掌握和运用转场方法，提高工作效率。

3. 重点和难点

重点：掌握时间重映射、渐变擦除的相关命令。

难点：理解速度 / 持续时间命令、速率伸展工具和时间重映射中有关时间插值的运用，以及使用渐变擦除时需注意的要点。

4. 作业和要求

作业：完成一部同时使用了时间重映射及渐变擦除转场效果的混剪短视频。

要求：具备视觉美感，短片要有节奏，影像要同时使用两种转场效果，视觉清晰。

二 案例分析

对于项目中的时间重映射而言，为了更好地理解如何更改剪辑的播放速度及持续时间，需要先了解Premiere Pro时间码、信息面板等方面的相关知识，从而对剪辑中的时间、帧速率、剪辑信息有更深入的了解，以便更好地进行后期处理。

1. 时间码

（1）概念

时间码（Time Code）是摄像机在记录图像信号时，针对每一幅图像（帧）记录的时间编码，是一种应用于流的数字信号。该信号为视频中的每一帧都分配了一个数字，用以表示小时、分钟、秒钟和帧数。使用时间码，理论上能将所有的影像资产整理成按时间有序排列的视频和音频文件。

时间码标准是由美国电影电视工程师协会（Society of Motion Picture Television Engineers，SMPTE）在20世纪60年代制定的，SMPTE时间码使音频和视频媒体的识别、剪辑和同步成为可能，并最终使如今的非线性编辑工作变得顺畅、简洁。

简单来说，时间码其实是一种跟踪在什么时间段发生了什么事情的参考工具。从某种程度上，它如同导航，将素材中的每一帧都比为一个地址，时间码会为你找到它们，比如你需要在时间轴中找到特定镜头，只要输入记录的时间码，播放头就能转到该时间码。

（2）与视频帧速率的区别

时间码帧速率和视频帧速率是完全不同的概念。视频帧速率指的是摄像机拍摄帧或在设备上回放帧的速度，由每秒帧数来定义，而时间码帧率是时间码每秒计数的帧数。

（3）选择帧速率

帧速率可以确定视频在世界范围内观看的区域（取决于其预期的观看媒体类型）。对不同地区的广播制式标准，第一章有所述及，这里只作简单阐述：在北美、南美部分地区和日本，采用的广播制式标准是NTSC，因此标准帧速率为29.97fps、59.94fps和23.976fps。但在欧洲、亚洲大部分地区（包括中国）、南美和非洲的部分地区，广播制式标准是PAL，对应的帧速率为25fps、50fps。如果要在这些地区的电视上播放，就必须选择符合相应标准的帧速率。

（4）NTSC标准与丢帧时间码

在黑白电视时代，技术的进步使得彩色电视成为可能，工程师这时发现了一个问题：彩色电视信号与黑白电视信号完全不同，当节目转换为彩色时，这些节目无法正常收看。由此，工程师发现使用RF技术（射频技术）可以在现有的黑白图像和音频信号之间“滑动”彩色信号，实现节目的正常播放。

提示：RF是Radio Frequency的缩写，RF技术也称为射频技术，射频就是射频电流，是一种高频交流变化电磁波，表示可以辐射到空间的电磁频率，频率范围在300kHz~300GHz之间。每秒变化小于1000次的交流电称为低频电流，大于10000次的称为高频电流，而射频就是这样一种高频电流。射频技术在无线通信领域中被广泛使用，有线电视系统采用的就是射频传输方式。

但是，由于分配给每个频道的频率是固定的，因此将多余的数据塞入信号中需要付出一定的代价。在保证不丢失任何分辨率的情况下，将帧速率从30fps改为29.97fps，这种微小的变化使彩色电视信号适合现有的广播频谱，且画面中没有太多的伪像，由此诞生了 NTSC 彩色电视标准。

但是，这个新标准也带来了一个新问题——时间码只能在整数帧中计数，而不能在小数帧中计数，这意味着如果采用 29.97fps 广播的话，那么电视信号每秒都会遭受 0.03 帧的数据丢失。如果时间码仍是每秒 30 帧，那么在 1 小时的过程中，时间码计数器与显示的实际帧数之间将有 3.6 秒的差异，这意味着所有以 29.97fps 运行的设备都将与正常时钟不同步。

为了解决这个问题，工程师又创建了一种特殊的时间码来适应这种特殊的帧率——丢帧时间码，顾名思义，即丢弃帧使其不计入时间码中。具体的工作原理为在每分钟的时间码中删除两个码号（每个第十分钟除外）。通过删除这些码号，拍摄实时一小时的 29.97fps 或 59.94fps 素材将提供恰好一小时的时间码。

（5）时间码显示格式

默认情况下，Premiere Pro 会为任何剪辑显示最初写入源媒体的时间码，比如某个帧在磁带上的时间码为 00:00:10:00，则该帧在被捕捉之后显示的时间码为 00:00:10:00。

源时间码可便于记录剪辑。无论剪辑所用的序列设置为何种帧速率，都会为该剪辑显示源时间码。如果剪辑的帧速率不同于序列的帧速率，通过源时间码可以更容易记录素材。例如，用 24P 拍摄的剪辑的帧速率为 30fps，时间码为 30fps。Premiere Pro 会为该剪辑显示原来的 30 fps 时间码，即使该剪辑用于帧速率为 23.976fps 的序列中也是如此。但是它也可以将此默认值更改为对于每个剪辑显示从 00:00:00:00 开始的时间码。

此外，当为面板选择“帧”或“英尺和帧”显示时，也可以选择 Premiere Pro 如何显示帧计数，可以将每个剪辑的帧计数设置为从 0 或 1 开始，也可以从源时间码转换出帧计数。如果 30fps 剪辑中帧的源时间码为 00:00:10:00，则“时间码转换”选项将为此帧赋予编号 300。Premiere Pro 会将 30fps 帧速率时的 10 秒转换为 300 帧。

其具体应用操作如下：

①选择“编辑”→“首选项”→“媒体”选项（Windows）或“ Premiere Pro”→“首选项”→“媒体”选项（macOS）。

②在“时间码”菜单中，选择下列选项之一：使用媒体源，显示录制到源的时间码；从 00:00:00:00 开始为每个剪辑显示时间码（见图 2-4-1）。

③在“帧数”菜单中，选择下列选项之一（见图 2-4-2）：“从 0 开始”选项即按顺序为每个帧编号，第一帧的编号为 0；“从 1 开始”选项即按顺序为每个帧编号，第一帧的编号为 1；“时间码转换”选项即生成等效于源时间码编号的帧编号。

④单击“确定”按钮。

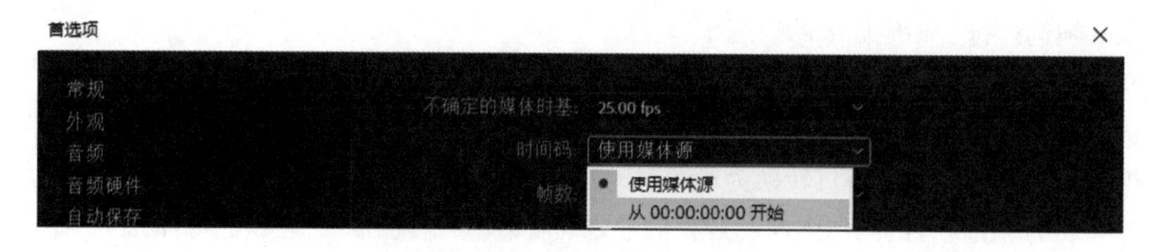

图 2-4-1　首选项 > 时间码

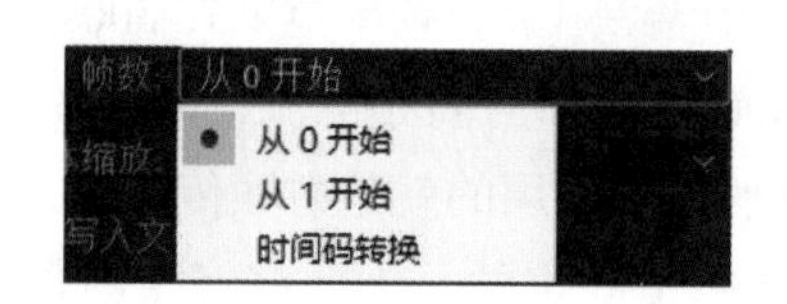

图 2-4-2　帧数

除了使用以上操作选择时间码显示方式外，还可以在任何以热文本显示时间码的面板中更改时间码显示格式。

其具体应用操作如下：

①（可选）要采用音频单位（“音频采样”或“毫秒”）显示时间码，请单击所需面板中的面板菜单按钮，然后选择“显示音频时间单位”选项（见图 2-4-3）。

显示音频时间单位

图 2-4-3 显示音频时间单位

②按住“Ctrl”键并单击“Windows”或按住“Command”键并单击“macOS”热文本时间码显示，以在可用的时间码格式之间进行切换。注意，只有当在面板菜单中选择“显示音频时间单位”时，才可使用最后两个单位。其显示单位如图 2-4-4 所示。

需要注意的是，节目监视器（包括源监视器）和“时间轴”面板的时间码显示格式是相互匹配的，如果更改其中一个面板的显示格式，另外的也会随之更改。

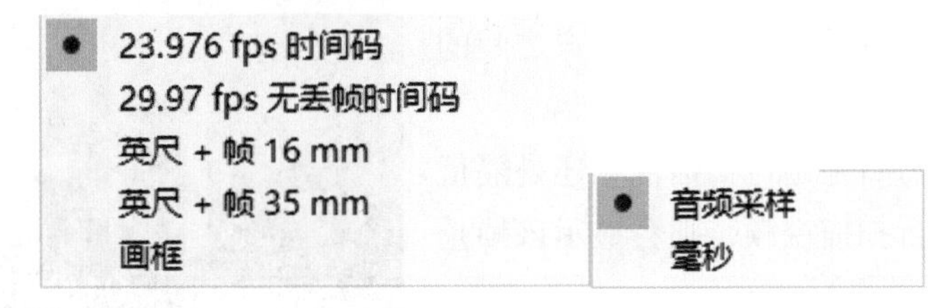

图 2-4-4 可显示单位

（6）输入时间码

在捕捉和编辑视频时，一般需要多次输入时间码。Premiere Pro 提供了多种输入时间码的方法。

在 Premiere Pro 中，入点和出点之间的持续时间包括由时间码所指示的帧。例如，如果为剪辑的入点和出点输入相同的时间码，那么该剪辑的持续时间为 1 个帧。在输入时间码时可以将冒号替换为句点或不带标点符号的数字，Premiere Pro 会将所输入的数字自动解释为小时、分钟、秒和帧。

其具体应用操作如下：

①要设置特定的时间码，请选择相应时间码，输入新时间码，然后按 Enter/Return 键。

②如果要通过拖动来调整当前的时间码，请水平拖动该时间码。例如，向左拖动可以设置更早的时间码，向右则反之。

③如果要通过使用相对值来调整当前的时间码，可以输入加号（+）或减号（–）以及要增加或减少的帧数。例如，如果要从当前时间码中减去 5 个帧，输入“–5”，然后按“Enter/Return”键。

④如果要添加时间，输入加号（+）。

为了提高效率，在输入时间码时可以使用速记替代，即在输入时间码时，可以加上点“..”的形式，比如输入时间码值为“4..”，代表跳转至位置 00:04:00:00。Premiere Pro 会将输入的数字自动解释为小时、分钟、秒和帧。

其可参考的速记替代示例如下：

①“1.”表示移至位置 00:00:01:00；

②“1..”表示移至位置 00:01:00:00；

③“.1”表示移至位置 00:00:00:01；

④“.24”表示移至 23.976fps 序列的 00:00:01:00 位置；

⑤“.1234”表示移至 23.976fps 序列的 00:00:51:10 位置。

（7）时间码面板

要查看时间码面板，选择“窗口”→“时间码”选项（见图 2-4-5），右击可以在时间码面板查看显示格式，如图 2-4-6 所示。

图 2-4-5　时间码面板

23.976 fps 时间码
29.97 fps 无丢帧时间码
英尺 + 帧 16 mm
英尺 + 帧 35 mm
画框

图 2-4-6　时间码显示格式

（8）时间码效果

在“效果”面板搜索“时间码”，便可应用该效果。时间码效果在视频上会叠加显示时间码（见图 2-4-7），可简化场景的精确定位，以及与团队成员及客户之间的合作。

图 2-4-7　节目显示器画面

时间码显示可以指明剪辑是逐行扫描视频还是隔行扫描视频，如果剪辑是隔行扫描视频，则会显示该帧是高场还是低场。

时间码效果中的设置可以控制显示位置、大小和不透明度，以及格式和源选项等，其具体控件效果如表 2-4-1 所示。

表 2-4-1　时间码效果功能一览表

位置	调整时间码的水平和垂直位置
大小	指定文本的大小
不透明度	指定时间码后面黑盒的不透明度
场符号	使隔行扫描符号在时间码右侧显示可见或不可见
格式	指定时间码以 SMPTE 格式、帧数为“英尺十帧 16mm”或“英尺十 35mm”胶片帧显示
时间码源	选择时间码源，由媒体、剪辑、生成组成
时间显示	设置时间码效果使用的时间基准，默认情况下，当把“时间码源”设置为“剪辑”时，此选项将设置为项目时间基准
位移	显示时间码中的时间位置
标签文本	在时间码左侧显示包含三个字符的标签，可以“无”“自动”“相机 1-9”中进行选择
源轨道	将时间码显示应用至轨道中，默认情况下为“无”，可在下拉列表中选择“视频 3-1”，其可选择视频数由项目视频轨道数决定

2. 信息面板

信息面板显示与选择项相关的若干个数据，以及时间轴内当前时间指示器下方剪辑的时间码信息（见图 2-4-8）。

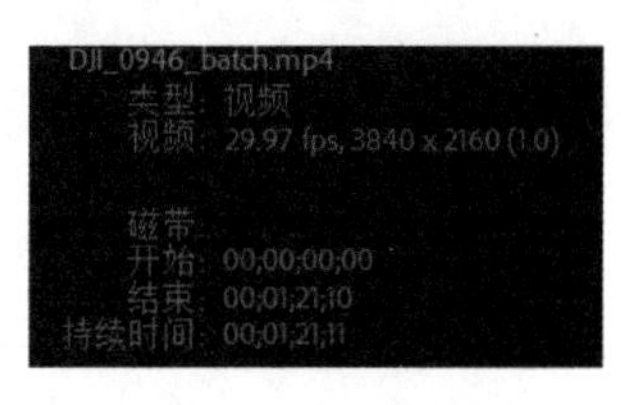

图 2-4-8 信息面板

面板顶部显示当前选择项的信息。此信息依媒体类型、活动面板等项目的不同而异。例如，信息面板显示时间轴面板内的空白空间或项目面板内的剪辑所特有的信息，其具体记录信息如表 2-4-2 所示。

表 2-4-2 具体记录信息

视频	表示帧速率、帧大小和像素长宽比（按该顺序）
音频	表示采样率、位深度和通道（按该顺序）
磁带	表示磁带的名称
开始	表示所选剪辑的入点时间码
结束	表示所选剪辑的出点时间码
持续时间	表示所选剪辑的持续时间

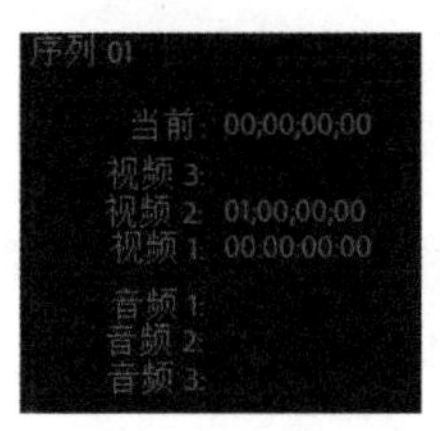

图 2-4-9 显示顺序

当前选择数据下的部分包含活动序列及其各视频轨道和音轨上剪辑的时间码值，这些值会按照与“时间轴”一致的顺序显示，以便直观地进行校正（见图 2-4-9）。

顶部显示具有最高轨道编号的视频轨道时间码，底部显示具有最高轨道编码的音轨，只有当所有序列均处于关闭状态时，此部分才为空。

向当前序列添加轨道或从当前序列删除轨道时，信息面板会进行实时更新，以准确显示序列中的轨道数，对于显示的轨道数没有限制。同样的，当切换到其他序列时，信息面板也会进行更新，以显示该序列中的正确轨道数。

信息面板显示当前选择项以及当前时间指示器下的所有轨道项的时间码，当播放指示器穿过时间轴的空白区域时，不会显示该轨道的时间码，但轨道标签仍保持可见，时间码的垂直堆叠布局很容易与序列中轨道的实际布局建立关联。

3. 更改剪辑的持续时间和速度

剪辑的速度是指其回放速率与录制速率之比，剪辑的持续时间是指从入点到出点的播放时长。改变剪辑的速度指的是改变回放速度（播放速度）。

（1）剪辑速度 / 持续时间窗口

其具体命令效果如表 2-4-3、图 2-4-10 所示。

表 2-4-3 速度 / 持续时间的命令效果一览表

速度	表示剪辑的播放速度，默认情况下为 100%
持续时间	表示剪辑的持续时间，对剪辑进行速度调整，其持续时间也会相应改变
倒放速度	勾选后，对该剪辑进行倒放
保持音频音调	勾选后，可以使因改变播放速度导致的声音失真现象减轻
波纹编辑，移动尾部剪辑	勾选后，可以自动在波纹中删除由于速度变快 / 慢而在轨道出现的间隔
时间插值	用于渲染运动变化的系统，需要花费更多的时间

（2）速度 / 持续时间命令

通过使用以下任意选项都可以对剪辑进行更改速度或持续时间的设置，具体应用操作如下。

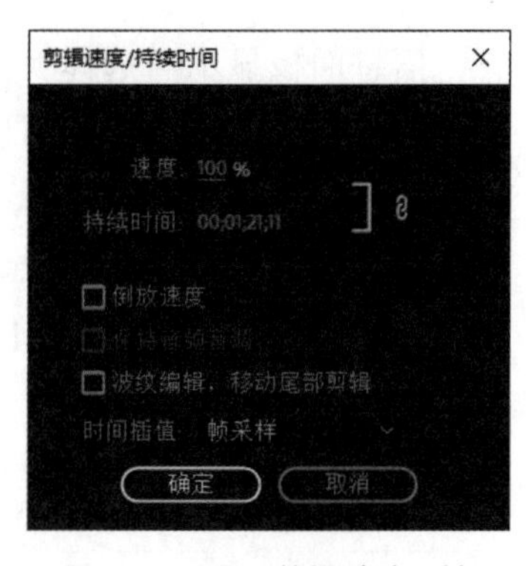

图 2-4-10 剪辑速度 / 持续时间窗口

①在“时间轴”面板或“项目”面板中，选择一个或多个剪辑。按住“Ctrl”键并单击“Windows”或按住“Command”键并单击“macOS”，剪辑时可选择不连续的一组剪辑。

②选择“剪辑”→“速度 / 持续时间”选项，或者右击一个选定的剪辑，然后选择“速度 / 持续时间”选项。

③执行以下任一操作：

- 要在不更改选定剪辑速度的情况下更改持续时间，单击“绑定”按钮以便其显示中断的链接，取消绑定操作还允许在不更改持续时间的情况下更改速度。
- 要倒放剪辑，选中“倒放速度”选项。
- 要在速度或持续时间变化时保持音频在其当前音调，选中“保持音频音调”。
- 要让变化剪辑后方的剪辑保持跟随，单击“波纹编辑，移动尾部剪辑”。
- 要更改速度还可以选择“时间插值”选项，如帧采样、帧混合或光流。

④单击“确定”按钮。速度有变化的剪辑会以原始速度的一个百分比来表示。

（4）比率拉伸工具

比率拉伸工具提供一种快速方法，可在时间轴中更改剪辑的持续时间，同时更改剪辑的速度来适应持续时间。例如，某个特定长度的序列中存在间隙，可以用一些速度经过修改的媒体填补该间隙，只需确保其以所需的速度填补该间隙即可。

在 Premiere Pro 中使用比率拉伸工具更改剪辑速度来适应持续时间的扣作方法：选择“比率拉伸”工具，并拖动“时间轴”面板中剪辑的两侧边缘之一。

4. 剪辑播放速度的可呈现形式

一个剪辑的回放速度通常可以表现为五种形式：正常、快进（加速）、慢动作（升格）、定格、时快时慢（时间重映射）。其中，正常播放速度就是剪辑按照序列帧速率设置下不做更改的播放速度，时间重映射会在之后进行详细讲解，剩下的不同形式的具体应用操作如下。

（1）快进（加速）

①在时间轴上选中剪辑，右击选择“速度 / 持续时间”选项。

提示：在修改剪辑速度之前，可以先把播放指示器移到剪辑上后按 X 键，以便于查看剪辑的持续时间及对比速度变化前后的情况。

②调整速度值超过 100% 即可实现加速播放，在改变百分比值的同时下方的“持续时间”也会发生相应变化（见图 2-4-11）。

图 2-4-11 加速

③当剪辑被变速处理后，轨道上剪辑名称的右侧会出现一个相应的百分比值。

（2）慢动作（减速）

①在时间轴上选中剪辑，右击选择“速度 / 持续时间”选项。

②调整速度值低于 100% 即可实现慢速播放，剪辑播放速度变慢后，剪辑长度（持续时间）会变长（见图 2-4-12）。

③（或）将帧速率较大的素材（比如 60 帧或 120 帧）导入项目，序列按照正常设置为 25 帧 /30 帧。

④在项目面板右击选中素材，选择“修改”→“解释素材”选项。

⑤在弹出的新窗口中，选择采用此帧率，并把帧率改成跟序列一样的帧率，单击“确定”按钮。

⑥此时视频素材的帧率就与序列设置一样，同时视频的播放时间长度也相应增加，实现了慢放效果。

图 2-4-12　减速

（3）定格

Premiere Pro 中定格一般有三种方式。

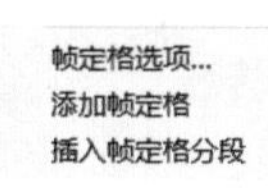

图 2-4-13　帧定格选项

①单独帧定格：将播放指示器置于要定格的帧处，右击选择“添加帧定格”选项（见图 2-4-13），该剪辑后面的部分会出现选定的帧定格图像，图像时长可自由拉长，是常用的定格方法。

②将整个剪辑转为定格：在剪辑上右击选择“帧定格”选项，在弹出的“帧定格选项”窗口中选择“帧”，设置定格时间段。

需要注意的是，“帧定格”选项的设计目的是在不创建任何其他媒体或项目项的情况下捕捉静止帧。如果需要，可以指定“定格滤镜”（定格滤镜是为防止关键帧效果的设置在剪辑的持续时间内动画化，效果设置会使用位于定格帧的值）。

③插入帧定格分段：选定剪辑后右击选择“插入帧定格分段”选项，可将原剪辑分成三段剪辑：左段正常播放，中段定格，右段继续正常播放。

另外，使用“帧定格”后还可以使用“导出帧”按钮从影片剪辑中创建静止图像（冻结帧）。通过源监视器和节目监视器中的“导出帧”按钮可以快速导出视频帧，而无需使用 Adobe Media Encoder 进行渲染。其具体操作如下：

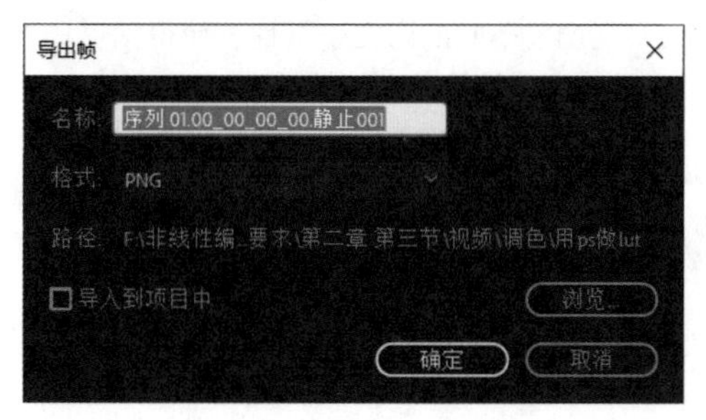

图 2-4-14　导出帧窗口

①在想要导出的剪辑或序列中需冻结帧的位置定位播放头。

②单击“导出帧”按钮，在弹出的“导出帧”对话框中出现文本编辑模式，来自原始剪辑的帧时间码附加到静止图像剪辑的名称中（见图 2-4-14）。

③默认情况下，Premiere Pro 会在磁盘上创建一个静止图像文件，然后将其重新导入项目，从而添加一个新的项目项。接下来需要手动将该静止图像剪辑添加到序列中，静止图像在时间轴上显示为紫色，方便与剪辑区分。

5. 影视转场

（1）什么是影视转场

我们已经知晓，场景与场景之间的过渡或转换，就叫作转场。在后期剪辑中，为了使转换的逻辑性、条理性、艺术性和视觉性更好、更强，在场面与场面之间的转换中，需要一定的手法，也就是影视转场，在后期处理软件中，这种处理手法也被称为视频过渡效果或视频转场效果。

（2）视频转场的技巧

通常影视剪辑中的转场可以分为两大类型：技巧型转场、无技巧转场。

①无技巧转场。

无技巧转场是运用两个镜头间的自然过渡来连接上下两段内容的，主要适用于蒙太奇镜头段落之间的转换和镜头之间的转换。与情节段落转换时强调的心理隔断性不同，无技巧转场强调的是视觉的连贯性，并不是任何两个镜头之间都可以使用无技巧转场的，在运用无技巧转场时需要注意寻找合理的转换因素和适当的造型因素。无技巧转场可以充分利用镜头中的关键元素或是镜头组接技巧，来完成两个场面之间的转换。

无技巧转场方式如表 2-4-4 所示。

表 2-4-4　无技巧转场方式一览表

相似体转场	上下两个镜头主体相同或相似，或者在造型上（如物体形状、位置、运动方向、色彩等）具有一致性，即非同一个但同一类或者非同一类但有造型上的相似性。相似体转场使得镜头在视觉上更加连续，转场更加顺畅
逻辑因素转场	上下两个镜头具有因果、呼应、并列、递进、转折等逻辑关系，使段落过渡合理自然，还可以利用两个镜头之间的逻辑关系来制造某种视觉假象，使场面转换更加具有戏剧性。逻辑因素转场在电视，广告中运用较多
两极镜头转场	利用上下两个镜头在景别、运动变化等方面的对比，形成明显的段落区隔。一般以大景别结束、小景别开场，会加快叙事节奏；以小景别结束、大景别开场，叙事节奏会更加从容。由于两个镜头转场前后反差大，能够制造更强的段落间隔效果，有助于加强节奏
封挡镜头转场	封挡镜头分为两种：第一种是主体在运动过程中挡住镜头，形成黑画面，可以用来表示时间地点的变化；第二种是画面前景出现遮挡住画面的其他形象的物体，覆盖了整个画面
空镜头转场	空镜头是指以一些以刻画人物情绪、心态为目的，以景物为主，没有人物的镜头，例如田野、天空、飞驰而过的火车，等等。空镜头转场具有一种明显的间隔效果，它的作用一般是以刻画人物心理、渲染气氛为主，为情绪抒发提供空间，另外也会为了叙事的需要，表现时间、地点和季节的变化等
运动转场	运动转场分为摄像机不动，主体运动；摄像机运动，主体不动；或者两者皆运动三种形式。这种转场方式可以连续展示一个又一个空间的场景，大多强调段落间的内在连贯性，使得拍摄场景显得真实流畅，运动转场技巧中的出画、入画是经常被使用于转换时空的手段
声音转场	利用音乐、音响、解说词、对白等手段以及画面的配合实现转场。利用声音转场第一是可以利用声音自然过渡到下一阶段，承上启下、过渡分明、转换自然；第二是可以利用声音的呼应关系来实现时空的大幅转换；第三是可以利用声音的反差来加强叙事节奏及段落区隔
主观镜头转场	主观镜头转场是指前一个镜头是人物去看，后一个镜头是人或物所看到的场景，借助人物视觉方向来实现时空的转换，具有一定的强制性和主观性
特写转场	无论前一组镜头的最后一个镜头是什么，后一组镜头都是从特写开始的。其特点是可以对局部进行突出强调和放大，展现一种平时在生活中用肉眼看不到的景别
同景别转场	前一个场景结尾的镜头与后一个场景开头的镜头景别相同，可以使观众注意力集中，场面之间的过渡衔接紧凑

②技巧型转场。

技巧型转场是指通过后期剪辑的技巧，将两个镜头之间的画面进行效果处理，完成场景与场景之间的转换，技巧型转场包括叠化、淡入淡出、定格、翻页、翻转画面和多画屏分切等不同效果。

技巧型转场方式如表 2-4-5 所示。

表 2-4-5　技巧型转场方式一览表

淡入淡出	淡入是指从黑场逐渐显现到正常亮度的画面，淡出是指画面逐渐隐至黑场。它们一般应用于影片的开头和结尾处，在实际剪辑中应该根据影片的情节、情绪以及节奏来决定淡入淡出的使用
叠化	叠化是指在上一个镜头画面消失之前，下一个镜头画面已经逐渐显露，上下两个镜头的画面之间有重叠部分，一般用来表现时间流逝或者空间的转换，在两段素材不匹配的情况下也可以用来消解过渡的突兀感。叠化主要有以下几种功能：一是用于时间的转换，表示时间的消逝；二是用于空间的转换，表示空间已发生变化；三是表现梦境、想象、回忆等插叙、回叙场合。一般使用的叠化转场都比较舒缓，常被电影作品表现年代更迭、人物心理变化等，当然快速的叠化也可以将观众迅速带入下一个场景
黑屏	黑屏就是从画面直接切入黑场，没有任何的过渡阶段。对于表现影片的节奏感和速度感、调动观众情绪、制造悬念，黑屏有非常显著的效果
闪白	闪白是通过画面中的强光源逐渐扩散然后进入下一个画面，通常用来表现闪回、回忆、死亡等。闪白可以掩盖镜头剪辑点，增加视觉跳动感。注意，当剧中出现亮光、闪光灯等元素时，才具备使用闪白转场的基本条件
划像	划像可分为划出与划入，前一个画面从某一方向退出荧屏称为划出，下一个画面从某一方向进入荧屏称为划入。根据画面进、出荧屏的方向不同，可分为横划、竖划、对角线划等。划像一般用于两个内容意义差别较大的段落转换
定格	定格是指将运动主体突然变为静止状态，可以用来强调某一主体的形象、细节，强调视觉冲击力，一般用于片尾或大段落结尾，也可以用来制造悬念及表达主观感受
翻页	翻页是指第一个画面像翻书一样翻过去，第二个画面随之显露出来。现在由于三维特技效果的发展，翻页已不再是某一单纯的模式
翻转画面	画面以屏幕中线为轴转动，前一段落为正面画面消失，而背面画面转到正面开始另一画面。翻转用于对比性或对照性较强的两个段落
多画屏分切	多画屏分切可以产生空间并列对比的艺术效果，通过多画屏分切的有机运用来对列，可深化内涵

6. 运用场景——混剪视频

（1）概念

混剪视频英文名称为“Mushup Video”，全称是“混合剪辑视频”，是一种主要基于剪辑功能的二次视频创作，维基百科将其定义为“将多个预先存在的视频文本根据并不明显的关系（No Discernible Relation）组合成完整视频的类型。”近几年，混剪视频在国内外视频网站与社交媒介逐渐萌兴，成为一个值得关注的新生事物。

（2）特点

混剪视频往往被视为一系列具有相似风格的短视频类型的集合，其主要特征与互联网的碎片式观看文化一脉相承，即有鲜明的主题、简单的结构、独特的试听及创作者的主观表现。

①鲜明的主题。

剪辑师首先预设了某个主题，例如爱情、战争、台词等，再从一部或多部影视及音乐作品中截取合适的片段拼接在一起，混剪作品通常是为了营造氛围感而非叙事。

②简单的结构。

混剪作品由并列的片段或若干段小片段组合而成。

③独特的视听。

混剪作品通常根据主题搭配风格一致的音乐作品，有些作品还会根据音乐的节奏进行快速的剪辑，并且混剪作品常使用各种转场特效，效果十分炫酷。

④创作者的主观表现。

创作者根据设置的主题使用不同的影视作品以及音乐作品，其主观意图通过视听元素的杂糅得以实现，而整个主题的表现皆由创作者决定，因此极具主观性。

（3）理由

混剪文化的盛行表明当今互联网的文化交流不会局限于某一圈层，而是跨文化的融合发展。在这样的融合文化背景下，学习使用混剪，尝试以两种不同的视角去理解文化作品的面貌，实现不同文化间的交流，有利于个性表达及新媒介传播的共通发展。

三 知识总结

1. 时间重映射

如何实现视频变快或变慢呢？有的学生会说这个简单，只需要单击素材，在“速度 / 持续时间”的“速度”一栏修改数值便可以达到目的。确实，通过加减速度值能够自由调节素材的速度，但是其对速度的调节无法与帧率匹配，且容易出现跳帧的情况，呈现的效果是十分局限且不自然的。这里介绍一个概念：时间重映射（Time Remapping）。通过了解时间重映射的原理及作用，我们可以学会如何更加自然地调节视频的速度。

时间重映射就是将录制速率映射成回放速率，可以更改剪辑的视频部分的速度。与“比率拉伸”“速度 / 持续时间”等工具相比，其最大的优势是可以设置渐变过渡，可在单个剪辑中营造慢动作和快动作效果。

①可以右击剪辑，然后选择“显示剪辑关键帧”→“时间重映射”→“速度”选项（见图 2-4-15）。

图 2-4-15　选择时间重映射

②根据视频素材的属性，剪辑会被加上不同颜色的阴影，在剪辑中心的位置会出现能控制剪辑速度的水平线。如果难以看到剪辑，可以将垂直轨道放大（见图 2-4-16）。

图 2-4-16　垂直放大时间轴

③向上或向下拖动水平线，会增加或减小剪辑的速度，出现的工具提示中以原始速度的百分比形式表明速度的变化（见图 2-4-17）。

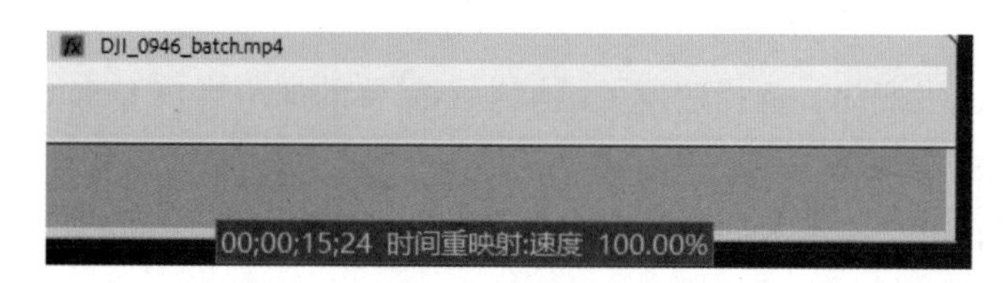

图 2-4-17　速度变化

④剪辑视频部分的回放速度将会变化，且其持续时间将会延长或缩短，具体取决于其速度是增加的还是减小的。如果剪辑的视频部分链接着音频部分，那么时间重映射会维持音频部分不变。

通过放慢速度来延长序列中的剪辑时，它不会覆盖邻近的剪辑，剪辑会一直延长到邻近剪辑的边缘，Premiere Pro 随后会将剩余的帧推入被延长剪辑的尾部。要恢复这些帧，可以在剪辑后面创建间隙，并通过修剪剪辑右边缘来显示这些帧。

可以选择只对时间轴面板中的剪辑应用时间重映射，而不对主剪辑应用时间重映射。当更改链接了音频和视频的剪辑的速度时，音频仍然链接到视频，但保持在 100% 的速度，而不会保持与视频同步。

速度关键帧既可以在效果控件面板中进行调整，也可以在时间轴面板中对剪辑应用，可以通过拆分速度关键帧来创建两个不同回放速度之间的过渡。

首次将时间重映射应用在轨道项目时，速度关键帧任何一侧的回放速度的更改都是在该帧上进行的。当速度关键帧被拖动分开并展开超出一个帧时，这两部分将形成速度变化过渡，在此处可以应用线性或平滑曲线来缓入或缓出回放速度之间的变化。

通过使用时间重映射可以执行以下操作，其具体应用如下。

（1）改变剪辑速度的变化

①右击剪辑，然后选择“显示剪辑关键帧”→“时间重映射”→“速度”。

②按住 Ctrl 键并单击水平线上的至少一个点来设置关键帧。剪辑的顶部附近将出现速度关键帧，位于白色速度控制轨道中的水平线上方。速度关键帧可以拆分为两半，作为两个标志着速度变化过渡开始和结束的关键帧，水平线上还会出现调整手柄，位于速度变化过渡的中间位置（见图 2-4-18）。

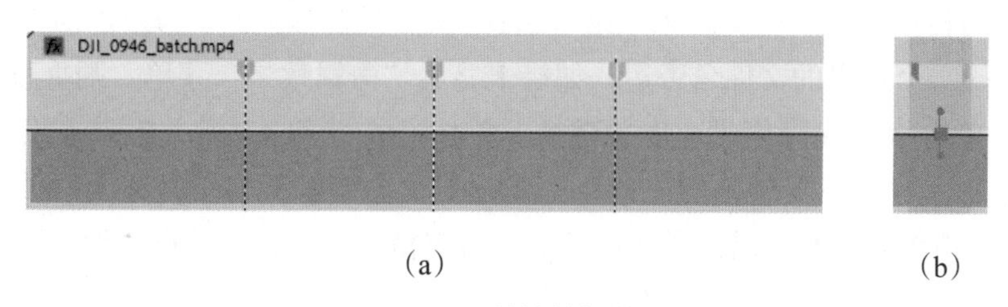

（a）　　（b）

图 2-4-18　关键帧与控制手柄

③执行以下操作之一：

- 向上或向下拖动速度关键帧任何一侧的水平线，从而增加或减小该部分的回放速度。按住 Shift 键进行拖动，可以将速度变化值限制在 5% 的增量。
- 按住 Shift 键向左或向右拖动速度关键帧以更改速度关键帧左侧部分的速度。

这一段的速度和持续时间都会变化，加快剪辑中的一段会使这一段变短，而减慢一段则会使这一段变长。

●（可选）要创建速度过渡，向右拖动速度关键帧右侧的一半，或向左拖动左侧的一半。

●（可选）要更改速度变化的加速或减速，拖动曲线控件上的任何一个手柄，速度变化将根据速度斜坡曲率缓入或缓出。

●（可选）要恢复过渡速度变化，选择速度关键帧中不需要的那一半按 Delete 键进行删除。

（2）移动未拆分的速度关键帧

在时间轴上，按住 Alt 键并单击未拆分的速度关键帧，可以移动其至新的位置。

（3）移动已拆分的速度关键帧

在剪辑的白色控制带区域中，将速度过渡的灰色阴影区域移动至新的位置。

（4）先倒放再正放剪辑

①右击剪辑，然后选择“显示剪辑关键帧”→“时间重映射”→“速度”。

②按住 Ctrl 键，拖动速度关键帧，将其放在作为向后运动终点的位置，在出现的工具提示中，速度将显示为原始速度的负数百分比。节目监视器显示两个窗格：一个是开始拖动所在的静态帧，另一个是动态更新的帧（倒放将在返回到此帧后切换到正放速度），松开鼠标按钮结束拖动时，正放部分会添加一个额外的节段，新节段的持续时间与新创建的节段相同，在这第二段的结尾处将会再放置一个速度关键帧，速度控制轨道中将显示向左的尖括号，表示剪辑倒放的部分。这一段将从第一到第二个关键帧全速倒放。然后，它从第二到第三个关键帧全速正放。最终，它返回到向后运动开始所在的帧。此效果称为回文反向。

③（可选）可以为方向变化的任何部分创建速度过渡。向右拖动速度关键帧右侧的一半，或者向左拖动左侧的一半，速度关键帧的两半之间会出现灰色区域，它可指明速度过渡的长度，灰色区域会出现蓝色曲线控件。

④（可选）要更改方向变化的任何部分的加速或减速，可以拖动曲线控件上的任何一个手柄。速度变化将根据速度斜坡曲率缓入或缓出。

需要注意的是，在效果控件面板的时间重映射控件中的“速度”和“速率”值仅供参考，一般不直接编辑它们的值，而是在右侧的迷你时间轴中拖动编辑。另外，在时间轴面板上编辑时间重映射会比在效果控制面板上更方便、更直观。

（5）为剪辑某部分冻结帧

使用时间重映射可以为选中剪辑的某一部分冻结帧，其具体应用操作如下：

①在“时间轴”面板中，从“剪辑效果”菜单选择“时间重映射”→“速度”选项。“剪辑效果”菜单显示在视频轨道中的每个剪辑的文件名旁边，如果未显示“剪辑效果”菜单，则垂直放大到剪辑。

②按住 Ctrl 键并单击水平线以创建速度关键帧。按住 Ctrl 键和 Alt 键并拖动速度关键帧，将其放在希望冻结帧结束的位置。在放下关键帧的位置会创建第二个关键帧，与正常速度的关键帧相比，处于内半部分的关键帧（即定格关键帧）呈现方形外观，除非为定格关键帧创建速度过渡，否则无法拖动定格关键帧。速度控制轨道中会显示垂直勾号标记，表示正在播放冻结帧的剪辑段。需要注意的是，为了实现效果，水平线只能水平进行移动，而不能像其他关键帧那样垂直拖动。

③（可选）要创建以冻结帧作为起点或终点的速度过渡，可以向左拖动左侧速度关键帧左侧的一半，或者向右拖动右侧速度关键帧右侧的一半。速度关键帧的两半之间会出现灰色区域，它可指明速度过渡的长度，水平线会在这两半之间形成斜坡，表示它们之间发生的速度渐变。

在创建速度过渡之后，可以拖动定格关键帧。拖动第一个定格关键帧会使其滑到定格所在的新媒体帧；拖动第二个定格关键帧仅仅会改变所定格的帧的时间。

④（可选）要使蓝色曲线控件出现，可单击关键帧两半之间的速度控制轨道中的灰色区域。

⑤（可选）要更改速度变化的加速或减速，可以拖动曲线控件上的任何一个手柄。速度变化将根据速度斜坡曲率缓入或缓出。

（6）移除时间重映射效果

与其他效果不一样，启用和禁用时间重映射会影响时间轴中剪辑实例的持续时间。一旦禁用时间重映射效果，所有关键帧都将被删除。

①要激活此面板，可单击“效果控件”选项卡。

②要打开“时间重映射”，可单击其旁边的三角形。

③要将其设置为关闭，可单击“速度”旁边的“切换动画”按钮。此操作会删除所有现有的速度关键帧，并且为选定的剪辑禁用时间重映射。要重新启用时间重映射，可单击“切换动画”按钮，使其恢复到打开位置。注意，此按钮处于关闭位置时，无法使用时间重映射。

（7）时间插值

时间插值用于处理时间变化，是一种确定对象移动速度的有效方式。时间插值法有三种：帧采样、帧混合和光流法（见图 2-4-19）。三者在生成补帧的算法上不同，因此渲染速度及最终效果也有所不同。一般情况下首选光流法（2017 以后版本新增），效果不理想时可以尝试其他两种方法。

图 2-4-19 时间插值

Premiere Pro 中的光流功能使用帧分析和像素动作估计来创建全新的视频帧，从而形成更平滑的速度变化、时间重映射和帧速率转换。

使用“时间插值”菜单中的“光流法”选项（选中“剪辑”→右击视频选项→“时间插值”→“光流法”），可以插入缺失的帧，以便进行时间重映射，这样将正常拍摄的素材处理成慢动作效果时，画面效果会更加美观和流畅。

由于光流法使用现有帧混合功能，无法实时播放，对于低画质或草稿渲染，可以使用更快速的帧样本插值。要查看光流法的效果，需要对序列进行渲染，选择“从入点渲染到出点”选项，或者按 Enter 键执行该操作。

光流法非常适合修改这类剪辑的速度：剪辑无动作模糊的对象，对象在大体为静态的背景前移动，背景与动作中的对象形成高度对比。

其具体应用操作如下：

①右击剪辑，然后选择“速度 / 持续时间”。

②在“速度”字段中，以百分比值的形式为剪辑指定所需的回放速度。

③在“时间插值”下拉菜单中，选择“光流法”选项，单击“确定”按钮。

④选择“序列”→“从入点渲染到出点”或“渲染所选项”以渲染剪辑。Premiere Pro GPU 加速会完成渲染过程。GPU 加速可缩短渲染时间并提升回放性能。

⑤要查看使用全新插值光流帧创建的流畅慢动作，需要播放剪辑。如果视频以快进方式播放，请转至“编辑”→“首选项”→“音频硬件”，将默认输入来源更改为“无”。

使用“导出设置”对话框中的“时间插值”设置（“文件”→“导出”→“媒体”），可以利用光流法插入缺失的帧，从而更改已导出文件的帧速率。例如一个 30fps 的素材，想要将它导出为 60fps 的媒体且不是简单重复每个帧的方式，可以在“时间插值”下拉菜单中选中“光流法”选项，从而导出该媒体。

在某些素材中，使用光流法创建的动作无法获得所需的效果，在此类情况下，可以使用其他时间插值选项，如“帧采样”或“帧混合”的方式。

- 帧采样：根据需要重复帧或删除帧来达到所需要的速度，常用于实时预览，渲染速度快。
- 帧混合：根据需要重复帧或混合帧，适用于快速播放，其原理为混合上下两帧生成一个补帧，以提高动作的流畅度，产生动态模糊的效果。其最终效果类似介于光流法与帧采样之间。

以上应用操作如下：

- 在菜单栏种选择“剪辑”→“视频选项”→“时间插值”→“帧混合”或“帧采样”选项，或者直接右击序列中的剪辑，然后选择“时间插值”→“帧混合”或“帧采样”选项。
- 打开“速度 / 持续时间”对话框并使用“时间插值”下拉菜单。
- 打开“导出设置”对话框，然后使用“时间插值”下拉菜单（此方法仅适用于导出的媒体）。

2. 擦除

过渡效果可用于为添加的控件代替过渡，擦除为视频效果的一类。其中，渐变擦除效果可以使剪辑中的像素根据另一视频轨道（称为渐变图层）中相应像素的明亮度值变透明。

渐变图层中的暗像素使相应的像素以较低的“过渡完成”值变透明，例如，从左边黑色变为右边白色的简单灰度渐变图层可使底层剪辑在“过渡完成”值增加的过程中从左到右显示出来。

渐变图层可以是静止图像，也可以是视频素材，渐变图层必须与应用渐变擦除的剪辑位于同一序列中。

从“效果”面板中搜索“渐变擦除”，选择“视频效果”→“过渡”→“渐变擦除”选项，将效果添加至需要设置渐变擦除效果的剪辑上，在“效果控件”面板会出现“渐变擦除”的相关命令（见图 2-4-20）。

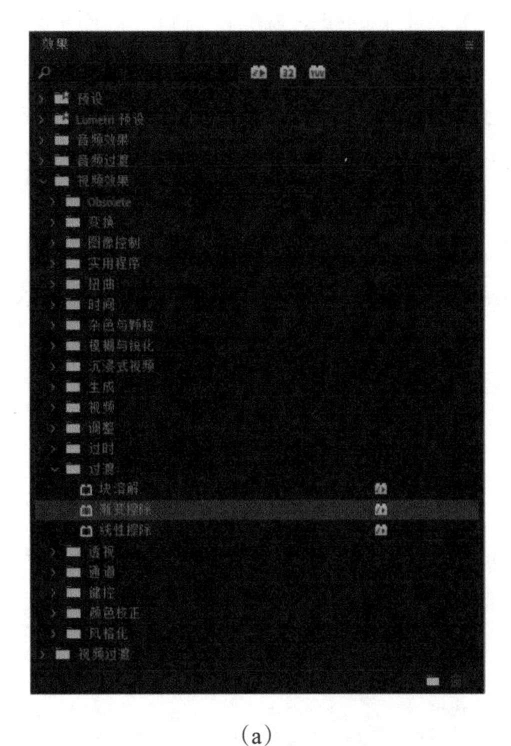

(a)

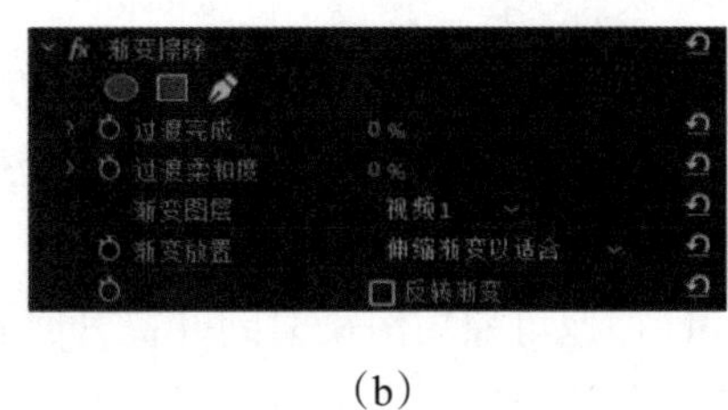

(b)

图 2-4-20　渐变擦除

其中各效果控件作用如下：

①过渡完成：表示每个像素的渐变完成度。如果数值为 0%，则应用该效果的剪辑的像素呈现完全不透明或完全透明的状态；如果数值大于 0%，则像素在过渡的中间阶段是半透明的。

②过渡柔和度：调整过渡对每个像素的边缘渐变柔和程度。数值越大，应用该效果剪辑的像素渐变边缘呈现更加柔和。

③渐变放置：渐变图层的像素映射到应用该效果的剪辑的像素方式包括以下几种：

- 平铺渐变：使用多个平铺式渐变图层副本。

- 中心渐变：在剪辑的中心使用单个渐变图层实例。
- 伸缩渐变以适合：在水平和垂直方向调整渐变图层的大小以适合剪辑的整个区域。

④反转渐变：渐变图层中较亮的像素比较暗的像素以更低的“过渡完成”值创建透明度。

要预览过渡，可以在时间轴面板中将当前时间指示器拖动过渡，也可以直接按 Enter 键实时预览。

四 实践程序

通过上面的知识总结，我们了解了使用时间重映射的技术难点，以及能够实现的几个操作，接下来让我们进入实际操作。

1. 导入素材与新建序列

打开 Premiere Pro 项目，右击项目面板，选择“导入”选项，先将下载好的预告片素材放进项目面板中（见图 2-4-21）。

接着，可以选择直接将素材拖至时间轴面板，也可以右击项目面板新建一个序列，选择合适的序列设置后单击“确定”按钮，之后再将素材拖至时间轴面板（见图 2-4-22）。

图 2-4-21　项目面板 > 素材　　图 2-4-22　添加时间轴

2. 选择时间重映射

裁剪好素材中所需的部分后，可以直接单击素材，在“效果控件”面板中展开“时间重映射”的效果，也可以右击素材选择“显示剪辑关键帧”→“时间重映射”→“速度”选项（见图 2-4-23）。

图 2-4-23　选择时间重映射

通常情况下，我们可以直接选择放大时间轴的视频素材，可以发现有一条线在画面上方，那么在没有激活时间重映射的情况下，该线可以控制画面的不透明度，比如向下移动该线就可以发现画面变暗了（见图 2-4-24）。

(a)

（b）

图 2-4-24　移动不透明度控制线

我们也可以通过直接在控制线上对画面不透明度设置关键帧实现渐变的效果（见图 2-4-25）。

那么如何激活时间重映射？我们将鼠标移动到视频素材的右上角，右击“fx”展开下拉菜单，选择“时间重映射”→“速度”选项（见图 2-4-26）。

选择完成后，通过调整该线即可控制视频素材的速度（见图 2-4-27）。

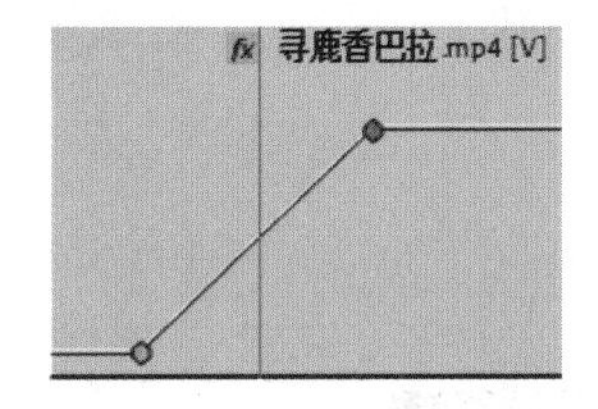

图 2-4-25　设置不透明度渐变

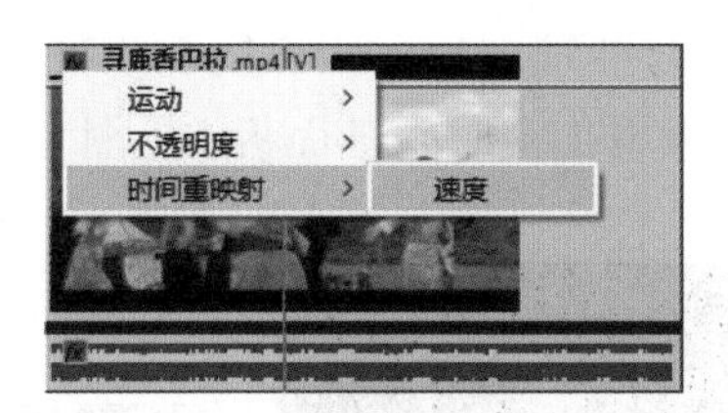

图 2-4-26　时间重映射→速度

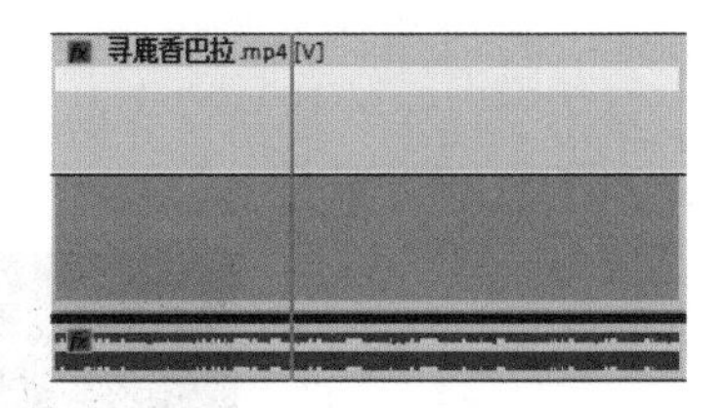

图 2-4-27　速度控制线

3. 选择关键帧

接下来，我们给视频素材设置关键帧，单击视频 1 时间轴的“添加 / 移除关键帧”开关（见图 2-4-28）。接着移动时间指示器，在合适的位置再设置一个关键帧（见图 2-4-29）。

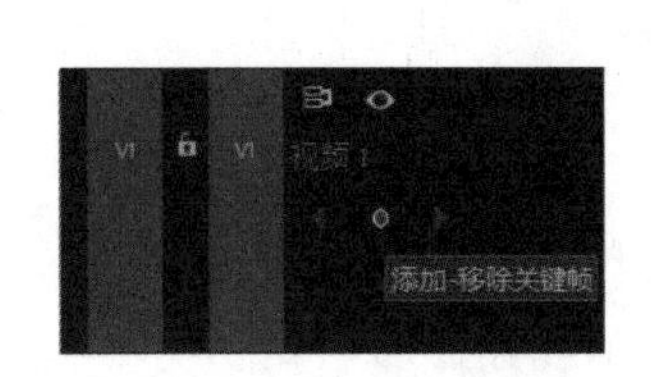

图 2-4-28　添加 / 移除关键帧

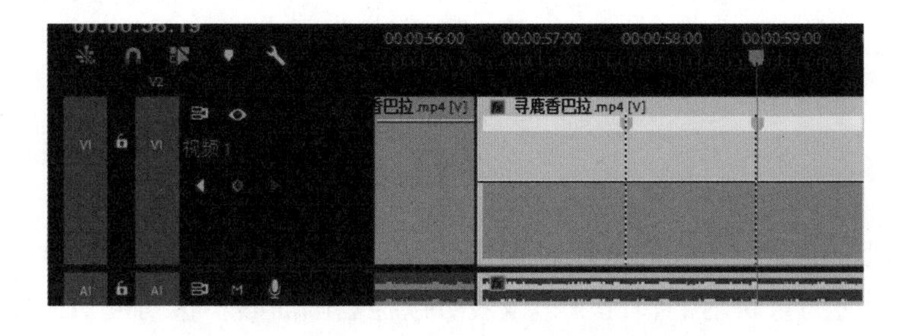

图 2-4-29　设置关键帧

这时向上拖动关键帧范围的线，可以发现画面速度变快了；向下拖动关键帧范围的线，可以发现画面速度变慢了（见图 2-4-30）。其中，最快可以加速到 1000%。

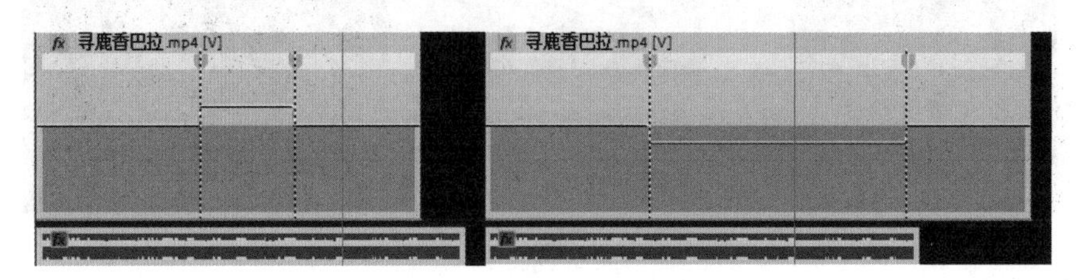

图 2-4-30　调整关键帧速度控制线

（1）由慢至快（降格）

如果直接将速度加快到1000%，虽然画面有了由慢到快的过程，但是十分突兀，这时可以移动鼠标到关键帧处，单击向右拖动关键帧，可以看到关键帧一分为二，在控制线中间会出现一个控制手柄，单击移动控制手柄，将控制线变成平滑的曲线（见图2-4-31）。接着将另一个关键帧按照同一操作，将控制线变成平滑的曲线，一个由慢至快过渡自然的变速效果就完成了（见图2-4-32）。

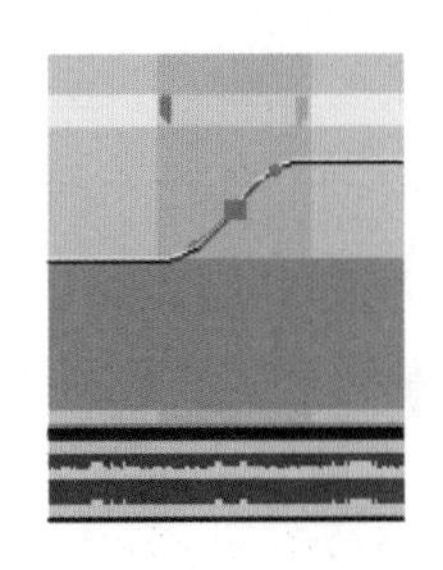

图2-4-31　平滑曲线1

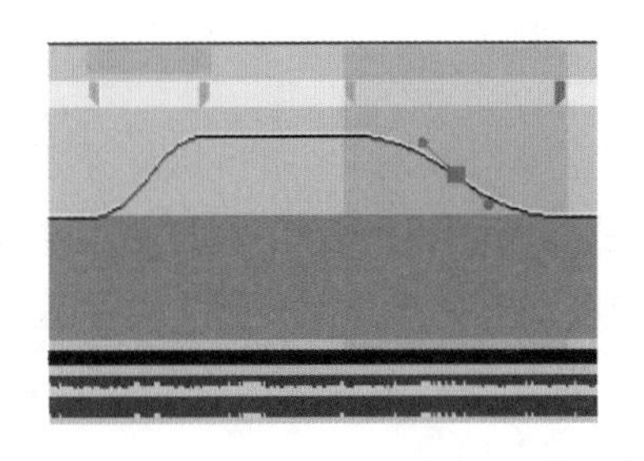

图2-4-32　平滑曲线2

（2）慢动作（升格）

选中一段素材，将时间指示器移动到合适的位置时设置关键帧，接着单击控制线向下拖拽调整关键帧的素材速度（见图2-4-33），这样就基本实现了一个慢动作的效果。

接着拉大时间轴，单击关键帧将其一分为二，单击控制线中间的控制手柄，移动控制手柄将控制线变成平滑的曲线（见图2-4-34），这样就基本实现了过渡自然的升格效果。

除了使用以上的方式实现由快变慢的效果，还有另一种方式实现升格的效果。找到一段素材，将时间指示器移动到合适的位置，接着按住Ctrl键，单击控制线设置关键帧，再移动时间指示器到变化的位置，按住Ctrl键单击控制线设置另一个关键帧，向下拖拽控制线将关键帧范围的速度降低（见图2-4-35）。

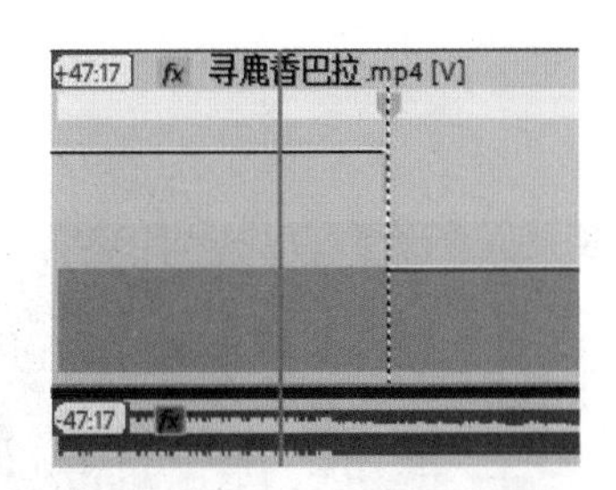

图2-4-33　移动速度控制线

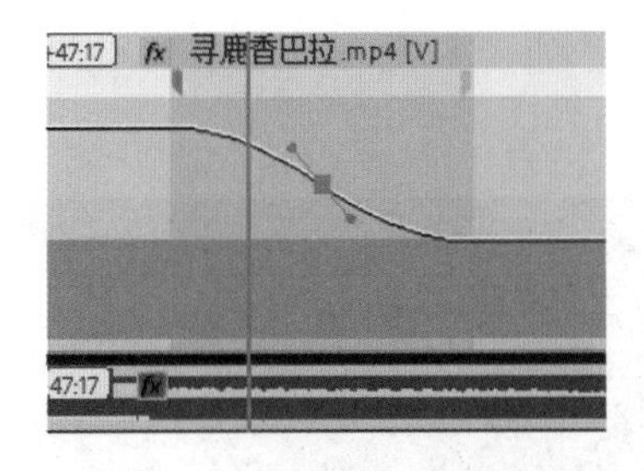

图2-4-34　平滑曲线3

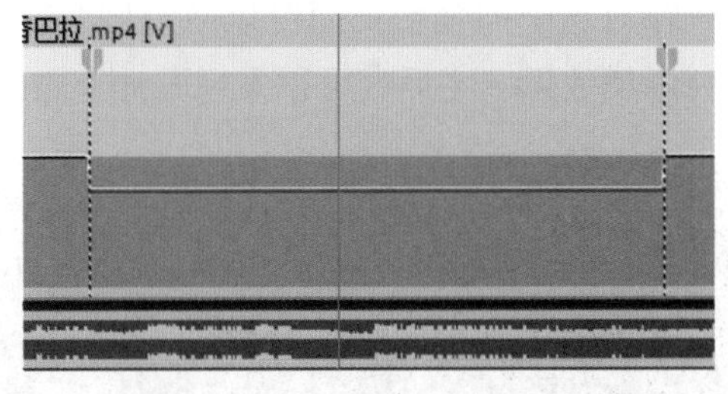

图2-4-35　设置关键帧移动控制线

接下来的操作依旧是移动关键帧的两端，移动控制线上的控制手柄将控制线变成平滑的曲线（见图2-4-36）。

我们演示了由慢至快的降格效果以及慢动作的升格效果，这两种操作基本实现了过渡平滑的效果。然而我们在实际操作中有时会发现，尽管已经将速度调节到1000%，但还是感觉画面的速度不够快，这时可以移动时间指示器到降格效果关键帧的前一帧并将其截断，接着使用快捷键“Ctrl+R”调出“速度/持续时间”窗口，将截断前的画面进行加速处理，这样就可以解决该问题了（见图2-4-37）。

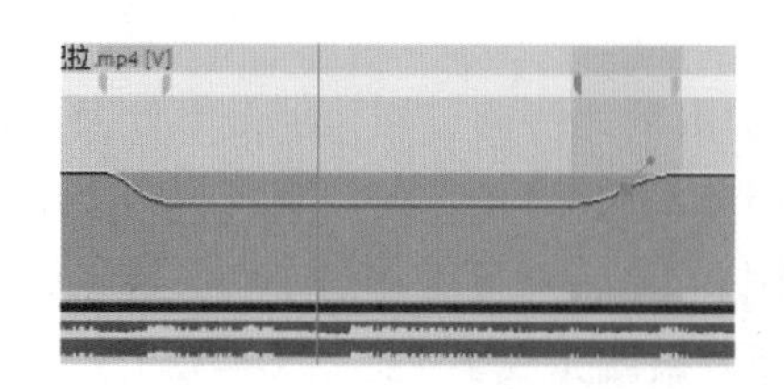

图 2-4-36 平滑曲线 4

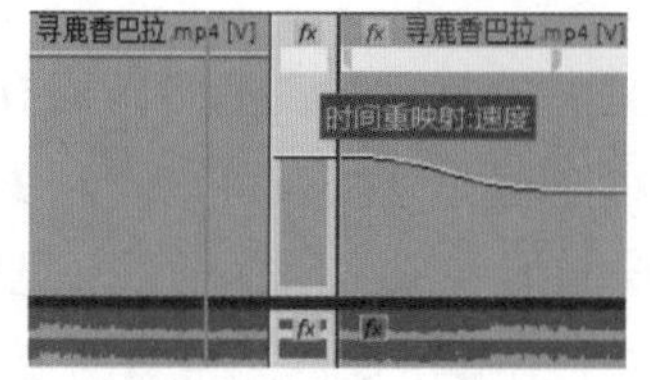

图 2-4-37 加速

另外一个问题是时间重映射效果冲突的问题，我们可以发现，使用了时间重映射后，在“效果控件”面板中对其他参数设置关键帧动画时，在节目监视器中是无法看到变化的。

例如，我们在“效果”面板中搜索“变换”效果拖放到素材上，接着在“效果控件”面板中调整“缩放”值并设置关键帧，可以看到效果面板已经做了设置，但是节目监视器没有对应画面出现，这表明两个效果是相冲突的（见图 2-4-38）。

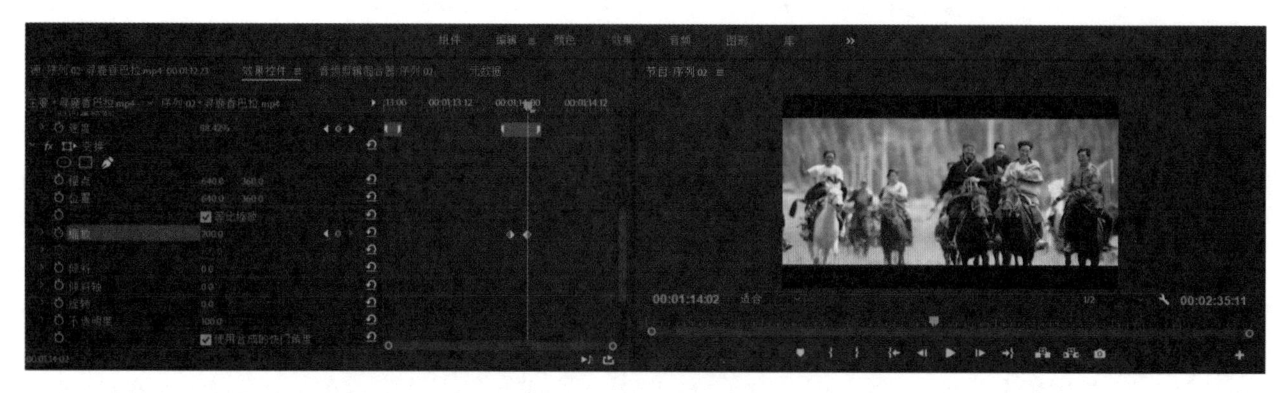

图 2-4-38 无反应画面

针对这个问题，我们可以通过嵌套序列来解决，右击视频素材，选择“嵌套”选项，接着再向视频素材添加效果，之后就可以发现画面正常了（见图 2-4-39）。

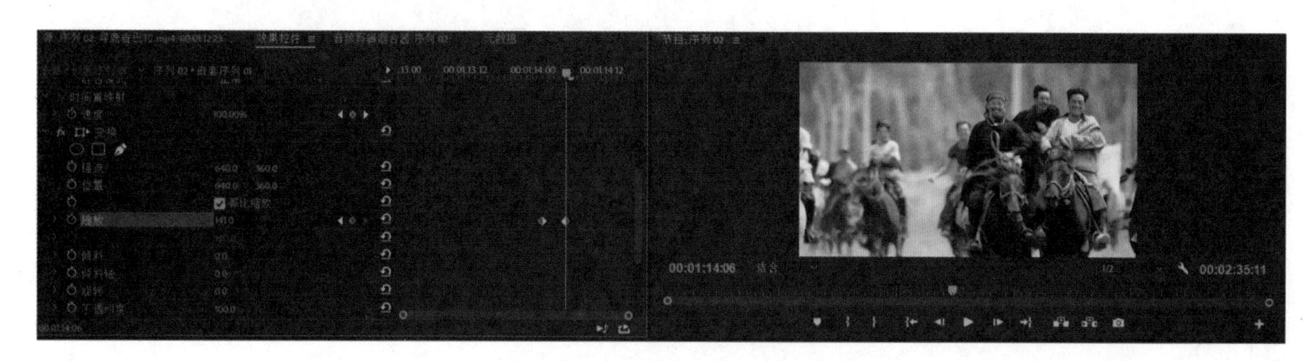

图 2-4-39 嵌套序列后的画面

4. 渐变擦除

实践完时间重映射的效果之后，我们进入转场效果的练习，首先是渐变擦除效果的实现，打开视频素材，将鼠标移动到两段视频的相接处（见图 2-4-40）。

单击前一视频的结尾处，按住 Shift 键，再按方向键中的左键，按一下是向左退 5 帧，我们向左退 15~20 帧就足够了（见图 2-4-41）。

接着使用“剃刀”工具将其裁剪成两段（见图 2-4-42）。

在“效果”面板中搜索“渐变擦除”效果，将“过渡”下的“渐变擦除”效果应用在中间裁剪出来的片段上（见图 2-4-43）。

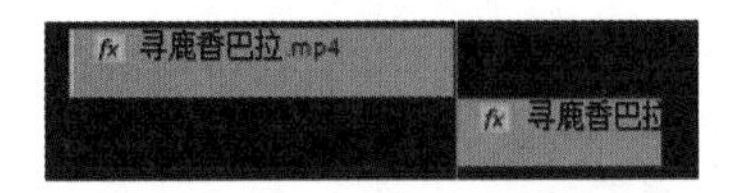

图 2-4-40　移动时间指示器

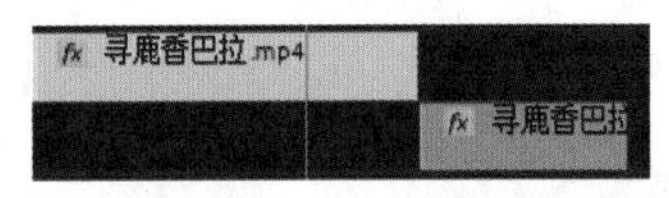

图 2-4-41　左退 20 帧

图 2-4-42　裁剪视频

图 2-4-43　效果→渐变擦除

添加完效果后，在“效果控件”面板下的“过渡完成”这里设置关键帧，数值默认为“0%”。接着把时间指示器移动到效果视频最后一帧的位置，再设置一个关键帧，将数值修改为“100%”（见图 2-4-44）。

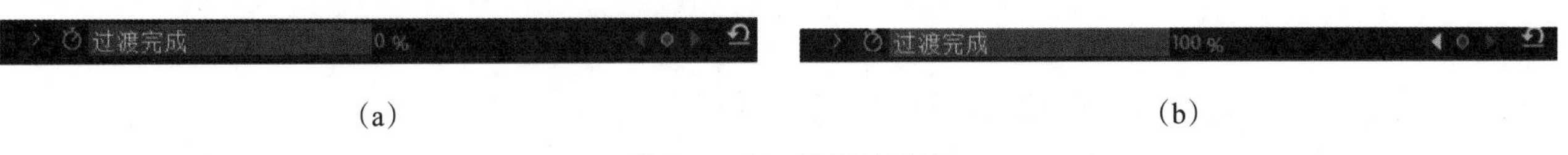

（a）　（b）

图 2-4-44　设置关键帧

最后，将第二个视频拖放到与效果视频对齐的位置即可（见图 2-4-45）。

此时播放一下效果，可以发现过渡过程中的画面显得有些生硬、粗糙（见图 2-4-46）。

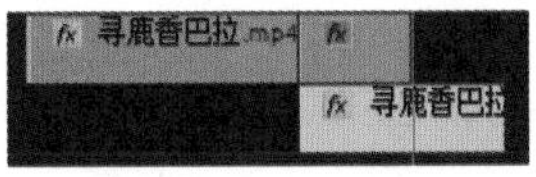

图 2-4-45　对齐视频　图 2-4-46　画面过渡生硬

我们可以通过调节“过度柔和度”来调整画面过渡的细节，这里设置参数值为“40%”（见图 2-4-47）。

（a）　（b）

图 2-4-47　调整过渡柔和度

除了以上的渐变擦除方式，还可以勾选“反转渐变”选项，这时画面就会以另一种方式进行渐变擦除了（见图 2-4-48）。

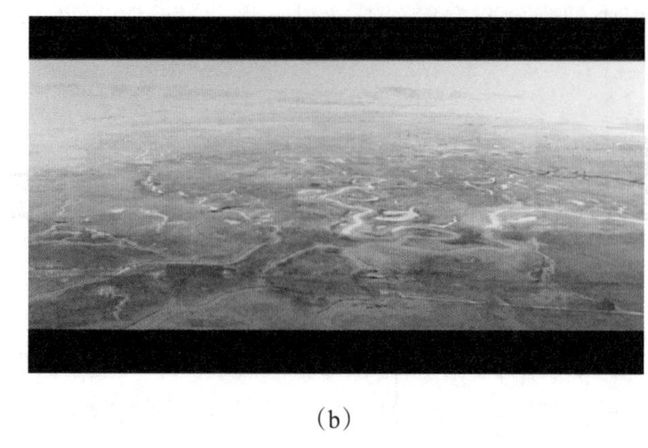

（a）　　　　　　（b）

图 2-4-48　设置反转渐变

5. 知识补充：Premiere Pro 视频转场技巧小分享

在前面的课程中介绍过，转场的意义是为了使两个场景之间的转换显得更有逻辑性和艺术性，同时也在视觉上给人一种更好的效果，通常情况下，在两个不同场景之间需要用到有技巧或无技巧的转场手法进行转换。

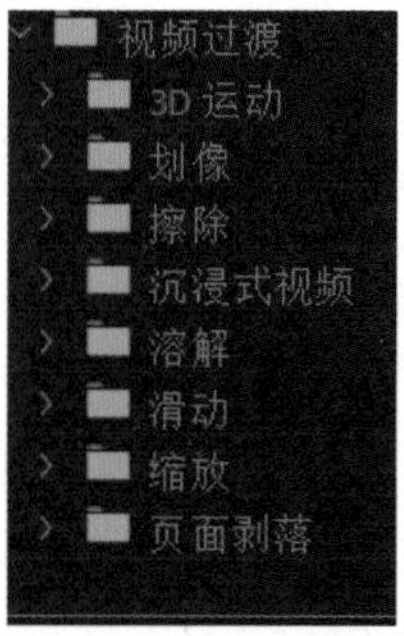

在 Premiere Pro 中就有自带的一些转场效果，比如我们在“效果”面板中可以看到有“视频过渡”的效果组（见图 2-4-49），展开菜单就可以看到不同的转场效果，其中运用最频繁的是“淡入淡出”及“叠化”两个转场效果，这两个效果也是我们在电影、电视剧等影像作品中最为普遍和常用的转场手段。

图 2-4-49　视频过渡

（1）淡入淡出

首先，在时间轴上导入几段视频素材，“淡入淡出”的效果在 Premiere Pro 中分别对应“溶解”效果组下的“渐隐为白色”及“渐隐为黑色”效果。我们以“淡出”效果为例，在两段素材中间添加“渐隐为黑色”效果（见图 2-4-50）。

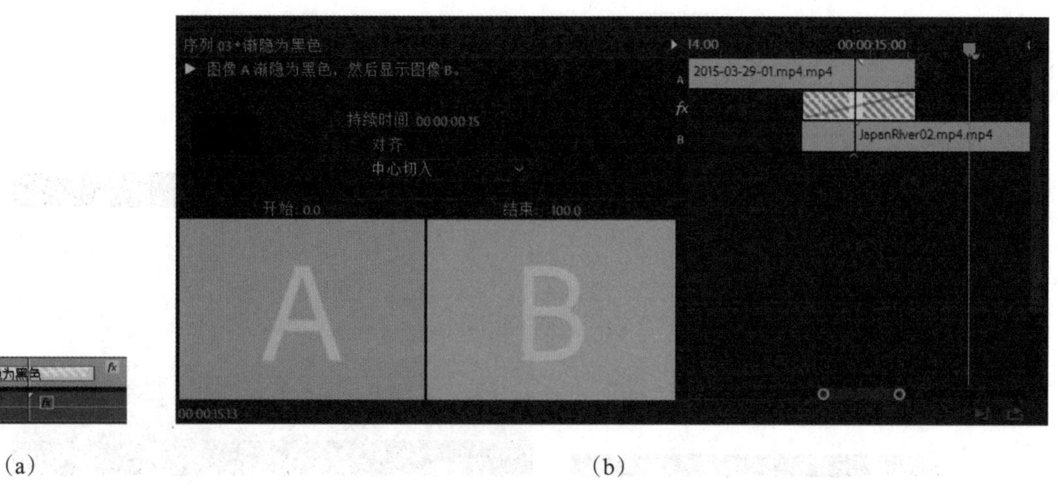

（a）　　　　　　（b）

图 2-4-50　渐隐为黑色

我们可以在时间轴上直接任意移动该效果的位置，也可以在“效果控件”面板中的“对齐”选择效果显现的不同起始位置，除了上面的“中心切入”选项，还有“起点切入”及“终点切入”的选项可供选择（见图 2-4-51）。

另外，我们还可以根据剪辑剧情情节的需要和节奏，在时间轴上拉长效果的持续时间（见图 2-4-52）。

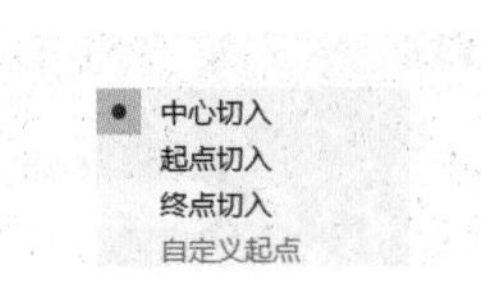

图 2-4-51　起始位置

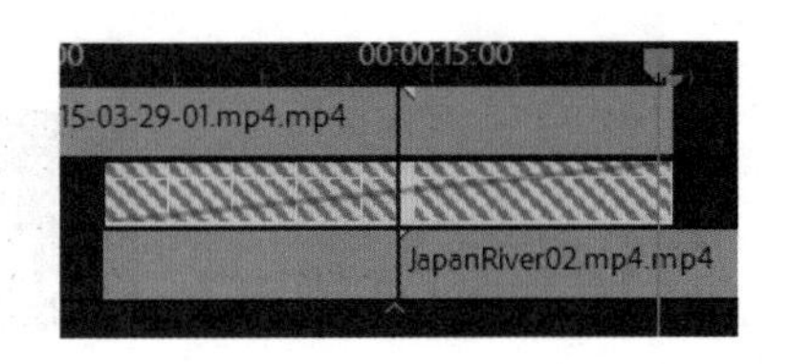

图 2-4-52　持续时间

除了可以直接使用 Premiere Pro 自带的效果进行视频淡入淡出的过渡，还可以使用不透明度的关键帧动画来完成类似的效果。

将时间指示器移动到合适位置，在“不透明度”前打开关键帧动画的开关，将数值设置为“100%”；再次移动时间指示器到素材结尾处，将不透明度参数设置为“0%”；接着在第二段素材的起始位置打开不透明度的关键帧动画开关，设置参数值为“0%”；移动时间指示器到合适的位置，将不透明度参数值设置为“100%”(见图 2-4-53)，这样一个淡入淡出的效果就完成了。

图 2-4-53　设置素材关键帧

同样是通过设置不透明度数值来实现淡入淡出的视频过渡效果，我们还可以直接在时间轴上进行操作。

放大时间轴的素材，移动时间指示器到第一段素材结尾的位置，按住 Shift 键向左后退 30 帧左右，再按 Ctrl 键单击视频素材的控制键设置关键帧，接着移动时间指示器到第一段素材的结尾位置，按住 Ctrl 键设置关键帧，然后向下拉动控制线。接着移动时间指示器在第二段素材的起始位置，按住 Ctrl 键设置关键帧，然后按住 Shift 键向右前进 30 帧左右，再按住 Ctrl 键单击视频素材控制键设置关键帧，最后向下拉动起始位置的控制线。这样一个直接手动在时间轴上进行淡入淡出效果设置的练习就完成了（见图 2-4-54）。

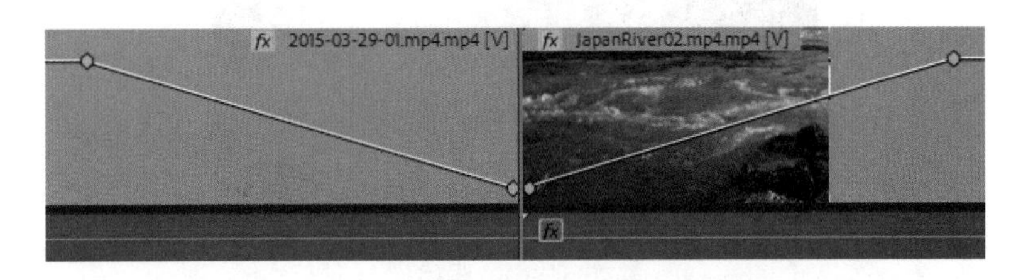

图 2-4-54　时间轴调整不透明度关键帧

（2）叠化

我们可以在“溶解”效果一栏看到“交叉溶解”的效果，单击该效果并拖拽至时间轴两端素材的中间（见图 2-4-55）。接着可以看到，当添加该效果到两端素材中间时弹出了“媒体不足。此过渡将包含重复的帧。”的警告窗口（见图 2-4-56），关闭该窗口可以发现效果可以正常使用，那么为什么会弹出这个窗口？这是因为两个视频的转换点没有足够的时长来支持做完整个过渡特效，针对这一现象，我们可以直接把过渡特效缩短，或者可以用放慢速率的方法适当延长视频。

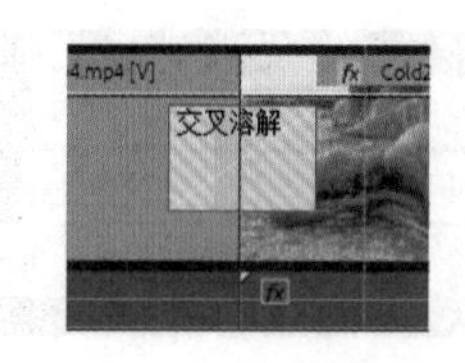

图 2-4-55　交叉溶解

图 2-4-56　警告窗口

我们可以看到，在交叉溶解效果进行到中间部分时，两端素材就会出现叠加在一起的画面（见图 2-4-57）。叠化效果可以表达一种时间、空间的转换，给人以时间消逝、空间变换的感觉。

（a）　　（b）

图 2-4-57　交叉溶解效果

（3）前景遮挡转场

前景遮挡转场效果对素材有一定的要求，如图 2-4-58 展示的素材中，有一段叶子作为前景摇过去的画面，这就是制作前景遮挡转场的必要元素。

图 2-4-58　遮挡物

我们先将节目监视器调整到合适的大小以便观察，将大小设置为“25%”（见图 2-4-59）。

接着选中素材，在“效果控件”面板中的“不透明度”下选择钢笔工具，在节目监视器靠近遮挡物的边缘绘制一个矩形蒙版（见图 2-4-60）。

25%

图 2-4-59　设置节目监视器大小

图 2-4-60　绘制蒙版

此时可以看到，画面保留了矩形内部的内容，这时再勾选蒙版路径下的“已反转”选项（见图 2-4-61）。

图 2-4-61　反转蒙版

接着在“蒙版路径”前面设置关键帧（见图 2-4-62）。

前进时间指示器到蒙版路径的前几帧处，Premiere Pro 会自动生成关键帧。如果想要调整蒙版路径的形状，可以向后移动时间指示器到蒙版路径后方（见图 2-4-63）。

蒙版 (1)
蒙版路径

图 2-4-62　设置蒙版路径关键帧

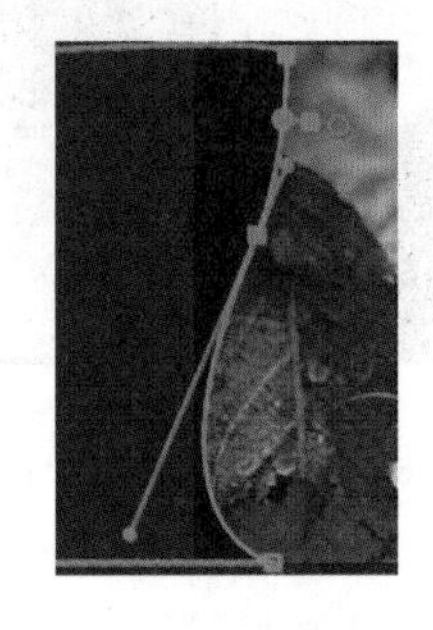

图 2-4-63　调整蒙版路径的形状

接着隔几帧就调整蒙版的位置，如果蒙版的大小不够，可以向后再拉长，一个蒙版关键帧动画就基本完成了（见图 2-4-64）。

蒙版路径

图 2-4-64　蒙版关键帧动画

如果觉得蒙版与视频过渡太割裂，可以调整“蒙版羽化”的参数值，这里设置为“70.0”（见图 2-4-65）。

蒙版羽化　70.0

图 2-4-65　调整蒙版羽化

最后将要转场的第二段素材拖拽至第一段素材关键帧动画的第一帧下方即可（见图 2-4-66）。

这样一个粗略的前景遮挡转场效果就完成了，同学们在实际操作中可以再细致地进行微调来达到更好的效果（见图 2-4-67）。

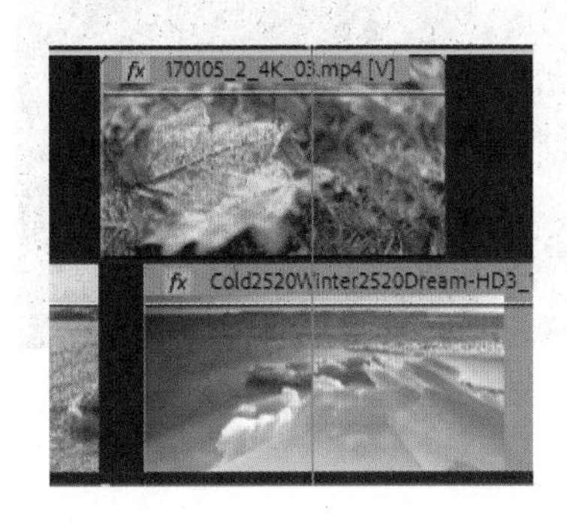

图 2-4-66　调整素材位置

图 2-4-67　预览效果

提示：使用前景遮挡转场效果的素材运动最好是一致的，像第一个镜头是从右向左摇，那么衔接的第二段素材的镜头运动最好也是从右向左摇，这样就保持了运动的一致性，如果前后两段素材的镜头运动是相反或无关的，那么最终呈现的效果则会大打折扣，显得突兀。

当然，如果使用的第一段素材是固定镜头，只有人作为前景从镜头面前走过，那么就不存在以上问题。

（4）渐变转场

除了可以使用渐变擦除来实现渐变转场，我们还可以使用另一种转场效果来呈现类似效果的转变。由于渐变转场效果中会有素材重叠的部分，我们先将第一段素材放到第二段素材的上方（见图 2-4-68）。

接着打开“效果面板”下的“视频效果”效果组，在“过渡”菜单中选择“线性擦除”效果添加到第一段视频素材上（见图 2-4-69）。

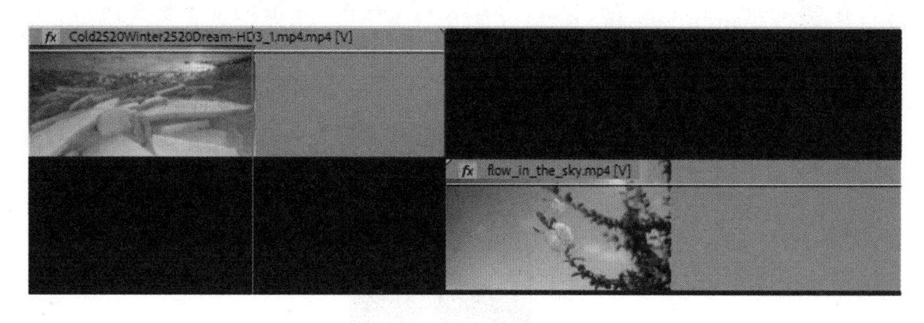

图 2-4-68　移动素材

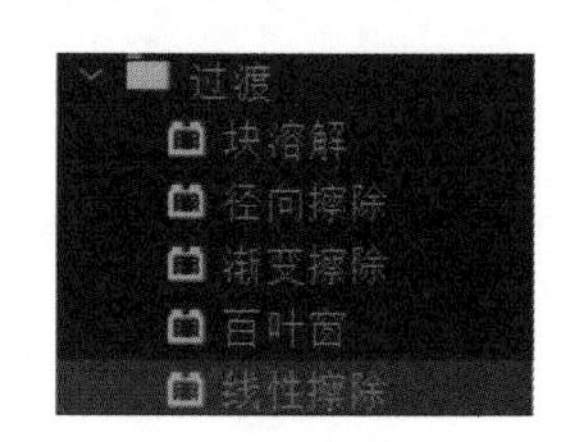

图 2-4-69　效果→线性擦除

移动时间指示器到第一段素材结尾的三分之一处，在“过渡完成”这一栏设置关键帧，接着来到第一段素材的最后一帧，设置关键帧，将“过渡完成”的参数值改为“100%”，一个运动效果就完成了（见图 2-4-70）。该运动效果是默认从左向右出现的（见图 2-4-71），我们可以修改“擦除角度”的参数值为“–90° ”，使运动方向改为从右往左（见图 2-4-72）。

图 2-4-70　关键帧动画

图 2-4-71　擦除效果

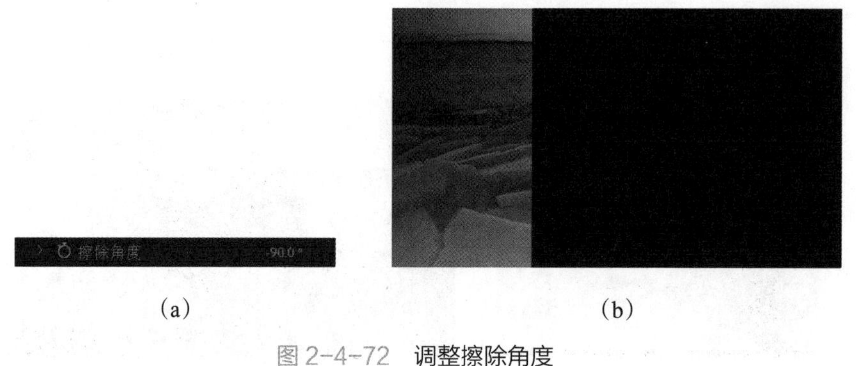

(a)　(b)

图 2-4-72　调整擦除角度

我们可以看到，该效果的过渡线是十分清晰且颇有边界感的，为了使过渡边界更加柔和、自然，还可以修改“羽化”值的参数，这里设置为“500.0”(见图 2-4-73)。

(a)　　(b)

图 2-4-73　调整羽化

接着单击第一段素材，移动时间指示器到关键帧的第一帧处，然后选中第二段素材，将其拖至与关键帧动画第一帧对齐的位置，也可以再向前几帧对齐，这样一个渐变转场的效果就完成了(见图 2-4-74)。

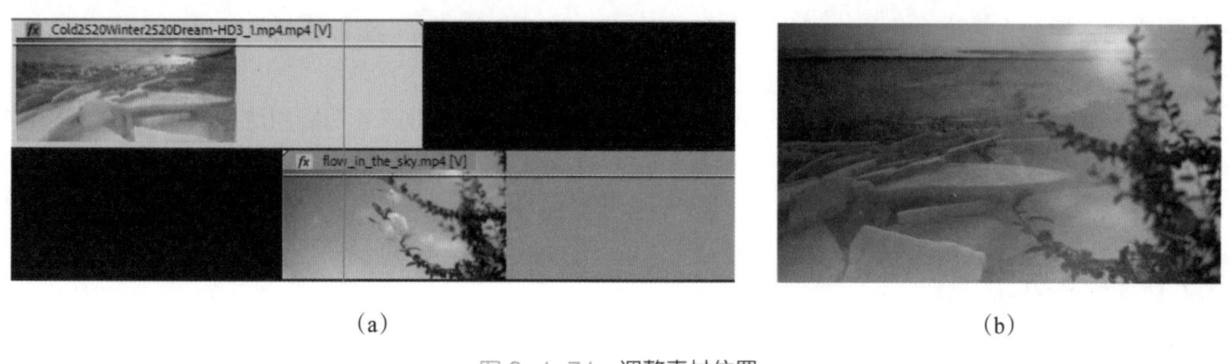

(a)　　(b)

图 2-4-74　调整素材位置

通过本节课程，我们分享了如何使用时间重映射来调整剪辑的速度，学习和使用了几种比较常见、简单的视频转场小技巧，如淡入淡出、叠化、渐变擦除等，希望同学们都能学会并且运用在之后的视频剪辑当中。

第五节

项目训练五——音频转场：人声回避

到目前为止，我们主要在视觉效果，比如字幕、调色等项目上进行了针对性的实操训练，但声音作为影音组成不可分割的一部分，也同样需要重视。因此，本节项目的训练将对有关音频的效果进行知识讲解和实操训练。

声音能够影响人们的情绪，事实上，人们对声音会无意识地做出反应。比如，人们会因为听到旋律优美的音乐而感到开心、兴奋，也会因为听到忧伤的音乐而产生哀伤的情绪。声音还能给人带来战栗、惊悚的感觉，比如在悬疑恐怖片中运用的各种音效。可想而知，对于一些影音制品，运用好声音可以发挥出重大的作用。

Premiere Pro 提供了许多音频相关的处理方式，本节内容将详细拆解各功能用法的知识，以便学生查阅了解。

一 课程概况

本节内容将通过对音频转场效果中的人声回避的案例，先引入音频的相关基础知识，进而再对该项目所涉及的知识进行详细讲解。通过对该案例的学习，学生可以对音频特征、基本声音面板、音频剪辑混合器、音轨混合器、音频基本效果等知识有所了解。

1. 课程主要内容

包括①音频；②基本声音面板；③音频剪辑混合器；④音轨混合器；⑤音频效果。

2. 训练目的

通过本节项目训练，学生将学习音频的相关基础知识并对音频转场效果中的人声回避进行实际操作。一方面，学生可以对 Premiere Pro 中提供的音频处理方式能够基本熟知；另一方面通过项目实操，学生可以为之后完成更好的作品奠定基础。

3. 重点和难点

重点：掌握音频基础知识及有关项目的命令。

难点：理解音频处理相关命令应用及操作。

4. 作业及要求

作业：完成一部具有人声回避的音频转场效果的 MV。

要求：具备视听美感，音频经过基础处理和调整，声音不刺激，显温和，符合 MV 的调性。

二 案例解析

1. 音频

（1）相关基础知识

有关音频的基础知识在第一章已有所述及，这里再简单阐述一遍。序列包含标准音轨、单声道、立体声轨道、自适应轨道、5.1 环绕声等音轨组合。序列支持容纳任何剪辑组合，但所有音频都会混合为混合轨道（此前称为主音轨）的音轨格式（单声道、立体声、5.1 环绕声）。

这里补充一个有关声道的小知识：通常情况下，左、右声道在某种程度上是不同的，但实际上它们都是单声道。在录制声音时，标准配置是由 Audio Channel1 作为左声道、Audio Channel2 作为右声道。

Audio Channel1 作为左声道是因为它是由指向左侧的麦克风录制的，Premiere Pro 将其解释为左声道，并且它输出到位于左侧的扬声器。Audio Channel2 作为右声道的原理与 Audio Channel1 类似。

另外，Premiere Pro 允许更改音频剪辑中的轨道格式（音频声道的组合），即在立体声或 5.1 环绕声剪辑中，将音频效果应用至各条声道中，更改立体声或 5.1 环绕声剪辑的轨道格式；允许重新映射剪辑音频声道的输出声道或轨道，比如重新映射立体声剪辑中的左声道，输出成右声道。

此外，混合指的是将序列中的音轨进行混合和调整。在序列中音轨可包含多个音频剪辑及视频剪辑的音轨，执行混合音频的操作可以应用在序列中的多个级别。例如，对某个剪辑应用一个音频级别值，而对该剪辑所在的轨道应用另一个音频级别值。包含嵌套序列音频的轨道，在应用混合操作时，可包含之前应用至源序列中轨道的音量更改和效果，并在最终混合时将其合并在所有这些级别应用的值中。

在 Premiere Pro 中，可以对声音做以下方式的改变：

- 更改音频声道，比如可以将立体声输出成单声道。
- 清除背景声音。
- 使用 EQ 调整优化不同音频。
- 调整素材剪辑和序列剪辑的音量级别，从而创建声音混合。
- 添加音频音乐及音效。

（2）查看和编辑音频数据

为了方便查看和编辑任何剪辑或轨道的音频数据，Premiere Pro 提供了多个视图。当可以在音轨混合器或时间轴面板中查看和编辑任何剪辑或轨道的音量及效果值时，要确保将轨道显示设置为“轨道关键帧”→“音量”（见图 2-5-1）。

轨道关键帧 > ● 音量

图 2-5-1 轨道关键帧→音量

时间轴面板中的音轨包含波形这种设置形式，波形是剪辑音频和时间之间关系的可视化表示形式。波形的高度表示音频的振幅（响度或静音程度），波形越高，音频音量越大。查看音轨中的波形有助于查找剪辑中的特定音频，可以使用鼠标滚轮或在轨道标头的空白区域中双击查看波形（见图 2-5-2）。

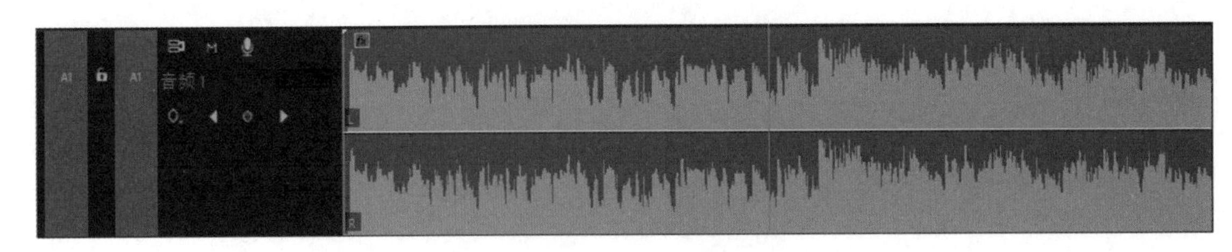

图 2-5-2　查看波形

除了在时间轴面板中可以查看波形外，还可以查看音频剪辑的音量、静音或平移时间图，在查看这些设置时，建议在源监视器中操作，这样对设置精确的入点和出点较为有用，也可以采用音频单位（而非帧）查看序列时间，该设置适用于以比帧小的增量来编辑音频。

对于音频数据，可以执行以下任一操作：

- 在时间轴面板中查看剪辑的音频波形，可以单击音频轨道，然后单击“设置”→“显示波形”。
- 当剪辑处于时间轴面板中时，要在源监视器中查看音频剪辑，可以直接双击该剪辑。
- 当剪辑处于项目面板中时，要在源监视器中查看音频剪辑，可以双击该剪辑，或者将剪辑拖动至源监视器。如果剪辑包含视频和音频，通过单击“设置”按钮并选择“音频波形”选项，或者在源监视器的时间栏旁边的“只拖放音频”图标上单击，便可以在源监视器中查看其音频波形（见图 2-5-3）。

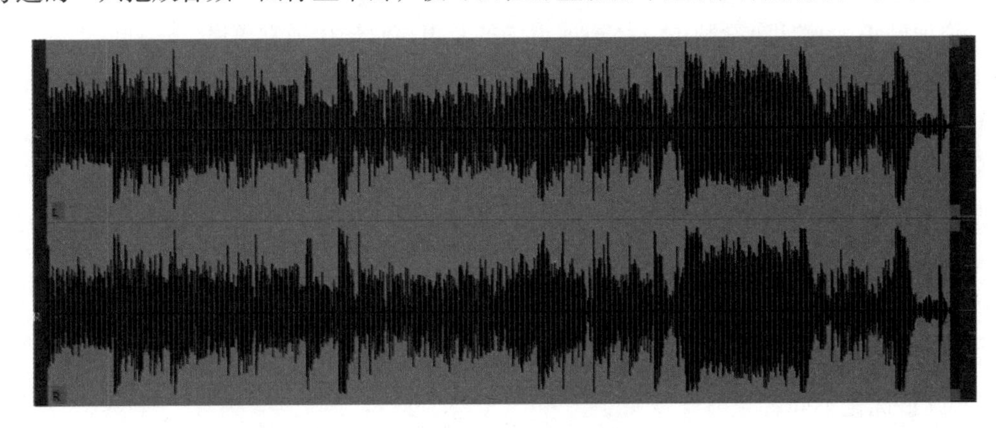

图 2-5-3　查看音频波形

（3）音量指示器

音量指示器（见图 2-5-4）的主要功能是提供序列的总体混合输出音量，在播放序列时，音量指示器会根据输出音量的具体情况进行动态变化。

一般情况下默认音量指示器开启在工作区的右下角，如果音量指示器没有打开，可以选择“窗口”→“音量指示器”选项。另外，在音量指示器的底部，有左、右声道的独奏控件，可以选择只收听某一声道的声音。右击音量指示器，可以选择不同显示比例的音量信息，默认情况下，该范围为 0~60 分贝（dB）。

在 Premiere Pro 中，最高音量显示为 0dB，音量越低，数值越向下。

要将音量指示器添加至轨道中的话，可以执行以下步骤：

- 打开时间轴左上侧的“时间轴显示设置”选项（见图 2-5-5）。

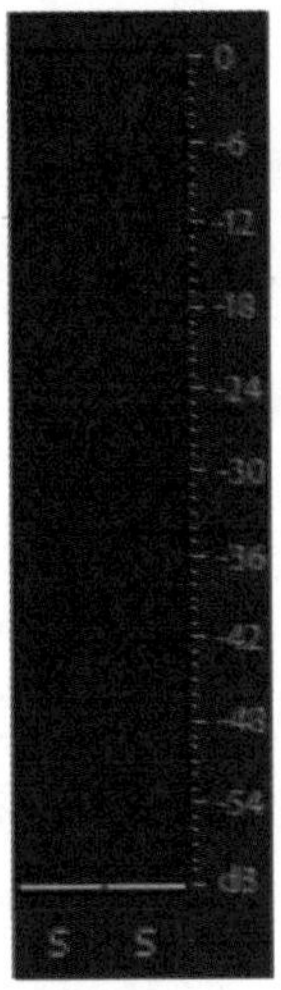

图 2-5-4　音量指示器

图 2-5-5　时间轴显示设置

• 在弹出的下拉菜单窗口中选择“展开所有轨道”选项。

• 调整轨道垂直方向大小便可看到小的轨道计了（见图 2-5-6）。

图 2-5-6 轨道计

（4）影响音频收听的因素

一般来说，从扬声器方面考虑，影响音频收听的因素有三种，分别为频率、振幅、相位。其解释如下：

①频率：指扬声器表面的移动速度。扬声器表面每秒拍打空气的次数以赫兹（Hz）表示，人类能够感知到的声音频率范围大约在 20~20000Hz 之间，在这个范围内频率越高，能够感知到的音量就越大。

②振幅：指扬声器的移动距离。扬声器移动幅度越大，声音越大。

③相位：扬声器表面向外或向内移动的精准时序。如果两个扬声器同步向外或向内移动，则称为“同相位”；反之，如果移动不同步，则称为“异相位”，异相位可能导致听不到部分声音。

（5）调整音量

Premiere Pro 提供了几种调整音量的方式，通过这几种方式调整音量不会影响原始的媒体文件。

①可以在效果控件面板进行调整。

单击“剪辑”，打开“效果控件”面板，展开“音频”控件，展开后如图 2-5-7 所示。

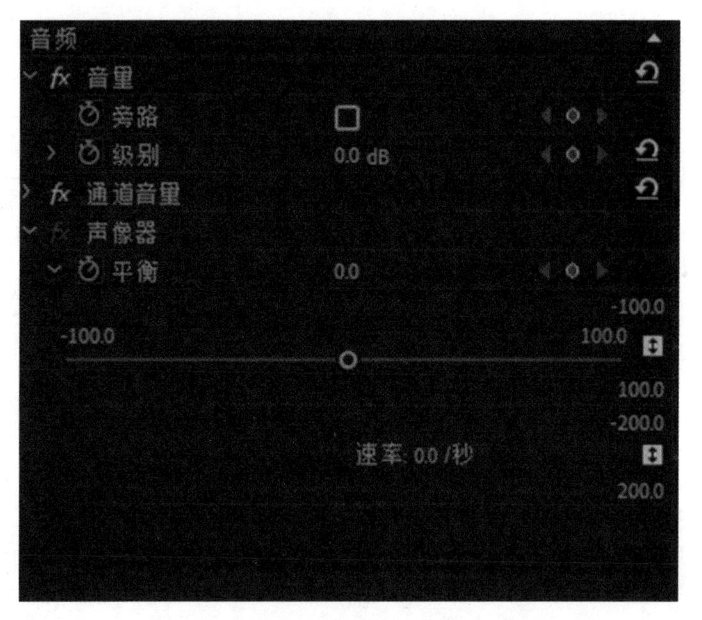

图 2-5-7 效果面板→音频效果

音量：调整所选剪辑所有声道的组合音量，音量包含旁路（勾选后使下面的调整不起作用）、级别（调整所选剪辑所有声道的综合音量）。默认情况下，原始剪辑的音量显示为 0.0dB，输入正值可以增加音量，输入负值则会降低音量。如果想要剪辑音量随时间的变化而改变，可以在相关控件选择“添加 / 移除关键帧”选项。

通道音量：调整所选剪辑的立体声左、右声道的音量。

②可以使用音频增益进行调整。

单击“剪辑”按钮，选择“剪辑”→“音频选项”→“音频增益”选项，会弹出“音频增益”的窗口（见图 2-5-8）。Premiere Pro 会根据所选内容自动计算该剪辑的峰值振幅，此数值可以作为调整增益的参考。选择以下选项，设置其值：

• 将增益设置为：默认值为 0dB。将增益设置为某一特定值，该值始终更新为当前增益，即使未选择该选项且该值为灰色不可选也是如此。

• 调整增益值：默认值为 0dB，允许用户调整增益。如果输入非零值，“将增益设置为”值会自动更新，以反映应用于该剪辑的实际增益值。

• 标准化最大峰值为：默认值为 0dB。可以将此值设置为低于 0dB 的任何值。此选项可将选定剪辑的最大峰值振幅调整为用户指定的值。

• 标准化所有峰值：默认值为 0dB。可以将此值设置为低于 0dB 的任何值。此标准化选项可将选定剪辑的峰值振幅调整到用户指定的值。

③可以标准化混合轨道。

选中要标准化的序列，选择“序列”→“标准化主轨道”选项，会弹出“标准化轨道”的窗口（见图 2-5-9）。

在“标准化轨道”窗口输入指定的振幅值，Premiere Pro 会自动针对整条混合轨道调整衰减器，轨道中的最大音量将达到指定的值。

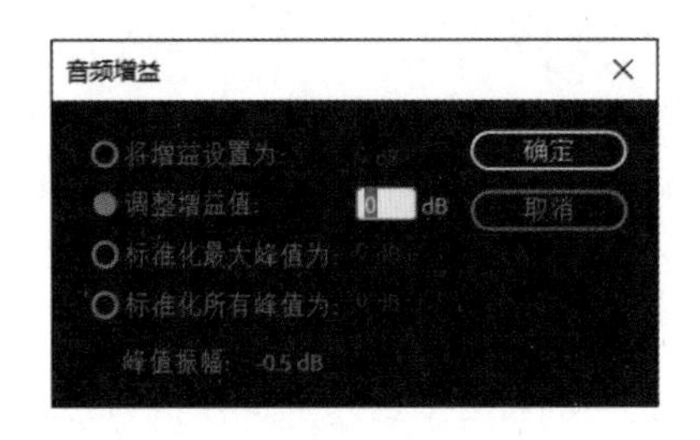

图 2-5-8　音频增益窗口

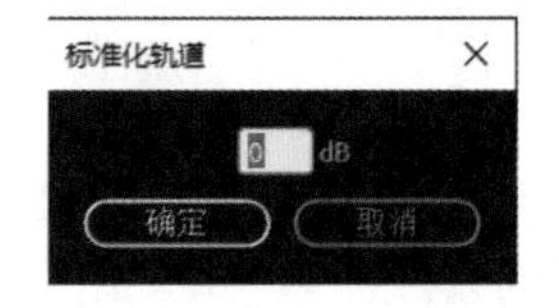

图 2-5-9　标准化轨道窗口

④可以在时间轴面板调整轨道音量。

通过鼠标滑动展开音轨，也可以双击音轨将其展开。在音轨头单击“显示关键帧”按钮，可以选择以下任意选项（见图 2-5-10）。

• 剪辑关键帧：允许将剪辑的音频效果制成动画，更改效果可应用至选定剪辑上。

• 轨道关键帧：可以将类似“音量”“静音”之类的音轨效果制成动画，更改效果会应用至整个轨道中。

• 轨道声像器：可以更改轨道的音量。

按“Ctrl”键单击可以创建关键帧，也可以使用钢笔工具创建关键帧。通过选择工具或者钢笔工具可以拖动音量控制柄进行上移增大音量，或下移降低音量。

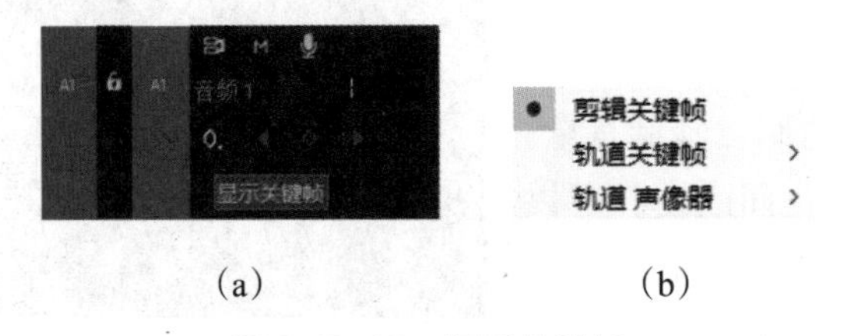

（a）　　（b）

图 2-5-10　显示关键帧

（6）创建画外音轨道

如果计算机设置了麦克风，则可以使用画外音录制效果，将声音直接录制到时间轴上。

以这种方式录制音频，首先需要将音频硬件的首选项设置为允许输入。在主菜单选择“编辑”→“首选项”→“音频硬件”选项（见图 2-5-11），检查音频硬件输入和输出设置。

执行以下操作：

• 将需要录制画外音的剪辑添加至时间轴。

• 录制画外音时，将扬声器静音或戴上耳机，避免录入杂音。

• 将播放头定位到序列剪辑的开始位置，单击“画外音录制”按钮（见图 2-5-12）。节目监视器会出现一个简短的计时，便可开始。在录制时，节目监视器会显示录制的内容，音量指示器会显示输入的音量大小。

● 录制需要结束时，按下空格键便可停止录制。

● 录制好的音频会出现在时间轴上，并且相对应剪辑会出现在项目面板上。默认情况下，该剪辑会存储在与项目文件相同位置的文件夹中，也可以在项目设置中的“临时硬盘”设置中指定位置存储剪辑，Premiere Pro 会根据设置创建一个新的音频文件。

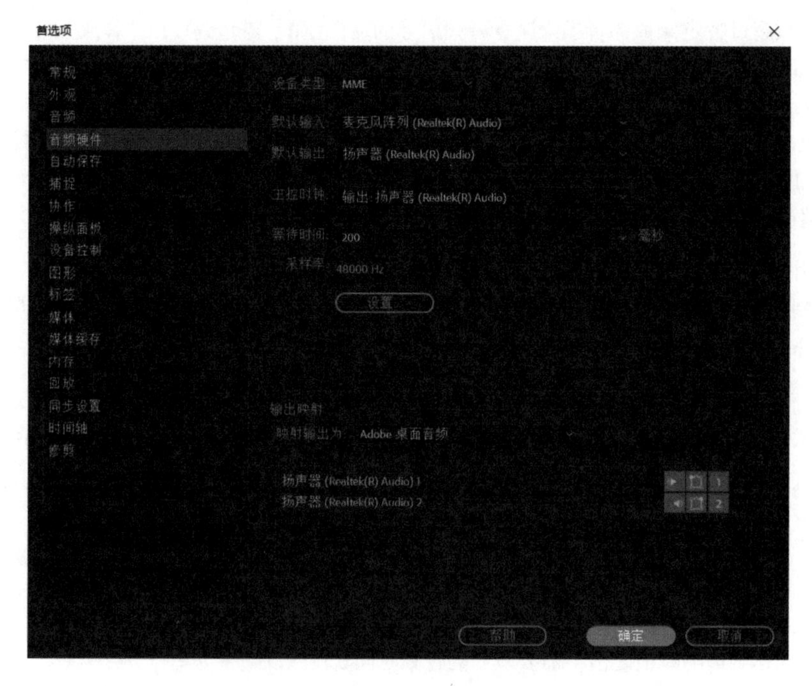

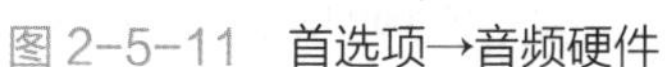
图 2-5-11　首选项→音频硬件

图 2-5-12　画外音录制

2. 音频效果

Premiere Pro 提供了多种音频效果，包括但不限于以下几种，这些音频效果都可以在效果面板中找到。

● 参量均衡器（Parametric Equalizer）：该效果可以在不同的频率下对音频电平进行精细的调整。

● 室内混响（Studio Reverb）：该效果使用混响来增加录制的“临场感”，使用它可以模拟大房间中的声音。

● 延迟（Delay）：该效果可以为音频轨道添加轻微 / 明显的回声。

● 低音（Bass）：该效果可以放大一个剪辑的低频，适用于叙事的剪辑。

● 高音（Treble）：该效果可以调整音频剪辑中较高范围的频率。

音频效果根据类别可分为：振幅与压限、延迟与回声、滤波器和 EQ、调制、降噪 / 恢复、混响、特殊效果、立体声声像、时间与变调等。

（1）振幅与压限（见表 2-5-1）

表 2-5-1　振幅与压限效果一览表

声道音量	声道音量效果可用于独立控制立体声、5.1 环绕立体声剪辑或轨道中的每条声道的音量。每条声道的音量级别以分贝衡量
消除齿音	使用消除齿音效果可去除齿音和其他高频“嘶嘶”类型的声音。此效果适用于 5.1 环绕立体声、立体声或单声道剪辑

表 2-5-1（续）

动态	动态效果包含四个部分：自动门、压缩器、扩展器和限幅器。可以单独控制每一个部分 动态效果的不同参数如下所示： · 自动门：删除低于特定振幅阈值的噪音。当有音频通过门时，LED 表为绿色；没有音频通过门时，该表变为红色；在起奏、释放和保持时间，该表变为黄色 · 压缩器：通过衰减超过特定阈值的音频来减少音频信号的动态范围。“起奏”和“释放”参数更改临时行为时，“比例”参数可以用于控制动态范围中的更改。使用增益参数在压缩信号之后增加音频电平，增益降低表显示降低的音频电平量 · 扩展器：通过衰减低于指定阈值的音频来增加音频信号的动态范围。压缩比参数可以用于控制动态范围的更改，增益降低表显示音频电平的降低量 · 限幅器：衰减超过指定阈值的音频。信号受到限制时，LED 表会亮起
动态处理	动态处理效果可用作压缩器、限幅器或扩展器 作为压缩器和限制器时，此效果可减少动态范围，产生一致的音量；作为扩展器时，它通过减小低电平信号的电平来增加动态范围（利用极端扩展器设置，可以创建噪声门来完全消除低于特定振幅阈值的噪声）
强制限幅	强制限幅效果可大幅减弱高于指定阈值的音频。通过输入增强施加限制，可以提高整体音量的同时避免扭曲 强制限幅的不同参数如下所示： · 最大振幅：设置允许的最大采样幅度 · 输入增强：在限制音频前对其进行预放大，在不剪切的情况下使所选音频更大声。随着该电平的增加，压缩级别也将提高。尝试极端设置以在当代流行音乐中实现大声、高冲击力的音频。 · 预测时间：设置在达到最响峰值之前，需要减弱的音频时间长度（以毫秒为单位） · 释放时间：设置重新衰减到 12dB 的时间（以毫秒为单位），通常设置为 100 左右的默认值效果，可保持非常低的低音频率 · 链接声道：将所有声道的响度关联到一起，保持立体声或环绕声平衡
多频段压缩器	利用多频段压缩器效果，可单独压缩四种不同的频段。由于每个频段通常包含唯一的动态内容，因此多频段压缩对于音频母带处理是一项强大的工具 多频段压缩器不同参数如下所示： · 输出增益：在压缩之后增强或消除整体输出电平，其范围为 -18~18dB，数值为 0 时表示单位增益 · 阈值：设置启用压缩的输入电平，其范围为 -60~0dB，最佳设置取决于音频内容和音乐样式 · 比率：设置介于 1 ： 1 至 30 ： 1 之间的压缩比。典型设置范围为 2.0~5.0 之间 · 起奏：确定当音频超过阈值时应用压缩的速度，默认值为 10 毫秒，其范围为 0~500 毫秒 · 释放：确定在音频下降到阈值后停止压缩的速度，默认值为 100 毫秒，其范围为 0~5000 毫秒 · 增益：在压缩之后增强或消除振幅，其范围为 -18~18dB · 旁路：旁路各个频段，这样不经处理即可通过这些预设 · 独奏：听到特定的频段，启用一个独奏可以听到单独的频段，启用两个或以上可以听到更多的频段
单频段压缩器	单频段压缩器效果可减少动态范围，从而产生一致的音量并提高感知响度。单频段压缩对于画外音有效，因为它有助于在音乐音轨和背景音频中突显语音 单频段压缩器不同参数如下所示： · 增益：在压缩之后增强或消除振幅，其范围为 -30~30dB，数值为 0 时表示单位增益 · 阈值：设置压缩开始时的输入电平，其最佳设置取决于音频内容和样式 · 比例：范围介于 1 ： 1 至 30 ： 1 之间 · 攻击：确定在音频超过阈值设置后开始压缩的速度，默认为 10 毫秒，适用于各种源素材 · 释放：确定在音频下降到低于阈值设置时停止压缩的速度，默认为 100 毫秒，适用于各种音频

表 2-5-1（续）

电子管建模压缩器	电子管建模压缩器效果可模拟复古硬件压缩器的温暖感觉。使用此效果可添加使音频增色的微妙扭曲。 电子管建模压缩器不同参数如下所示： · 增益：在压缩之后增强或消除整体输入电平，其范围为 -18~18dB，数值为 0 时表示单位增益 · 阈值：设置压缩开始时的输入电平，其范围为 -60~0dB，最佳设置取决于音频内容和样式 · 比例：范围介于 1 ： 1 至 30 ： 1 之间 · 攻击：确定当音频超过阈值时应用压缩的速度，范围为 0~500 毫秒，默认值为 10 毫秒 · 释放：确定当音频下降到阈值后停止压缩的速度，范围为 0~5000 毫秒，默认值为 100 毫秒

（2）延迟与回声（见表 2-5-2）

表 2-5-2　延迟与回声效果一览表

模拟延迟	模拟延迟效果可模拟老式延迟装置的温暖声音特性，独特的选项可应用特性扭曲并调整立体声扩展。要创建不连续的回声，指定 35 毫秒或更长的延迟时间；要创建更微妙的效果，指定更短的时间 模拟延迟不同参数如下所示： · 干输出：确定原始未处理音频的电平 · 湿输出：确定延迟的、经过处理的音频电平 · 延迟：指定延迟长度（以毫秒为单位） · 反馈：通过延迟线重新发送延迟的音频来创建重复回声。比如可以将数值设置为 20%，发送原始音量 1/5 的延迟音频，从而创建缓慢淡出的回声；反之，设置数值为 200%，发送高于原始音量的延迟音频，可以创建强度快速增长的回声 · 劣音：增加扭曲并提高低频从而增加温暖度 · 扩展：确定延迟信号的立体声宽度
延迟	延迟效果可用于生成单一回声和各种其他效果。35 毫秒或更长时间的延迟可产生不连续的回声；15~34 毫秒之间的延迟可产生简单的和声或镶边效果
多功能延迟	多功能延迟效果为剪辑中的原始音频添加最多四个回声。此效果适用于 5.1 环绕立体声、立体声或单声道剪辑

（3）滤波器和 EQ（见表 2-5-3）

表 2-5-3　滤波器和 EQ 效果一览表

带通	带通效果移除在指定范围外发生的频率或频段。此效果适用于 5.1 环绕立体声、立体声或单声道剪辑
低音	低音效果可用于增大或减小低频（200 Hz 或更低）。"提升"指定增加低频的分贝数。此效果适用于 5.1 环绕立体声、立体声或单声道剪辑
FFT 滤波器	利用 FFT 滤波器效果可以轻松绘制抑制或提升特定频率的曲线或陷波。FFT 代表"快速傅立叶变换"，是一种用于快速分析频率和振幅的算法 此效果可能会产生以下后果： · 广域高通或低通滤波器（用于保持高频率或低频率） · 窄带带通滤波器（用于模拟电话的声音） · 陷波滤波器（用于消除小而精确的频段）
图形均衡器（10 段、20 段、30 段）	图形均衡器效果可增强或消减特定频段，并且可以直观地表示生成的 EQ 曲线。与参数均衡器不同，图形均衡器使用预设频段进行快速简单的均衡 可以采用以下间隔时间隔开频段： · 一个八度音阶（10 个频段） · 二分之一八度音阶（20 个频段） · 三分之一八度音阶（30 个频段） 图形均衡器的频段越少，调整就越快；频段越多，则精度越高

表 2-5-3（续）

高通	高通效果消除低于指定“屏蔽度”频率的频率 高通效果适用于 5.1 环绕立体声、立体声或单声道剪辑
低通	低通效果消除高于指定“屏蔽度”频率的频率 低通效果适用于 5.1 环绕立体声、立体声或单声道剪辑
陷波滤波器	陷波滤波器效果可去除最多六个用户定义的频段 使用此效果可去除窄频段（比如 60Hz 杂音），同时将所有周围的频率保持原状 陷波滤波器不同参数如下所示： · 频率：指定每个陷波的中心频率 · 增益：指定每个陷波的振幅 · 启用：启用后，可以通过而不进行任何处理 · 固定增益：确定陷波是使用相同的增益级别还是使用单独的增益级别
参数均衡器	参数均衡器效果可最大限度地控制音调均衡，提供了对于频率、Q 和增益设置的全面控制。
科学滤波器	科学滤波器效果用于对音频进行高级操作 单击“自定义设置”的“编辑”按钮，在弹出的“剪辑效果编辑器”指定科学滤波器的类型，可用选项如下所示： · 贝塞尔：提供没有响铃或过冲的准确相位响应。然而，通带在其边缘倾斜，此处阻带的抑制性是所有滤波器类型中最差的。这些特质使“贝塞尔”成为脉冲状打击乐信号的理想之选 · 巴特沃斯：提供相移、响铃和过冲最少的平坦通带。此滤波器类型的阻带抑制性优于“贝塞尔”，但略逊色于“切比雪夫”。这些整体特质使“巴特沃斯”成为适合多数滤波任务的最佳选择 · 切比雪夫：在通带中提供最佳阻带抑制性，但相位响应、响铃和过冲最差。仅在抑制阻带比保持准确的通带更重要时，才使用此滤波器类型 · 椭圆：提供陡峭且较窄的过渡带宽。不同于“巴特沃斯”和“切比雪夫”滤波器，它还可以消频，在阻带和通带中引入波纹 除了指定科学滤波器的类型，还可以指定滤波器的模式，可用选项如下所示： · 低通：通过低频并去除高频，指定去除频率的截止点 · 高通：通过高频并去除低频，指定去除频率的截止点 · 带通：保留某个频段（即某个频率范围），同时去除所有其他频率，指定两个截止点以定义频段的边缘 · 带阻：抑制指定范围内的任何频率，又称陷波滤波器，与“带通”是对立的概念。指定两个截止点以定义频段的边缘
高音	高音效果可用于增高或降低高频（4000Hz 及以上）。“提升”控件指定以分贝为单位的增减量。此效果适用于 5.1 环绕立体声、立体声或单声道剪辑

（4）调制（见表 2-5-4）

表 2-5-4　调制效果一览表

和声 / 镶边	和声 / 镶边效果组合了两种流行的基于延迟的效果。和声选项可一次模拟多个语音或乐器，原理是通过少量反馈添加多个短延迟，结果产生丰富动听的声音。使用此效果可增强人声音轨或为单声道音频添加立体声空间感 单击“自定义设置”的“编辑”按钮，在弹出的“剪辑效果编辑器”可指定对应模式，其作用如下： · 和声：模拟同时播放多个语音或乐器 · 镶边：模拟最初在打击乐听到的延迟相移声音 选定模式后，在效果控件中可以调节如下参数： · 速度：控制延迟时间循环从 0 到最大设置的速率 · 宽度：指定最大延迟量 · 强度：控制原始音频与处理后音频的比率 · 瞬态：强调瞬时，提供更锐利、更清晰的声音

表 2-5-4（续）

镶边	镶边是通过混合与原始信号大致等比例的可变短时间延迟产生的效果。镶边效果通过以特定或随机间隔略微对信号进行延迟和相位调整来创建类似的结果 镶边不同参数如下所示： · 初始延迟时间：设置位于原始信号后面的镶边起点，以毫秒为单位。通过随时间推移从初始延迟设置循环到第二个（或最后一个）延迟设置，会产生不同镶边效果 · 最终延迟时间：设置位于原始信号后面的镶边终点，以毫秒为单位 · 立体声相位：用不同的值设置左右声道延迟，以度为单位进行测量。例如，设置 180° 可以使右声道的初始延迟与左声道的最终延迟同时发生，可以将此选项设置成反转左右声道的最初 / 最终延迟，从而创建循环的打击乐效果 · 调制速率：确定延迟从初始延迟时间循环到最终延迟时间的速度，以次数 / 秒或节拍数 / 分钟为单位进行测量 · 混合：调整原始信号（干）和镶边信号（湿）的混合。通过两种信号的某种混合来实现在镶边过程中发生的特征取消和加强。原始信号为 100% 时，不发生任何镶边；延迟为 100% 时，结果是抖动的声音，就像一台损坏的磁带播放机 · 反馈：确定反馈回镶边中的镶边信号的百分比。如果没有反馈，该效果仅使用原始信号；如果添加了反馈，该效果使用来自当前播放点前面的受影响信号的一定百分比 · 反转模式：反转延迟信号，定期抵消音频，而不是加强信号。如果“原始—扩展”混合设置为 50/50，只要延迟为 0，声波就会与静音抵消 · 特殊效果模式：混合正常和反转的镶边效果。当减去领先信号时，延迟信号被添加到效果中 · 正弦曲线模式：使初始延迟到最终延迟的过渡和回溯按照正弦曲线进行。否则，过渡是线性的，并以恒定速率从初始设置延迟到最终设置。如果选择“正弦曲线”，在初始延迟和最终延迟处的信号比延迟之间的信号更频繁出现
移相器	与镶边类似，相位调整会移动音频信号的相位，并将其与原始信号重新合并，从而创造 20 世纪 60 年代的打击乐效果 移相器不同参数如下所示： · 增益：调整处理后的输出电平 · 混合：控制原始音频与处理后音频的比率 · 反馈：将一定比例的移相器输出回馈到输入以增加效果。设置为负值时将在回馈音轨之前反转相位 · 相位差异：确定立体声声道之间的相位差。正值表示在左声道开始相移，负值表示在右声道开始相移。最大值 +180 与 -180 会发生完全差异，但声波上是一致的 · 上限频率：设置滤波器扫描的最高频率 · 强度：确定应用信号的相移量 · 深度：确定滤波器在上线频率之下行进的距离。设置越大，产生的颤音效果越宽广，设置为 100% 时将从上限频率扫描到 0Hz · 调制速率：调制速率控制滤波器行进至 / 自频率上限的速度，指定一个以 Hz（次数 / 秒）为单位的值 · 阶段：指定相移滤波器的数量，较高的设置可以产生更密集的相位调整效果

（5）降噪 / 恢复（见表 2-5-5）

表 2-5-5　降噪 / 恢复效果一览表

自动咔嗒声移除	快速去除黑胶唱片中的噼啪声和静电噪声，可以校正大段音频，也可以校正单个咔嗒声或爆音 其中，“阈值”可以确定噪声灵敏度。设置越低，可检测到的咔嗒声和爆音越多，也可能包括用户希望保留的音频。设置范围为 1~100，默认值为 30

表 2-5-5（续）

消除嗡嗡声	消除嗡嗡声效果可去除窄频段及其谐波。最常见的应用是处理照明设备和电子设备电线发出的嗡嗡声。消除嗡嗡声也可以应用陷波滤波器，从源音频中去除过度的谐振频率 消除嗡嗡声不同参数如下所示： · 谐波基本频率：设置嗡嗡声的根频率 · 谐波基本 Q ：设置上面的根频率和谐波的宽度。值越高，影响的频率范围越窄；反之，影响范围越宽 · 谐波基本增益：确定嗡嗡声减弱量 · 谐波斜率：更改谐波频率的减弱比 · 仅输出嗡嗡声：预览要去除的嗡嗡声，确定是否含有需要的音频
自适应降噪	自适应降噪效果可降低或完全去除音频文件中的噪声，包括不需要的嗡嗡声、嘶嘶声、风扇噪声、空调噪声或任何其他背景噪声

（6）混响（见表 2-5-6）

表 2-5-6　混响效果一览表

卷积混响	卷积混响效果可重现从衣柜到音乐厅的各种空间。基于卷积的混响使用脉冲文件模拟声学空间。 卷积混响不同参数如下所示： · 混合：控制原始声音与混响声音的比率 · 增益：在处理之后增强或减弱振幅
室内混响	室内混响效果可模拟声学空间，相对于其他混响效果，它的速度更快，占用的处理器资源也更低，因此，可以在多轨编辑器中快速有效地进行实时更改，无需对音轨预渲染效果 室内混响不同参数如下所示： · 低频剪切：指定可产生混响的最低频率 · 高频剪切：指定可产生混响的最高频率 · 宽度：控制立体声声道之间的扩展。数值为 0% 时产生单声道混响信号，数值为 100% 产生最大立体声分离度 · 扩散：模拟混响信号在地毯和挂帘等表面上反射的吸收。设置数值越低，回声越多；反之，回声越少，产生的混响越平滑 · 阻尼：调制随时间应用于高频混响信号的衰减量 · 衰减：调整混响衰减量（以毫秒为单位） · 早反射：控制先到达耳朵的回声百分比，提供对整体空间大小的感觉 · 干输出电平：设置源音频在含有效果的输出中的百分比 · 湿输出电平：设置混响在输出中的百分比
环绕声混响	环绕声混响效果主要用于 5.1 环绕立体声音源，但也可以为单声道或立体声音源提供环绕声环境 环绕声混响不同参数如下： · 中心输入增益：确定处理后的信号中包含的中置声道的百分比 · LFE 输入增益：确定用于触发其他声道混响的低频增强声道的百分比 · 中心湿电平：控制添加到中置声道的混响量 · 左右平衡：控制前扬声器和后扬声器的左右平衡 · 前后平衡：控制左侧和右侧扬声器的前后平衡 · 混合：控制原始声音与混响声音的比率 · 增益：在处理之后增强或减弱振幅

（7）特殊效果（见表 2-5-7）

表 2-5-7　特殊效果一览表

扭曲	运用此效果可将少量砾石和饱和效果应用于任何音频。可以使用此效果模拟汽车音箱的爆裂效果、压抑的麦克风效果或过载放大器效果
用右侧填充左侧	用右侧填充左侧效果会复制音频剪辑的左声道信息，并将其放置在右声道中，丢弃原始剪辑的右声道信息
用左侧填充右侧	用左侧填充右侧效果会复制音频剪辑的右声道信息，并将其放置在左声道中，丢弃原始剪辑的左声道信息。仅应用于立体声音频剪辑
吉他套件	吉他套件效果会应用一系列可优化和改变吉他音轨声音的处理器。压缩程序可减少动态范围，产生具有更大影响的声音。滤波、扭曲和混合及放大器可以模拟吉他手用来创造有表现力的艺术表演的一般效果 单击效果控件中的“自定义设置”→“编辑”→“剪辑效果编辑器”可以调整如下参数： · 压缩程序：减少动态范围以保持一致的振幅，帮助在混合音频中突出的其他音轨 · 滤波：可以设置不同参数如滤波、类型、频率、共振。其中滤波模拟从共振器到人声盒的吉他滤波器；类型可以确定过滤哪些频率；频率可以确定低通和高通滤波的截止频率；共振可以反馈截止频率附近的频率，高值设置时增加笛音谐波，低值设置时增加清脆感 · 扭曲：增加可经常在吉他独奏中听到的声音边缘，可以从“类型”中选择不同选项 · 放大器：可以模拟吉他手用来创作独特音调的各种放大器和扬声器组合 · 混合：控制原始音频与处理后的音频比率
反转	反转（音频）效果可以反转所有声道的相位，适用于 5.1 环绕立体声、立体声或单声道剪辑
雷达响度计	雷达响度计效果可以测量剪辑、轨道或序列的音频级别
母带处理	母带处理描述优化特定介质（如电台、视频、CD 或 Web）音频文件的完整过程 单击效果控件中的“自定义设置”→“编辑”→“剪辑效果编辑器”可以调整如下参数： · 均衡器：调整总体音调平衡 · 下限启用：激活频谱频率下限的截止滤波器 · 峰值启用：激活频谱中心的峰值滤波器 · 上限频率启用：激活频谱频率上限的截止滤波器 · 混响：添加环境氛围，拖动“数量”滑块可以更改原始声音与混响声音的比率 · 激励器：增大高频谐波以增加清脆度和清晰度 · 加宽器：调整立体声声像（对单声道禁用）。向左拖动滑块可以使声道变窄增强中心焦点；向右拖动滑块可以扩展声像并增强各种声音的空间布局 · 响度最大化：应用可减少动态范围的限制器，提升感知级别 · 输出增益：确定处理后的输出电平
互换声道	互换声道效果切换左右声道信息的位置，仅应用于立体声剪辑
人声增强	人声增强效果可快速改善旁白录音的质量

（8）立体声声像

立体声扩展器：立体声扩展器可定位并扩展立体声声像，但由于立体声扩展器基于 VST，需要将其与母带处理组或效果组中的其他效果相结合。

（9）时间与变调

音高换挡器：音高换挡器效果可改变音调，它是一个实时效果，可与母带处理组或效果组中的其他效果相结合。

其中，单击效果控件中的“自定义设置”→“编辑”→“剪辑效果编辑器”可以调整各参数。

①变调：用于调整音频的选项，包括半音阶、音分、比率。

• 半音阶：以半音阶增量调整音调，这些增量相当于音乐的二分音符。设置 0 反映原始音调，+12 半音阶高出一个八度，–12 半音阶降低一个八度。

• 音分：按半音阶的分数调整音调，调整的值介于 -100（降低一个半音）到 +100（高出一个半音）之间。

• 比率：确定变换后的频率和原始频率之间的关系，值介于 0.5（降低一个八度）到 2.0（高出一个八度）之间。

②精度：精度用于确定音质，包括低精度、中等精度、高精度。

• 低精度：低精度为 8 位或低质量音频使用的设置。

• 中等精度：为中等品质的音频使用的设置。

• 高精度：高精度为较高的设置，为专业录制音频时使用，需要较长时间进行处理。

③音高：音高应用于控制如何处理音频，包括拼接频率、重叠、使用相应的默认设置。

• 拼接频率：拼接频率是确定每个音频数据块的大小。数值越高，随时间伸缩的音频放置越准确，但人为噪声也更明显。

• 重叠：重叠确定每个音频数据块与前一个和下一个块的重叠程度。

• 使用相应的默认设置：使用相应的默认设置是为“拼接频率”和“重叠”应用合适的默认值。

3. 音频过渡效果

音频过渡效果作用于音频，其功能类似于视频过渡。要对音频进行淡入或淡出处理，可以使用交叉淡化，并在同一轨道上的两个邻近音频剪辑之间添加音频过渡。

Premiere Pro 包括了三种类型的交叉淡化：恒定增益、恒定功率和指数淡化（见图 2-5-13）。

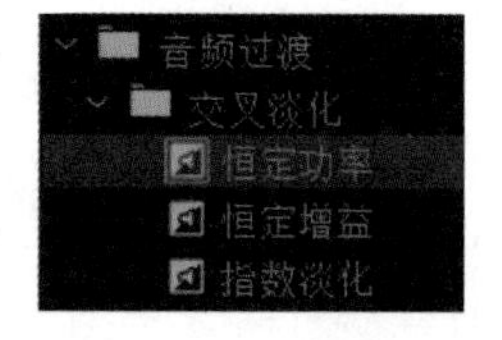

图 2–5–13 音频过渡→交叉淡化

（1）交叉淡化

交叉淡化包括恒定增益、恒定功率和指数淡化，这几种交叉淡化的作用如下：

①恒定增益：在剪辑之间过渡时以恒定速率更改音频进出，该效果有时可能会使音频听起来比较僵硬。

②恒定功率：可以创建平滑渐变的过渡，与视频过渡效果的“溶解”效果作用类似。使用该交叉淡化效果首先缓慢降低第一个剪辑的音频，然后快速接近过渡的末端，对第二个剪辑，首先快速增加音频，然后更缓慢地接近过渡的末端。

③指数淡化：位于平滑的对数曲线上方的第一个剪辑，同时自下而上淡入同样位于平滑对数曲线上方的第二个剪辑。虽然指数淡化过渡类似于“恒定功率”，但是更为渐变。

（2）编辑过渡

使用音频过渡效果对音频进行过渡设置后，可以通过以下方式进行编辑：

①指定默认的音频过渡。

右击“效果”面板中的“恒定增益”或“恒定功率”，从上下文菜单中选择“将所选过渡设置为默认过渡”选项（见图 2-5-14）。

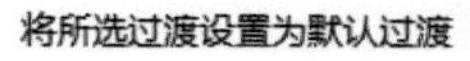

将所选过渡设置为默认过渡

图 2–5–14 指定默认音频过渡

②设置音频过渡的默认持续时间。

在主菜单中选择“编辑”→“首选项”→“时间轴”选项，在“时间轴”窗口中输入“音频过渡默认持续时间”的值（见图 2-5-15）。

音频过渡默认持续时间: 1.00 秒

图 2-5-15　音频过渡默认时间

③音频剪辑之间的交叉淡化。

在时间轴上单击每个轨道名称左侧的三角形，展开要进行交叉淡化的音轨，确保两个音频剪辑经过修剪且处于邻近位置。如果要添加默认音频过渡，就要将当前时间指示器移动到剪辑之间的编辑点，选择“序列”→“应用音频过渡”选项（见图 2-5-16）；如果要添加除默认值之外的音频过渡，就要在“效果”面板中展开“音频过渡”，将音频过渡中的某一效果拖至时间轴，放置在两个需要进行交叉淡化的剪辑编辑点之间。

应用音频过渡(A)　Ctrl+Shift+D

图 2-5-16　应用音频过渡

④淡入或淡出剪辑音频。

在时间轴上单击每个轨道名称左侧的三角形，展开要进行交叉淡化的音轨。如果要淡入剪辑的音频，将音频过渡从“效果”面板拖至时间轴，使其对齐到音频剪辑的入点，也可以在时间轴中选择要应用的过渡，然后在“效果控件”面板中选择“对齐”→“起点切入”选项。

如果要淡出剪辑的音频，将音频过渡从“效果”面板拖至时间轴，使其对齐到音频剪辑的出点，也可以在时间轴中选择要应用的过渡，然后在“效果控件”面板中选择“对齐”→“终点切入”选项（见图 2-5-17）。

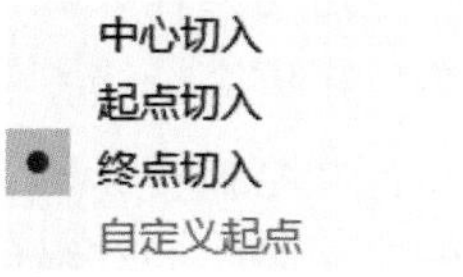

中心切入
起点切入
• 终点切入
自定义起点

图 2-5-17　对齐选项

⑤调整或自定义音频过渡

要自定义音频淡化或交叉淡化的频率，需要调整剪辑的音频音量关键帧图表，而不是应用过渡效果。

4. 运用场景——MV

（1）概念

MV 是 Music Video 的缩写，又称音乐短片，也可以翻译为“音画”“音乐视频”“音乐影片”“音乐录像”“音乐录影带”等，而是指与音乐（通常大部分是歌曲）搭配的短片。现代的音乐录像带主要是作为宣传音乐唱片而制作出来的。

图 2-5-18　*Video Killed the Radio Star*/ 拉塞尔·穆卡希 /1981

音乐录像带的制作可以包括所有影片创作的形式，e 动画、真人影片、纪录片等。但就音乐电视的概念而言，它应该是利用电视画面手段来补充音乐所无法涵盖的信息和内容。

（2）发展

1981 年 8 月 1 日，由拉塞尔·穆卡希（Russell Mulcahy）导演的 *Video Killed the Radio Star*（见图 2-5-18）MV 在美国 MTV 电视台播出，成为首个 MTV 电视台播出的 MV。

到了 20 世纪 80 年代，新式的 MV 开始出现。新式的 MV 也可以叫成“迈克尔·杰克逊之后的音乐影片”，因为是迈克尔·杰克逊（美国）将 MV 推向了巅峰，实现了音乐与电影的同时表演。1982 年 12 月，迈克尔·杰克逊发行了他的新专辑 *Thriller*（见图 2-5-19），这张专辑是第一个将舞蹈融入音乐录影带中，且是第一个在 MV 中加入故事情节的专辑。

（3）特点

MV 具有属于自己的声画特点。

① MV 视频的剪辑频率是由其时间长短决定的。不超过 5 分钟的 MV，由于音乐与情绪的制约，MV 剪辑的频率是正常电影的三倍左右。

MV 与电影剪辑最大的区别是在剪辑速率上。20 世纪末，一个电影镜头的长度大致在 6~8 秒左右，最新的统计数据显示，现在电影镜头的平均长度已经缩减至 4 秒左右。然而，在音乐领域的 MV 中呈现出了更加快节奏的剪辑速率，很多时候在 MV 中会运用到一些蒙太奇手法，如快切、频闪、拼贴、景别变化等，这些因素的使用也让画面的速度进一步提升。

②当下 MV 的普及在很大程度上改变了人们欣赏流行音乐的方式，也改变了音乐营销的手段，甚至改变了人们的视听习惯和当代电影的整体走向。

比如王家卫导演的电影。王家卫导演没有创作过 MV 的背景，却有不少人说他的电影有 MV 的痕迹。

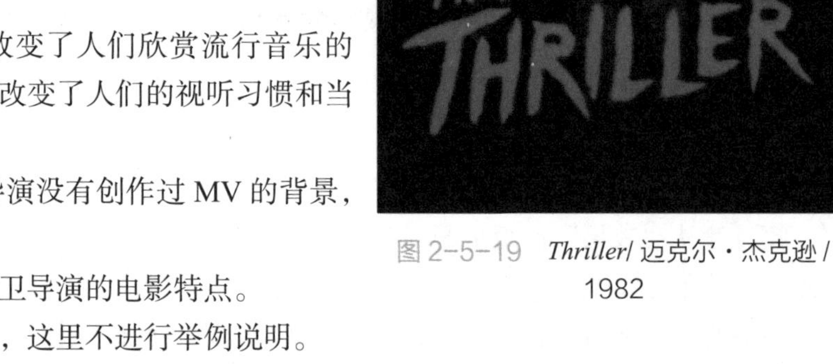

图 2-5-19 *Thriller*/ 迈克尔・杰克逊 / 1982

这是为什么呢？我们总结一下王家卫导演的电影特点。

①讲究情绪，但故事本身相对弱化，这里不进行举例说明。

②略显夸张的镜头呈现形式，比如《重庆森林》开头的低速摄影、《堕落天使》的超广角以及《春光乍泄》夸张的红绿色块等（见图 2-5-20）。

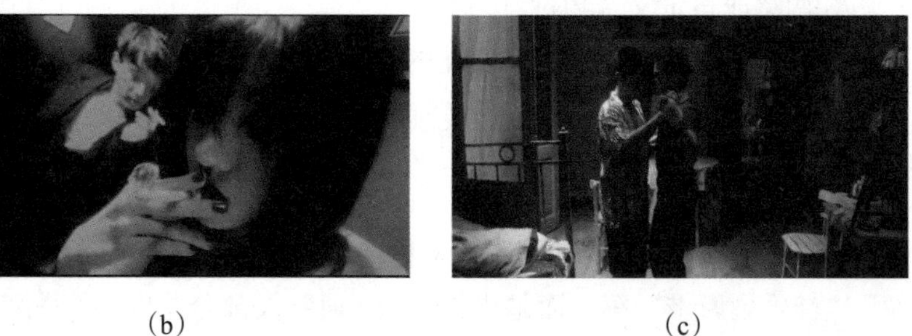

(a) (b) (c)

图 2-5-20 王家卫电影截图

③音乐有时会超越叙事，画面占据叙事方向的主体位置，像是《花样年华》（见图 2-5-21）中当面画中出现张曼玉穿着华丽旗袍神情忧郁地行走时，感伤的音乐也同时出现，并始终伴随这个画面。

④叙事的断裂。《重庆森林》（见图 2-5-22）里杀手逃离时手持摄影造成的晃动感，镜头的抽格、升格处理，再加上碎乱的剪辑，带有十分明显的 MV 风格。

（4）理由

目前市面上的 MV 大致有两大类型，一是对应歌词创意，去追求歌词中所提供的画面意境以及故事情节，并设置相应的镜头画面成为叙事性强的音乐短片；二是 MV 内容与音乐画面呈面线平行发展，画面与音乐的内容分割开来，各自遵循着自己的逻辑线索向前发展，看似画面与歌词内容似乎毫无关联，但实际上给人的总体印象是有内在联系的音乐录像。

通过练习 MV 创作，一方面是可以提高自身的想象力，另一方面是增加对音乐的敏感度，为之后的个人创作增强音乐嗅觉。

图 2-5-21 《花样年华》/ 王家卫 / 泽东电影公司 /2000

图 2-5-22 《重庆森林》/ 王家卫 / 泽东电影公司 /1994

三 知识总结

1. 基本声音面板

基本声音面板是一个多合一面板，提供了混合技术和修复选项的一整套工具，适用于常见的音频混合任务。基本声音面板提供了一些简单的控件，用于统一音量级别、修复声音、提高清晰度，以及添加特殊效果来帮助视频项目达到专业音频工程师混音的效果，基本声音面板支持将应用的保存为“预设”供重复使用，方便将其用于之后的音频优化工作。

基本声音面板（见图 2-5-23）将音频剪辑分类为“对话”“音乐”“SFX”“环境”四种，可以配置预设并将其应用于类型相同的一组剪辑或多个剪辑之中。

图 2-5-23 基本声音面板

其中这四种类型的含义如下：

①对话：指代任何类型的人声。

②音乐：指代任何有连续性音调的音频。

③ SFX：指代各种音效，也称“现场效果”。经典的音效有下雨声、打雷声、关门声、敲击声等。

④环境：可以提高现场感的声音，如在室内的风扇声、谈话声。

选定剪辑后，为剪辑指定音频类型（如“对话”），基本声音面板的“对话”选项卡会展开多个参数组，这些参数可以执行与对话（例如，将不同的录音统一为常见响度、降低背景噪声、添加压缩和 EQ）相关联的常见任务。

基本声音面板中的音频类型是互斥的，也就是说，为某个剪辑选择一个音频类型，就会还原先前使用另一个音频类型对该剪辑所做的更改。

要启动基本声音面板，可以选择“窗口”→“基本声音”选项，也可以将工作区设置为“音频”。

（1）对话

对话类型的音频剪辑，包括在表演期间录制的同期声，或者在录音棚或场外录制的 ADR（Automatic Dialog Replacement，即根据现场的录音进行对白的修正录音工作），或画外音、旁白等。对话选项卡包含许多预设，便于快速应用人声处理效果到特定场景。

其预设涵盖以下场景：(默认)、从建筑外、从电台、从电视、从电话、在大型房间中、在小型房间中、平衡的女声、平衡的男声、拍摄中景、拍摄特写、拍摄远景、播客语音、清理嘈杂对话、背景音乐 Walla Walla、通过内部通话系统。

对话面板支持以下操作：

①统一音频的响度。

选定剪辑，展开“响度”并单击“自动匹配”选项（见图 2-5-24），Premiere Pro 会自动分析剪辑，并调整音频增益，让它们的音频符合广播电视的行业标准。

其中，“响度”不同于剪辑的最大音量，它被用于衡量一段时间内的平均音量一致性，并采用非常具体的定义来确保一个内容片段与由其他组织制作的另一内容片段在播放时保持同一水平的响度，并保证音轨总能量不超过电平设置，是近年来用于规范全球范围内广播材料的一个标准。

②修复对话音频。

点击“修复”选项（见图 2-5-25），可通过降低噪音、隆隆声、嗡嗡声和齿音来修复声音，每个选项都有一个强度滑块。

图 2-5-24 响度

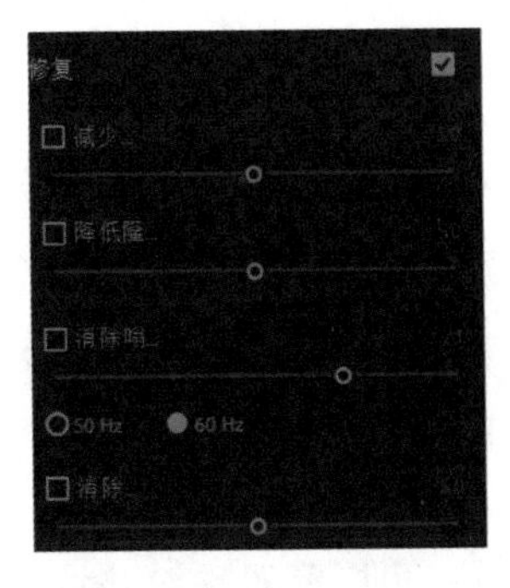

图 2-5-25 修复

其中选项作用如表 2-5-8 所示。

表 2-5-8 声音修复选项作用一览表

选项	作用
减少背景噪声	用于降低背景中的噪声，例如工作室的地板声音、麦克风的背景噪声和咔嗒声等。其实际降噪量取决于背景噪声类型和其他信号可接受的品质损失 可对应的音频效果控件是：降噪
降低隆隆声	降低低于 80Hz 的超低频噪音，例如风声、引擎噪声等 可对应的音频效果控件是：FFT 滤波器
消除嗡嗡声	用于减少电子干扰的嗡嗡声。当麦克风电缆与电源线平行且靠近电源线时，通常会在音频信号中产生嗡嗡的低频噪音。中国、欧洲和非洲等世界上大多数国家的电网是 50Hz 的电源。北美、南美以及日本等国家则是 60Hz 的交流电。电子干扰的嗡嗡声虽然较明显，但其频率是固定的，因此消除起来较容易 可对应的音频效果控件是：消除嗡嗡声
消除齿音	减少刺耳的高频音。当发出“S”等声音时，容易在人声录音中形成齿音（嘶嘶声），选择此项可以使声音更柔和 可对应的音频效果控件是：消除齿音
减少混响	让主音听起来更清晰。利用此选项，可对来自各种来源的原始录制内容进行处理，让它们发出的声音听起来就像来自同样的环境 可对应的音频效果控件是：减少混响

③提高对话音频的清晰度（透明度）。

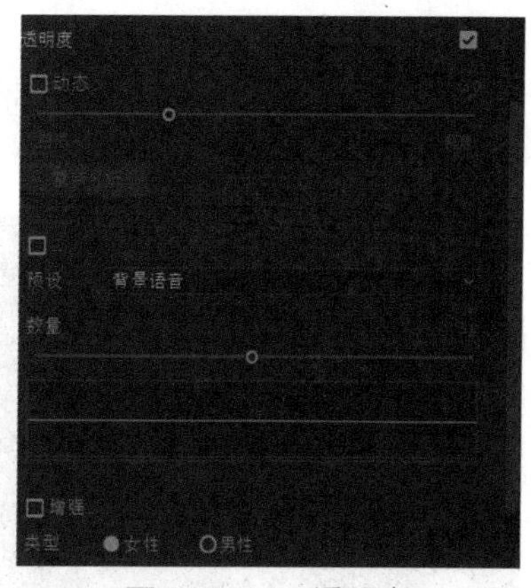

图 2-5-26 透明度

提高对话音频的清晰度取决于各种因素，这是因为从 20~20000Hz 之间的音量和频率存在许多变化，与之相随的其他轨道的内容也各不相同。

提高对话音频清晰度的常用方法包括压缩或扩展录音的动态范围、调整录音的频率响应以及根据男声或女声区别增强语音（见图 2-5-26）。注意，调整后的效果通常比较微妙，所以常需要高质量的扬声器或耳机才能监听到差别。

其中选项作用如表 2-5-9 所示。

表 2-5-9 对话音频提高选项作用一览表

动态	缩小或扩大音频的动态范围，即最低音和最高音之间的范围。音频压缩是指轻微调整响度，通常仅限于对特定音频范围进行特定比率的修改，以便让录制内容听起来更专业、更悦耳 可对应的音频效果控件是：动态处理
EQ	音频均衡，用于降低或提高音频中的选定频率。可以从 EQ 预设列表中进行选择，这些预设可用于音频，并且使用滑块调整相应的量。EQ 是指突出或减少特定频率的电平，进而使音频内容与其他内容相得益彰，或更加悦耳 可对应的音频效果控件是：图形均衡器
增强语音	略微提升高频来增加人声的清晰度。选择男声或女声作为对话的声音，以恰当的频率处理和增强该类声音 可对应的音频效果控件是：人声增强

④添加混响效果。

图 2-5-27 创意

混响，使音频内容听起来就像是在房间、教堂、小巷或视频中可能出现的其他环境内真实发出的声响，为配音添加空间感。“创意”选项中还提供了一些针对不同位置的预设，可以调整这些预设，以匹配项目中的气氛和环境（见图 2-5-27）。

可对应的音频效果控件是：室内混响。

⑤创建预设。

在对话面板可以从预设搜索栏查看已有的预设场景，如果要自定义和创建其他预设，可以选择需要的设置之后，单击“预设”下拉菜单旁边的“将设置保存为预设（Save setting as a preset)”选项，在弹出的“保存预设”对话框（见图 2-5-28）中命名预设效果之后单击“确定”按钮即可自定义和创建预设。

(a)

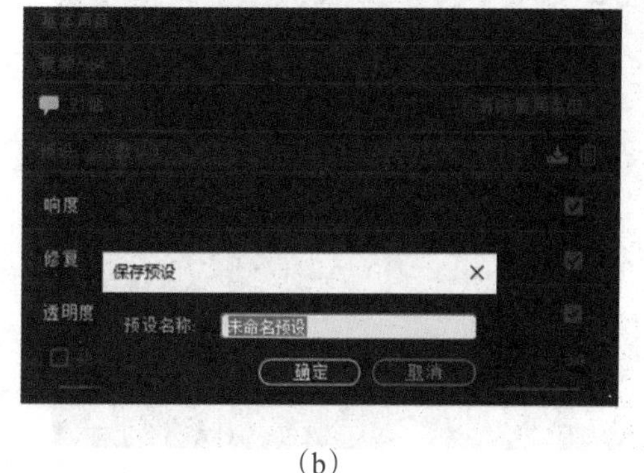

(b)

图 2-5-28 保存预设

如果未选择具有不同音频类型的剪辑，则基本声音面板提供的音频类型选择器会使用一项快速选择工具，用于选择给定音频类型的所有剪辑。

如果没有为给定剪辑选择音频类型，预设选择器则会使用嵌套式菜单，这样一次单击即可直接指定音频类型和预设。

图 2-5-29　音乐

只要音频效果增效工具的基础效果设置与基本声音面板设置（用户手动更改效果设置）不同，基本声音面板就会在控件旁边显示一个警告符号。如果选择了具有不同设置的多个选择项，基本声音面板也会显示警告符号。

（2）音乐

音乐剪辑同样可以使用自动匹配响度，目标响度默认为 -25.00LUFS（见图 2-5-29）。

其预设涵盖以下场景：（默认）、平衡的背景音乐、混音为 30 秒、混音为 60 秒、混音为 90 秒。

（3）SFX

SFX（见图 2-5-30）可以帮助创建伪声效果，比如音乐源来自工作室场地、房间环境或具有适当反射和混响的特定位置。

其预设涵盖以下场景：（默认）、从右侧、从外部、从左侧、在大型房间中、拍摄中景、拍摄特写、拍摄远景、爆炸。

在 SFX 面板可以向音频中添加 SFX 剪辑类型。

- 将音频轨道添加到多轨会话中的空轨道。
- 选择音频剪辑，然后选择“窗口”→“基本声音”→“SFX”。或者直接展开 SFX 面板。
- 如果要设置混响效果，选择“创意”→“混响”复选框。
- 在“预设”框中，根据需要选择混响预设。

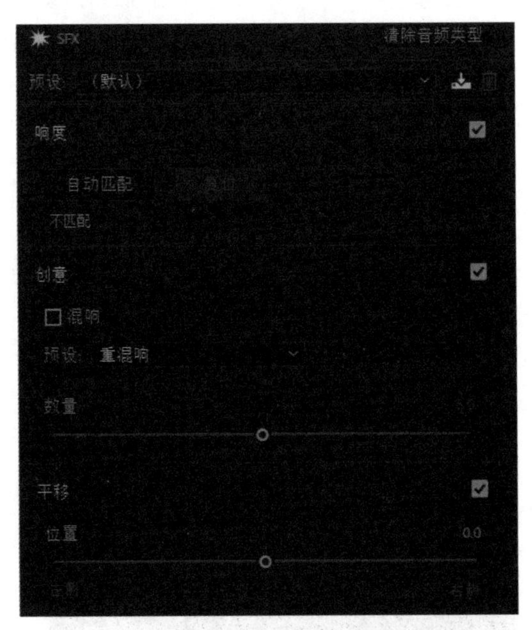

图 2-5-30　SFX

（4）环境

利用音效可以营造一种存在感，不一定与屏幕上具体事件或对象呼应，与 SFX 不同的是，环境更多的是与整体环境和位置相关，与其他声音相比，营造环境气氛的声音需要更微妙的调整（见图 2-5-31）。

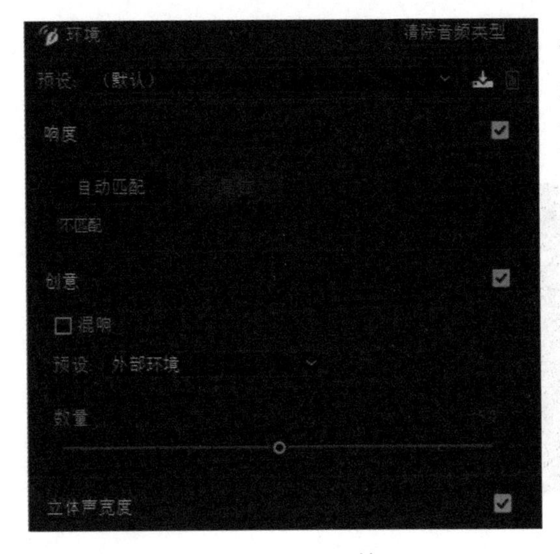

图 2-5-31　环境

其预设涵盖以下场景：（默认）、从外部、室内环境声、宽广深沉、聚焦。

2. 音频剪辑混合器

音频剪辑混合器（见图 2-5-32）提供调整音频电平和平移序列剪辑的控件。在播放序列时可以同时进行调整。音频剪辑混合器提供了直观的控件，用于调整音轨上选中的音频剪辑的音量、平衡以及设置静音、独奏等，并且可以使用关键帧功能。要打开音频剪辑混合器，可以从主菜单选择“窗口”→“音频剪辑混合器”选项，或者直接在工作区选择“音频”(见图 2-5-33)。

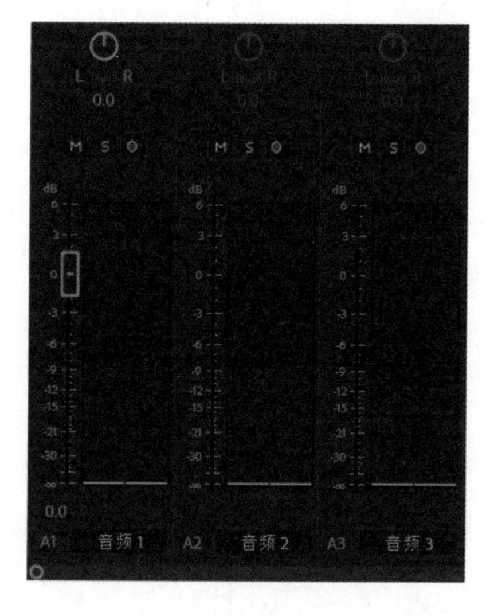

图 2-5-32 音频剪辑混合器

图 2-5-33 工作区→音频

音频剪辑混合器起着检查器的作用，其音量滑块会影响剪辑的音量水平。

其中各控件具体功能作用如下：

• 音量：音量控制器是行业标准的控件，以真实世界的音频调音台为基础，模拟真实混音台，向上推动用以增大音量，向下推动减少音量。在播放序列时，也可以使用音量控制器为剪辑添加关键帧。

• 平衡：用以调整立体声音频剪辑中左、右声道的相对音量。

• 写关键帧：在播放序列的同时手动调节音量控制器或平衡控件，会同时自动创建关键帧，在播放时，音量控制器滑块或平衡控件滑块会随着设置好的关键帧进行变化。另外，可以在“首选项”→“音频”→“自动关键帧优化”选择“减少最小时间间隔”按钮，以设置防止产生过多的关键帧。需要注意的是，所有的关键帧都可以在时间轴面板和效果控件面板上使用选择工具或钢笔工具进行调整。

3. 音轨混合器

音轨混合器（见图 2-5-34）主要实现对整条音轨的控制，可以用于调整整体音轨的左右平衡、音量级别及设置静音、独奏等，并且可以进行录制。

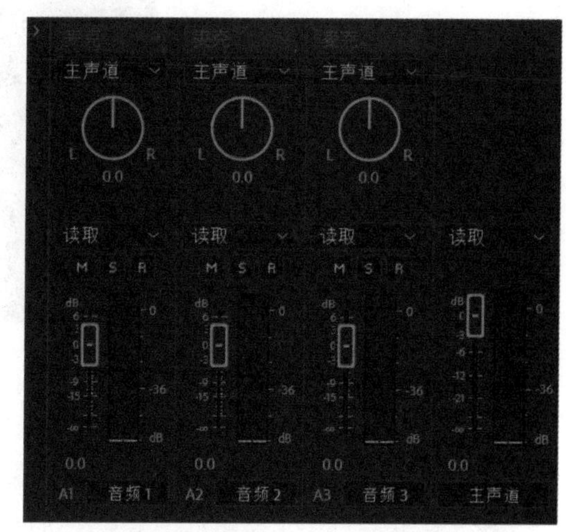

图 2-5-34 音轨混合器

（1）各控件效果

各控件具体功能作用如下：

①轨道输出分配：可以将声道输出到主声道或子混合。

②自动模式。

• 关：停用自动模式。

• 读取：默认模式，此模式下会读取手动设置的关键帧。

• 写入：在播放音频的同时拖动音量滑块，可以写入关键帧。

• 触动：跟写入模式一样写入关键帧，在松开关键帧后，会逐渐回弹到后一个关键帧。

• 闭锁：跟触动模式一样写入关键帧，不会回弹，但会直线回到下一个关键帧。

注意，可以在时间轴面板左侧的“显示关键帧”按钮中选择“轨道关键帧”或“轨道声像器”，以便直观地观察。

③效果：展开后可以为轨道添加效果，EQ、VST 等第三方效果控件也在此处。双击效果后，可以进入参数设置界面，或者可以在已添加的效果上右击，选择该效果的预设。

④发送：通常用来将轨道的信号路发送到子混合音轨或主声道以便进行效果处理，每个轨道有 5 个发送。例如，添加一个子混合轨道用于混响效果，将需要混响效果的音轨发送到子混合音轨，在子混合音轨设置好混响效果后便完成了。

（2）子混合

关于子混合：子混合是一个特殊的轨道，功能类似于 Audition 中的总线，它合并了从同一序列中的特定音轨或轨道发送路由到其音频信号，是音频轨道与混合轨道（此前称为主轨道）之间的中间步骤，在对多条音轨进行同样的处理时可以发挥较好的作用。

和包含剪辑的音轨一样，子混合可以是单声道、立体声或 5.1 环绕立体声。子混合在“音轨混合器”和“时间轴”面板中均显示为全功能轨道，因此可以像编辑包含音频剪辑的轨道属性那样编辑子混合轨道属性。但是，子混合与音轨有以下不同之处：

①子混合音轨不能包含剪辑，不能向其进行录制，因此子混合音轨不包含任何录制、设备输入选项或剪辑编辑属性。

②在音轨混合器中，子混合的背景比其他轨道要暗一些。

③在时间轴面板中，子混合没有“切换轨道输出”图标以及“显示样式”图标。

使用子混合，可以选择“序列”→“添加轨道”→“添加音频子混合轨道”选项；或者在时间轴左侧面板右击选择“添加音频子混合音轨”选项；也可以展开音轨混合器左上侧的“显示 / 隐藏效果和发送”，在“发送”里创建（见图 2-5-35）。

添加轨道(T)...

（a）

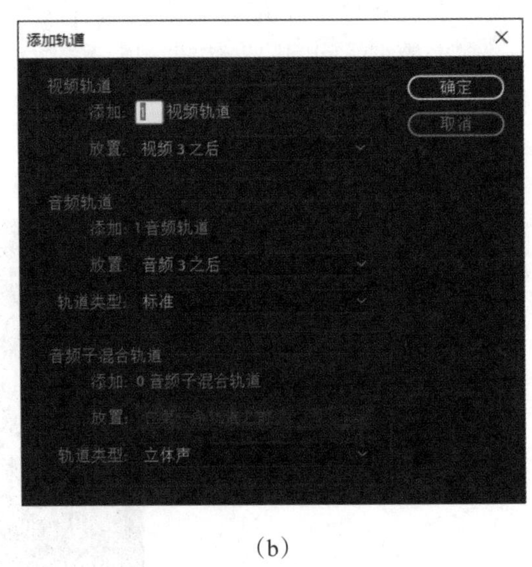

（b）

显示/隐藏效果和发送

（c）

图 2-5-35　添加子混合轨道

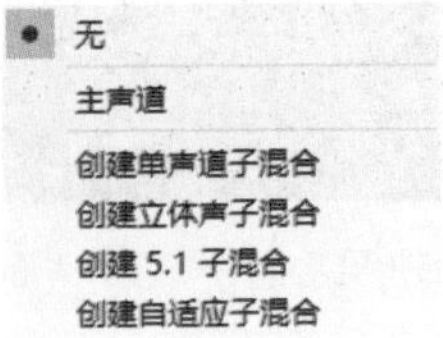

无
主声道
创建单声道子混合
创建立体声子混合
创建 5.1 子混合
创建自适应子混合

图 2-5-36　子混合选项

Premiere Pro 也支持同时创建子混合并分配发送，在音轨混合器中从 5 个发送列表菜单任一选择“创建单声道子混合”“创建立体声子混合”“创建 5.1 子混合”或“创建自适应子混合”即可（见图 2-5-36）。

（3）录制混音

使用音轨混合器，可以在序列回放时对音轨应用进行更改，可以即时收听所做任何更改的结果；可以控制某轨道或其发送的音量、平移或静音设置、可以控制轨道效果的所有效果选项，包括旁路设置等。在音轨混合器将更改录制为音轨中的轨道关键帧，但不会更改源剪辑。

音轨混合器的每条声道对应时间轴中的一条音轨，使用音轨混合器每条声道中的控件来记录其对应音轨的更改。例如，要改变音频 1 轨道中剪辑的音量电平，就使用音轨混合器的音频 1 声道中的音量滑块。

使用音轨记录器记录对音轨的更改，其具体应用操作如下：

①在“时间轴”或“音轨混合器”面板中，将当前时间设置为要开始录制自动更改的时间点。

②在音轨混合器中，从要更改的每条轨道顶部的“自动模式”菜单中选择一个自动模式。要录制更改，可以选择“关”或“读取”以外的其他模式（见图 2-5-37）。

③在音轨混合器中，执行以下操作之一：

- 要启动自动操作，单击音轨混合器的“播放 - 停止切换”按钮（见图 2-5-38）。
- 要连续循环播放序列，单击“循环”按钮（见图 2-5-39）。
- 要从入点播放到出点，单击“从入点到出点播放视频”按钮（见图 2-5-40）。

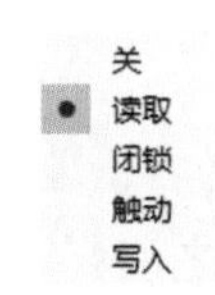

图 2-5-37　自动模式选项

图 2-5-38　播放 - 止切换

图 2-5-39　循环

图 2-5-40　从入点到出点播放视频

④在音频回放时调整任何可自动操作属性的选项。

⑤要停止自动操作，单击“停止”按钮 。

⑥要预览更改，将当前时间更改为开始更改的点，并单击“播放”按钮。

⑦要查看所创建的关键帧，请执行以下操作：

- 单击所更改音轨的轨道头处的“显示关键帧”按钮，并选择“轨道关键帧”选项（见图 2-5-41）。
- 单击所更改音频剪辑左上方的剪辑头，并从下拉菜单中选择所录制更改的类型。例如，如果变着更改的音量关键帧，可以选择“显示关键帧”→“轨道关键帧”→“音量”选项（见图 2-5-42）。

在录制音频混合时保留轨道属性，其具体应用操作如下：

⑧在某轨道的“效果和发送”面板中，右击某一效果或发送，然后从菜单中选择“写入期间安全”选项（见图 2-5-43）。

图 2-5-41　轨道关键帧选项　　图 2-5-42　音量选项　　图 2-5-43　写入期间安全选项

使用音轨混合器自动模式的应用操作如下：

⑨自动模式可以在每条轨道顶部的菜单中进行设置。例如，在回放期间拖动某轨道的音量衰减器或声像控件。如果在轨道自动菜单设置为“读取”、“触动”或“闭锁”重播音频时，Premiere Pro 会使用所做的调整来回放该轨道。

当对音轨混合器的声道进行调整时，Premiere Pro 会在时间轴面板中创建轨道关键帧，以将更改应用到其相应的轨道。反之，在时间轴面板中添加或编辑的音轨关键帧也将设定音轨混合器中的值（如衰减器位置）。

⑩对于每条音轨，自动选项菜单中的选择决定了该轨道在混合过程期间的自动状态，其中状态显示如下：

• 关："关"模式为回放期间忽略轨道的存储设置。关模式可以实时使用音轨混合器控件，而不会出现来自现有关键帧的干扰。但是，在关模式中不会录制对音轨所做的更改。

• 读取："读取"模式为读取轨道的关键帧并在回放期间使用它们来控制轨道。如果轨道没有关键帧，则调整某轨道选项（如音量）会统一影响整条轨道。如果调整已设置为"读取"自动模式的轨道的某个选项，当停止调整时该选项会返回到其先前的值（在录制当前自动更改之前）。返回速率取决于"自动匹配时间"首选项。

• 写入："写入"模式为录制对未设置为"写入期间安全"的任何可自动操作轨道设置所做的调整，并在时间轴面板中创建相应的轨道关键帧。回放一旦开始，"写入"模式就会写入自动操作，而不会等待某设置更改。要更改这一行为，可从"音轨混合器"菜单中执行"写入后切换到触动"命令。在回放停止或回放循环周期完成之后，"写入后切换到触动"命令会将所有"写入"模式轨道切换到"触动"模式。

• 闭锁："闭锁"模式与"写入"模式相同，不同之处是，只有在开始调整某一属性之后，才会启动自动操作。初始属性设置来自前一调整。

• 触动："触动"模式与"写入"模式相同，不同之处是，只有在开始调整某一属性之后，才会启动自动操作。当停止调整某属性时，其选项设置将返回到其先前状态（在录制当前自动更改之前）。返回速率取决于"自动匹配时间"音频首选项。

当"触动"模式中停止调整某一效果属性时，该属性将返回到其初始值。在读取模式中，如果受影响的参数存在关键帧，也会出现这种情况。"自动匹配时间"首选项指定了某一效果属性返回到其初始值的时间。

在音轨混合器中自动进行音频更改会在音轨中创建不必要的关键帧，从而导致性能降低，避免创建不必要的关键帧，从而确保高品质的解释和最少的性能下降，可以设置"自动关键帧优化"首选项。在主菜单中选择"编辑"→"首选项"→"音频"选项，在"自动匹配时间"中输入一个值（见图 2-5-44），单击"确定"按钮即可。

另外，通过指定自动关键帧创建可以优化过程，选择"编辑"→"首选项"→"音频"选项，在"自动关键帧优化"中选择"线性关键帧细化"或"减少最小时间间隔"选项（见图 2-5-45）。

图 2-5-44 自动匹配时间

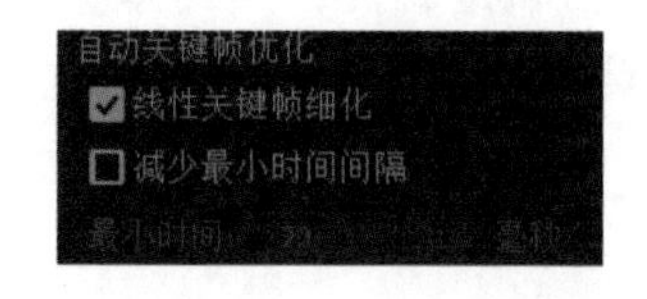

图 2-5-45 自动关键帧优化

4. 音频工作流程概述

虽然不同音频的工作流程的详情各不相同，但它们都拥有相同的关键要素：

①校正并匹配各种类型音频（人声、音乐、重点音频效果和环境声音）的响度级别。

②优化混合、调整相对级别以确保可以听到清晰的关键元素（例如对话）。

③确保级别符合广播法。

④在时间允许的情况下，应用创意调整以获得更加出色的混合。

传统的音频混合是一种手动过程，涉及大量的检查和复核结果工作。使用基本声音面板，可以更快速地完成所有核心音频工作。

5. 声音转场

我们在上一节的视频转场效果练习中学习了无技巧型转场以及技巧型转场的不同类型技巧，其中就包括了声音转场上，即本节课学习的内容，这里将详细地介绍什么是声音转场。

（1）概念

声音是视频中必不可少的一个重要元素，声音元素和视觉元素一样，可以渗透到对视频节奏、叙事、情绪各个方面的塑造。想要制作好一部视频，声音和画面必须紧密配合，才能给观看者一个完美的视听体验。

声音转场是利用音乐、音响、解说词及对白等不同声音手段，再结合画面并在两者互相的配合下实现转场，是转场的惯用方式之一。

一般情况下声音转场的方法有两种：J-cut 和 L-cut，即我们常说的先声夺人和声音延迟（见图 2-5-46）。

① J-cut 就是下一个场景的声音先入，让观众提前对下一场景有一定的代入感，这样当镜头画面切换到另一个场景时，观众已经有了一个预期感知，这样在我们观看时就没有跳跃的感受了。

② L-cut 就是当前场景的声音没有随着画面的结束而停止，而是在下一个场景继续延伸，这种声音的转场更能凸显上一个场景情节事件的重要性，作为镜头组接的手段来过渡画面。

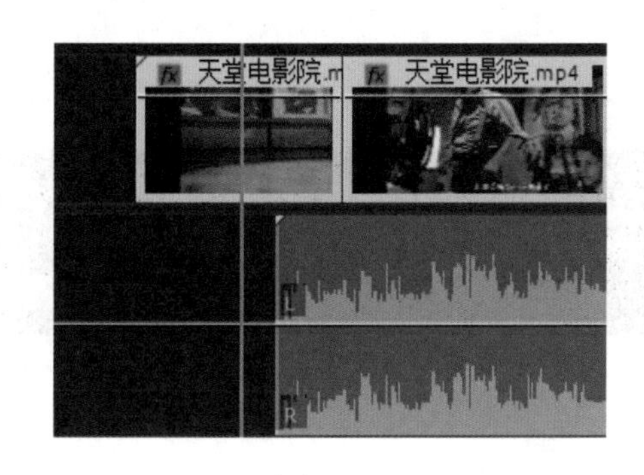

（a）J-cut

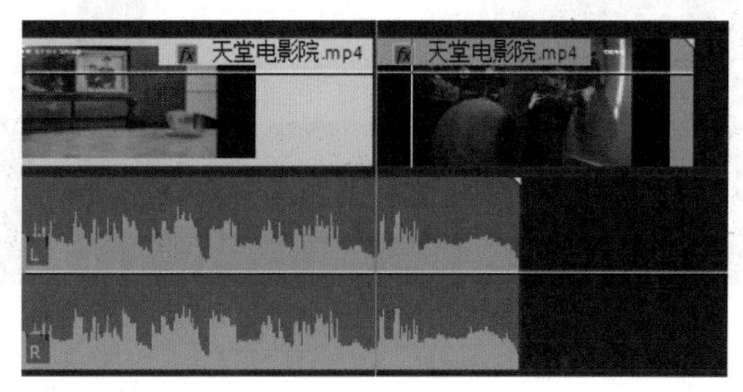

（b）L-cut

图 2-5-46　J-cut 与 L-cut

③相似性声音。除了上面两种方法外，我们还可以利用两个镜头间具有某种相同或相似的声音特征进行声音的匹配来达到更加巧妙、自然的转场效果。相似性声音就是指上下场景的声音在音强、音质、音高方面相似，直接切换时声音变化的感觉不明显，从而实现流畅的转场。

④声音反差。与相似性声音相反，声音反差是指将两个具有很大反差的声音进行组接，以加大段落间隔从而引起观众注意，加强镜头的叙事节奏性。其表现常常为某声音突然戛然而止，镜头转换到下一段落，或者后一段落声音突然增大或出现，利用声音的吸引力促使人们关注下一段落。

（2）作用

①利用声音过渡的和谐性，自然地转换到下一画面，其主要方式是声音的延续、声音的提前进入、前后画面声音相似部分的叠化。

②实现时空的大幅度转换，比如在街采节目中，可能有不同的对象回答同一个问题，这样就可以利用回答中的呼应关系，连接不同的时空，甚至剪辑出双方“交锋”的效果。

③处理好视频中的声音，可以起到完成影片叙事、推动剧情发展、渲染气氛等各种目的，还可以使上下镜头建立联系，以及使画面的转换实现自然的过渡，减少视觉的跳跃感。

四 实践程序

1. 新建序列与导入素材

右击“项目”面板，选择“新建序列”选项，将序列命名为“人声回避”，单击“确定”按钮后再右击“项目”面板，选择“导入”选项，找到素材的文件夹位置，单击“确定”按钮。接着，将素材拖放至时间轴，选择“更改序列设置”选项（见图 2-5-47）。

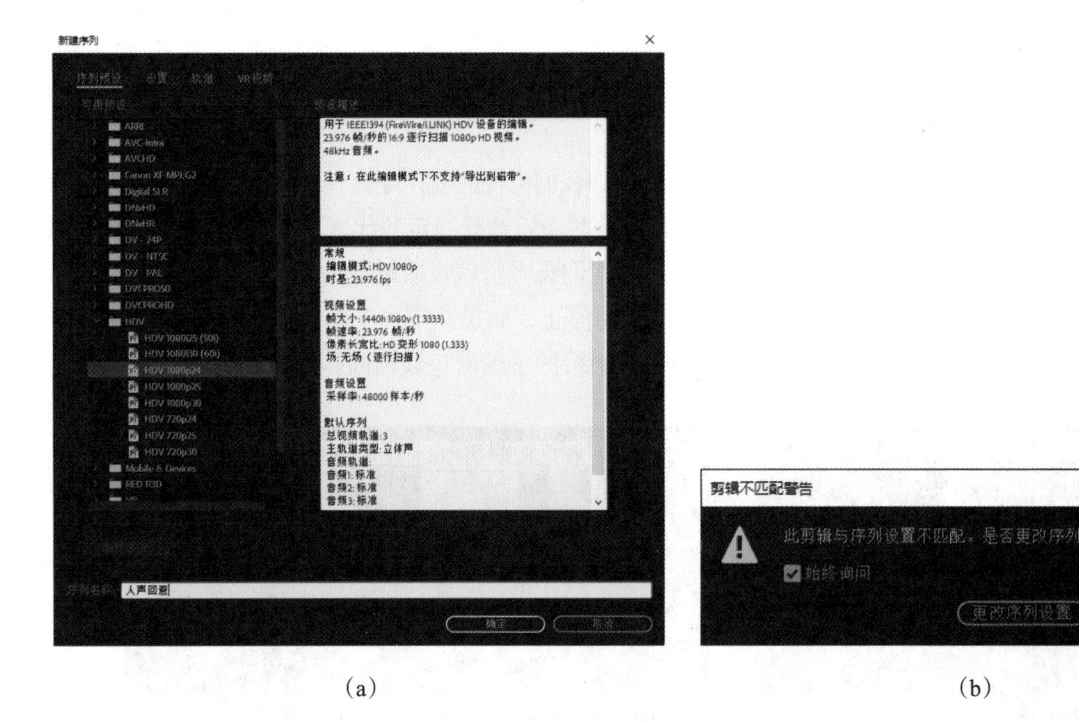

(a)　　　　(b)

图 2-5-47　新建序列和导入素材

2. 裁剪素材与导入音频

将导入的视频素材裁剪至合适的长度，接着再导入背景音乐的音频素材，然后将视频素材与音频素材对齐，取消视频素材与音轨之间的链接，将人声对白留出（见图 2-5-48）。

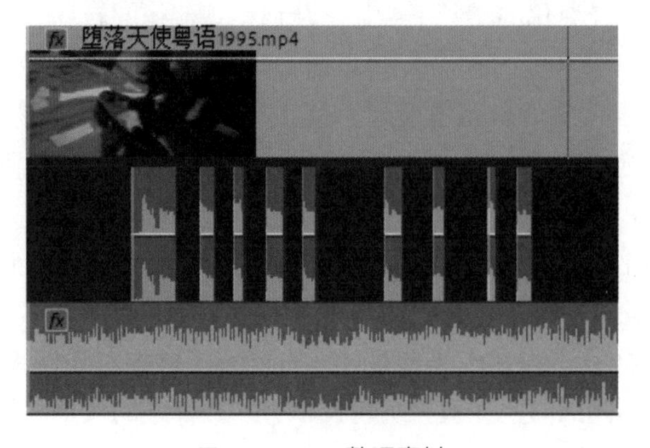

图 2-5-48　整理素材

3. 自动躲避人声

框选中人声对白的音轨，右击选择“编组”选项，这样单击其中一个片段就相当于选中整个音轨（见图 2-5-49）。

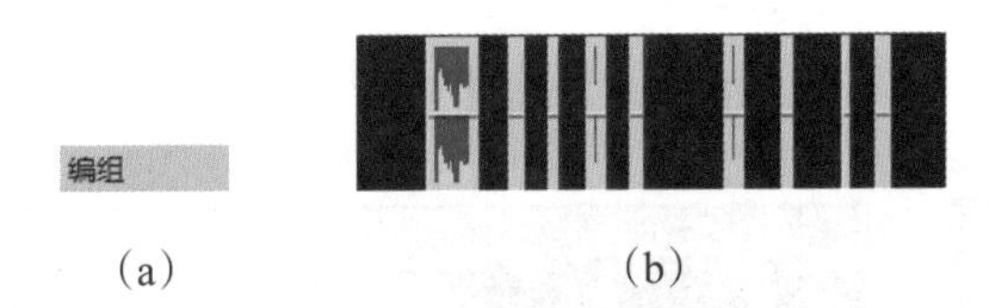

（a）　　（b）

图 2-5-49　编组人声音轨

接着，保持选中人声音轨的状态，单击“基本声音”面板的“对话”选项，展开“响度”一栏，单击“自动匹配”选项（见图 2-5-50）。

在“剪辑音量”处增强声音的级别，参数值为“1.3”分贝（见图 2-5-51）。

图 2-5-50　自动匹配

图 2-5-51　调整剪辑音量级别

单击选中背景音乐的音轨，单击“基本面板”的“音乐”选项，接着在“响度”下方选择“自动匹配”选项，勾选“回避”选项，同时调节“敏感度”和“闪避量”以及“淡化”的参数值，最后单击“生成关键帧”选项，Premiere Pro 就会自动为音频轨道设置关键帧，一个简单使用“基本声音”面板实现“人声回避”功能的练习就完成了（见图 2-5-52）。

（a）

（b）

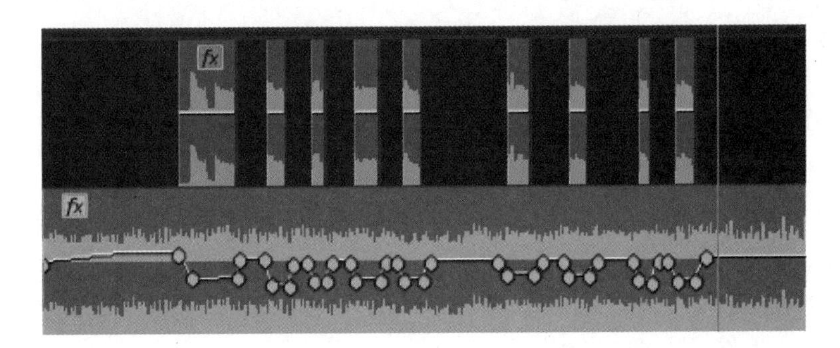

（c）

图 2-5-52　自动“人声回避”

4. 手动躲避人声

有些时候，我们发现使用自动躲避人声的选项会出现一些瑕疵，在时间充裕的情况下，可以选择使用手动操作来实现躲避人声的效果。

同样导入视频素材以及音频素材，裁切好素材的大小并对齐音轨（见图 2-5-53）。

接着取消视频轨道与音频轨道的链接，将人声独白空出（见图 2-5-54）。

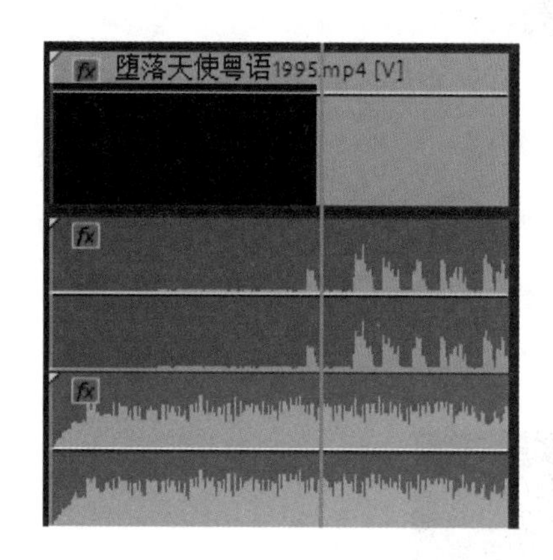

图 2-5-53　对齐素材

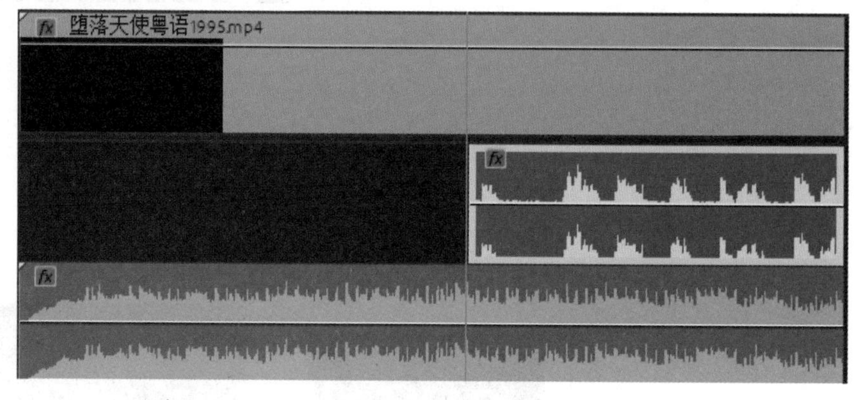

图 2-5-54　整理素材

在“基本声音”面板中调节人声轨道以及音频轨道的响度，将人声轨道设置为“对话”，在“响度”下单击“自动匹配”按钮，接着将音频轨道设置为“音乐”，在“响度”下单击“自动匹配”按钮（见图 2-5-55）。

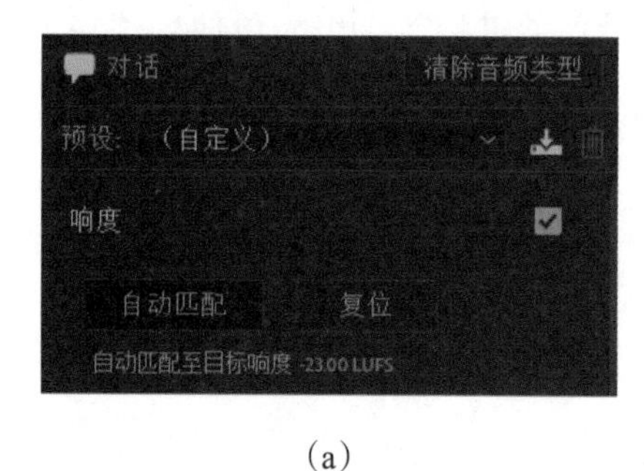

（a）

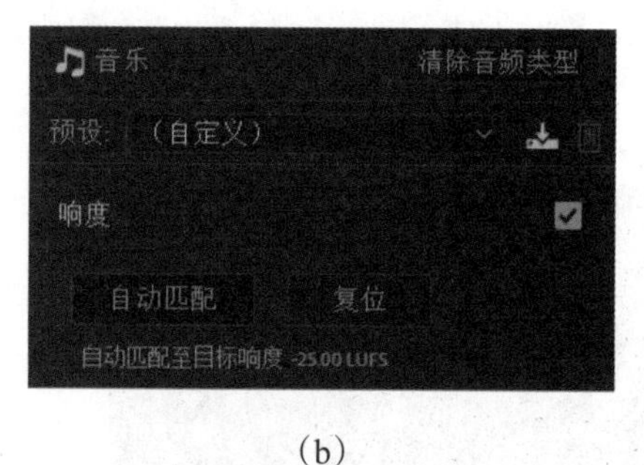

（b）

图 2-5-55　对话与音乐自动匹配

接下来进入到手动打关键帧的过程，垂直放大时间轴的视图，或者在时间轴左上角的“时间轴显示设置”中选择“展开所有轨道”选项（见图 2-5-56）。

图 2-5-56　展开所有轨道

接着找到音频轨道的控制线，对比人声轨道，在有对白的地方按住“Ctrl”键，单击控制线逐个添加关键帧，直到所有的对白下方对应的音频轨道都设置了关键帧（见图 2-5-57）。然后，在有对白的位置向下拖动关键帧，在无对白的位置向上拖动关键帧，使其形成有起伏的关键帧曲线（见图 2-5-58）。

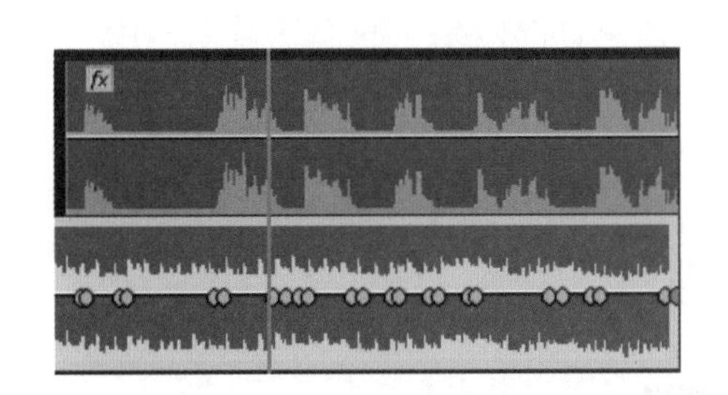

图 2-5-57 添加关键帧

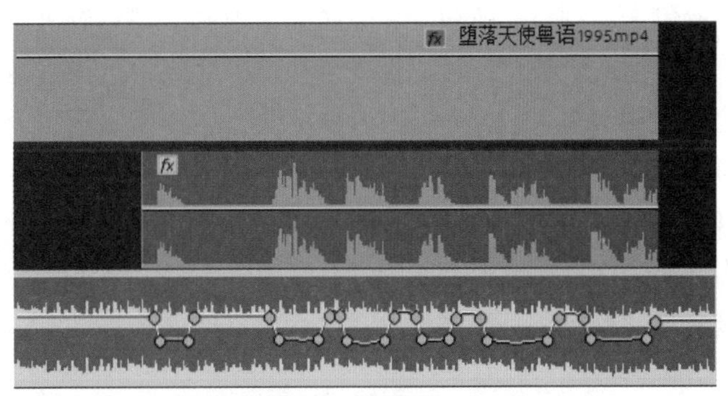

图 2-5-58 平滑关键帧曲线

此时我们可以发现，经过手动调整的人声回避效果会更加细致。当然，如果在实践中发现要调整的内容太多的情况下，我们可以先将素材进行自动化的关键帧生成，然后再进行手动的细微调整。

5. 知识补充：处理声音的几种方式

除了人声回避的声音效果，利用 Premiere Pro 还可以完成以下针对声音的几种不同的处理方式：

（1）模拟正在通话中的声音效果

导入声音素材，在“效果”面板中搜索“多频段压缩器”，将效果添加到音频轨道上（见图 2-5-59）。

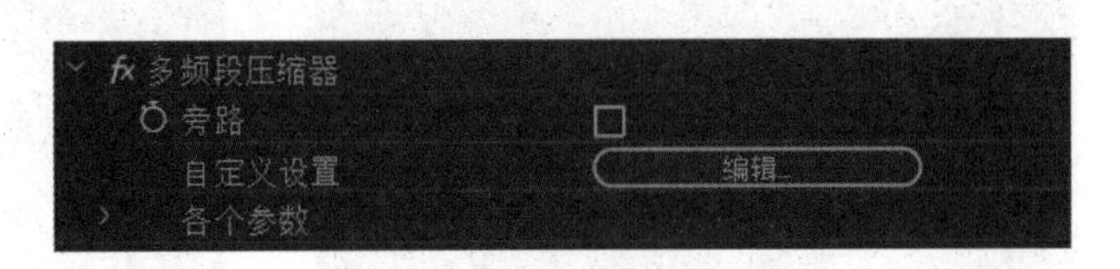

图 2-5-59 多频段压缩器

单击“编辑”按钮，会弹出一个“剪辑效果编辑器”窗口（见图 2-5-60）。

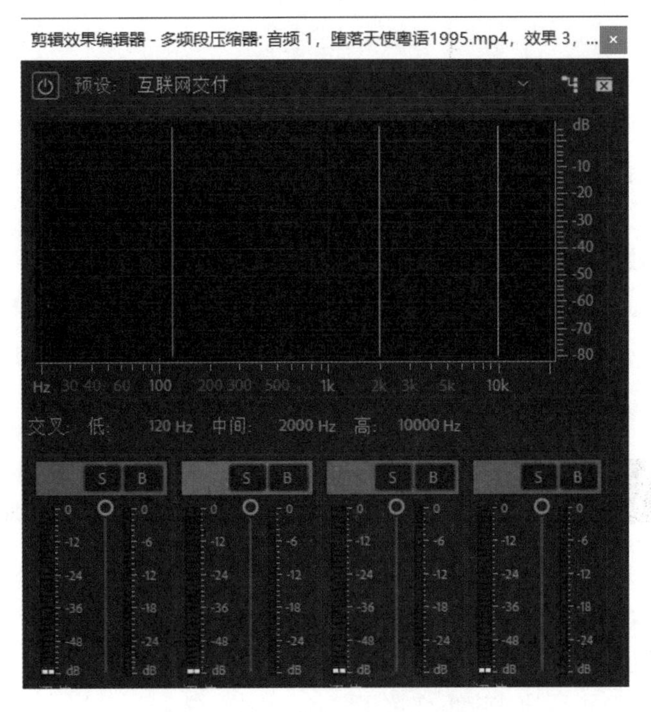

图 2-5-60 剪辑效果编辑器窗口

接着单击“预设”按钮，在下拉菜单中选中“对讲机”选项（见图 2-5-61），然后关闭窗口。

单击“播放”按钮，可以发现音频效果变成了对讲机通话产生的声音。

除了使用“多频段压缩器”中的“对讲机”预设来实现通话声音的效果，我们还可以使用“基本声音”面板来实现类似效果。

打开“基本声音”面板，选中音频，将音频类型设置为“对话”，在“透明度”下勾选“EQ”的选项（见图 2-5-62）。

接着在“预设”一栏中选中“电话中”选项（见图 2-5-63）。

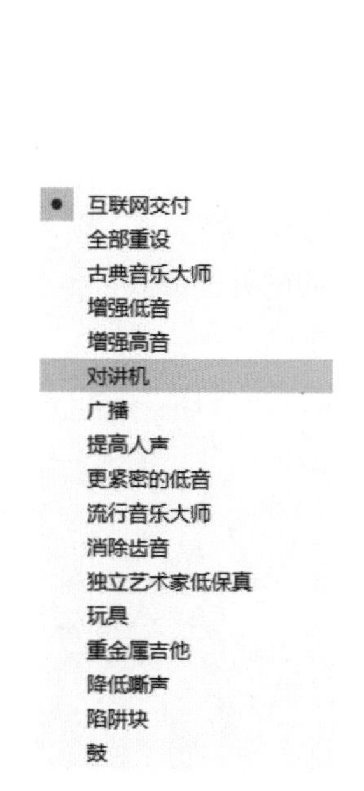

图 2-5-61　选择对讲机

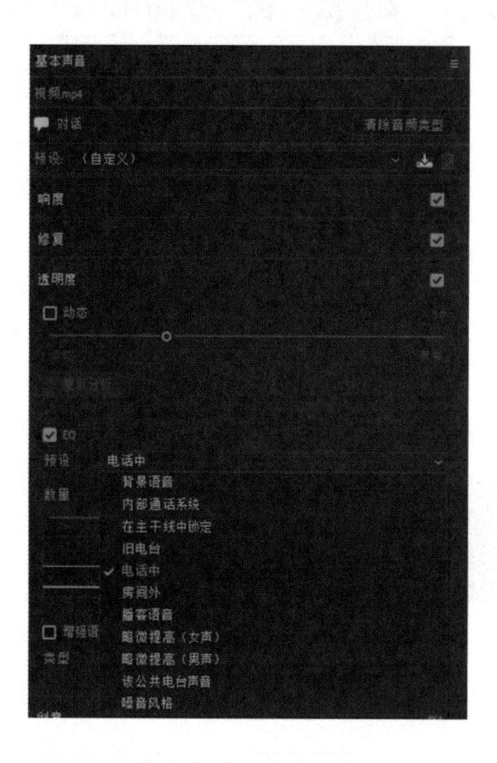

图 2-5-62　勾选 EQ

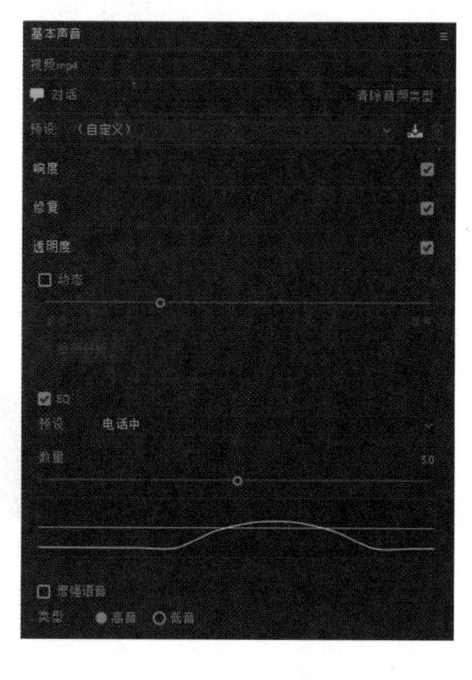

图 2-5-63　选择电话中

根据声音的音色不同来调整声音的“数量”，这里参数设置为“7.0”左右（见图 2-5-64）。

如果觉得音色难以分辨性别，可以勾选“增强”选项，然后根据声音的性别来设置加强的方向（见图 2-5-65）。

（2）模拟变声的两种效果

我们经常可以在一些短视频中听到变声过后的声音，那么如何来实现这种效果呢？

音频变声，最简单的方式是通过修改音频的速度来完成，导入音频，右击音频选择“速度 / 持续时间”选项（见图 2-5-66）。

图 2-5-64　设置声音数量值

图 2-5-65　选择增强

图 2-5-66　速度 / 持续时间选项

接着在弹出的“剪辑速度 / 持续时间”窗口中将“速度”的参数值设置为“200%”（见图 2-5-67），这时我们会发现声音变得尖锐，说话的速度也变快了。

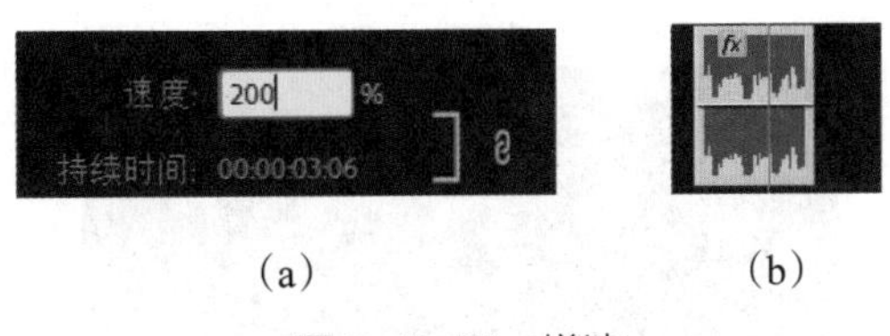

(a)　　　　(b)

图 2-5-67　增速

那么反之，将“速度”参数值设置为“50%”（见图 2-5-68），单击“确定”按钮后，可以发现声音变得浑厚，讲话的速度也变得缓慢了。

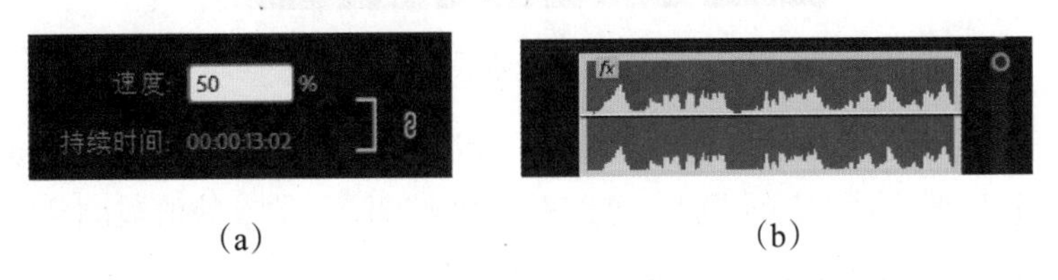

(a)　　　　(b)

图 2-5-68　降速

如果不想改变声音的音调，那么只要勾选“保持声音音调”选项即可（见图 2-5-69）。

图 2-5-69　保持音频音调选项

以上方法是通过调整音频的“速度”来改变声音的音调，如果想要在不影响正常速度的情况下对声音做出改变，可以通过音频效果的“时间与变调”来实现声音变调的效果。

在“效果控件”面板中找到“音轨混合器”面板，展开“显示 / 隐藏效果和发送”控件，单击工具栏中的“效果选择”，在下拉菜单中找到“时间与变调”选项，选择“音高换挡器”选项（见图 2-5-70）。

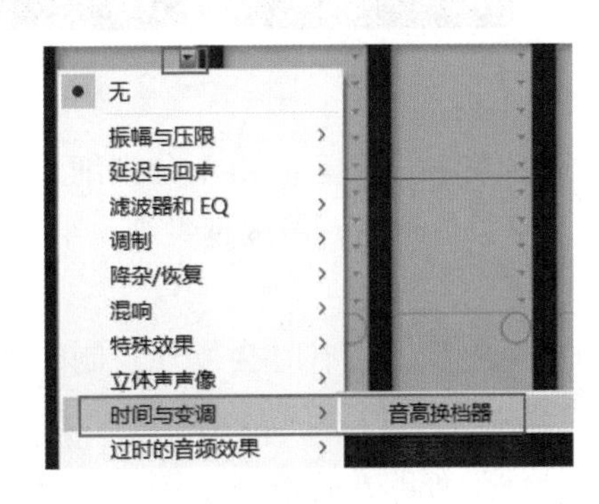

(a) 显示 / 隐藏效果和发送　　(b) 选择音高转换器

图 2-5-70　“时间与变调”改变声调

双击“音高换挡器”，在弹出的“轨道效果编辑器”窗口下预设一栏选择“伸展”选项，变调中的半音阶和音分会调到相应数值（见图 2-5-71）。

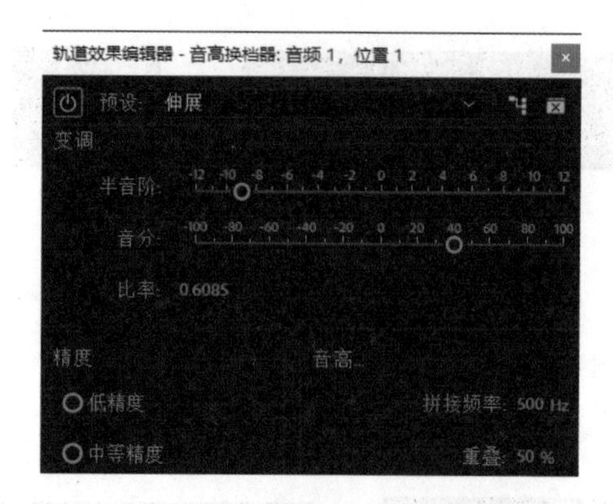

图 2-5-71 轨道效果编辑器窗口

试听一下效果，可以发现该音频的声音变得嘶哑、粗糙，此时半音阶的参数为负值。

我们还可以将预设设置为“愤怒的沙鼠”，可以看到“半音阶”的参数值被调到了最高（见图 2-5-72）。

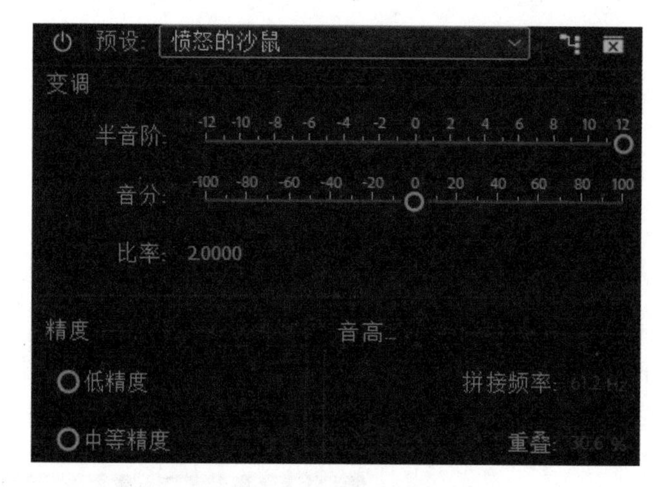

图 2-5-72 选择愤怒的沙鼠

这时播放音频会发现，音频的声音变得十分尖细。从中我们可以看到，半音阶参数的改变会直接影响声音的声调，其中半音阶数值越高，声调越尖细；半音阶数值越低，声音越低沉、沙哑。

（3）如何给声音降噪

将拍摄好的视频拖放至电脑上，有时会发现录制的视频声音会出现刺耳的噪声，这时我们可以利用 Premiere Pro 来对视频的音频轨道进行降噪处理。

导入一段没有经过任何处理的音频素材，按下播放键，此时可以听到录制下来的声音是不清晰且有底噪的（见图 2-5-73）。

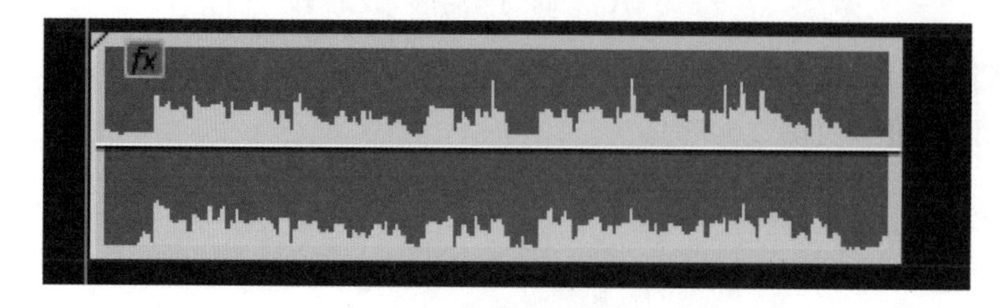

图 2-5-73 原音轨波形

通过观察图 5-3-74，我们可以发现，在还没开始说话的时候，音频轨道的波形就已经录制进了嘈杂的背景音，通过仔细辨别可以判断是风扇的声音，那么需要解决的就是将背景中的风扇声予以消除或降低（见图 2-5-74）。

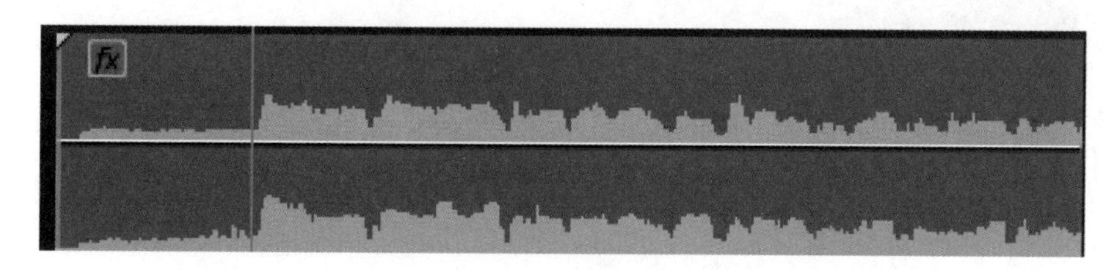

图 2-5-74　噪音部分音轨

单击打开“基本声音”面板，将音频设置为“对话”；单击展开“修复”面板，勾选“减少杂色”选项，选中之后具体的数值可以根据音频的噪声来适当进行设置，这里将参数设置为“8.0”（见图 2-5-75）。

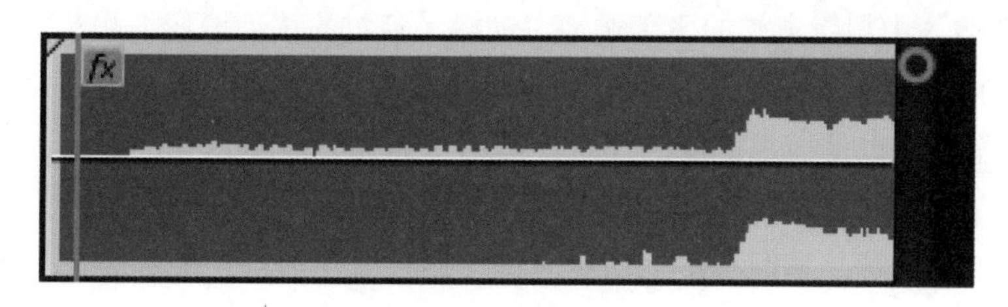

图 2-5-75　设置减少杂色

完成之后再次播放音频，我们可以发现，背景的噪声几乎被消除掉，这就是一个简单的给视频声音降噪的方法。

需要注意的是，使用“减少杂色”虽然可以给音频降噪，但是参数设置得越高，则会使音频音色磨损得越严重，从而导致声音失真，所以我们在对音频进行调整时一定要把握好合适的尺度，最好的方式就是在前期进行录音时就将声音环境处理好，后期仅需要进行微小的调整。

以上就是几种对声音进行不同处理方式的分享，希望同学们能够多加练习，勇于尝试软件提供的每一个功能，以便在之后的创作中能够使用合适的技巧，给自己的作品增加更多精致的细节。

第六节

项目训练六——视频特效 1：逆世界效果

我们经常能从电影中看到一些令人惊艳的视觉场景，影像呈现给人们的，除了有遵循客观、理想的自然风光的拍摄，也有不存在于现实世界的幻想，像令人印象深刻的《盗梦空间》中颠倒、无视物理规则的梦境，《复仇者联盟》中超级英雄的飞天遁地，动漫《哈尔的移动城堡》漫步天际的奇异幻想，无论哪一种，其能够呈现在观众眼前，靠的就是技术的不断进步。

非线性编辑发展至今，也是技术进步的体现，借由这类拥有技术依托的工具，人们的思想火花得以放大、释放乃至共享。

有助于前五节的项目训练，我们基本上已经对一部视频短片剪辑，能够运用到的技术及相关知识理论有了一定的认识。虽无法书尽，但这里会尽量将最基础的部分讲得详细、透彻，因为万般繁华中需要最坚实的地基作为依靠。

接下来，本章节将进入最后两节的项目实训，其内容皆与视觉呈现相关，但不同于调色训练中对客观画面色彩的精确把控，本章节的实训内容更为侧重画面内容是否能够给人带来惊喜。

一 课程概况

本节内容我们将通过对视觉特效的一种——逆世界效果，进行案例分析来了解什么是视觉特效。此类对画面有着颠覆意义的特效现在也常用于宣传、广告或旅拍视频当中，其实现难度并不高，在前五节有关 Premiere Pro 软件的相关知识讲解中就已经涉及如何来实现这一效果，因而本节内容的重点不在于如何操作，而在于如何去判定该如何操作。

本节案例流程大致包括新建或打开已有项目、导入素材并拖至时间轴、进行转码或使用代理文件、使用相关效果以及进行调整、浏览效果并导出文件。

1. 课程主要内容

包括①转码；②使用代理文件；③镜像效果；④蒙版与跟踪。

2. 训练目的

学生通过本节项目训练，一方面可以掌握相关操作及理论知识，另一方面可在将来创作丰富视觉创意作品，提升画面质量。

3. 重点和难点

重点：掌握逆世界效果所需的相关知识与应用命令。

难点：理解影响该视觉特效的各方面因素。

4. 作业及要求

作业：完成一个具有逆世界效果的宣传片。

要求：具备基本视觉美感，对画面构图布局有一定的理解，运用逆世界效果所需的相关命令。

二 案例解析

1. 转码—中间编码

首先大家需要理解什么是视频的编码（code），本书第一章简略说明了 Premiere Pro 支持的编码格式，这里再次进行简要的说明。

编解码器是一系列规则，它告诉计算机和电子设备该如何处理数字媒体文件。“编解码”这个词是“压缩 – 解压缩”或是“编码 – 解码”的简写。顾名思义，编码使视频文件更小以方便存储，然后在需要使用时将其解码为可用的图像。可以简单地理解为：编码就是视频压缩，不同的编码采用了不同的压缩方式，有些编码（压缩方式）适合储存，有些编码适合拍摄（捕捉所有画面细节），有些编码适合上传分享，有些编码适合调色，有些编码适合做特效，有些编码适合剪辑。

我们需要编码，是因为无压缩的视频文件太大了，一分钟的无压缩 4K 素材体积可达数十 GB。因此，绝大部分情况下不可能全程使用无压缩素材（没有经过编码的视频）进行工作，这样的素材太大、处理复杂且会拖慢系统工作效率。

在使用高质量文件（比如 4K、8K 视频文件）进行剪辑之前，建议先将源视频素材进行批量转码以便后续剪辑。

（1）导入和收录

将素材引入 Premiere Pro 的基本方法有两种：导入和收录。

①当“导入”媒体时，就相当于告知 Premiere Pro，这些文件是项目的一部分。Premiere Pro 会从原始位置播放导入的文件，而且可以在序列中编辑使用它们，所有编辑和效果均会（非破坏地）应用到时间轴中，且整个过程不会接触原始文件（源媒体）。当准备好导出时，Premiere Pro 会引用原始文件，应用编辑及效果、图形和音频调整来生成新的文件进行最终输出。

②当进行“收录”媒体时，Premiere Pro 会创建这些文件的副本，它可能是直接复制的副本、中间媒体文件（使用适合后期制作的编解码器）或代理文件。

（2）转码的意义

在以下两种典型情况下，转码就可能有意义：

①如果系统硬件很难在不掉帧的情况下迅速解码媒体，这表明系统的配置不足以支撑使用特定的编解码器在原格式下进行后期编辑，使用转码可以帮助解决这一难题。

②使用中间编解码器 / 格式，通常是为了剪辑过程中的回放查看和优化后期制作。使用的文件大小大于 Long GOP（压缩率更高）媒体的情况下，中间编辑码器 / 格式与摄像机录制编解码器相比，该编解码器可最大限度地利用有限的存储空间，而代价则是会降低回放性能。

Long GOP、高度压缩的媒体（例如，大多数 DSLR 拍摄的媒体种类）通常需要更高的处理能力，而这会导致 Premiere Pro 总体性能降低。

（3）转码的好处

与大量协作者一起合作时，转码为单一编解码器和格式可以带来很多便利。要用到多种创意应用程序时，转码可以简化工作流程（在处理原生格式方面，并非所有这些应用程序都可以像 Premiere Pro 一样灵活）。转码用于后期制作的编解码器时，性能通常会提高。

需要注意的是，在处理较长的项目时，如果团队在后期制作时使用共享存储空间进行不同部分的工作，则转码通常需要更多时间。实际上，有些制作会设置一位专门的数字成像技术人员在现场负责媒体文件转码和整理，然后再交给编辑人员。

（4）转码的方式

有两种常用的转码工作流程：

①在后台中转码。

②使用 Adobe Media Encoder 监视文件夹转码。

这里的“转码”指的是在保持原始帧大小和帧速率的同时，更改用于存储视频和音频信息的编解码器。在工作流程的其余部分，转码后的素材将成为媒体的主版本，作为主版本的此素材现在将由 Premiere Pro 当作源媒体进行处理，并用于输出。

与代理文件的区别。代理工作流程使用了媒体的临时版本，仅降低编辑的硬件要求，在导出最终输出文件时，系统并不会引用这些文件。

其中，“后台转码”是对 Premiere Pro 项目收录设置进行配置，以便在导入时将所有媒体转码，设置过程较复杂。由于 Premiere Pro 支持此类广泛使用的原生格式，所以通常能够使用源媒体开始编辑，而无须等待转码过程完成。转码完成后，剪辑会自动重新链接到新版本的媒体，重新链接会在后台进行，除非想切换回去查看源媒体，否则不必在编辑时更改任何内容。

Adobe Media Encoder 会自动启动以便在后台执行转码，可以在 Adobe Media Encoder 中查看进度。由于 Adobe Media Encoder 是一个独立的应用程序，所以它对 Premiere Pro 中的工作影响很小。

2. 代理剪辑

在进行非线性编辑项目时，Premiere Pro 提供了卓越的性能，且提供了大量的媒体格式和编解码器。但是，有时人们发现剪辑过程中系统硬件在播放媒体时会出现严重的卡顿情况，这是由于导入项目的媒体属于高分辨率的素材，而计算机系统配置较低导致的。这时可以考虑使用代理剪辑来解决这一问题。

（1）概念

代理剪辑，大致原理为当剪辑高质量视频时，由于计算机配置低出现卡顿情况，需要将高质量视频进行转码，转换成低质量视频再进行剪辑，剪辑完成后再以高质量视频进行导出。由于人工对高质量视频进行转码花费时间较长，这时可以使用代理文件进行批量转码。

所谓代理文件，就是将所有的高质量源素材（比如 4K、8K 视频素材）进行重新编码，使源文件被压缩到一个更适合剪辑的编码。转码后的文件并不会替代源文件，而是会生成新的视频文件，生成的代理文件与源文件之间存在链接对应关系，这样在剪辑时就可以在代理文件与源文件之间无缝切换，提高工作效率。在使用代理文件之前，需要进行相应的设置，这样可以使剪辑变得更为流畅且效率更高。

（2）Premiere Pro 代理剪辑概述

①收录工作流程。

Premiere Pro 支持与 Adobe Media Encoder 应用程序进行代理文件编码的工作，也可以使用 Premiere Pro 的“媒体浏览器”面板在开始编辑前在后台自动收录媒体。

单击在“媒体浏览器”的左上角的扳手图标可以打开“收录设置”窗口（见图 2-6-1），在其中可以调整收录设置，勾选“项目设置”对话框中的“收录”复选框（见图 2-6-2）与“媒体浏览器”面板中的设置保持同步，切换打开后，当文件导入项目时可以选择以下方式进行收录设置。

图 2-6-1　打开“收录设置”窗口

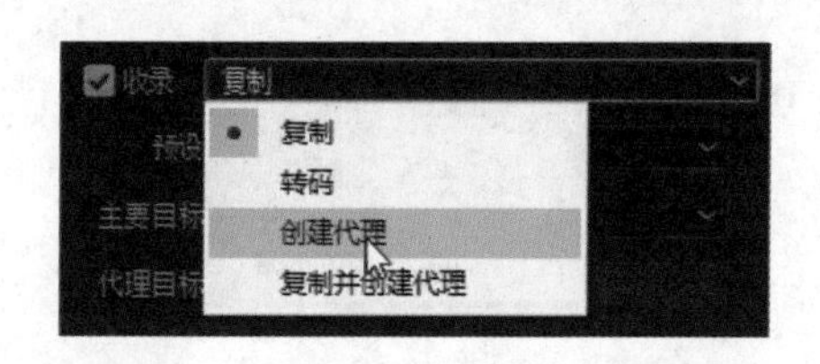

图 2-6-2　选择“创建代理”选项

• 复制：可以按照原样将媒体复制到一个新位置。通常在可移动媒体向本地硬盘传输摄像机素材时会使用这一功能。传输路径显示在“设置”提供的“主目标”选项中，在媒体完成复制后，项目中的剪辑将会指向这些文件的副本。

• 转码：可以将媒体转码成一种新格式保存在指定的位置。通常在用于将原始摄像机素材转码为后期制作设施中的一种特定格式。文件路径在“设置”的“主目标”选项中设置，格式由所选选项预设选择，在转码完成后，项目中的剪辑将会指向这些文件转码后的副本。

• 创建代理：使用此选项可以创建代理并将其连接到媒体。通常在编辑期间使用这一功能来创建分辨率较低的剪辑从而提升剪辑性能与工作效率。这些剪辑可以切换回完整分辨率的原始文件用于最终输出。生成的代理文件路径由“设置”中的“代理目标”选项指定，格式由所选选项预设指定。生成代理后，它们会自动连接到项目中的剪辑。

• 复制并创建代理：该选项可以复制媒体并为其创建代理，所有选项都附带一组默认预设，其文件目标设置为“与项目相同”，或者也可以选择一个自定义的目标或“Creative Cloud Files”文件夹。该文件夹会自动将文件同步到云，同样也可以使用 Adobe Media Encoder 创建自己的“收录”预设。

②代理连接工作流程选项。

在“项目”面板中右击视频、音频剪辑或素材箱可以查看“代理”选项及其下拉菜单内容中“创建代理”“连接代理”“重新连接完整分辨率媒体”的子菜单选项（见图 2-6-3）。

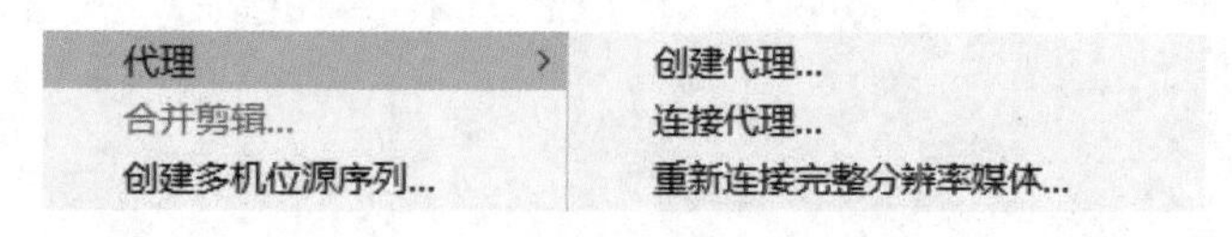

图 2-6-3　“代理”选项

选择“创建代理”会打开一个对话框（见图 2-6-4），其中的选项可以设置要转码的目标和格式，当选择此选项时，会将代理发送到 Adobe Media Encoder 队列，然后自动代理会连接到 Premiere Pro 中的剪辑。

图 2-6-4　连接 Adobe Media Encoder

选择“连接代理”(见图 2-6-5)，可以将代理剪辑连接到完整分辨率剪辑。

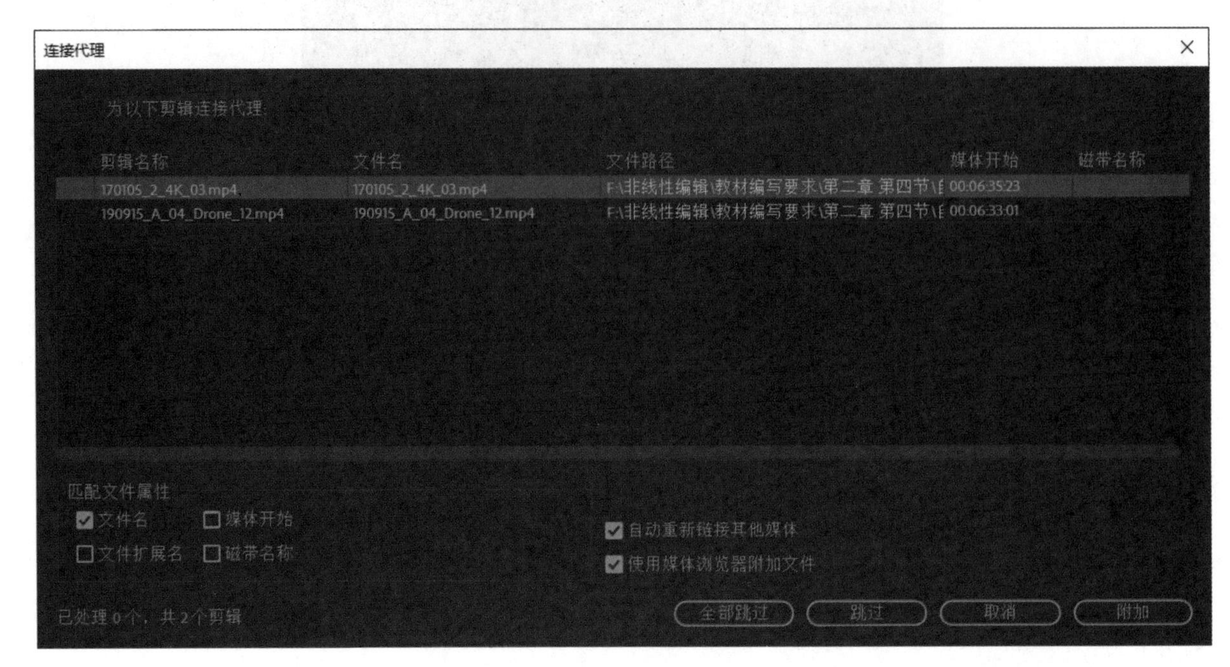

图 2-6-5 “连接代理”窗口

如果处于在线状态的只有代理剪辑，可以选择“重新连接到完整分辨率媒体”（见图 2-6-6），将完整分辨率剪辑连接到所选的代理剪辑。

图 2-6-6 “重新连接到完整分辨率媒体”窗口

③启用代理。

通过在主菜单选择“编辑”→“首选项”→“媒体”→“启用代理”选项（见图 2-6-7），或者通过按钮编辑器在节目监视器或源监视器中添加“切换代理”按钮（见图 2-6-8），可以打开“启用代理”选项。“启用代理”按钮的状态与这两个监视器及“首选项”相关，如果取消选择该选项，则 Premiere Pro 会在节目监视器及源监视器中显示完整分辨率剪辑，反之则会显示代理剪辑。

✔启用代理

图 2-6-7　启用代理选项

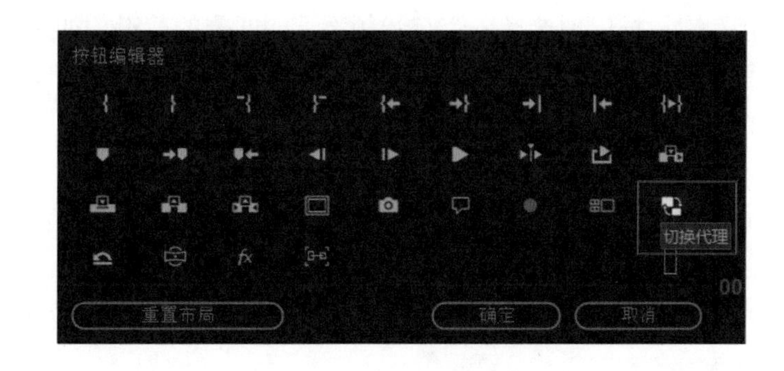

图 2-6-8　按钮编辑器

④连接代理和重新连接完整分辨率媒体。

当想重新链接或连接代理或完整分辨率剪辑时，可以使用后缀为“ -proxy”为代理媒体命名。在同一目录中保存代理和完整分辨率剪辑可能会导致错误的自动关联，也不建议剪辑使用完全一致的文件名，因为系统如果存在同名的其他剪辑，这些文件名也可能会关联到错误的剪辑。另外，如果一次连接一个剪辑，则不要选择“自动重新连接其他媒体”选项。

“连接代理”和“重新连接完整分辨率媒体”的选项仅适用于视频或音频 / 视频剪辑，不支持只有音频或静止图像（及图像序列）等其他文件类型。并非所有导入器的功能都相同，因此某些格式仅允许选择音频文件。在导入的文件非视频或音频 / 视频剪辑的情况下，尝试连接会导致连接失败，并提醒文件类型不匹配，这时需单击“确定”按钮返回“连接”窗口，重新选择一个兼容的剪辑。

需要注意的是“创建代理”不适用于脱机剪辑。

- 连接新媒体：即使已连接代理或完整分辨率媒体，也允许连接新媒体，但无法拆离代理。项目管理器、渲染并替换、AAF、Final Cut Pro XML、EDL、OMF 等交换选项不支持连接的代理，使用这些导出功能可能会丢失代理。
- 导出媒体：当选择“导出”时，导出媒体始终使用完整分辨率，而不使用代理。唯一例外的情况是，完整分辨率媒体处于脱机状态，而代理处于在线状态。在这种情况下，会显示一条警告，说明导出功能在使用代理。导出依据的是完整分辨率媒体参数（如帧大小），但是会导出代理帧。
- 预览渲染后的文件：即使已连接代理并且已设置“启用代理”，预览渲染文件也根据完整分辨率媒体来渲染。唯一例外的情况是，完整分辨率剪辑处于脱机状态，而代理处于在线状态。
- 撤销连接的代理：可以选择撤销“连接代理”。撤销操作不适用于“重新连接完整分辨率媒体”和“启用代理”选项。
- 支持的格式：完整分辨率媒体还支持主剪辑效果的源设置的格式（如 R3D 和 ARRI）；MCE 源设置格式不支持作为代理剪辑使用；支持的设置有 H.264 代理的 R3D 全分辨率；不支持 ARRI 完整分辨率媒体与 DPX 代理；代理工作流程不支持“修改”→“音频声道”选项和“解释素材”选项。
- 兼容性：Premiere Pro 中的代理功能与 After Effects 中的代理功能不兼容。After Effects 合成 / 项目也不支持“连接代理”和“重新连接完整分辨率媒体”（即 After Effects Dynamic Link 不支持代理）。代理工作流程不支持在 Adobe Audition Dynamic Link 中进行编辑。

受支持的工作流程允许代理使用可被完整分辨率剪辑整除的其他帧大小和组合（例如，1920 × 1080 1.0 完整分辨率及 960 × 540 1.0 PAR 代理或 1440 × 1080 1.33 PAR 代理），但是场扫描、帧速率、持续时间和音频声道等其他参数必须与之匹配。

当出现音频声道不匹配的情况时，Premiere Pro 会显示“连接失败”对话框。如果关闭此对话框，它将返回“连接”对话框以便选择一个与音频声道相匹配的剪辑。如果其他参数（帧速率、持续时间、场扫描和 / 或不可整除的帧大小 /PAR 组合）在完整分辨率和代理之间不匹配，则不允许使用这些参数，也不会发出警告，而且会导致一些问题。

（3）各术语概述

对于任意视频文件，在编辑过程中至少会使用两个版本：源文件和输出文件。除此之外，还可能使用中间编码器、代理或预渲染预览等，其中有关术语的概述如下：

①原生格式：原生格式的是对源媒体素材格式不进行编辑，直接进行导入、查看、创建序列、编辑、导出等工作流程。

②转码：转码指的是创建文件副本的过程，通常是为了更好地进行回放。转码结果使用相同的帧速率和帧大小，但使用格式可以在系统上更好地进行回放，比如手机素材格式为 H.264 或 HEVC，占用了大量处理器资源，则将其转码成如 ProRes 或 DNx 等编解码器可以更好地进行工作，但对于时间较短的项目进行转码则会浪费时间。

③代理：代理是源文件的轻量型副本，比如一段高质量的 4K 视频文件一分钟的文件大小可能高达几个 GB，而进行代理的副本文件可能只有几百或几十 MB。Premiere Pro 允许在收录期间创建代理，这意味着当开始使用源媒体进行编辑时，Premiere Pro 便可以在后台生成代理，代理完成后 Premiere Pro 会自动将源媒体替换成代理媒体，方便进行编辑工作，其添加到素材的所有编辑和效果都将应用在源文件以供导出。

④渲染：渲染指的是在编辑期间将效果与素材合并。如果系统速度开始降低，可以执行此操作以保持实时回放。

⑤预览：预览是“一次性”的渲染文件，可以加快编辑期间的回放速度。如果时间轴的某个部分在其上方有一条红线，则意味着 Premiere Pro 使用 CPU 来处理该部分或剪辑。如果回放断断续续，可以通过创建预览来修复此问题，选择“序列”→“渲染入点到出点的效果”选项，也可以选择“渲染入点到出点”选项以渲染该部分的所有内容（不仅仅是效果），使用该操作需要一些时间，因此在休息时间进行较好，使用“预览”的好处在于可以显著加快项目结束时的编码过程。

⑥编码：编码与最终输出的压缩有关。开始项目时可能是几百 MB、GB 的素材，在编辑过程中仅应用了其中的部分内容，编码时会提取在时间轴上的所有媒体（包括所有效果、图形和音频）并进行压缩以实现文件大小和媒体质量的最佳平衡。

⑦中间编解码器：中间编解码器指的是后期制作格式，例如 Apple ProRes、Avid DNxHD/HR 和 GoPro Cineform 等编解码器。这些编解码器旨在保留来自源素材的图像质量和详细信息，并针对更好的回放进行优化。

另外，转码的时间通常为 1 ∶ 1，这意味着通常情况下对 1 个小时的源素材进行转码就需要大约 1 小时，这种情况下利用 Premiere Pro 的“原生格式支持”进行转码大约可以节省 10% 的时间。

3. Adobe Media Encoder

Adobe Media Encoder（见图 2-6-9）可用于 Adobe Premiere Pro、Adobe After Effects、Adobe Audition、Adobe Character Animator 和 Adobe Prelude 的编码引擎，也可将 Adobe Media Encoder 用作独立的编码器。在第一章有关 Premiere Pro 导出媒体的阐述时有所提及，需要注意的是，在 Premiere Pro 使用代理文件功能时需要事先安装 Adobe Media Encoder，这里对该软件做简要介绍。

Adobe Media Encoder 中有五个主面板可供使用，用户可以将面板作为单帧的选项卡进行分组，或者作为单独的浮动面板。其中五个基本面板分为编码、队列、预设浏览器、监视文件夹、媒体浏览器。

图 2-6-9 Adobe Media Encoder 启动界面

（1）编码

“编码”面板（见图 2-6-10）提供有关每个编码项目的状态的信息。在同时编码多个输出时，“编码”面板将显示每个编码输出的缩略图预览、进度条和完成时间估算。

图 2-6-10 “编码”面板

（2）队列

将想要编码的文件添加至“队列”面板（见图 2-6-11）中，可以通过拖放文件或单击“添加源”按钮选择要编码的文件并将其添加到要编码的项目队列中。

图 2-6-11 “队列”面板

开始队列时，可以指示 Adobe Media Encoder 在向队列添加项目后开始编码，或者等待到“决定编码”后再开始编码，也可以设置首选项，使得在向编码队列添加新项目后经过指定时间再开始编码。

支持添加、删除或者对序列项目面板中的项目进行重新排序。将音视频项目添加到编码队列之后，可使用“预设浏览器”应用其他预设，或者在“导出设置”或“收录设置”对话框中调整输出设置。

（3）预设浏览器

“预设浏览器”（见图 2-6-12）提供各种选项帮助简化 Adobe Media Encoder 的工作流程。浏览器中的系统预设基于其使用目的（如广播、Web 视频）和设备目标（如 DVD、蓝光、摄像头、绘画板）进行分类，可以通过修改这些预设来创建自定义预设。

图 2-6-12 “预设浏览器”面板

在“预设浏览器”中，可以使用搜索或使用由可折叠的文件夹结构提供的增强导航快速找到预设。其中，系统预设涵盖的类别，如表 2-6-1 所示。

表 2-6-1 系统预设涵盖类别一览表

Cinema	Wraptor DCP，其中包括 2K 数字影院 - 平面，24fps、2K 数字影院 - 平面，25fps（PAL）
DVD 和蓝光	其中 DVD 包括 5 种 NTSC 预设和 4 种 PAL 预设；蓝光包括 6 种 HD 720p 预设、6 种 HD 1080i 预设、3 种 HD 1080p 预设、2 种 HDV 1080i 预设及 1 种 HDV 1080p 预设
VR	H.264。其中包括 VR Monoscopic Match Source Ambisonics、VR Monoscopic Match Source Stereo Audio、VR Over-Under Match Source Ambisonics、VR Over-Under Source Stereo Audio
其他	包括 4 种 HD 720p 预设、3 种 HD 1080p 预设、1 种 NTSC Half 预设和 1 种 PAL Half 预设
Web 视频	包括社交媒体和 DG 快速通道。其中社交媒体包括 2 种 Facebook 预设、2 种 Twitter 预设、3 种 Vimeo 预设及 5 种 YouTube 预设；DG 快速通道有 DG FastChannel 480 和 DG FastChannel 512 两个预设
广播	广播涵盖了 AS-10、AS-11、DNxHD MXF OP1a、DNxHR MXF OP1a、GoPro CineForm、H.264、JPEG 2000 MXF OP1a、MPEG2、MXF OP1a、QuickTime 10 种类别的预设
仅音频	包括 AIFF 48 kHz、3 种 MP3 预设、WAV 48kHz 16 位、2 种仅音频预设以及 2 种立体声预设
图像序列	图像序列涵盖了 BMP、DPX、GIF、JPEG、OpenEXR、PNG、Targa、TIFF 8 种类别预设
相机	相机涵盖了 AVC-Intra、AVC-LongG、DV、DVCPRO、HDV 5 种类别预设
设备	移动电话，其中包括 3 种 3GPP 预设、4 种 Mobile Device 预设

①如果要将预设应用到队列中的源，可以执行以下操作：

从“预设浏览器”中拖动预设、预设组或别名，将其放置到队列中的源或输出上。其中，将预设放置到源上会将输出添加到源，将预设放置在现有输出上会将输出设置替换为预设设置。

②如果要将预设应用到 Premiere Pro 序列中，可以执行以下操作：

- 在媒体浏览器中的 Adobe Premiere Pro 项目内导航，将序列拖放到预设浏览器中的预设、预设组或别名上。
- 在打开的 Premiere Pro 项目的“项目”面板中拖动序列，然后将其放置在预设浏览器中的预设、预设组或别名上。

Adobe Media Encoder 允许将媒体文件从一台摄像机收录到本地驱动器上，这样就可以在 Premiere Pro 中快速开始编辑。

启动 Adobe Media Encoder，选择要使用媒体浏览器收录的剪辑，然后设置入点 / 出点（如有必要），将剪辑拖动到“预设浏览器”中的一个“收录”预设，或者直接将其拖动到“队列”并将“收录”预设应用到该位置的新源，即可收录剪辑。借助“收录预设设置”对话框，可以在本地计算机上选择一个要将摄像机文件复制到的目的地，选择一种转码格式，设置元数据或者重命名资源（如有必要）。当处理完队列后，便可以将文件导入到 Premiere Pro 项目开始进行编辑。

要从摄像机或者网络卷中复制文件，打开“将文件复制到目标”，然后通过单击“浏览位置”并选择目标文件夹，为收录的文件指定一个位置，确保所复制的文件与原始文件一致，可以选择以下方式进行验证：

- MD5 比较：执行 MD5 检查并确保源文件与所收录文件相同。
- 文件大小比较：检查所收录文件大小与原始文件剪辑的大小是否一致。
- 逐位比较：执行 CRC 检查并验证源文件的校验是否与所收录的文件相同，如果不同，则校验不匹配，测试失败。

要在收录期间将文件转码，打开“将文件转码到目标”，通过单击“浏览位置”并选择目标文件夹，为收录的文件指定一个位置，之后从已安装的任何系统预设中选择一个转码格式和预设，或者选择一个已创建或导入预设浏览器的自定义编码预设。

（4）监视文件夹

计算机硬盘驱动器中的任何文件夹都可以被指定为“监视文件夹”。当选择好监视文件夹后，任何添加到该文件夹中的文件都将使用所选预设进行编码。Adobe Media Encoder 会自动检测添加到“监视文件夹”中的媒体文件并开始编码（见图 2-6-13）。

当 Adobe Media Encoder 在监视文件夹中找到视频或音频文件时，它会使用分配给该文件夹的编码设置对该文件进行编码，然后，它会将编码文件导出到监视文件夹内创建的输出文件夹。Adobe Media Encoder 使用监视文件夹自动执行媒体文件排队和渲染过程。通过使用不同的格式或预设添加不同的输出实例，可以创建源的多个版本。

图 2-6-13 “监视文件夹”面板

可以通过以下操作创建监视文件夹：

- 选择“文件”→“添加监视文件夹”选项并选择文件夹。
- 双击“监视文件夹”面板的空白区域并选择文件夹。
- 在计算机创建文件夹后将其拖动到“监视文件夹”面板。

由监视文件夹添加到编码队列中的项目将在启动队列时随着队列中的其他项目一起编码。如果已选中“空闲时间超过后面的设定时自动启动排队”首选项，且监视文件夹在编码队列中添加了项目，当指定时间过去后，将开始编码。

（5）媒体浏览器

使用媒体浏览器可以在将媒体文件添加到队列之前预览这些文件。“媒体浏览器”面板（见图 2-6-14）左侧显示系统中的所有本地和网络驱动器及收藏夹部分，可以将最常用目录的链接保存在此部分；面板右侧显示所选驱动器或目录的内容。“媒体浏览器”面板可以根据文件类型过滤内容，也可以通过“搜索”字段搜索内容。

通过在媒体浏览器中双击文件或直接将其拖动到“队列”面板，可以将文件添加到编码队列中，如果要向文件指定特定的编码或收录预设，可以将它们拖动到预设浏览器中的预设。

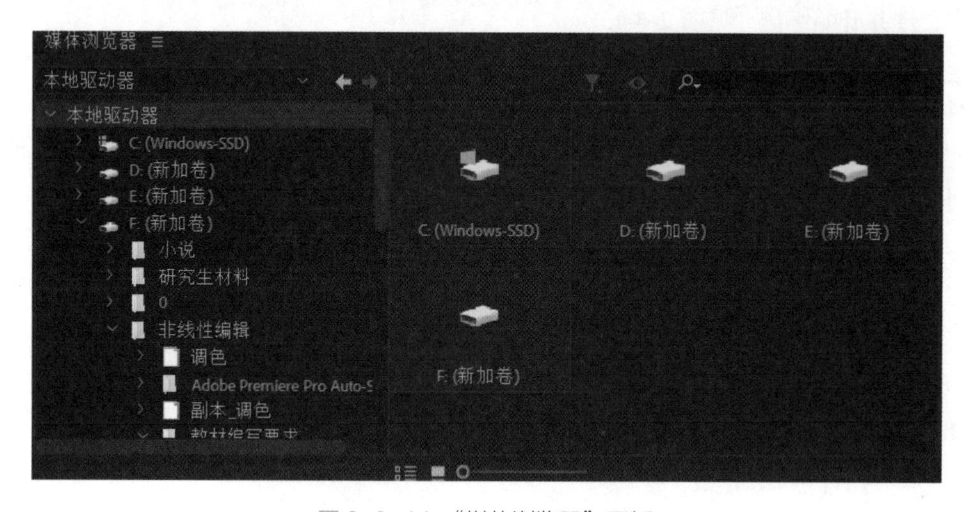

图 2-6-14 “媒体浏览器”面板

• 要以缩略图形式查看内容，单击“图标视图”按钮；要以列表形式查看内容，单击“列表视图”按钮。

• 要快速预览文件的内容，将鼠标拖过整个缩略图，也可以单击缩略图并使用播放指示器来拖动影片。

• 要更改文件缩略图的大小，使用“缩放”滚动条。

• 要查看特定文件类型的文件，从“文件类型”菜单中选择一个选项，可重复此过程选择多个选项。默认情况下，显示所有支持的文件类型。

• 要查看来自某一特定来源的文件，从“查看方式”菜单中选择该项，如果是从某一设备进行收录，需要确保该设备已连接到计算机。

• 要仅收录文件的特定部分，拖动播放指示器浏览剪辑，按“I”和“O”键在所需的帧上设置入点和出点。

（6）基本操作

Adobe Media Encoder 支持执行以下操作：

• 将项目添加到编码队列：将视频或音频文件拖入 Adobe Media Encoder 中的队列面板。

• 使用预设对项目进行编码：从队列中含有项目的“格式”和“预设”下拉列表中选择格式和预设，或者从预设浏览器选择一个预设并拖动到“队列”中的任何项。

• 使用自定义设置对项目进行编码：在队列面板中选择所需项目，然后选择“编辑”→“导出设置”选项（见图 2-6-15），或者单击队列中列出的“格式”和“预设”按钮，然后选择需要的设置。

图 2-6-15　导出设置窗口

• 要在指定的持续时间后自动开始对队列中的项目进行编码，勾选“空闲时间超过后面的设定时自动开始排队”选项（见图 2-6-16）。在“首选项”对话框中设置空闲状态的所需持续时间。启用倒计时后，“编码”面板会显示倒计时。

图 2-6-16　设置空闲状态自动进行编码的所需时间

如果想要停止编码，可以执行以下操作：

• 停止当前项目的编码，选择“文件”→“停止当前项目”选项，Adobe Media Encoder 则将继续编码队列中的其余项。

• 停止队列中所有项目的编码，选择“文件”→“停止队列”选项。

如果想要拼接剪辑，将在添加到队列中多个媒体文件合并在单个文件夹中，可以执行以下操作：

• 选择“文件”→“添加源”选项（见图 2-6-17），或者单击“队列”面板中的“+”按钮，在弹出的窗口（见图 2-6-18）选择要拼接在一起的资源，勾选“将剪辑串联在一起”的复选框后单击“打开”按钮。

图 2-6-17　添加源选项

图 2-6-18 “打开”窗口

● 或者直接选择想要拼接到一起的剪辑拖放至“队列”面板，然后在选项“拖放到此处，将剪辑串联在一起”的顶部松开（见图 2-6-19），拼接的剪辑将会载入队列。如果要查看单个剪辑，单击“显示源”按钮。默认情况下，载入的剪辑会按照字母顺序排列，所拼接的剪辑名称会自动设置为序列中的第一个剪辑名称。

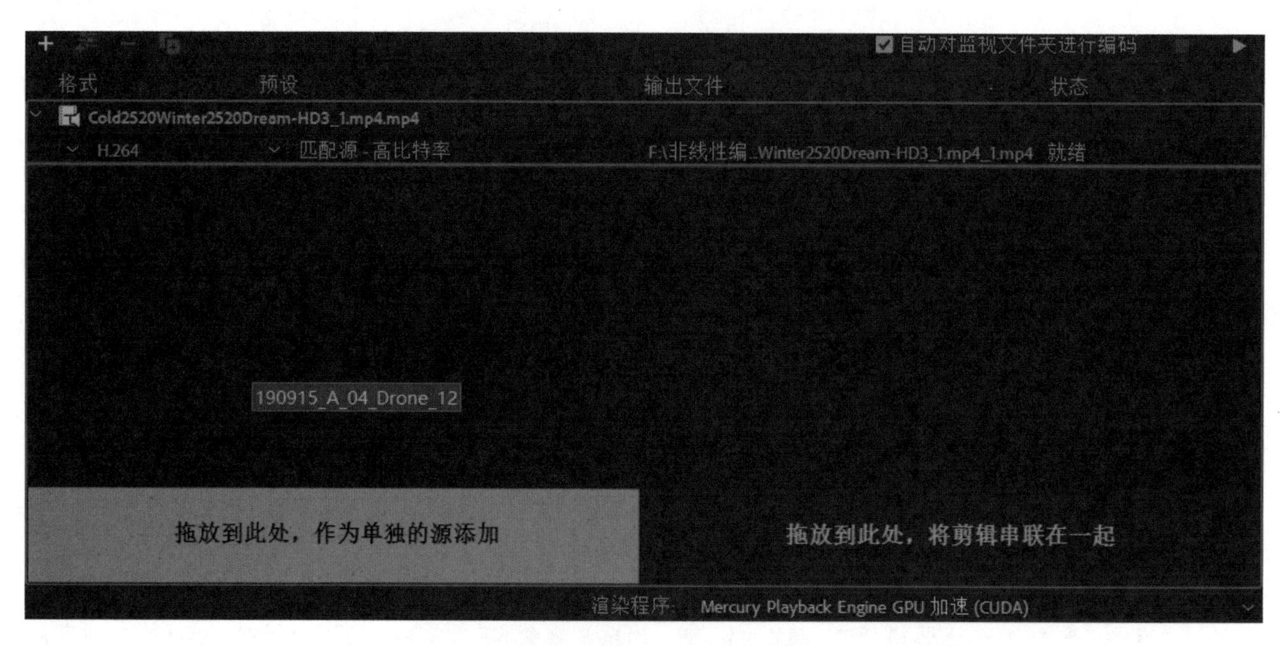

图 2-6-19 拖放到此处，将剪辑拼接在一起

如果要为 Adobe Media Encoder 创建以及保存自定义预设，可以执行以下操作：

● 选择“预设”→“设置”选项，或者按组合键“Ctrl+Alt+E”打开“导出设置”窗口（见图 2-6-20）。

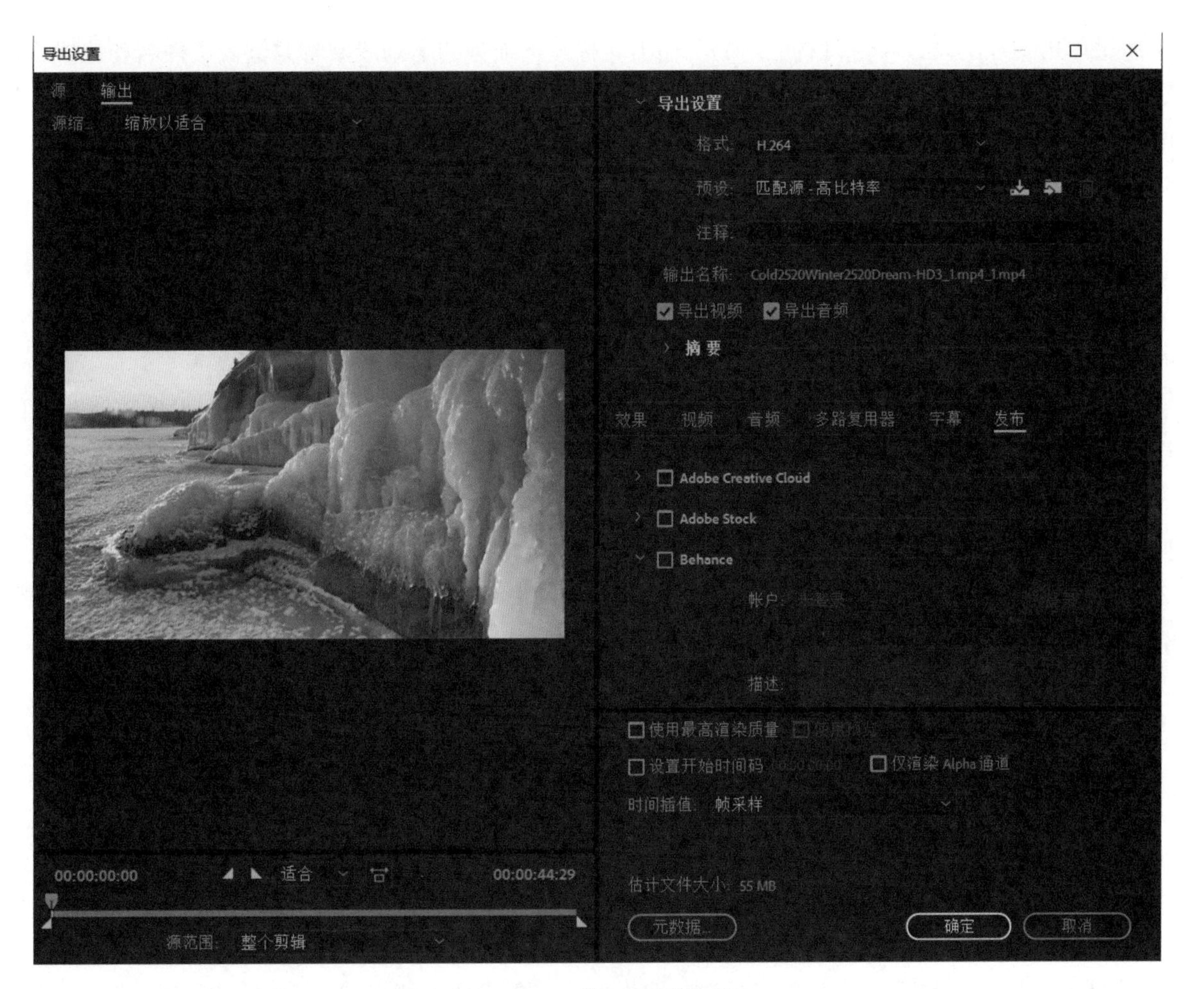

图 2-6-20 “导出设置”窗口

- 在“格式”菜单中选择一种格式，比如视频、音频或者静止图像格式。
- 在“预设”菜单中选择与所需设置最相符的预设，如果已经编辑了预设，则在预设旁边可以看见“自定义”选项。
- 编辑完成后单击“保存预设”按钮（见图 2-6-21），输入预设名称后选择是否按照提示保存特定类别的参数，单击“确定”按钮便完成自定义预设了。

图 2-6-21 保存预设

使用自定义设置进行编码，可以执行以下操作：

- 将项目添加至“队列”面板，打开“导出设置”窗口。
- 设置导出选项，选择“导出视频”/“导出音频”选项（见图 2-6-22），指定编码前选项，包括裁剪修剪，设置用于 XMP 元数据导出的选项，选择“使用最高渲染质量”/“以最大位深度渲染”选项，选择“使用帧混合”选项。

图 2-6-22 勾选导出音视频选项

• 通过单击"导出设置"窗口右上角的"输出名称"选项旁的下划线文本并输入文件名和位置（见图2-6-23），来指定编码文件的文件名和位置。如果没有指定文件名，Adobe Media Encoder 会使用源视频剪辑的文件名。

输出名称：Cold2520Winter2520Dream-HD3_1.mp4_1.mp4

图 2-6-23 输出名称

• 关闭"导出设置"窗口，单击"启动队列"按钮便可开始编码。

（7）有关音视频编码与压缩

压缩的本质是缩小影片的大小，从而便于人们高效地存储、传输以及回放它们。大多数格式在使用压缩功能时，通过选择性地降低品质来减少文件大小和比特率，以数字格式对录制音视频文件设计大小以及比特率的平衡问题。不同的编码器使用不同的压缩方案来压缩信息，每个编码器都有一个相对应的解码器可以为其解压缩并解释数据。

压缩可以是无损压缩（不损失、丢弃任何图像的数据），也可以是有损压缩（选择性丢弃图像数据）。音视频的两种常见压缩种类分为：空间压缩与时间压缩。其中，空间压缩会识别单帧数据上的差异，与周围帧无关；时间压缩会识别帧与帧之间的差异，且只存储差异，因此时间压缩的所有帧将根据其与前一帧的差异来进行描述，不变的区域将重复前一帧。

有关压缩需要知晓以下几个概念：

• 比特率：比特率（数据速率）影响视频剪辑的品质，而下载文件则受限于带宽。

• 帧速率：视频是连续快速显示在屏幕上的一系列图像，可以提供连续的运动效果，其中每秒出现的帧数称为帧速率，是以每秒帧数（fps）为单位度量的。帧速率越高，帧数越多，运动越流畅，视频品质越高，需要的数据越多，就需要占用更多带宽。

在处理数字压缩视频时，帧速率越高，文件越大，需要降低比特率或帧速率，如果要维持帧速率不变，则会降低图像品质。

• 关键帧：关键帧是插入视频剪辑的连续间隔中的完整视频帧（图像），两个关键帧之间包含前后变化的信息。默认情况下，Adobe Media Encoder 会自动根据视频剪辑的帧速率来确定要使用的关键帧间隔。关键帧距离值会向编码器说明有关重新评估视频图像以及将完整帧或关键帧录制到文件中的频率。如果画面中涵盖大量场景变换或是迅速移动的动作或动画，那么减少关键帧距离值会提高图像的整体品质。

• 帧大小和图像长宽比：和帧速率一样，文件的帧大小对产生高品质的视频具有较大的影响。当比特率固定不变，增加帧大小会降低视频品质。图像长宽比是图像的宽度和高度的比率，最常见的图像长宽比为 4:3（标准电视）、16:9（宽屏幕和高清电视）。

• 像素长宽比：大部分的计算机图形使用方形像素，其像素长宽比为 1:1。但是标准 NTSC 数字视频（DV）的帧大小为 720×480 像素，是以 4:3 的长宽比显示，这表示每个像素不是方形的，而是高而窄的像素（像素的长宽比为 0.91）。

• 隔行与逐行视频：隔行视频由两个场组成，两个场构成了每个视频帧，每个场都包括帧的一半数量的水平线条，上面的场包含所有的奇数线条，下面的场包含所有的偶数线条。隔行显示器会先绘制一个场中的所有线条，然后再绘制另一个场中的所有线条，从而显示出一个视频帧，场序指定了一个场中的所有线条。

逐行视频帧则没有分成两个场，逐行显示器按照从上到下的顺序依次绘制所有的水平线条，从而显示一个完整的视频帧。如果选择将隔行视频输出成逐行视频，Adobe Media Encoder 会在编码前消除视频隔行。

• 高清（HD）视频：高清视频指的是视频格式的像素大小大于标准清晰度（SD）视频格式的像素大小。

通常而言，标准清晰度指的是像素大小接近模拟电视标准（比如 NTSC 与 PAL，分别为 480、576 条竖线）的像素大小数字格式。最常见的 HD 格式的像素大小为 1280×720 或 1920×1080，其图像长宽比为 16 ∶ 9。

HD 视频格式包括隔行与逐行两种形式。通常来说，最高分辨率格式是以更高帧速率隔行的，这是由于这些像素大小的逐行视频需要更高的数据速率。HD 视频格式由其垂直像素大小、扫描模式及帧或场速率指定。

（8）Adobe Media Encoder 支持的导出格式

Adobe Media Encoder 既可用作独立应用程序，又可用作 Adobe Premiere Pro、After Effects、Prelude、Audition 和 Animate 的组件。Adobe Media Encoder 可以导出的格式取决于安装了哪些应用程序。使用 Adobe Media Encoder 导出文件，在“导出设置”对话框中选择输出格式，所选格式确定了可使用的“预设”选项。

• 某些文件扩展名（如 MOV、AVI 和 MXF）是指容器文件的格式，而不是指特定的音频、视频或图像数据格式。容器文件可以包含使用各种压缩和编码方案编码的数据。Adobe Media Encoder 可以为这些容器文件中的视频和音频数据编码，具体取决于安装了哪些编解码器（明确讲是编码器）。许多编解码器必须安装在操作系统中，并作为 QuickTime 或 Video for Windows 格式中的一个组件来使用。

根据已安装的其他软件应用程序，可提供的选项如表 2-6-2 所示。

表 2-6-2　视频编解码器选项一览表

格式 / 容器	视频编解码器选项
Apple ProRes MXF OP1a	Apple ProRes 422 Proxy、Apple ProRes 422 LT、Apple ProRes 422、Apple ProRes 422 HQ、Apple ProRes 4444、Apple ProRes 4444 XQ（Windows）
AS-10	XDCAMHD 25/35、XDCAMHD 50
AS-11	AVC-Intra for HD Shim、IMX 50 for SD Shim
AVI（Windows）	DV、Intel IYUV、Microsoft RLE、Microsoft Video 1、未压缩的 UYUY、V210、无
AVI 未压缩（Windows）	V210、UYVY
DNxHR/DNxHD MXF OP1a	DNxHD、DNxHR
H.264	预设包括对许多热门社交媒体网站的支持，还包括创建符合蓝光标准内容的选项
HEVC（H.265）	支持最高 8K 的输出
JPEG 2000 MXF OP1a	
MPEG-2	包括创建符合 DVA 和蓝光标准内容的选项
MPEG-4	
MXF OP1a	AVC-Intra、AVC-LongG、DV、DVCPRO50、DVCPRO HD、IMX、XAVC Intra、XAVC Long GOP、XDCAMHD 18/35、XDCAMHD 18/25/35、XDCAMHD 50
P2 影片	AVC-Intra、AVC-LongG、DVCPRO、DVCPRO50、DVCPRO HD
QuickTime	动画、Apple ProRes 422 Proxy、Apple ProRes 422 LT、Apple ProRes 422、Apple ProRes 422 HQ、Apple ProRes 4444、Apple ProRes 4444Xq（Windows）、DNxHD/DNxHR、DV25、DV50、DVCPRO HD、GoPro CineForm、无、未压缩的 RBG、未压缩的 YUV
Windows Media（Windows）	Windows Media Video V7、Windows Media Video V8、Windows Media Video 9、Windows Media Video 9 Advanced Profile、Windows Media Video 9 Screen
Wraptor DCP	JPEG 2000

其中，MXF 是一种容器格式，Adobe Media Encoder 可用 DVCPRO25、DVCPRO50 和 DVCPRO100 及 AVC-Intra 编解码器编码和导出各种 Op-Atom 类型的 MXF 容器中的影片。Premiere Pro 可以导出包含 MPEG-2 基本项目的 MXF 文件，这些项目符合诸如 Avid Unity 等系统使用的 XDCAM HD 格式。独立的 Adobe Media Encoder 也可以采用此格式导出文件。

- Adobe Media Encoder 支持匹配源的静止图像和静止图像序列格式，包括动画 GIF、位图（BMP）、DPX、GIF、JPEG、OpenEXR、PNG、Targa（TGA）、TIFF（TIF）。

如果想要将影片导出为静止图像序列，在选择静止图像格式时选择“视频”选项卡的“导出为序列”选项。

- Adobe Media Encoder 支持的音频格式包括 Advanced Audio Coding（AAC），版本 1 和版本 2、Audio Interchange File Format（AIFF）、MP3 格式、波形音频（WAV）。
- Adobe Media Encoder 支持的 Web 分发格式包括 Facebook 720 HD、Twitter 720P、Vimeo 480p SD、480p SD 宽银幕、720p HD、1080p HD、Web 视频 DG 快速通道 480/512 MPEG-2、YouTube 480p SD、480p SD 宽银幕、720p HD、1080p HD、2160p 4K。

（9）Adobe Media Encoder 导出设置

“导出设置”窗口左侧（见图 2-6-24）包含一个视频预览帧，有可以在源视图以及输出视图之间切换的选项卡，以及一个时间码显示区和时间轴，可以导航到任何帧并设置入点和出点来调整导出视频的持续时间。

窗口右侧（见图 2-6-25）显示所有可用的导出设置，可以选择导出格式和预设、调整视频和音频的编码设置，添加效果、隐藏字幕和元数据等功能选项。

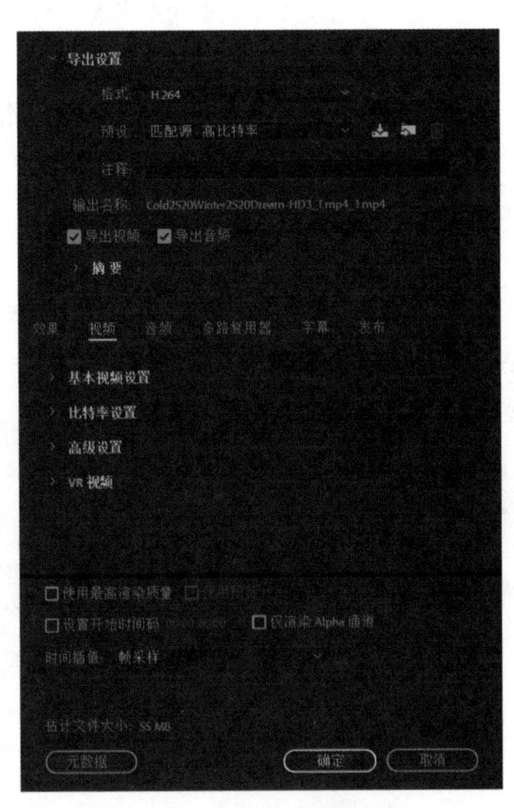

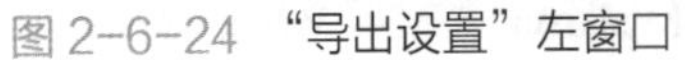
图 2-6-24 “导出设置”左窗口　　图 2-6-25 “导出设置”右窗口

利用“导出设置”窗口，可以在导出视频剪辑之前调整其参数，比如帧速率、分辨率、品质等，要打开“导出设置”窗口，可以执行以下操作：

- 从输出的上下文菜单中选择“导出设置”选项。
- 选择“编辑”→“导出设置”选项。如果该选项显示不可用，请检查是否事先已在队列面板中选择了输出。
- 单机输出的格式或者预设名称。

其中，源视图如果显示未应用任何导出设置的源视频，可以在“源”和“输出”选项卡之间切换以便快速浏览导出设置对源媒体的影响。

如果想要裁剪源视频来导出帧的一部分，可以执行以下操作：

- 在“导出设置”窗口选择“源”选项卡。
- 单击左上角的“裁剪输出视频”按钮。
- 拖动裁剪框的边或角柄，或者直接输入“左侧”“顶部”“右侧”“底部”的像素值（见图 2-6-26）。
- 如果要限制裁剪后视频帧的比例，可以在“裁剪比例”菜单中选择该项（见图 2-6-27）。
- 如果要预览裁剪后的视频，将视图切换至“输出”选项卡即可（见图 2-6-28）。

图 2-6-26 裁剪设置

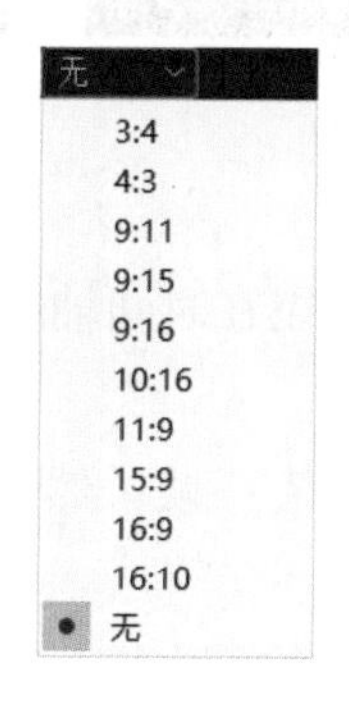

图 2-6-27 裁剪比例

图 2-6-28 输出选项

如果要恢复成未裁剪的图像，再次单击“裁剪输出视频”按钮（见图 2-6-29）以取消裁剪。

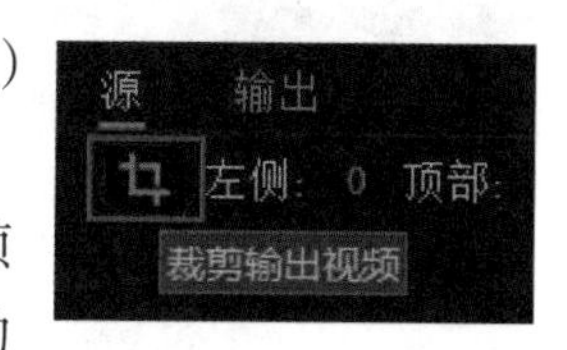

图 2-6-29 “裁剪输出视频”按钮

“输出”视图显示源视频应用修改后当前导出设置的预览，如果导出设置的帧大小与源视频的帧大小不同，可以使用“源缩放”菜单来确认源适合导出视频帧的方式，其中该菜单有以下选项可供选择：

- 缩放以适合：该选项可以缩放源视频的帧大小以适合输出的帧大小而不会进行任何扭曲或者裁剪，根据不同需要可能会在视频的上下或两侧添加黑条。如果已经裁剪过源视频，则裁剪的尺寸将适合导出的视频帧大小。
- 缩放以填充：该选项可以缩放源视频帧大小以完全填充输出的帧大小，期间根据需要会在上下或两侧裁剪源视频的帧大小，但不会对帧进行扭曲。
- 拉伸以填充：该选项可以拉伸源视频帧大小，在不裁剪的情况下完全填充输出的帧大小，如果导出的帧大小与源视频的帧大小差异很大，则输出的视频可能会被扭曲。
- 缩放以适合黑色边框：该选项可以缩放源视频的帧大小（包括被裁剪的区域），在不扭曲的情况下适合输出的帧大小。其中，黑色边框将会应用在视频中，即便输出帧的尺寸小于源视频。
- 更改输出大小以匹配源（见图 2-6-30）：该选项可以将输出的帧大小自动设置为源视频帧的高度和宽度，覆盖当前输出的帧大小设置，如果想要让输出的帧大小始终与源视频的帧大小匹配，可选择该设置。

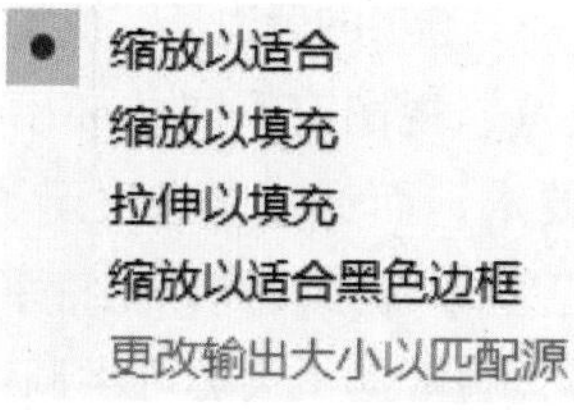

图 2-6-30 更改输出大小选项

并不是所有导出格式都可以“更改输出大小以匹配源”，通过在视频选项卡中单击“匹配源”按钮或选择“匹配源”预设，也可以实现相同的效果。

时间轴和时间码显示区（见图 2-6-31）位于源面板和输出视图的预览帧下方，时间轴包含指示当前帧的播放指示器、持续时间条和用于设置入点和出点的控件。如果要预览其他帧，可以单击或沿时间轴拖放时间轴上的播放指示器，也可以直接在时间码显示区上直接输入时间码值将时间指示器移动到指定的帧。

视频预览可显示时间轴中播放指示器所指示的帧。一般情况下，“长宽比校正”默认为启用状态，因此在计算机上显示带有非方形像素长宽比的视频时，不会出现扭曲，如果要禁用此设置，单击“缩放”菜单右侧的“长宽比校正”切换按钮便可（见图 2-6-32）。

图 2-6-31　时间轴与时间码显示区

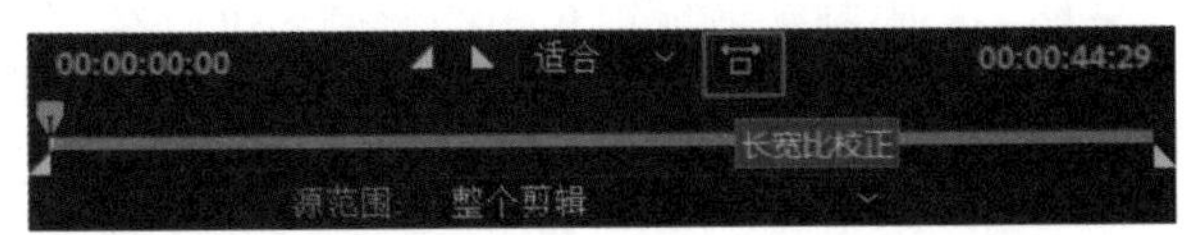

图 2-6-32　“长宽比校正”按钮

如果要修剪导出视频的持续时间，可以在时间轴中设置“入点”(第一帧) 和“出点”(最后一帧)，“入点”和“出点”可以通过以下方式设置。

- 将播放指示器移动至时间轴上的某一帧，然后单击时间轴上方的“设置入点”或“设置出点”按钮。
- 将“入点”或“出点”图标从时间轴两侧拖动至时间轴的某一帧上。
- 将播放指示器移动至时间轴的某一帧，然后使用“I”键设置入点、“O”键设置出点。

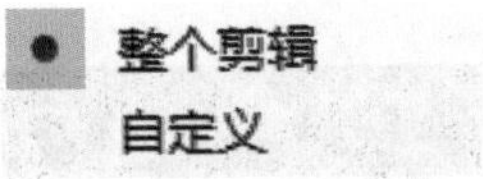

● 整个剪辑
自定义

图 2-6-33　源范围

在“源范围”菜单（见图 2-6-33）中，可以使用以下选项快速设置导出视频的持续时间：

- 整个剪辑：使用源剪辑或序列的整个持续时间。
- 自定义：遵循在“导出设置”对话框中设置的“入点”和“出点”。

在“导出设置”窗口右侧，可以选择导出视频的格式，并且有常用的预设列表可供选择。在“导出设置”中可以对导出文件的文件名进行更改，并为导出的媒体选择目标；可以选择仅导出视频文件或者音频文件以及源和输出设置的摘要。

利用“效果”选项（见图 2-6-34），可以向导出的媒体添加各种效果，比如 Lumetri Look/LUT、SDR 遵从情况、图像重叠、名称叠加、时间码叠加、时间调谐器、视频限幅器以及响度标准化等，添加完效果后切换到“输出”选项卡便可查看应用这些效果后的项目预览。

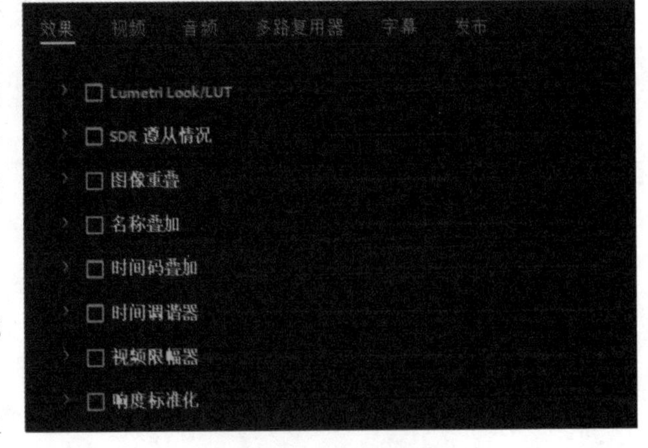

图 2-6-34　效果选项

“效果”选项的旁边是“视频”选项（见图 2-6-35），“视频设置”视图有不同的导出格式，且每种格式都有不同要求，而这些要求决定了哪些设置可以使用，其中包括基本视频设置、比特率设置、高级设置以及 VR 视频设置等四个大类可供调整。

“音频”选项（见图 2-6-36）位于“视频”选项的右边，其设置有不同的导出格式，包括音频格式设置、基本音频设置、比特率设置、高级设置四个部分。

图 2-6-35 “视频”选项

图 2-6-36 “音频”选项

“多路复用器”选项（见图 2-6-37）用于控制如何将视频和音频数据合并到单个流中，当“多路复用器”设置为“无”时，视频和音频将分别导出为单独的文件。

“字幕”选项（见图 2-6-38），通常用于将视频的音频部分以文本形式显示在电视和其他支持显示隐藏字幕的设备上。

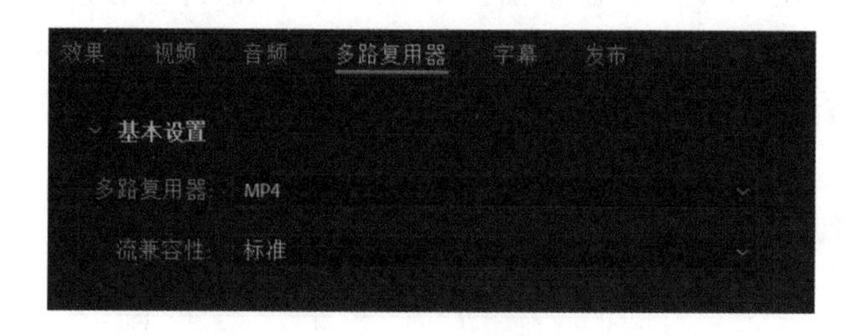

图 2-6-37 “多路复用器”选项

图 2-6-38 “字幕”选项

“发布”选项（见图 2-6-39）可以将文件上传到不同的社交媒体平台，比如 Adobe Creative Cloud、Adobe Stock、Behance、Facebook、FTP、Twitter、Vimeo 以及 YouTube 等。

“渲染和时间插值”选项（见图 2-6-40）位于“导出设置”面板的右下方，其中包括图 2-6-40 所示参数设置选项：

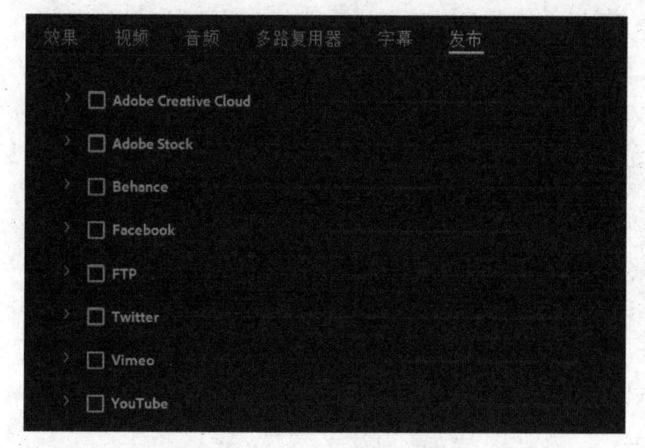

图 2-6-39 “发布”选项

图 2-6-40 “渲染和时间插值”选项

• 使用最高渲染质量：当缩放到与源媒体不同的帧大小时，使用该选项可以更好地保留细节并且避免出现锯齿。比如，当将高分辨率 4K 序列导出为低分辨率 HD 或者 SD 格式时，该选项可以帮助提高导出的序列的质量，但需要注意，使用该选项会使导出时间显著增加，特别是在配备了支持 GPU 的系统上时。如果渲染器设置为“Metal”、“CUDA”或者“OpenCL”，则配备了支持 GPU 硬件的系统会自动使用最高渲染质量，这种情况下可以取消该设置。另外，该选项仅适用于导出为不同于源媒体的其他帧大小的情况，如果以源媒体相同的帧大小导出可以取消该选项。

• 使用预览：启用该选项后，Adobe Media Encoder 会使用之前为 Premiere Pro 序列生成的预览文件进行导出而不是渲染过的新媒体，该选项有助于加快导出时间，但可能影响质量，具体情况取决于最终选择的预览格式。

• 设置开始时间码：“设置开始时间码”选项可以为导出媒体指定不同源时间码的开始时间码，如果取消该选项，将在导出时使用源媒体的时间码。

• 仅渲染 Alpha 声道：“仅渲染 Alpha 声道”选项可用于含有 Alpha 通道的源，启用该选项后只会在输出视频中渲染 Alpha 通道，而“输出”选项卡会显示 Alpha 通道的灰度预览，在导出为不支持透明度信息的 MXF 等格式时，该设置十分有用，如可以使用仅限 Alpha 声道输出，在第三方应用程序中自定义视频的透明区域。

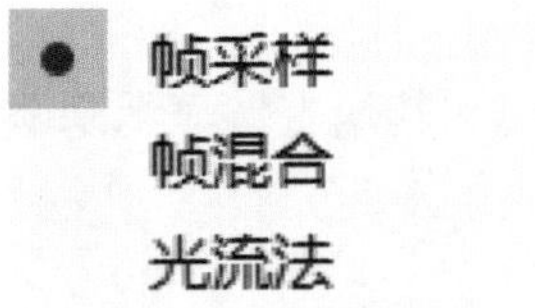

● 帧采样
帧混合
光流法

图 2-6-41　时间插值

当导出媒体的帧速率与源媒体不同时可以使用“时间插值”（见图 2-6-41），时间插值通过以下方法生成或删除帧。

• 帧采样：复制或删除帧以达到所需的帧速率，使用该选项可能会导致某些素材产生回放不连贯或抖动的现象。

• 帧混合：通过将帧与相邻帧混合来添加或删除帧，使用该选项可以产生更平滑的回放。

• 光流法：通过插入周围帧中像素的运动来添加或删除帧，使用该选项通常可以生成最平滑的回放，但如果帧之间存在显著差异则可能会出现伪影，如果出现了这个现象，可以尝试其他时间插值设置。

元数据是有关媒体文件的一组说明性信息，元数据可以包括创建日期、文件格式和时间轴标记等信息，单击“导出设置”面板右下角的“元数据”按钮，在弹出的“元数据导出”窗口（见图 2-6-42）可以导出和精简 XMP 元数据。

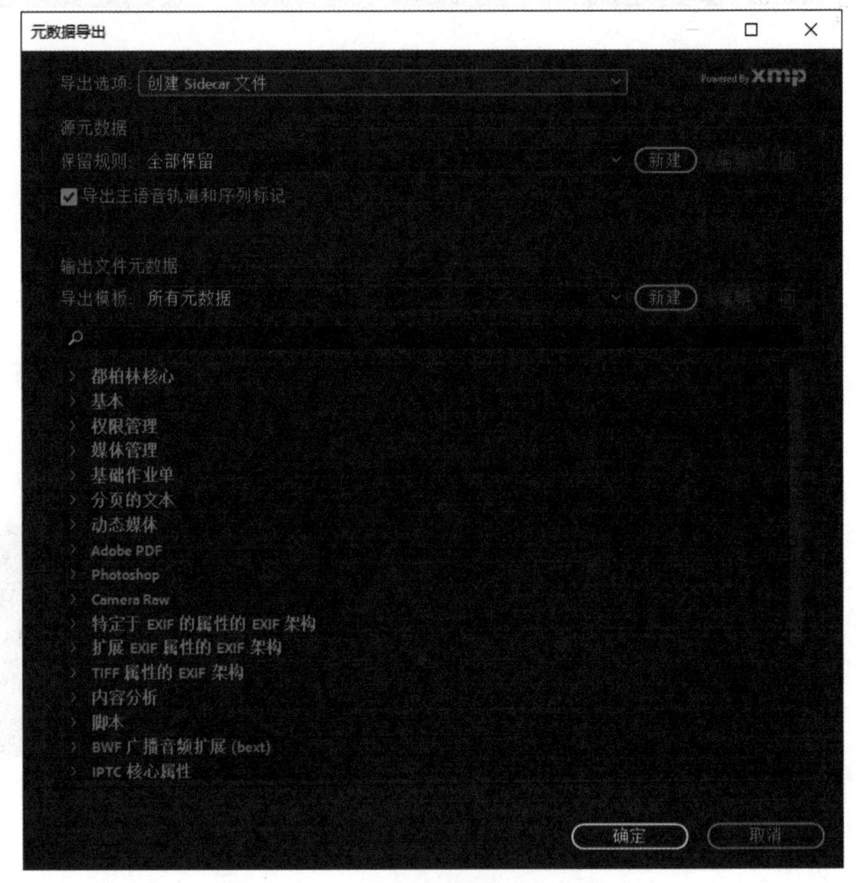

图 2-6-42　“元数据导出”窗口

使用“导出选项”菜单（见图 2-6-43）选择如何随导出文件

保存 XMP 元数据，包括以下参数选项：

在输出文件中嵌入
● 创建 Sidecar 文件
在输出文件中嵌入并创建 Sidecar 文件
无

图 2-6-43 “导出选项”菜单

• 在输出文件中嵌入：“在输出文件中嵌入”选项将 XMP 元数据保存在导出的文件本身中，对于不支持嵌入 XMP 数据的格式，“在输出文件中嵌入”选项会处于禁用状态。

• 创建 Sidecar 文件：“创建 Sidecar 文件”选项将 XMP 元数据作为单独的文件保存在导出文件所在的目录中。

• 无：“无”选项不导出源中的 XMP 元数据，但是与导出文件有关的基本元数据（比如导出设置和开始时间码）始终都会进行导出。

图 2-6-44 “导出模板编辑器”窗口

“导出模板”可以指定将那些 XMP 元数据写入输出文件。选择这一选项可以创建一个导出模板用于包括源文件中的各种 XMP 元数据以及将联系人信息和权限管理信息添加到每个输出文件中。导出模板会过滤掉当前模板未明确启用的任何字段，唯一的例外是用创建应用程序提供的数据自动填充的内部属性，其将始终包含这些属性并且不可编辑。

若要创建自己的导出模板，请单击“导出模板”菜单旁边的“新建”按钮，通过在“导出模板编辑器”对话框（见图 2-6-44）中选择单个字段或类别以启用它们，如果要查找特定的字段，使用“导出模板编辑器”对话框顶部附近的搜索字段，需要确保为导出模板提供一个说明性名称。

通过从“导出模板”菜单选择一个现有自定义导出模板并单击“编辑”按钮，可以编辑该模板，应用导出模板后，还可以手动输入值以将特定的 XMP 元数据添加到当前编码队列项目中。

4. 运用场景——宣传片

（1）概念

宣传片是制作电视、电影的表现手法之一，是有重点、有针对性、有秩序地对宣传对象的各个层面进行策划、拍摄、录音、剪辑、配音、配乐、合成输出并制作成片，目的是凸显宣传对象独特的风格面貌，让社会大众对宣传对象产生正面、良好的印象，从而建立对该对象的好感度和信任度，并信赖该对象提供的产品或服务。

（2）分类

宣传片从其目的和宣传方式的不同可以分为企业宣传片、产品宣传片、公益宣传片、电视宣传片以及招商宣传片。

（3）理由

随着宣传片所能达到的效果及其涵盖的技术含量的日益拓展，人们的视觉角度也在不断的发生变化，而无论从拍摄技术还是表现手法或创意，宣传片都能够促进人们的思想不断超越。

三 知识总结

1. 镜像

（1）镜像与对称

（a）

（b）

（c）

图 2-6-45 电影海报

通过观察上面的海报（见图 2-6-45），我们可以发现，画面中的元素分别呈现出了镜像的、逆转空间的、对称的样式，独特的视觉感受给人一种强烈的吸引力。归根结底，镜像效果的吸引力源于人们内心对于对称美学的喜爱。

对称美学始终贯穿在整个人类文明的诞生与发展过程中，它是人类最早发现并不断运用在各个领域中的传统美学，其灵感来自人类对自然界的观察与学习。对称式的构图往往会带给人们一种稳定、正式、均衡的感受。

①对称。

对称就是物体相同部分有规律的重复，一般指图形或物体相对的两边的各部分在大小、形状和排列上具有一一对应的关系，比如绕直线的旋转、对于平面的反映等。

②镜像。

在几何学中，镜像就是物体相对于某镜面所成的像。二维空间中，一个物体（或图形）的镜像就是该物体在某平面镜中反射出来的虚像，这时镜像与原物体有相同大小、形状，从某种意义上来说，二维空间的镜像也可称为对称。镜像的概念也可以拓展到三维空间中，包括其内部。

（2）变换与裁剪

利用 Premiere Pro 自带的变换以及裁剪效果，我们可以实现视频画面的镜像效果。我们在之后的实践程序会进行详细说明。

2. 蒙版与跟踪

蒙版是合成图像的重要工具，利用蒙版，可以在剪辑中定义要模糊、覆盖、高光显示、应用效果或校正颜色的特定区域。使用以下工具可以创建和修改不同形状的蒙版，比如使用形状工具创建椭圆形或矩形蒙版，或者使用钢笔工具绘制自由形式的贝塞尔曲线形状蒙版。

形状创建完毕后，剪辑中出现的形状蒙版会出现在节目监视器中，其应用效果则会被限制在蒙版区域内，可以使用“效果控件”面板来自定义蒙版的大小和形状并调整相关参数数值。需要注意的是，Premiere Pro 不会将蒙版保存为效果预设。另外，变形稳定器效果禁止使用蒙版。

（1）fx 变形稳定器 VFX

有时手持相机拍摄的视频会有些许抖动，导入视频剪辑软件时会影响画面，但是删掉又可惜，这时可以考虑使用防抖效果控件来移除抖动使画面变得平滑，这样素材也能够继续使用。

Premiere Pro 中内置了一个防抖效果控件：变形稳定器 VFX（见图 2-6-46）。这个按件可以在“效果”面板的搜索栏中输入“变形稳定器 VFX”找到该效果。除了使用 Premiere Pro 内置的防抖控件，Premeire Pro 还支持使用第三方效果控件，比如 ProDAD Meralli 等专业防抖控件，这个软件同时也支持 After Effects、Media Composer、Edius 等非线性编辑软件使用。

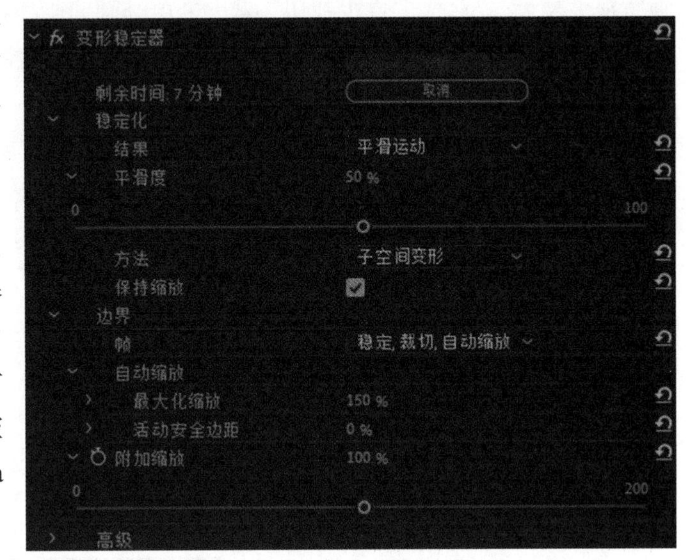

图 2-6-46　变形稳定器 VFX

fx 变形稳定器 VFX 的各控件参数说明如下：

①稳定化：用于控制素材的预期效果。

②结果：该控件默认情况下为“平滑运动”选项，另外还有“不运动”选项。其中，“平滑运动”是在保持原始摄像的移动下使其更加平滑；“不运动”则是尝试消除拍摄中的所有摄像机运动，选择“不运动”时，画面裁切和扭曲会很大。

③平滑度：“平滑运动”下设选项，可以选择稳定摄像机原运动的程度，减少生硬动作。数值越低越接近摄像机原本的运动，数值越高则相反，运动更平滑同时裁切也会更大，当数值在 100 以上，会对图像进行大幅裁切，画面边缘像素损失。由于裁切的空白需要缩放适应，这样会使得画面清晰度也下降。

④方法：默认情况下为“子空间变形”，除此之外还包括位置（位置，缩放，旋转）、透视等选项。如果素材变形或扭曲程度太大，可以选择“位置”选项。

⑤保持缩放：启用后，阻止变形稳定器尝试通过缩放调整来调整原始摄像机的推拉运动。

⑥边界：调整如何为稳定后的素材处理边界（移动的边缘）。

⑦帧：默认情况下为“稳定，裁切，自动缩放”，指稳定画面后，有边缘晃动进行自动裁切，有黑白边就自动放大覆盖，该效果会使画面尺寸缩小，降低画面清晰度。除此之外“帧”的设置还包括“仅稳定”“稳定，裁切”“稳定，合成边缘”等选项。如果只想了解稳定器实际做了多少工作，可以选择“仅稳定”，该选项对素材没有其他修正；“稳定，裁切”指的是稳定画面后，如果边缘晃动就自动裁切，这会使画面尺寸缩小；“稳定，合成边缘”不常用。

⑧自动缩放：显示当前的自动缩放量，并允许对自动缩放量设置限制。“自动缩放”包括两个选项，一个为最大化缩放，另一个是活动安全边距：如果为非零值，则会在预计不可见的图像的边缘周围指定边界。

⑨附加缩放：使用与在“变换”下“附加缩放”是“缩放”有相同结果的放大剪辑，可以避免对图像进行额外的重新取样。

⑩高级。

• 详细分析：使用该选项时，生成的数据会作为效果的一部分存储在项目中，但速度会受到影响。

• 果冻效应波纹：果冻效应波纹会自动消除被稳定的果冻效应素材相关的波纹，如果出现褶皱扭曲且素材为使用果冻效应的摄像头拍摄的话，需要选择“增强减小”选项。

• 更少裁切 <-> 更多平滑：裁剪过度的情况下，可以选用此项。其中，“平滑度”与该选项属于此消彼长的反比例关系，平滑度与裁切是正比例关系，平滑度越大，裁切就越多，运动越平稳，但单帧画面画质损失越大。反之，“更少裁切”越大，单帧画面画质损失越小，但运动也越不平稳。

• 合成输入范围（秒）：“合成输入范围（秒）”选项控制合成进程在时间上向前或向后来填充任何缺少的像素。

• 合成边缘羽化：“合成边缘羽化”选项为合成的片段选择羽化量。

• 合成边缘裁切：“合成边缘裁切”选项可选择裁切合成内容的左侧、顶部、右侧、底部。

• 隐藏警告栏：如果出现警告栏横幅指定就必须对素材进行重新分析，在不想对其进行重新分析的情况下可以使用此选项。

对于 fx 变形稳定器 VFX，其具体应用操作如下：

①将抖动视频拖至时间轴。

②选中该剪辑后，选择“效果”面板→“视频效果”→“扭曲”→“变形稳定器 VFX”选项（见图 2-6-47），或者直接在“效果”面板的搜索栏中输入“变形稳定器 VFX”。将变形稳定器 VFX 拖动到时间轴的视频上。

图 2-6-47　变形稳定器 VFX

③在“效果控件”窗口可以看见添加完成的变形稳定器 VFX 的各效果参数与选项。

当添加该效果至时间轴的剪辑上后，Premiere Pro 会自动进行“分析”与“稳定”（见图 2-6-48）的步骤。其中，在分析时节目显示器会显示进度百分比和帧数的分子分母数字，分子不断增加，表示正在分析，等到和分母相等时代表分析完毕。另外，分析时间的长短和视频时长、分辨率、大小有关。等到稳定的步骤时，速度较快，只要分析结束了，往往稳定只需几秒钟。

(a)

(b)

图 2-6-48　分析与稳定

需要注意的是，由于大部分的视频一般为轻微抖动，这种情况下，添加变形稳定器 VFX 默认选项的原始设置就好，主要保持“平滑运动”“子空间变形”“稳定，裁切，自动缩放”这三个选项不变，完成分析以及稳定效果后进行浏览就会发现画面晃动、抖动、起伏的问题已经没有了，镜头显得更加稳定。

补充一点，如果拍摄的视频素材较长，并且只有部分画面出现抖动问题，那么在进行效果添加前，可以先对剪辑进行裁切，将有问题的部分单独切分，然后针对该片段进行稳定分析即可，这样可以节省较多的时间及系统资源，提高工作效率。

如果原始素材抖动情况较为严重，在应用变形稳定器 VFX 之后有时画面边缘还会出现抖动，这时需要进行手动裁剪。

在执行应用之前的步骤之后，选中“效果”面板→“视频效果”→“变换”→“裁剪”(见图 2-6-49)，将“裁剪”效果拖至时间轴的剪辑。

切换至“效果控件”面板，找到“裁剪”的参数设置选项。裁剪的主要调整针对左侧、顶部、右侧、底部四个方向，例如，如果稳定分析后的视频在上下边缘出现晃动，就调整选项中的顶部、底部数值为正值，这样便可以消除上下边缘晃动的部分。

有时对视频进行稳定分析后，画面很可能会出现黑边或白边，但如果裁剪过多又会影响素材画面的完整度，这时可以使用以下操作进行调整：

- 选中“平滑运动”选项，同时降低“平滑度”(见图 2-6-50，平滑度越小，裁剪的范围越小)。
- 用附加缩放消除黑边和白边，将附加缩放加大，这时画面也会变大，这样可以覆盖掉黑边和白边且不会超过裁剪大小。
- 将“高级”选项下的“更少裁切 <-> 更多平滑”（见图 2-6-51）参数值增加，就如同字面意思，“更少裁切”可以使画面裁切减少，裁切减少也意味减少了镜头运动的平滑度。

图 2-6-49　效果→裁剪

图 2-6-50　平滑运动→平滑度

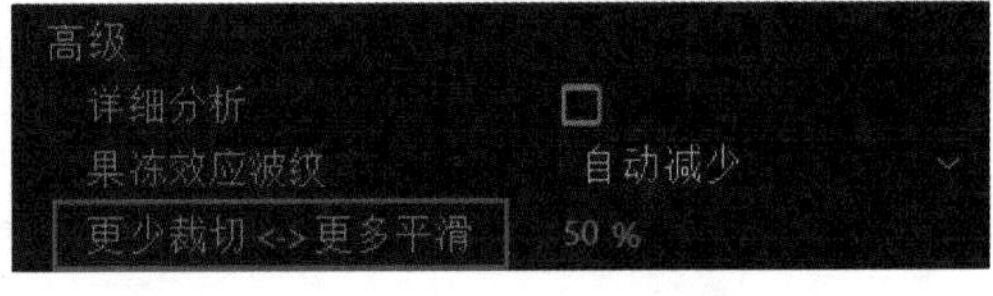

图 2-6-51　更少裁切 <-> 更多平滑

当遇到画面部分元素变形或扭曲的问题，可以执行以下步骤：

由于默认情况下“子空间变形”是将每帧画面的各个部分变形以稳定整个帧，在某些情况下可能引起不必要的变形，这时可以在“变形稳定器 VFX”→“稳定化”→“平滑度”→“方法”选项下将“子空间变形”切换为“位置，缩放，旋转”(见图 2-6-52)，通过更为简单的稳定方式来防止扭曲等异常的出现。

方法　位置，缩放，旋转

图 2-6-52　方法

除了不能与蒙版一同使用，变形稳定器 VFX 和速度 / 持续时间也不可以应用于同一剪辑中，同时使用变形稳定器 VFX 和速度 / 持续时间时节目监视器会弹出警告提示。为了能够同时使用两者，可以执行以下操作：

对剪辑添加完变形稳定器 VFX 后，等待分析以及稳定画面结束。

右击素材，选择“嵌套”，确认嵌套序列名称后单击“确定”按钮。

嵌套序列完成后，右击该嵌套序列选择“速度 / 持续时间”便可以在弹出的“剪辑速度 / 持续时间”窗口中进行相关参数的修改设置了。

打开“效果”面板查看“变形稳定器 VFX”效果的标志可以发现其附加了一个“加速”标志，这意味着变形稳定器 VFX 效果支持 GPU 水银加速，如果计算机显卡有附带的 CUBA 加速功能，那么在使用该效果时分析速度会更快，播放也更流畅。在主菜单选择“文件”→“项目设置”→“常规”选项，在“视频渲染和回放”中的选项选择“Mercury Playback Engine GPU 加速（CUBA）”选项即可。

（2）蒙版路径

前面提到，可以利用形状工具及钢笔工具绘制创建蒙版。其中，使用钢笔工具可以绘制最简单的路径——具有两个顶点的直线。通过连续单击，可以创建通过顶点连接的直线段组成的路径，最终形成的蒙版属于线性蒙版。线性蒙版指由一种硬角连接的多边形，其线性控制点也叫“角点”。

使用“钢笔”工具创建线性蒙版可以执行以下操作：

- 选择钢笔工具。
- 将钢笔工具放在直线段的开始位置，单击设置第一个顶点。
- 将钢笔工具移动到第二个希望结束的位置后再次单击（按住“ Shift”键再进行单击，线段会将角度限制在 45° 的倍数内）。
- 继续移动钢笔工具设置顶点。
- 完成顶点设置要使用线性蒙版封闭路径，按住“Alt”键并单击第一个顶点。

创建完成的蒙版上的顶点可以管理蒙版的形状、大小和旋转：

- 如果要更改或移动蒙版的形状，可以拖动蒙版顶点手柄移动。
- 要将形状工具创建的椭圆形蒙版更改为多边形，可以按住“ Alt”键并单击椭圆形任意顶点；要调整蒙版大小，可以将光标移动到顶点附近空白区域，按住“ Shift”键，此时光标会变成一个双向箭头，之后拖动光标便可调整蒙版大小。
- 要旋转蒙版的话，将光标移动至顶点附近空白区域，在光标变成双向箭头时进行调整便可。
- 要添加顶点的话，可以按住“ Ctrl”键的同时将光标移动至蒙版边缘处，这时光标会变成带“+”号的钢笔形状，单击便可进行添加。
- 要删除顶点的话，可以按住“ Ctrl”键的同时将光标移动至想要删除的顶点处，这时光标会变成带“-”号的钢笔工具，单击该顶点便可进行删除。

（3）调整蒙版设置

可以使用“效果控件”面板对蒙版设置（见图 2-6-53）进行调整，可以将蒙版羽化、扩展、更改不透明度，或者将蒙版反转以调整视频风格。

图 2-6-53　蒙版

- 蒙版羽化：要羽化蒙版，可以指定“蒙版羽化”的值，蒙版周围的羽化参数显示为虚线，将手柄脱离羽化引导线可以增加羽化，拖向羽化引导线可以减少羽化。另外可以直接在节目监视器拖动蒙版羽化手柄对蒙版轮廓进行调整。
- 蒙版不透明度：对蒙版应用不透明度时，会更改已裁剪素材的不透明度。要对蒙版不透明度进行调整，可以指定“蒙版不透明度”的值，使用滑块可以控制蒙版的不透明度。当数值等于 100% 时，蒙版呈现完全不透明并会遮挡图层中位于其下方的区域，不透明度越小，蒙版下方的区域越清晰可见。

- 蒙版扩展：要扩展蒙版区域，可以指定“蒙版扩展”的值，数值为正数时边界外移，数值为负数时，边界内移；可以使用手柄将扩展参考线向外拖动来扩展蒙版区域，或向内收缩蒙版区域。
- 反转蒙版选区：勾选“已反转”复选框，可以交换蒙版区域和未蒙版区域，如果要维持某个区域的原样，可以选择将该区域蒙版，然后选择“已反转”将复选框效果应用到未蒙版区域。

除了对蒙版进行以上设置，还可以在剪辑或者效果之间复制和粘贴蒙版，复制和粘贴含有蒙版的效果后，应用的剪辑也会包含同样的蒙版。在剪辑和效果之间复制和粘贴效果可以执行以下操作：

- 在时间轴上选中具有蒙版效果的剪辑。
- 在“效果控件”面板中选择要复制的效果。
- 选择“编辑”→“复制”，或者直接按“Ctrl+C”组合键进行复制。
- 在时间轴上选择想要粘贴效果的剪辑。
- 选择“编辑”→“粘贴”，或者直接按“Ctrl+V”组合键进行粘贴。

需要注意的是，一次只能复制和粘贴一个蒙版。

（4）蒙版追踪

通常而言，将蒙版应用至剪辑对象后，Premiere Pro 会让蒙版自动跟随对象，与可跟随的对象从一帧移动到另一帧，比如，使用某个蒙版形状对画面物体进行模糊处理后，Premiere Pro 可以自动跟踪该物体移动时各帧之间出现的蒙版位置变化。

选择某个蒙版后，在“效果”面板的“蒙版”控件中会显示用于向前或向后跟踪蒙版的控件，跟踪蒙版时，既可以选择一次跟踪一帧，也可以选择一直跟踪到序列结束。单击“跟踪蒙版”控件右边的“扳手”控件可以选择修改跟踪蒙版的方式（见图 2-6-54）。

- 位置：只跟踪从帧到帧的蒙版位置。
- 位置和旋转：在跟踪蒙版位置的同时，根据各帧的需要更改旋转情况。
- 位置、缩放和选择：在跟踪蒙版位置的同时，随着帧的移动而自动缩放和旋转。

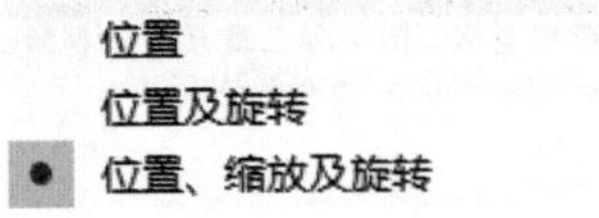

位置
位置及旋转
● 位置、缩放及旋转

图 2-6-54 跟踪蒙版方式

默认情况下，“实时预览”处于被禁用的状态时，Premiere Pro 的蒙版跟踪会更快。此外，Premiere Pro 还拥有优化蒙版跟踪的内置功能，对于高度大于 1080 的剪辑，Premiere Pro 在计算轨道时会将帧缩放至 1080 的大小，另外 Premiere Pro 会使用低品质渲染来加快蒙版跟踪的处理过程。

四 实践程序

1. 导入文件

打开 Premiere Pro 的项目，右击“项目”面板选择“导入”选项，在弹出的文件夹找到素材的存储位置，选中素材之后单击“打开”按钮（见图 2-6-55）。

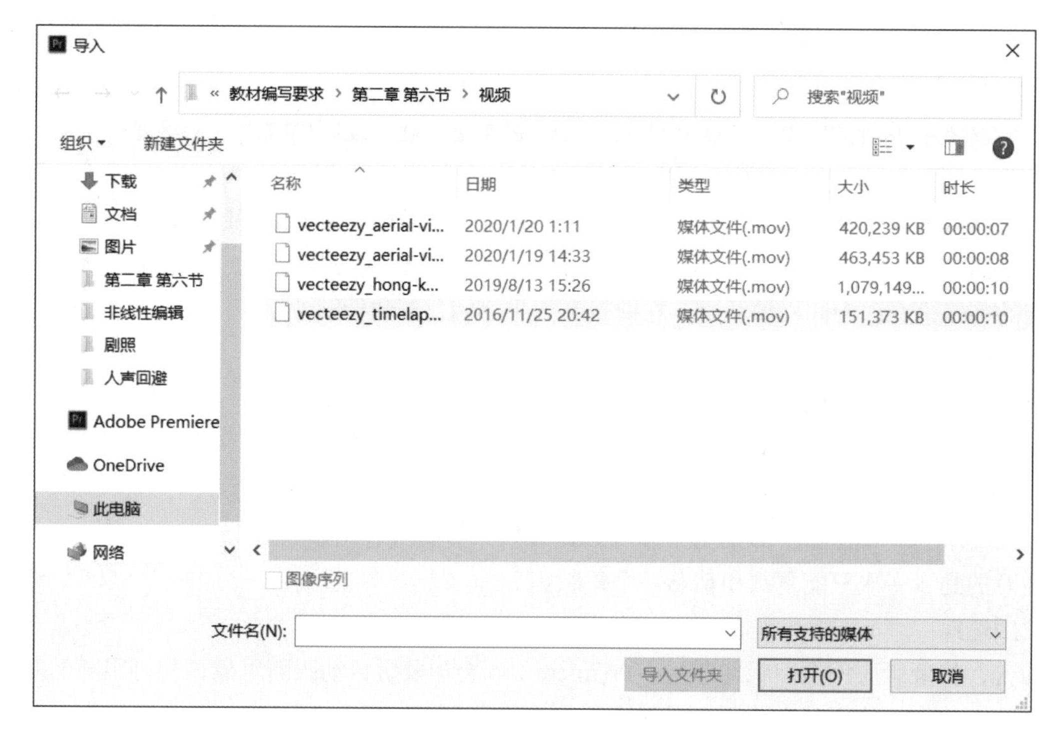

图 2-6-55　导入文件

2. 使用中间编解码器进行转码

导入完成后可以在项目面板中看到该视频，右击该视频，单击“属性”选项（见图 2-6-56）可以查看该视频的详细参数。

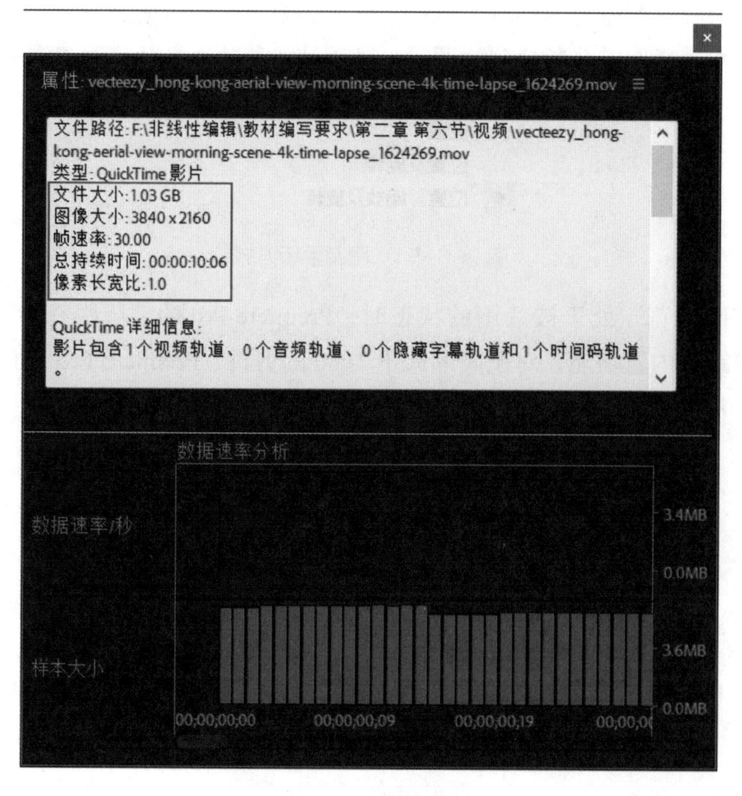

图 2-6-56　属性窗口

通过查看视频属性我们发现这个视频的图像大小是 3840×2160，是标准的 4K 大小，帧速率为 30。视频总时长只有 10 秒左右，可是文件大小却大于 1GB，在电脑配置不够的情况下，会给剪辑工作带来相当大的不便。对于这种情况，我们可以选择给视频素材进行转码。

确保选中“项目”面板中的视频素材，接着打开“文件”→“导出”→“媒体”，在弹出的“导出设置”窗口设置“格式”以及“预设”（见图 2-6-57）。

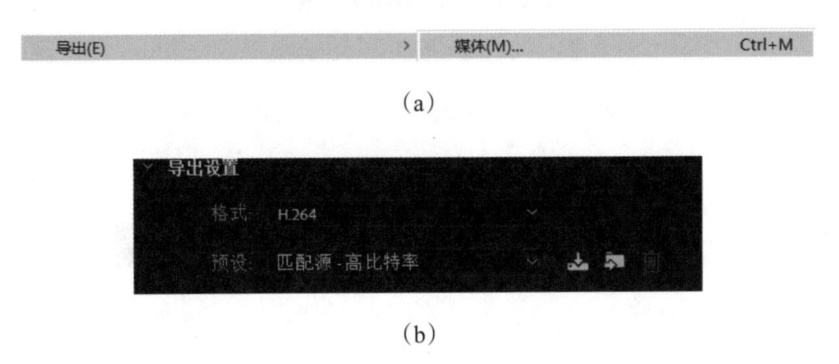

（a）

（b）

图 2-6-57　导出设置

单击“格式”按钮，在下拉菜单中选择“ QuickTime”选项，接着单击“预设”按钮，在下拉菜单中选择“GoPro CineForm YUV 10 位”（见图 2-6-58）选项。

图 2-6-58　格式 / 预设

提示：GoPro CineForm 是专门用于后期制作的中间编解码之一，我们使用的编解码除了 GoPro CineForm，还有 Apple ProRes 以及 DNxHD/DNxHR。

使用 GoPro CineForm 编解码器的一个突出优势是即便经过多次编码，文件在质量方面的损失也微乎其微，这是因为 GoPro CineForm 文件采用“全帧”VBR（可变比特率）小波算法。VBR 算法可统计图像的变化（见图像运动、边缘、纹理、噪点及其他），比特率降低或提高进行补偿，因此，VBR 算法也称为恒定质量算法。

除了优秀的质量控制，GoPro CineForm 在 Intel 架构的 CPU 上提供极强的性能，可实时处理多个流，而无须专门的硬件。在 GoPro Studio 中的一级校色调整，无须渲染，可在剪辑或调色软件中实时生效，保证了预览的即时性。

GoPro CienForm 具有文件小的特点，降低了数据管理的成本，且支持 4K 以上及非标准的分辨率。需要注意的是，在 AE 和 Premiere Pro 中输出 GoPro CineForm 文件，画面宽度需被 16 整除，高度需被 8 整除。如果分辨率不符合输出要求，GoPro CineForm 编解码会自动修改分辨率，但图像不会因此而变形。

GoPro CienForm 采用 MOV 与 AVI 格式封装，保证广泛的通用性，且针对 GoPro CienForm RAW 文件有多种适用于回放和输出的解拜耳设置，提高了回放速度，保证了输出的精度。

总的来说，随着 Gopro CineForm 编解码的不断发展，现在越来越多的人将 Gopro CineForm 编解码贯穿于制作流程中。

选择好“格式”及“预设”之后，我们单击“输出名称”（见图 2-6-59），在弹出的“另存为”窗口中选择转码文件的保存位置，也可以选择直接替换素材。

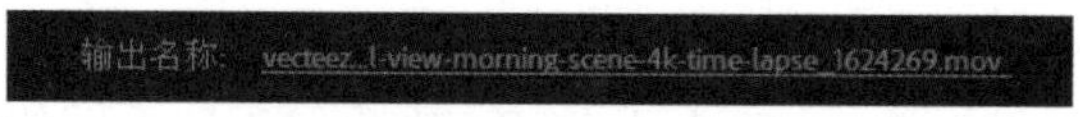

输出名称: vecteez...l-view-morning-scene-4k-time-lapse_1624269.mov

图 2-6-59　输出名称

如果想要更加精简转码后的文件，可以取消勾选“导出音频”选项（见图 2-6-60）。

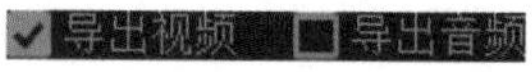

导出视频
导出音频

图 2-6-60　取消“导出音频”

为了方便剪辑，完成设置后，我们可以先勾选“导入到项目中”选项，再单击“导出”按钮（见图 2-6-61）。

导入到项目中
队列
导出
取消
立即使用当前设置导出。

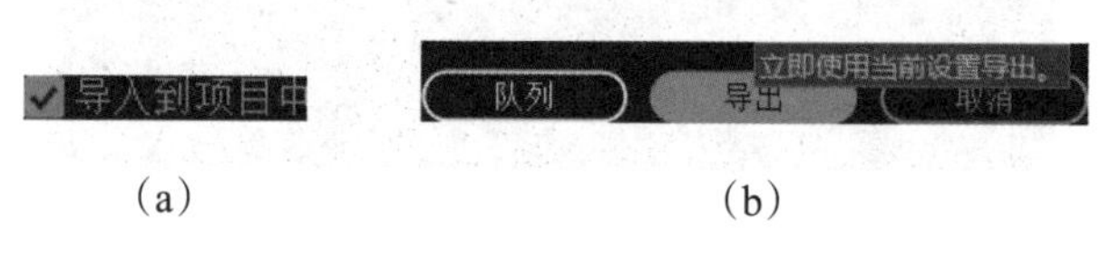

（a）　　　　（b）

图 2-6-61　导出

3. 使用代理剪辑

除了使用中间编解码器对文件进行转码处理，我们还可以使用代理剪辑，右击“项目”面板的视频文件，选择“代理”→“创建代理”选项（见图 2-6-62）。

代理
创建代理...

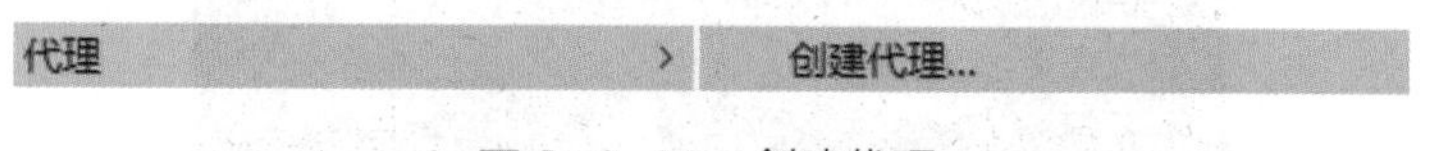

图 2-6-62　创建代理

选择“创建代理”之后，Premiere Pro 会自动连接并启动 Media Encoder 程序进行编码（见图 2-6-63）。

vecteezy_hong-kong-aerial-view-morning-scene-4k-time-lapse_1624269.mov
Mercury Playback Engine GPU 加速 (CUDA)
编码
文件名:
路径:
格式: QuickTime
预设: GoPro CineForm YUV 10 位
视频:
比特率:
音频:

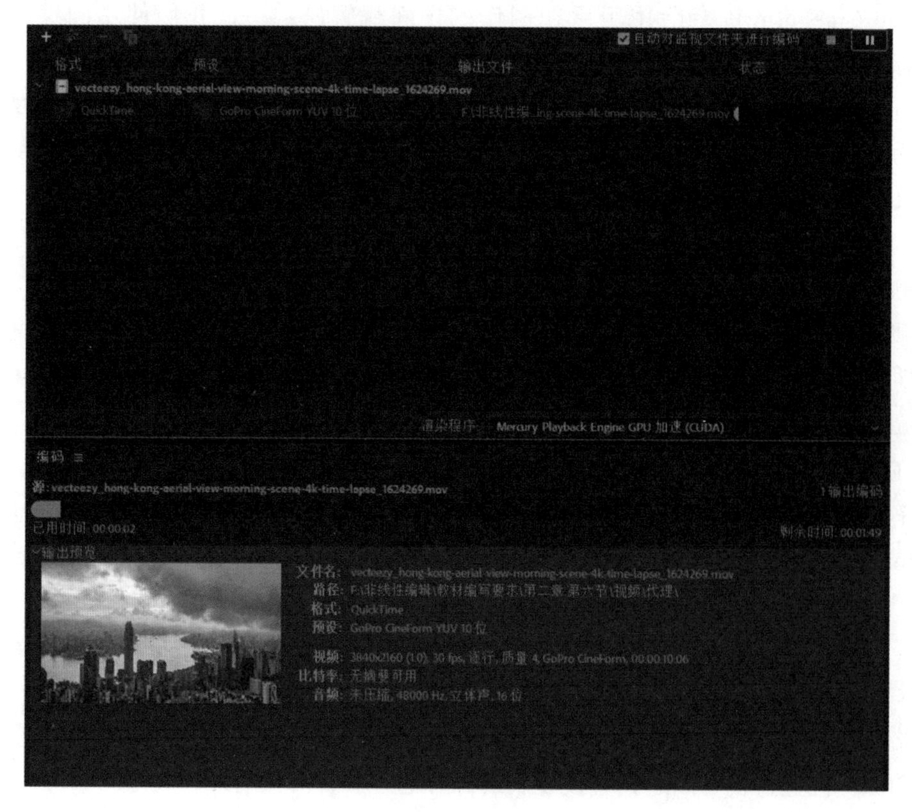

图 2-6-63　启动编码

需要注意的是，如果事先没有进行“收录预设”，代理生成的文件是会保存在默认路径中并按照默认设置进行文件输出的，这不仅会增添查找文件的时间，而且生成的文件可能并不符合剪辑的需要，因此最好是在新建项目时就进行收录预设，之后在创建代理时就会方便很多。

在上文的“ Premiere Pro 代理工作概述”中的部分内容中有提及如何进行收录设置。如果不清楚如何在 Premiere Pro 中进行收录设置，那么也可以直接打开 Media Encoder 程序，在“导出设置”中完成对应的设置后再进行文件的输出，具体的参数预设以及设置在上文的“ Adobe Media Encoder”中也有提及，可以根据需要进行自定义预设。

Media Encoder 完成转码工作后，我们回到 Premiere Pro 中将原始文件拖放至时间轴，接着调出“按钮编辑器”功能（见图 2-6-64），将“切换代理”的按钮拖放到工具栏中。

图 2-6-64　按钮编辑器→切换代理

单击“切换代理”按钮，Premiere Pro 就会将素材切换成代理文件。需要注意的是，在完成所有剪辑后选择导出媒体时，一定要将“切换代理”的开关关闭，这样才能保证导出后的文件仍是源素材。

4. 逆世界效果

我们将视频拖放至时间轴，如果使用的是转码后导进项目的视频素材，就不需要打开“切换代理”的开关，如果使用的是代理文件，那么在剪辑过程中就需要保持“切换代理”的开关是开启的状态。

接着在“视频效果”面板中搜索“镜像”（见图 2-6-65），并将效果拖放到时间轴的素材上。

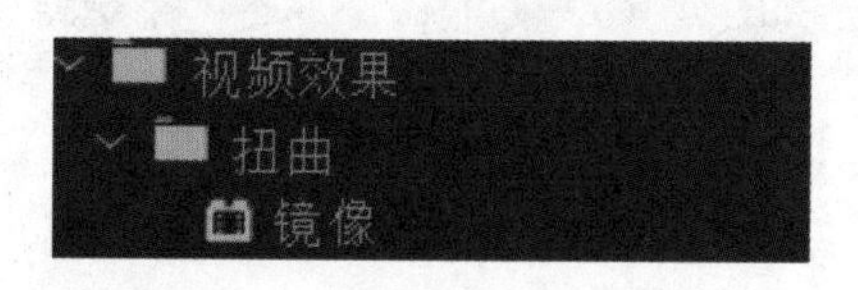

图 2-6-65　视频效果→镜像

在“效果控件”面板中设置“镜像”的“反转角度”为“270.0° ”，这样一个镜像效果就出现了（见图 2-6-66）。

反射角度 270.0°

（a）“反射角度”设置　　（b）镜像效果

图 2-6-66　修改反射角度

接着我们按住“Alt”键后单击时间轴上的视频素材向上拖拽复制一层（见图 2-6-67）。

右击选中上面一层素材，选择“速度 / 持续时间”选项，在弹出的“剪辑速度 / 持续时间”窗口中勾选“倒放速度”选项（见图 2-6-68）。

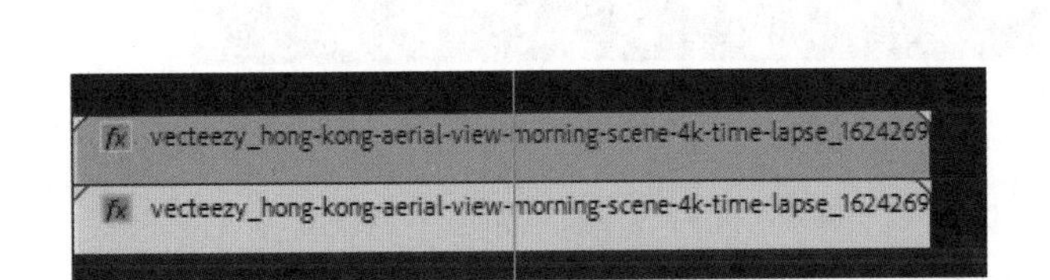

图 2-6-67　复制素材

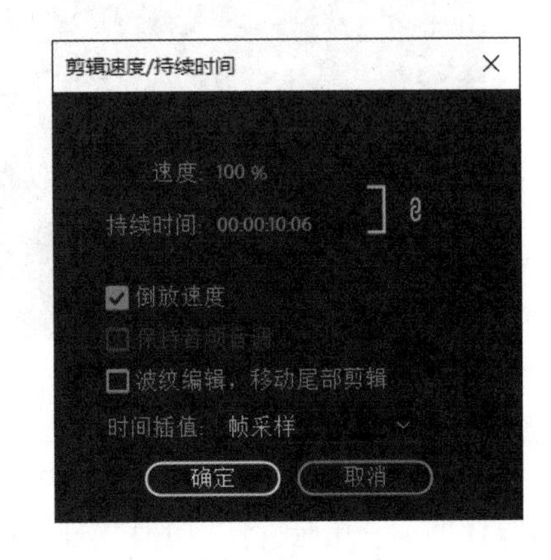

图 2-6-68　“剪辑速度 / 持续时间”窗口

接着在上面一层素材中使用“不透明度”绘制一个蒙版（见图 2-6-69）。

图 2-6-69　绘制蒙版

然后修改“蒙版羽化”的参数值为“95”，这样可以使上下两个画面的过渡变得自然一些。

我们播放一下素材查看效果，发现画面出现了不相容的突兀部分（见图 2-6-70），这里一部分原因是因为前期没有对素材进行裁剪导致，但更为主要的原因还是在挑选素材时没有考虑镜像效果后的边界相接问题。

图 2-6-70 突兀画面

在无法更换素材的情况下，我们需要重新考虑使用别的方式来达到逆世界的效果，我们回到导入素材的步骤：

删除时间轴上复制的视频素材，在“效果控件”面板中清除所有添加的效果，单击源视频素材，调整“位置”参数值为“1920.0，1880.0”（见图 2-6-71）。

位置 1920.0 1880.0

图 2-6-71 修改位置

接着，在“效果”面板中搜索“裁剪”，将效果拖放到素材上，修改“顶部”参数值为“13.0%”（见图 2-6-72）。

图 2-6-72 修改顶部参数

选中时间轴上的素材，按住“Alt”键向上拖拽复制一层。单击最上层素材，修改“位置”参数值为“1920.0，265.0”，修改“旋转”参数值为“180.0°”。接着在上下两层的视频素材的“裁剪”→“羽化边缘”设置参数值为“100”（见图 2-6-73）。

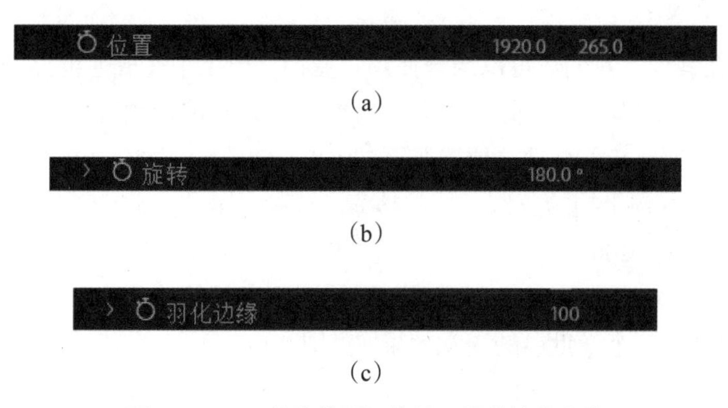

（a）

（b）

（c）

图 2-6-73 修改位置、旋转、羽化边缘参数

完成参数设置后，选中上下两层素材，右击“嵌套”，接下来给嵌套后的序列添加一个旋转效果。单击嵌套序列，在“效果控件”面板中给“旋转”设置关键帧，数值设置为“12°”，接着适当调整“缩放”的参数值为“138.0”防止画面出现黑边。在第一帧设置关键帧之后移动时间指示器到后面合适的时间码处，设置第二个关键帧，将“旋转”以及“缩放”的参数值调回到原来的“0°”和“100”（见图2-6-74）。

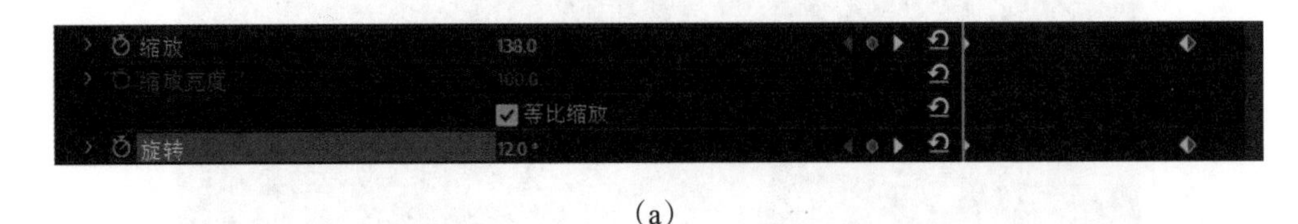

(a)

(b)

图 2-6-74　设置缩放、旋转关键帧参数

这样一个逆世界旋转的效果就完成了。我们再回到“镜像”效果的使用，使用“镜像”来完成逆世界效果对视频素材的内容有一定要求，比如相接的部分要干净。

我们重新挑选一段视频素材导入序列中，在“效果”面板中将“镜像”效果添加到素材上，修改“反射角度”为“270°”，在时间轴上选中素材，按住“Alt”键向上拖拽复制一层，接着选中最上一层素材，右击选择“速度 / 持续时间”，在弹出的“剪辑速度 / 持续时间”窗口中勾选“倒放速度”，然后在“不透明度”下绘制蒙版，最后调整“蒙版羽化”的参数值为“100”，可以得到图2-6-75所示画面。

可以发现，使用边界清晰的视频素材后用“镜像”效果，经过参数调整后也能够呈现出逆世界的视觉效果，如果还想要呈现出更加精致的效果，可以对素材进行嵌套设置后再进行各参数值的修改调整，这里不再一一赘述。

那么除了使用裁剪及镜像，我们还可以结合使用“变换”效果来完成逆世界的视觉效果。

同样导入一段视频素材，添加“裁剪”效果到素材上对素材进行预处理。将“顶部”及“底部”的参数值设置为“15”和“28”，接着移动“位置”至“960，920”。

按住“Alt”键选中素材向上拖拽复制一层，搜索“变换”效果，将“垂直翻转”添加到最上层的素材上，移动“位置”至“960，200”。

如果想要边界融合得更加自然，可以在上下两层的视频素材的“裁剪”→“羽化边缘”下设置参数值为“50”，这样也可以完成一个逆世界的视觉效果（见图2-6-76）。

图 2-6-75　使用“镜像”的画面效果

图 2-6-76　使用“变换”的画面效果

总的来说，想要实现逆世界的视觉效果，具体操作并不困难，只要懂得各个参数的设置会产生怎样的效果，善于考虑各个效果之间的搭配，多尝试各种方案来达到目的，总能找出最适合的方式来呈现最好的效果。

5. 知识补充：动态拼接

什么是动态拼接呢？用比较直白的话说就是补黑边。

我们可以发现有时视频画面在做一些缩放、旋转（见图 2-6-77）的运动时，画面会出现一些黑边，即露底。露底的画面周围没有补偿，而动态拼接就是把周围的画面进行补偿。

（a）

（b）

图 2-6-77　缩放与旋转画面

接下来正式进入动态拼接的效果制作。我们以一个无缝转场作为案例。首先，我们需要用到的效果是“镜像”，导入两段视频素材，在“效果”面板搜索“镜像”，见图 2-6-78（a）所示。为了方便调整效果且不影响时间轴上的素材，我们新建一个调整图层放在视频素材的上方，将调整素材放置在两端视频的连接处各 20 帧的位置见图 2-6-78（b），接着将“镜像”效果拖放到调整图层。

（a）

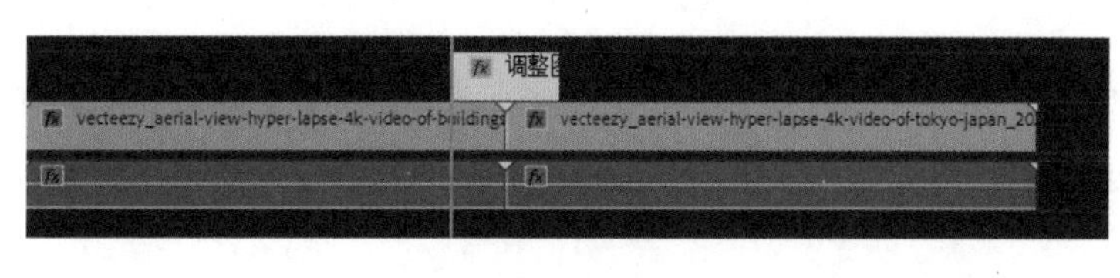

（b）

图 2-6-78　效果→镜像

我们缩放一下视频素材，发现节目监视器中的画面没有任何变化，这时我们需要使用“变换”效果来对素材进行调整，在“效果”面板搜索“变换”(见图 2-6-79)，将效果拖放到调整图层。

图 2-6-79　效果→变换

接着调整“缩放”值就可以发现节目监视器的素材也跟着缩小了。为了方便查看镜像的效果，我们将“缩放”值设置为“50”，在“效果控件”面板中将“镜像”拖放到“变换”的上方，接着随意调整“反射角度”就可以看到镜像的画面了（见图 2-6-80）。

通过反射角度的数值我们可以发现，当角度值为“0”时，镜像画面位于原画面的右方，移动位置的 x 轴数值就可以将屏幕右方的镜像画面与原画面重合了，形成一个两边对称的效果（见图 2-6-81）。

图 2-6-80　镜像效果的画面

图 2-6-81　两面拼接

这时的画面只有一面拼接的效果，我们接着制作第二面，只需要复制一层镜像效果即可。在“效果控件”面板单击“镜像”按钮，按住“Ctrl+C”组合键对效果进行复制，接着在“效果控件”面板的空白处按住“Ctrl+V”组合键进行粘贴，接着修改“反射角度”参数值为“180”，移动 x 轴的位置使左边的一面与原画面重合（见图 2-6-82）。

我们接着制作下面的拼接，复制一层镜像，将“反射角度”参数值设置为“90”，移动 y 轴向下使镜像画面与原画面重合（见图 2-6-83）。

图 2-6-82　三面拼接

图 2-6-83　四面拼接

依照同样的操作，我们制作最后一面，也就是在上面的拼接画面的基础上，再复制一层镜像，将“反射角度”参数值设置为“270”，移动 y 轴向上与原画面重合，这样四个面的拼接就全部完成了（见图 2-6-84）。

我们可以看到现在的画幅已经扩大到原先的 1.5 倍了，“50”的缩放值意味着周围多了半个画幅。我们可以随意拖动改变它的数值，这时可以发现随着数值的更改节目监视器的画面也会出现相应的改变，特别是当缩放时会发现画面出现了黑边（见图 2-6-85），因此，如果想要对完成拼接后的画面进行调整，需要再复制一层变换放到所有效果的最下层。

图 2-6-84 五面拼接

图 2-6-85 缩放

选中最上层的“变换”，按住“Ctrl+C”组合键进行复制，来到“效果控件”面板最下层的空白处按住“Ctrl+V”组合键进行效果粘贴（见图 2-6-86）。这时就可以统一对上面的效果进行调节了。

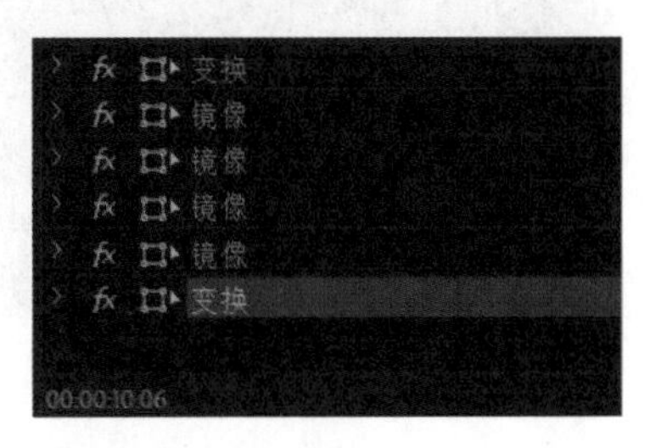

图 2-6-86 复制“变换”效果

我们将缩放值设置为“100”，这时画面就是放大到 1.5 倍时的效果，那么将缩放值设置到“200”时就是默认看到的画面了（见图 2-6-87）。

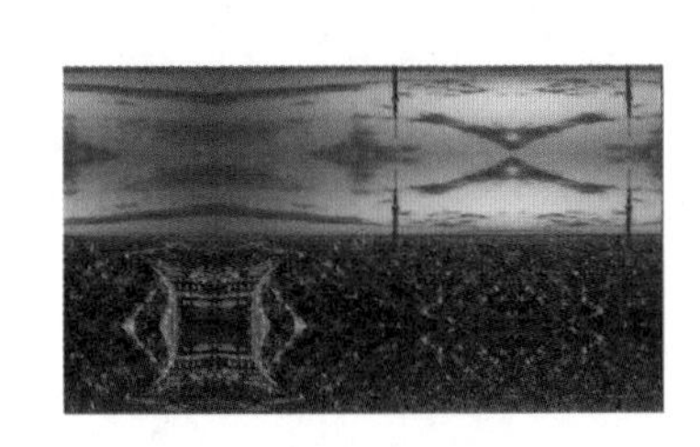

（a）缩放值 100%

（b）缩放值 200%

图 2-6-87 缩放值 100% 和缩放值 200%

这时将时间指示器移动到上方没有调整图层的地方进行对比，可以发现画面是一致的。

此时我们开始制作无缝转场的效果，移动时间指示器到调整图层的第一帧处，找到“变换”的“缩放”属性设置关键帧，参数设置为“200”，接着移动时间指示器到两段素材的连接处，设置关键帧参数为“300”，然后再向前移动该关键帧大约 3、4 帧，然后依旧是在中间连接处的位置设置关键帧为“100”，最后将时间指示器移动到调整图层的最后一帧，设置缩放参数值为“200”，这样一个两次放大的效果就形成了（见图 2-6-88）。

图 2-6-88 关键帧动画

我们给关键帧动画做一下曲线，展开“缩放”效果，单击第一个关键帧向前拉，最后一个关键帧向后拉，中间向里推，形成一个快进的效果（见图 2-6-89）。

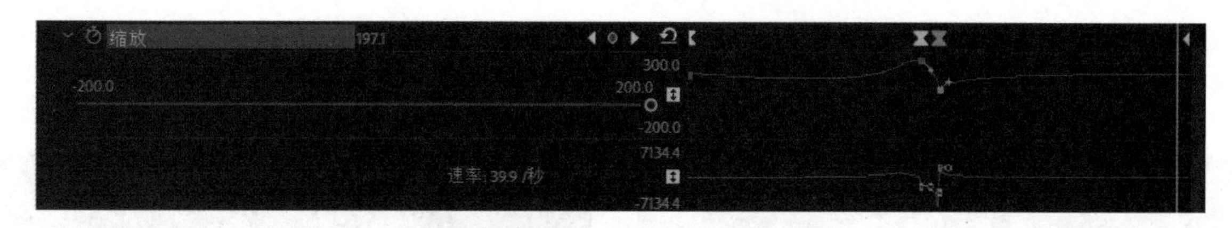

图 2-6-89　调整关键帧动画曲线

这里也可以给画面加一些快门，我们将数值设置为“360”，那么一个从放大到缩小再到放大到回归正常的一个无缝转场效果就完成了（见图 2-6-90）。

（a）

（b）

图 2-6-90　完成后画面

同学们也可以在这个动态拼接的基础上再添加一些复合性效果，如旋转、缩放等制作更多转场特效。当然，这种动态拼接也有一定的局限性，比如缩放值最多只能达到 300，当参数回归到 100 时我们再进行一些旋转的操作还是会出现露底的情况，因此在使用这类动态拼接进行效果设置时需要在一个区间内进行操作。

第七节

项目训练七——视频特效 2：希区柯克变焦

我们经常能从电影中看到这样类似的场景，画面中主体的大小没有太大改变，而背景却在不断变化，实现这种特殊效果的手法正是来自 1958 年希区柯克导演的电影《迷魂记》(见图 2-7-1)，希区柯克在这部电影中首次使用了这种特殊的变焦手法，此后这种变焦手法就以导演的名字命名，希区柯克变焦也被叫作滑动变焦（移动变焦）。

图 2-7-1 《迷魂记》/ 阿尔弗雷德 · 希区柯克 / 环球影业 /1958

本节项目训练将系统讲解滑动变焦的原理及如何在后期处理软件中实践这一效果。

一 课程概况

本节内容将通过希区柯克变焦效果这一案例来引导学生了解有关镜头的知识，以及如何在后期处理中通过操作得到类似效果。希区柯克变焦可以用于电影镜头语言的设计、广告宣传片，或者特效视频当中。

本节案例需要学生对相关电影拍摄手法有所了解，以及掌握相关镜头语言设计。

1. 课程主要内容

包括①前期拍摄；②后期制作。

2. 训练目的

学生通过本节项目训练——希区柯克变焦效果视频特效，一方面可以掌握相关操作及理论知识，另一方面在之后创作中可以更好地丰富视觉创意，提升镜头语言。

3. 重点和难点

重点：掌握希区柯克变焦的相关操作及命令。

难点：理解电影运镜相关知识并能够恰当运用。

4. 作业及要求

作业：完成一个具有希区柯克变焦效果的影视广告片。

要求：具备基本视觉美感，对画面构图布局有一定的理解，找到合适参照物，运用到希区柯克变焦效果所需的相关命令中。

二 案例解析

1. 基本概念

（1）含义

希区柯克变焦又被叫作滑动变焦（见图 2-7-2），是电影拍摄技法的一种，使用希区柯克变焦的影片特点在于镜头中的主体大小不变，而背景大小改变。

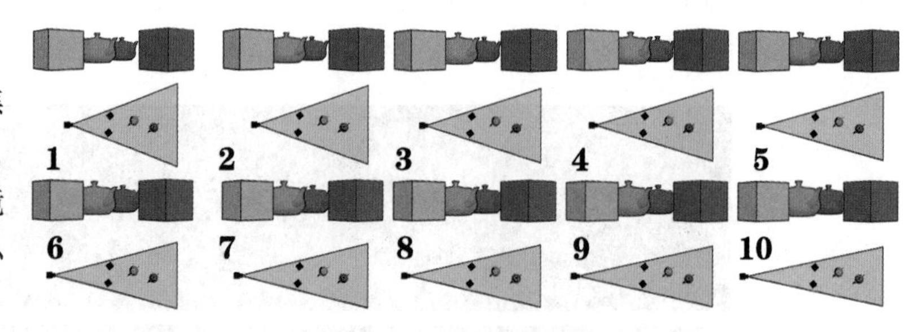

图 2-7-2　滑动变焦示意图

变焦从字面意思理解，即改变焦距，滑动变焦则是一种连续的透视变形。在拍摄过程中，如何维持匀速变焦的同时保证镜头不抖动是一个技术难点，另外需要考虑主体占整体画面的比例，如何做到构图完整也是需要考虑的一点。

（2）呈现方式

希区柯克变焦一般分成两种呈现方式：外退内进以及外进内退。外退内进指的是摄像机往后退的同时焦距向前推进，反之则是外进内退。当靠近被摄主体时，焦距缩小，背景拉伸容纳的内容增多；当远离被摄主体时，焦距放大，背景压缩容纳的内容减少。

（3）优势

希区柯克变焦的优势在于使同一镜头内相对静止的主体与背景产生的空间错位感，有利于将画面主体推向视觉中心，强调变化。

（4）要素

希区柯克变焦的三大核心要素：摄像机的方向、镜头推拉的速度、镜头的焦距。运镜的幅度、方向，机位运动的速度和焦距运动的速度是否匹配，焦距的变化是否平滑等都会直接影响镜头最终呈现出来的效果。

2. 镜头基础知识

（1）焦距

主点到焦点的距离被称为光学系统的焦距，这是镜头的重要参数之一，它决定了像与实际物体之间的比例。随着焦距的增加，摄像机的视野越来越窄，能够容纳的画面就越来越少，也就是所谓的“放大”。以实拍为例，随着焦距的缩短，容纳的画面越来越多。在保证主体大小相同、光圈大小相同的情况下，使用的焦距越长，背景的虚化效果就越强。

（2）光圈

光圈是一个用以控制光线透过镜头进入机身内感光面的光量的装置。光圈如同人的瞳孔，一般来说，光圈 f 值越小，在同一单位时间内的进光量越多。其计算公式为

$$光圈\ f\ 值=\frac{镜头焦距}{镜头口径直径}$$

（3）景深

景深，一般是指在摄像机镜头或其他成像器前沿能够取得清晰图像的成像所测定的被摄物体前后距离范围。在聚焦完成后，焦点前后的范围内所呈现的清晰图像的距离，这一前一后的范围，便叫作景深。用直白的语言翻译，景深指的就是拍摄场景的深度。

光圈、镜头及拍摄物的距离是影响景深的重要因素。

- 光圈越小，景深越大；光圈越大，景深越浅。在相同的光圈下，距离拍摄对象越近，景深就越浅，虚化也就越厉害。
- 焦距越短，景深越大；焦距越长，景深越浅。
- 相机和拍摄对象之间的距离越近，景深越浅；相机和拍摄对象之间的距离越远，景深越大。

3. 镜头语言

（1）景别

摄像机与被摄主体之间由于不同距离或使用变焦镜头产生的不同画面内容称为景别。通常来说，景别（见图 2-7-3）划分所指的对象应该为被摄主体，一般是取决于画面中显示出人的身体部分的多少。根据景距、视角的不同，可以分为以下几个类型：远景、全景、中景、近景、特写。

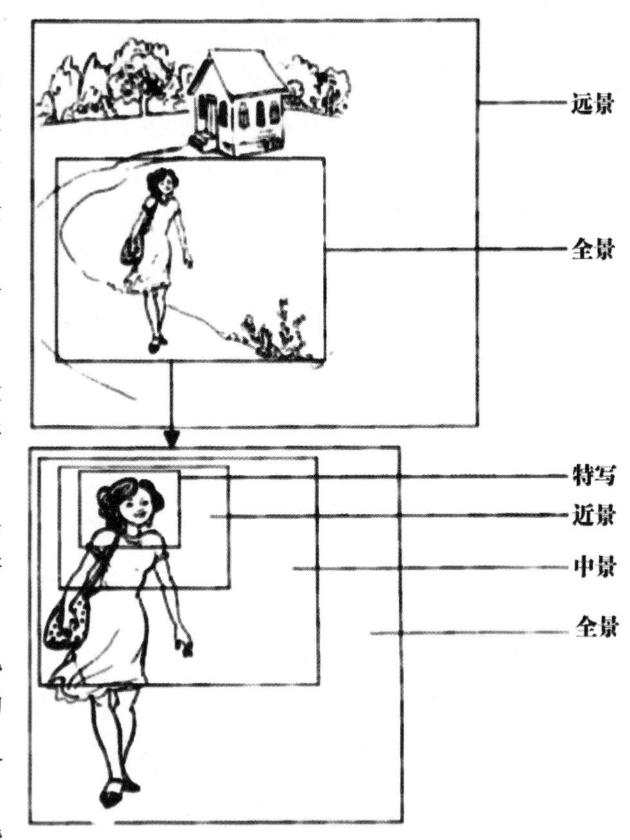

图 2-7-3　景别示意图

其中，远景指的是深远的镜头景观，人物在画面占据很小的位置。基于景距的不同，远景之中还可以分为大远景、远景、小远景三个类型。远景可以营造磅礴的气势，也能创造抒情的意境，常用于影像的开端或结尾。

全景，基本摄取人物全身或较少场景全貌的镜头景观，有点类似于话剧戏台，可以看清人物动作和所处环境。全景也有大全景、全景、小全景之分。

中景，指的是人物小腿以上部分的镜头景观，也被称为“七分像”。另外，摄取人物腰部以上部分的镜头为中近景，也称为“半身像”。中景重在表现人物的形体动作及情感交流。

近景，通常指的是人物胸部以上的画面。近景能够透露人物的心理活动以及观察人物的面部表情。

特写，指的是摄像机在很近距离的拍摄对象，通常以人物肩部以上的位置作为参照。另外，在特写基础上放大对人体某一局部的拍摄或摄取小物件的细节被称为大特写。特写用以刻画人物的性格及表达心理情绪。

需要注意的是，在剪辑过程中，对于不同镜头切换时上下同景别画面大小、同背景及同角度的人物和内容不能剪接在一起。

（2）镜头运动

影像画面的运动主要由被摄对象的运动和摄像机运动构成。运动摄像，就是在一个镜头中通过移动摄像机机位，或者改变镜头光轴，或者变化镜头焦距所进行的拍摄。通过这种拍摄方式所拍到的画面，称为运动画面。其中摄像机运动（镜头运动）的主要方式有：推、拉、摇、移、跟、甩、定、升降、俯仰、变焦、综合等。

其具体操作和作用如表 2-7-1 所示。

表 2-7-1 镜头运动主要方式一览表

推	摄像机逐渐靠近被摄主体，或变动镜头焦距使画面框架由远至近与主体推进距离。其特点在于推镜头形成视觉前进效果，有利于突出主体形象，在一个镜头中介绍整体与局部、环境与主体的关系，推镜头推进速度的快慢可以影响画面节奏
拉	摄像机逐渐远离被摄主体，或变动镜头焦距使画面框架由近至远与主体拉开距离。其特点在于拉镜头形成视觉后移效果，有利于表现主体与其所在环境的关系，使得画面构图形成多结构变化，保证画面空间的完整性以及连续性
摇	摄像机位置不动，机身依托于三脚架上的底盘做上下、左右旋转等运动，使观众如同站在原地环顾、打量周围的人或事物。其特点在于伪造了人的头部运动，有利于展示空间、扩大视野，交代环境与主体之间的内在联系。非水平视角的摇镜头能够营造出特定的情绪
移	将摄像机架在活动物体上沿水平 / 垂直方向随之运动而进行的拍摄。其特点在于使画面框架始终处于运动当中，调动观众的注意力，移动镜头表现的画面空间是完整且连续性的
跟	摄像机始终跟随运动的被摄主体一起运动而进行的拍摄，与“移”镜头的区别在于，“跟”镜头中摄像机的运动速度与被摄主体基本一致，被摄主体在画面构图的位置基本不变，画面景别基本不变。其特点在于能够连续而详尽地交代主体运动以及与环境的关系
甩	甩镜头，即扫摇镜头，是指摄像机的方向从一个被摄体甩向另一个被摄体。其特点在于表现急剧的变化，作为场景变换的手段时不露剪辑的痕迹
定	定镜头也称为“静止镜头”，摄像机不做运动。需要明确的是，静止也是运动的一种状态
升降	摄像机借助升降装置进行上升或者下降拍摄。其特点在于带来画面视域的扩展与收缩，有利于表现高大物体以及纵深空间中的点面关系
俯仰	摄像机进行俯拍或者仰拍。俯拍常用于展现宏观场景、整体的地貌环境，仰拍带有高大、庄严的意味
变焦	摄像机不动，通过调整镜头焦距的变化，使远方的人或物变得清晰可见，或使近景从清晰到虚化。一般而言焦距的推拉与被摄主体的运动方向基本保持一致，反之则可以产生特殊的相向效果
综合	综合拍摄，也称为“综合镜头”，是将推、拉、摇、移、跟、甩、悬、空、升降、俯仰、变焦等拍摄方法中的几种结合在一个镜头内的拍摄方式。其特点在于能够产生更为复杂多变的画面效果，有利于通过镜头连续的动态形成画面结构的多元性以及与音乐旋律结合形成节奏感

摄像机运动（镜头运动）使得影像形成“动势”，一方面让影像内容显得丰富，增加了影像的真实感；另一方面，“运动”形成的视觉刺激有利于吸引人们的目光，从而成为传播信息的有效手段。

（3）构图

构图，即摄像机摄取的画面内容。一部好的影像内容，除却对镜头运动的把控，还需要考虑画面内容的构图元素，在进行拍摄时，以下原则可以适当注意与参考：美学原则；主题服务原则；变化原则。

其中，美学与主题服务原则针对单一画面构图内容，变化原则针对整个影像内容的构图。

第一，美学原则。从字面意思理解，就是画面需要具备视觉的美感。将一个画面中所展现的人或物分为主体与客体，就比较容易理解了。从美术创作的角度来说，主体在画面中尽量不居中；水平线尽量不将画面等分；主体应该有客体的陪衬，客体不能喧宾夺主；画面元素应该错落有致，各元素之间间距应该有疏有密。除却风格化的实验性内容，以上原则通常情况下在影像拍摄中所得出的内容是具备形式上的美感的。

第二，主题服务原则。我们都清楚，形式是服务于内容的，在影像拍摄中，画面的构图也是服务于主题叙事的，先把握好影像内容的主题，再去设计最为合适及具备视觉美感的构图才是合适的，无论这个构图再优美、再好看，只要与整个影像内容的主题不一致，就必须忍痛割爱。

第三，变化原则。影像内容不是一成不变的，与照片的静止定格不同，影像内容是由千万个单幅画面组成的，而其中不断的“变化”正是其魅力所在。如何有效利用上面所述的景别、镜头运动，以及色彩知识在构图形式上寻求突破以顺应影像内容的发展，是需要不断试错和练习的。

根据不同的需求，一般有以下几种构图可供参考：

①直线构图。

充分显示场景的高大和深度（见图 2-7-4）。

②水平构图。

一般而言，水平构图不是指将画面等分为二，而是水平线条位于画面上 / 下方的 1/3 处较为合适。水平构图整体给人平静而稳定的感觉（见图 2-7-5）。

③斜线构图。

一般可分为立式斜垂线和平式斜横线，常用于表达运动、失衡的场面，其中斜线部分起到了固定导向的作用（见图 2-7-6）。

图 2-7-4　直线构图

图 2-7-5　水平构图

图 2-7-6　斜线构图

④曲线构图。

一般有 S 形曲线的构图，具有延长、变化的特点，使画面具有韵律感（见图 2-7-7）。

⑤对角线构图。

字面意思是将主体安排在对角线上，利用对角线的长度使主体与客体之间产生关联，以吸引注意力（见图 2-7-8）。

⑥十字构图

画面上的景物及其变化呈现十字形构图，线条交叉使得观众注意力集中，多用于稳定排列组合的物体（见图 2-7-9）。

图 2-7-7　曲线构图

图 2-7-8　对角线构图

图 2-7-9　十字构图

⑦向心构图。

向心构图中的主体位于中心位置，四周景物向中心集中，能将视线引向主体中心，突出主体的特点（见图 2-7-10）。

⑧放射性构图

以主体为中心，景物朝四周扩散呈放射式形式，具有开拓、舒展的作用（见图 2-7-11）。

图 2-7-10 向心构图

图 2-7-11 放射性构图

⑨三角形构图。

最为常见的构图之一，具有安定、均衡的特点。三角形构图可以是正三角形、斜三角形，或者倒三角形（见图 2-7-12）。

⑩对称构图。

画面结构对称、安排巧妙，具有稳定、平衡的特点（见图 2-7-13）。

图 2-7-12 三角形构图

图 2-7-13 对称构图

4. 运用场景——影视广告片

（1）概念

广告，是一种为了特定商业需要，通过传播媒介公开而广泛地向公众传递商业信息的手段。广告片是视听的双重艺术，是信息高度集中、高度浓缩的节目，广告片发展速度极快，并具有惊人的发展潜力。影视广告片既能使观众自由地发挥对某种商品形象的想象，也能具体而准确地传达吸引顾客的意图，并且各个年龄段的人都容易接受这种传播形式，可以说影视广告片是覆盖面极广的大众传播媒体手段，人们生活的方方面面，都或多或少地存在影视广告片的身影。

（2）特点

影像、文案、声音、时间是影视广告片的四大要素，影视广告在表现形式上吸收了各类艺术特点，运用影视艺术形象思维的方法，使商品更富于感染力和号召力。影视广告以策划为主体，以创意为中心，研究商品特点和观众心理，紧抓广告主题，具有创意的同时不乏艺术的表现手段。

（3）类型

影视广告片可以分为以下几类：

①拍摄类，包括微电影、电影、话剧等具有剧情内容的拍摄类广告片。其特点是具有感染力、号召力。

②平面类，包括一切非动画类且无剧情内容的广告片。其特点是平面性，易于宣传。

③动画类，包括二维动画和三维动画。其特点是具有丰富的想象力、易于传播以及在儿童区间有一定的号召力。

（4）构成

影视广告片由视觉和听觉元素构成，其中视觉元素包括影像及字幕两部分，主要依靠运动的图像增强表现力和感染力，字幕起辅助信息的作用。除了视觉元素，听觉元素也是影视广告片的重要构成，其中作为听觉部分的广告语有两种形态，一是旁白，二是广告人物的台词。两者皆起到渲染气氛及引导观众情绪的作用。

（5）原因

观看周边的世界，无论是家中的电视、电脑，或是手上的手机，我们可以发现广告信息无处不在，影视广告作为覆盖面极广的大众传媒手段，如何学习其制作手段并提升对应的审美情趣，以更优质的手段来传播商品信息并在此基础上创作出具有社会价值意义的作品，是传媒人需要学习的重要一环。

三 知识总结

目前有两种方式实现希区柯克变焦的效果，一是在前期通过拍摄手法来营造效果，二是利用后期编辑软件来实现。

1. 前期拍摄

我们已经知道，通过一边调整镜头焦距一边锁定拍摄主体移动镜头能够实现滑动变焦的效果。从专业拍摄的角度，在进行拍摄前我们需要一条平滑的轨道及能够实现变焦的摄像机，通过拉伸摄像机的变焦镜头，同时在轨道上前后推拉摄像机，从而达到前进 / 后退的画面效果。

以镜头前移为例，在拍摄时首先确定拍摄主体，同时将镜头焦段转到数值最大；确定好构图后，可以在相机取景框上贴胶带并用马克笔标记，这样做的目的是在滑动变焦过程中保证被拍摄物体的大小不变，或者也可以根据取景框中的九宫格确定位置；之后相机向前移动，为了稳定相机，最好搭配使用相机稳定器（没有轨道的情况下），同时将焦距减小。这里需要注意的是：相机每次移动固定距离，焦距每次变化的值也要固定，同时保持被拍摄物体大小不变。重复此过程，每移动一次拍摄一张照片，后期通过相片序列的形式合成便可以了。

总结拍摄的原理，最重要的是注意以下三点：

①先确定好运动的起始点和结束点。

②如果前进拍摄，则逐渐放大变焦。

③如果后退拍摄，则逐渐缩小变焦。

在没有相机的情况下想要尝试拍摄出滑动变焦的效果也可以使用手机 + 手机稳定器的方法。

2. 后期制作

利用后期处理方式实现希区柯克变焦是这一课程的主要内容，在实践程序会进行详细的步骤解析，这里简单介绍一下后期实践的方式。

首先，准备好一段平滑运动的高清视频素材（如果视频素材只是轻微抖动的话，可以在导入 Premiere Pro 之后使用“变形稳定器 VFX”进行调整）。

其次，将素材导入后期编辑软件中。

然后，根据素材运动方向为视频的开头及结尾设置缩放关键帧。

最后预览效果，观察无误后便可以导出视频了。

总结下来，使用后期剪辑软件实现希区柯克变焦（滑动变焦）的难度并不高，甚至是较为简单的，然而作为一个在电影史上被创作出来的经典之一，学习并了解其中包含的深意以及明白为何而做，远比单纯学会如何去操作重要，要记住每一项影像创作的技巧都不是轻易得来的，如何通过学习这些优秀技巧，从而启发探求到更好的表达方式才是我们学习这一项目的最终目的。

四 实践程序

1. 新建序列及导入文件

右击“项目”面板选择“新建项目”→“序列”选项，在弹出的“新建序列”窗口（见图 2-7-14）中选择预设（或者直接默认预设），命名序列名称为“希区柯克变焦”，单击“确定”按钮。

图 2-7-14 “新建序列”窗口

接着再右击“项目”面板选择“导入”选项，在弹出的“导入”窗口（见图 2-7-15）找到视频存放的文件目录位置，选择视频素材，单击“打开”按钮。

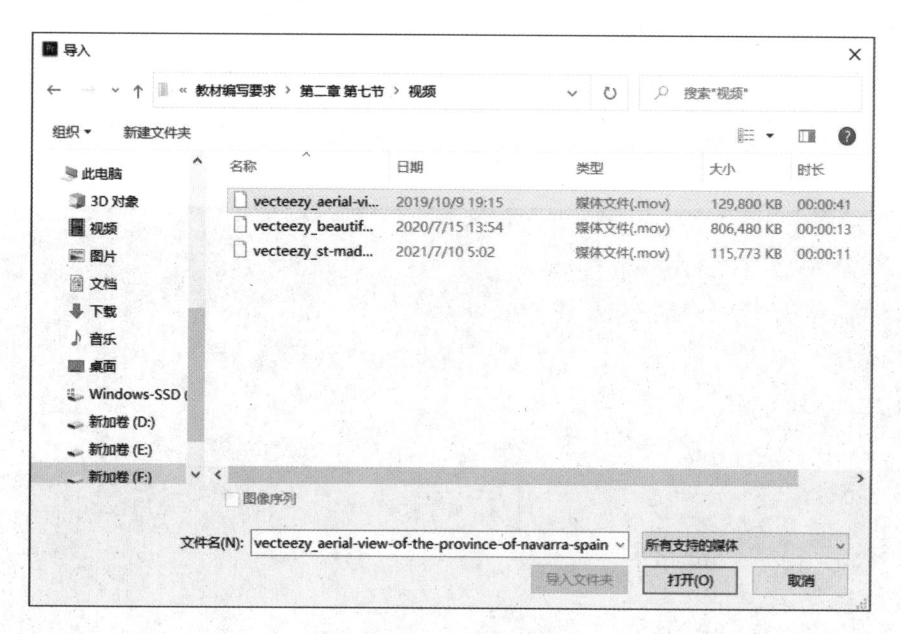

图 2-7-15 “导入”窗口

导入素材后，右击视频素材，选择“属性”选项，可以看到该视频也是标准的 4K 大小，帧速率为“29.97”，持续时间 40 秒左右，文件大小却有 126MB（见图 2-7-16），这时需要对视频素材进行转码或启用代理，以便后续剪辑。

属性...

（a）

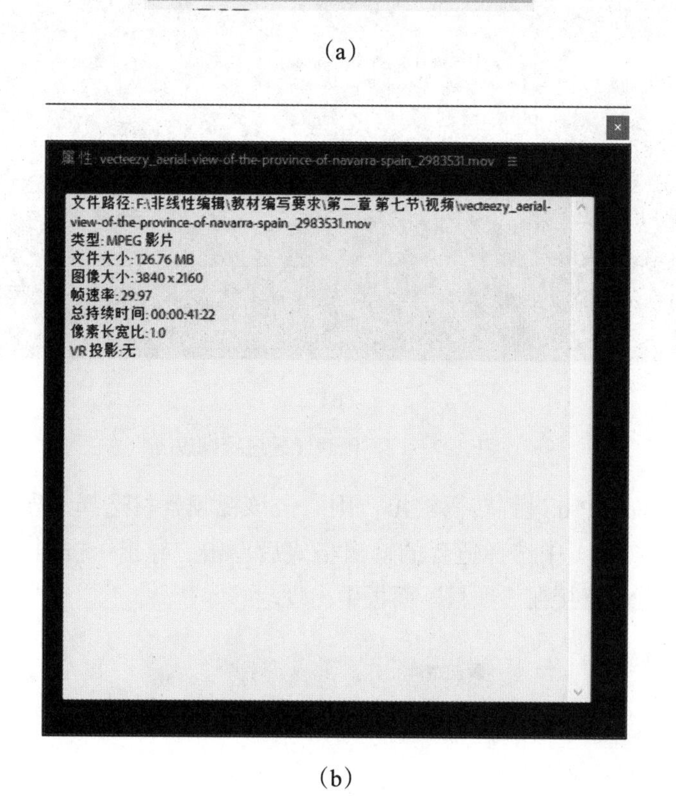

（b）

图 2-7-16 选择“属性”窗口

如果选择代理剪辑，则右击该视频素材选择“代理”→“创建代理”选项，Premiere Pro 会自动连接到 Adobe Media Encoder（见图 2-7-17）进行编码转换，之后剪辑中可以打开“切换代理”开关进行剪辑，剪辑完成后在导出视频时关闭该开关即可。

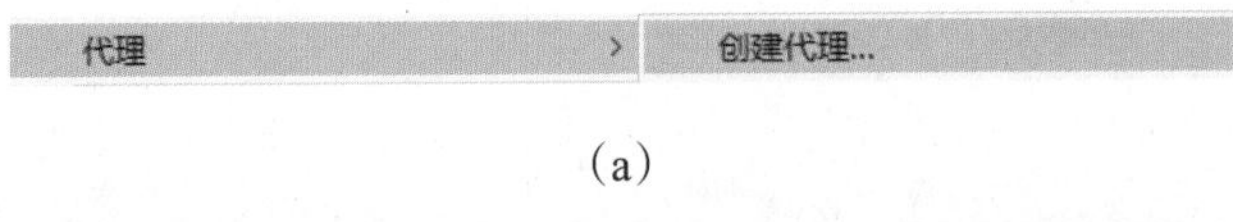

（a）

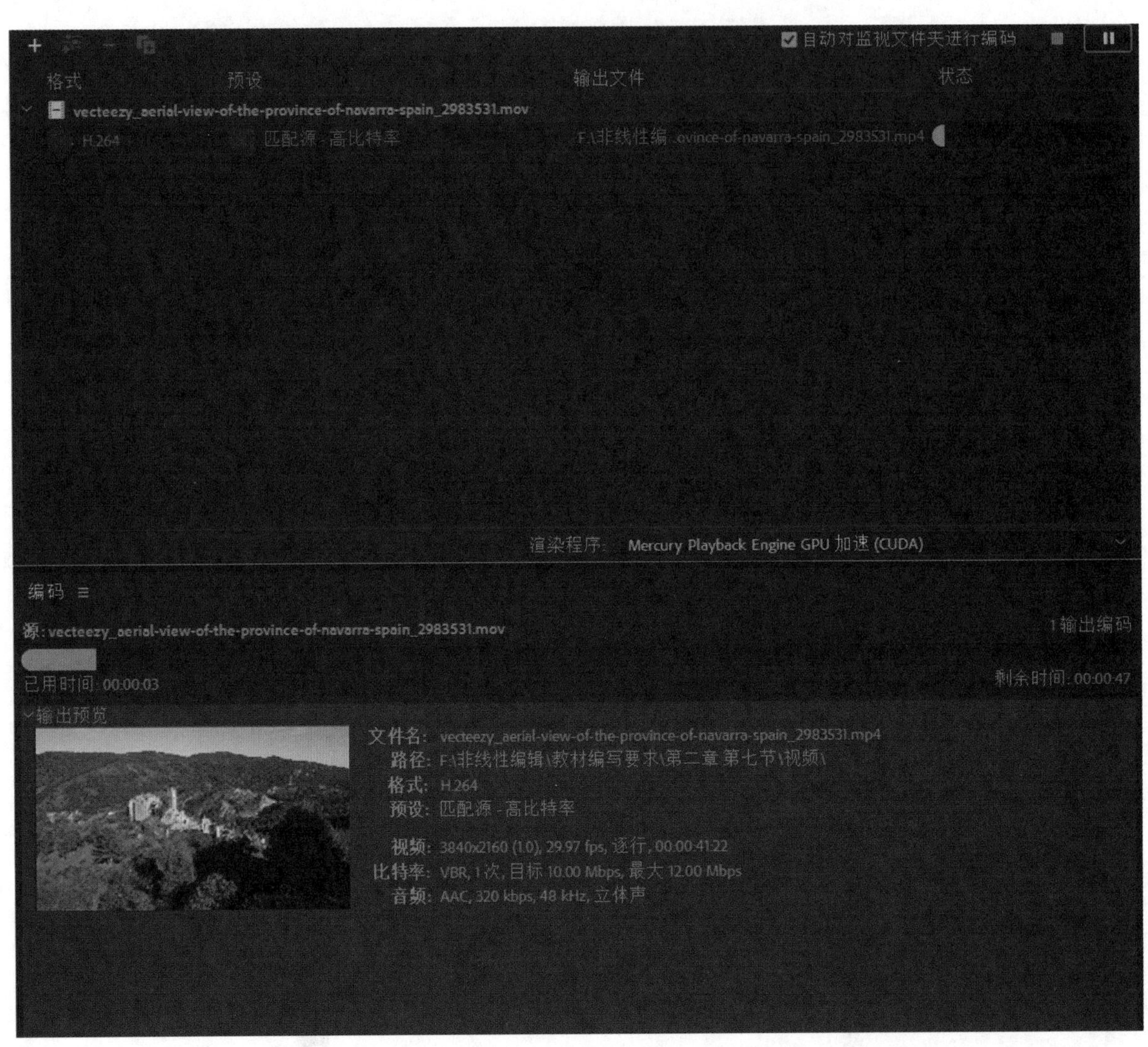

（b）

图 2-7-17　创建代理进行编码

如果选择直接在 Premiere Pro 进行转码输出，则右击该视频素材选择“导出媒体”选项，在弹出的“导出设置”窗口（见图 2-7-18）中选择适合的输出格式后单击“导出”按钮，记得勾选“导入到项目”选项，这样导出后的视频就会直接在“项目”面板中出现。

导出媒体...

（a）

（b）

图 2-7-18 “导出设置”窗口

完成对视频的转码（或代理）后，我们播放一下视频，发现原视频是一个做缓慢向前推进运动的航拍视频，如果觉得该视频的速度变化太慢，除了可以使用“速度 / 持续时间”改变视频的速度，还可以使用“解释素材”。

解释素材可以将素材转换为不同的帧速率，比如将 120fps 的素材转换为 25fps，从而实现优质流畅的升格（慢）镜头。解释素材还可以用来转换素材的像素长宽比、场序、Alpha 通道及 VR 属性等。“解释素材”的优势是在剪辑时不需要重复进行变速操作。

右击“视频素材”，选择“修改”→“解释素材”选项，在弹出的“修改剪辑”窗口（见图 2-7-19）中的“帧速率”一栏下勾选“采用此帧速率”选项，接着在输入框内输入想要的帧速率值，这里设置为“60.00”fps。

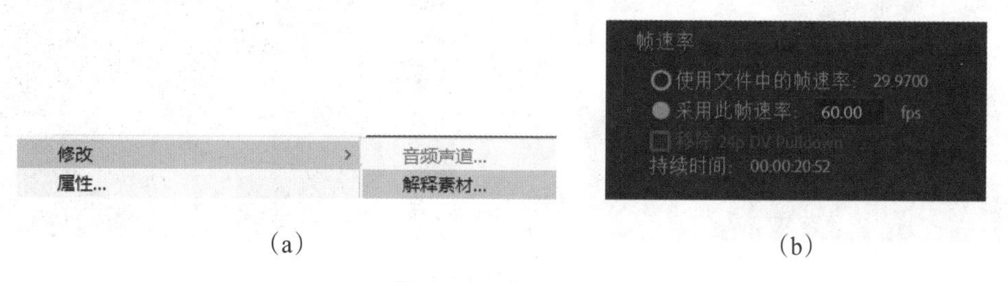

（a） （b）

图 2-7-19 “解释素材”下的“帧速率”选项

设置完帧速率后单击“确定”按钮，接着将该视频素材拖放至时间轴，按“ Enter”键播放该素材，可以发现视频画面变成正常速度了。

2. 添加效果：变形稳定器 VFX

我们可以发现，视频播放过程画面出现了一些晃动，这时可以在“效果”面板中搜索“变形稳定器VFX”（见图 2-7-20），将该效果拖放至时间轴的视频素材，Premiere Pro 会自动进行稳定化工作，其中使用“变形稳定器 VFX”共有两个步骤，首先是在后台进行分析，根据视频素材的大小可能需要 5 ~ 10 分钟（具体耗费时间会根据视频素材的大小及计算机的配置不同出现不一样的状况），完成第一个步骤后就会进入稳定化的程序，这个步骤耗费时间很短，基本不需要等待。

（a）　（b）　（c）

图 2-7-20　变形稳定器 VFX

稳定化完成后我们可以再次播放视频，这时可以发现原先有些晃动的部分已经变得平稳了。

3. 关键帧动画

完成了对视频素材的基本修改及完善后，接下来我们正式进入滑动变焦（希区柯克变焦）的操作。

首先我们需要在画面中找到一个主体作为变化的参照，可以选中视频画面中的这座城楼（见图 2-7-21）。

图 2-7-21　设置参照物

移动时间指示器到视频的后半部分，即参照物（主体）还未出画的位置，在“效果”面板的“缩放”设置关键帧（见图 2-7-22）。

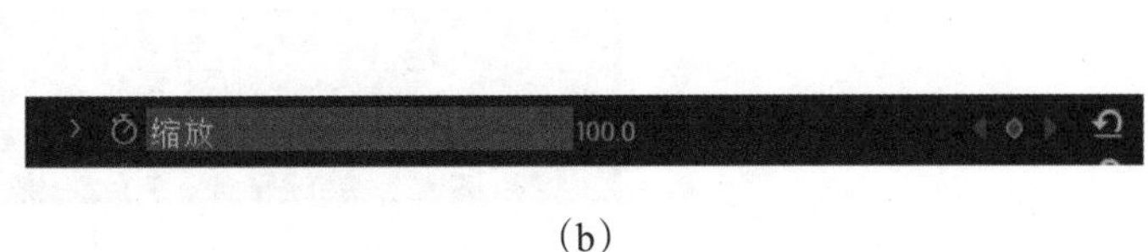

（a）　　　　（b）

图 2-7-22　设置关键帧

接着回到视频素材的开头，再设置一个关键帧，并且将其缩放到与片尾几乎一样大的位置，这样一个简单的希区柯克变焦效果就完成了（见图 2-7-23）。

图 2-7-23　完成后效果

4. 知识补充：模拟移轴（小人国）效果

（1）概念

移轴源于摄影，泛指利用移轴镜头创作的作品，所拍摄的照片效果就像是缩微模型一样，非常特别。所谓移轴（小人国）效果，其实是利用画面的浅景深。我们知道，当使用广角镜头或站在高而远的地方拍摄现实的整条街道或整座建筑物等大型场所时，都不容易造出浅景深，那么利用 Premiere Pro 的一些效果我们可以通过后期来实现模拟移轴的镜头效果。

（2）技巧

表 2-7-2 的几项小技巧可供拍摄移轴镜头素材时参考。

表 2-7-2　移轴镜头技巧一览表

高角度	高角度涵盖的风景更多，另外也跟人们观看模型时惯用的鸟瞰角度相关，因此寻找一个合适的制高点进行拍摄是十分重要的
远视角	考虑到景深的因素，最好不要离拍摄对象过于接近
高饱和度	移轴效果制作出的小人国微缩世界带有比较强烈的童话风格，因而高饱和度可以使画面更加艳丽
选择城市题材	城市中更容易找到适合移轴效果的素材，比如地标、人流、车流、公路等

（3）操作

我们正式进入使用 Premiere Pro 制作模拟移轴镜头效果的制作。

①颜色调整。

首先导入一段视频素材，将素材直接拖放至时间轴并新建一个序列，接着在“项目”面板右击新建一个调整图层，将其放置在视频素材上方（见图 2-7-24）；然后在“效果”面板中搜索“ Lumetri 颜色”，将该效果拖放到调整图层上（也可以直接选择“颜色”工作区，在右方的“ Lumetri color”中进行颜色调整）。

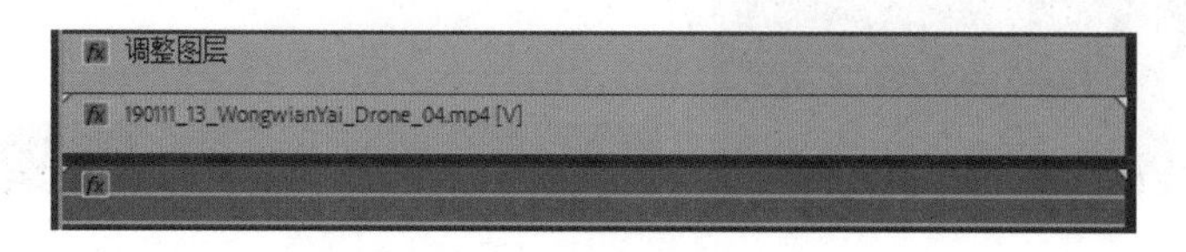

图 2-7-24　设置“调整图层”

在“基本校正”一栏调整“对比度”及“饱和度”值为“60.0”和“150.0”，可以看到画面变得鲜艳了（见图 2-7-25）。

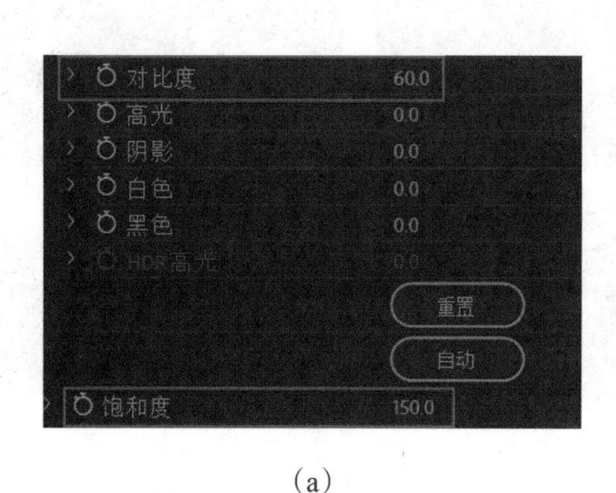

（a）

（b）

图 2-7-25　校正后画面

接着调整“曲线”，提高画面的亮度（见图 2-7-26）。

②添加模糊效果。

完成颜色调整后在“效果”面板中搜索“复合模糊”（见图 2-7-27），将效果添加到调整图层上。

然后将“最大模糊”的参数值更改为“25.0”（见图 2-7-28）。

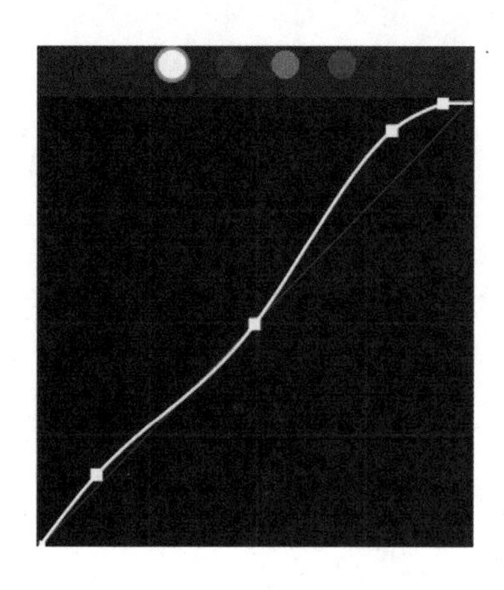

图 2-7-26　调整曲线

图 2-7-27　效果→复合模糊

图 2-7-28　调整最大模糊值

③绘制蒙版。

在“复合模糊”下选择“创建椭圆形蒙版”选项，在节目监视器中调整椭圆蒙版的形状，调整完成后在“效果控件”面板下勾选“已反转”选项，这时已经大致有一些移轴效果了（见图 2-7-29）。

图 2-7-29 绘制蒙版

我们可以更改“蒙版羽化”的参数值为“120.0”，使其边缘衔接得更加自然、和谐；然后，我们选中“蒙版路径”，单击“向前追踪所选蒙版”按钮，Premiere Pro 会开始追踪蒙版（见图 2-7-30）。需要注意的是，如果后方衔接的镜头与前方的镜头并不一致，那么还是推荐手动进行蒙版的绘制与微调，这样制作的效果才不会有太大偏差。

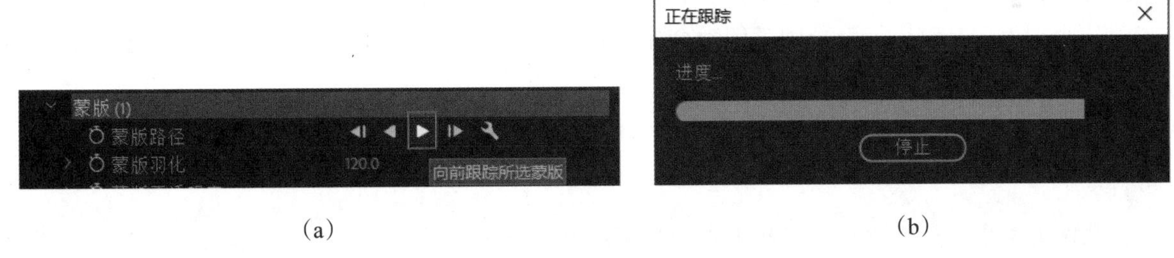

（a） （b）

图 2-7-30 蒙版路径跟踪

此时大概效果已经完成了，但我们可以发现在按下播放键进行浏览时，画面会有些卡顿，并不流畅，这时我们可以在时间轴上给视频标记出点和入点（见图 2-7-31）。

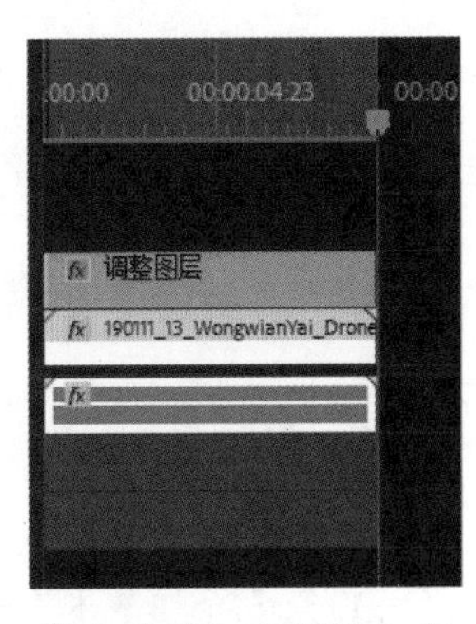

图 2-7-31 设置出入点

然后在菜单栏选择“序列”→“渲染入点到出点的效果”选项，Premiere Pro 会开始渲染，渲染完成后可以发现时间轴上的红线变成了绿线（见图 2-7-32），视频也可以流畅地进行播放了。

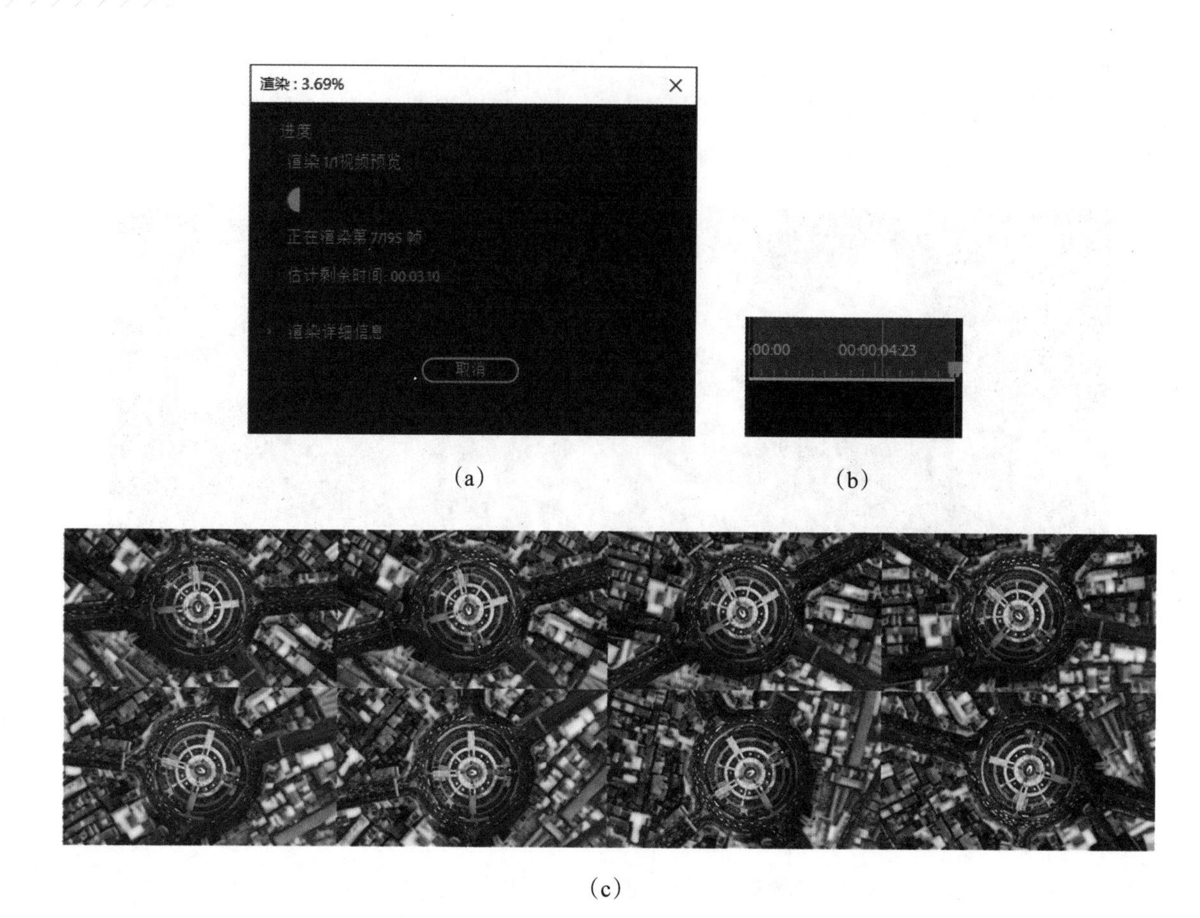

（a）　（b）

（c）

图 2-7-32　移轴效果

那么一个使用 Premiere Pro 来模拟移轴镜头效果的案例就完成了。

到此为止，第二章的所有内容就完结了。在这一章中，我们从不同角度学习并制作了 Premiere Pro 的各种案例效果，每一节的内容都尽量穿插了相关的知识讲解及额外的案例补充，以供学生能够更加全面地了解每一个案例的步骤以及引导同学们学会如何利用 Premiere Pro 的功能去创作属于自己的优秀作品，希望学生在第二章的每一节内容中都能有所收获。

拓展阅读

梁建国是中国一线设计师，新中式的领军人物。他主张用“中国魂、现代骨、自然衣”，建构时代美学，打造中国形象。“中国魂”是指精神是中国的；“现代骨”是用现代的科技材料、人文去做设计；“自然衣”是回归自然，我们希望建筑像是从自然中生长出来的。他说：“互联网时代最大的弊端就是人人都不愿意动手，都停留在思想和言语层面，不愿意做最基础的实施和落地的工作。这种心态要调整。我们可以不排斥快消文化，但不应该拒绝最基础的东西。因为没有这个过程，往下走是很难的。

课后习题

1. 简要介绍基本声音面板。
2. 简要说明 Premiere Pro 如何添加视频效果。

第三章

从传播媒介看非线性编辑

本章概述

本章将从三个角度来分析我国非线性编辑在各领域的不同时代、不同技术影响下的变迁及发展，从传播媒介看非线性编辑出现了何种变化并总结其本质特征以供学生深入了解非线性编辑的发展演变，以便及时把握其未来发展趋势。

学习目标

通过本章的学习，学生能够了解非线性编辑在不同视域下的应用情况及剪辑趋势，为今后的学习提供明确的方向。

第一节

传统视域下广播电视节目的非线性编辑

凭借自身数字化记录的便捷性、强大的兼容性及相对较少的投资等特点，非线性编辑从开始应用在传统领域下的电视节目制作便迅速占据了绝对的领导位置，到如今随着计算机技术的迅速发展以及计算机图形处理能力的提高，更是给影视节目的制作提供了极强的便利性。

我们知晓非线性编辑是基于计算机的数字技术来对电视、网络等音视频图像文件进行后期编辑的一种方法手段。其工作原理是将胶片或磁带的模拟信号转换为数字信号存储在硬盘上，在电脑等设备中通过专门的非线性编辑系统软件进行编辑并输出。非线性编辑最大的优势是在不影响任何音视频图像文件的前提下，实现对音视频图像文件的任意更改和调动。

接下来我们将以传统视域的视角，分析不同类型的广播电视节目的非线性编辑的特点，探讨其编辑模式的新颖之处，以及可以从中学到些什么，并将其融入自己的创作中，不管是单纯的编辑手法，或是更进一步的编辑思路，希望学生能够有所收获。

一 新闻报道节目——央视《新闻联播》

自 1978 年 1 月 1 日开始，由中央电视台新闻节目中心制作的《新闻联播》（见图 3-1-1）节目到现在已持续了数十年的放送。《新闻联播》被称为“中国政坛的风向标”，其节目宗旨为“宣传党和政府的声音，传播天下大事”。目前《新闻联播》的播出时长一般为 30 分钟（特殊情况下会延时）。

图 3-1-1　早期《新闻联播》画面

与今天大家熟悉的播放形式不同，最初的《新闻联播》节目是没有播音员出镜的，也没有字幕和喜庆的音乐。1978 年的元旦开播时，中央电视台还叫“北京电视台”（1978 年 5 月 1 日，经中共中央批准，北京电视台正式更名为中央电视台），节目的正式名称也还不是《新闻联播》。受限于当时落后的技术以及设备难题（没有摄录一体的设备），当时的电视节目某种程度上可以说是利用胶片在播放电影。播出时也会出现一些难题，如胶片容易断裂，这是因为胶片的胶水比较容易干，胶水干了之后胶片便容易裂开，于是胶片就会出现开胶断裂的情况。

图 3-1-2 总结了当时新闻联播节目的制作流程，即一台电影摄像机对着白墙的幕布播放已经剪辑好的新闻胶片，旁边的电视摄像机拍摄白墙幕布的画面，同时一台录音机在同步播放播音员提前录好的配音，这样综合拍摄出来的信号就直播传送到千家万户的电视机上。与如今便捷的节目录制不同，当时新闻节目的制作过程是十分复杂的（见图 3-1-3）。

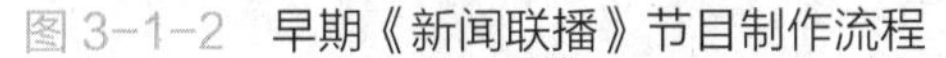
图 3-1-2　早期《新闻联播》节目制作流程

图 3-1-3　早期新闻工作人员工作照

1982 年 9 月 1 日，中共中央明确规定，重大时政的发布时间从 20:00 提前至 19:00，重要新闻首先在《新闻联播》中发布，由此开始奠定《新闻联播》作为官方新闻发布通道的重要地位。

1996 年 1 月 1 日，《新闻联播》由录播形式改为现场直播（不过一些大段口播新闻仍然为录播，见图 3-1-4），时效性进入争分夺秒的新时期。

1998 年 8 月 5 日，《新闻联播》更换新演播室，演播室背景为蓝色的世界地图，它是央视第一个开放式理念的演播室，但由于场地和技术所限，仅能布置一排机器，图 3-1-5 所示为更改背景后的新闻联播。

2010 年 10 月 1 日，《新闻联播》打破常规，在国庆节当天采用“画中画”的模式（见图 3-1-6）在节目开始就直播“嫦娥二号”卫星发射（“嫦娥二号”于当天 18 时 59 分 57 秒，即新闻联播开始前 3 秒发射升空），并在节目播出到 19 时 25 分 05 秒时再次直播“星箭分离”的实况，两段直播全长 6 分 07 秒，此举被视为《新闻联播》开播 32 年以来现场新闻直播的创新和突破。

图 3-1-4　1996 年 1 月 1 日主播宣布《新闻联播》改为现场直播

图 3-1-5　1998 年 9 月 14 日的《新闻联播》

图 3-1-6　2010 年 10 月 1 日的《新闻联播》开头

2013 年 1 月 23 日，央视评论员杨禹出现在与主播郎永淳的连线中，这是《新闻联播》开播 35 年来首次引入评论员（见图 3-1-7）。1 月 26 日，《新闻联播》首次连线外景记者（见图 3-1-8）。2013 年 2 月 9 日，《新闻联播》切入多路信号直播各地迎接农历新年的场景（见图 3-1-9），并以《春节序曲》作为结束曲，成为一次颠覆性创新。

图 3-1-7　《新闻联播》首次引入评论员

2014 年 1 月 1 日，《新闻联播》以“人们说 2013 就是爱你一生，2014 是爱你一世，新闻联播和你一起，传承一生一世的爱和正能量”的暖心话语作为结尾（见图 3-1-10），收获了网友的好评，被称为“史上最卖萌的新闻联播”，这种非常规结尾也被央视称作“彩蛋”。

图 3-1-8 《新闻直播》首次连线外景记者

图 3-1-9 《新闻联播》直播各地迎新年场景

2015 年 2 月 18 日，《新闻联播》主播李梓萌和郎永淳在开场解说全国各地除夕实况画面后，开始互相对视即兴交谈，这也是《新闻联播》史上首次男女主播对视交谈（见图 3-1-11）。

2016 年 2 月 8 日，《新闻联播》首次在头条报道 2016 年中央电视台春节联欢晚会，这也是央视春晚创办 34 年来首次登上新闻联播头条（见图 3-1-12）。

图 3-1-10 2014 年 1 月 1 日《新闻联播》暖心结尾

图 3-1-11 2015 年 2 月 18 日《新闻联播》男女主播首次对视交谈

图 3-1-12 2016 年 2 月 8 日《新闻联播》报道春晚

2018 年 9 月 14 日，《新闻联播》首次出现手语播报（见图 3-1-13）。

2020 年 7 月 18 日起，《新闻联播》首次启用全新的 16:9 高清片头（见图 3-1-14），此版片头将上一版片头稍做修改，首次全流程实现时政新闻的 16:9 高清直播。

图 3-1-13 2018 年 9 月 14 日《新闻联播》首次出现手语播报

图 3-1-14 《新闻联播》新片头

梳理《新闻联播》的发展历程可以发现,《新闻联播》节目运用了偏重程式化的编排风格,不探究《新闻联播》的节目播出内容,单就从栏目整体的视觉识别标志来看,由早期黑白画面、无播音员出镜、无字幕的形态到后期逐渐由一人播音增加至一男一女的二人播音、字幕、新闻抠像等,直至现在使用高清摄像技术对节目进行全面的视觉优化,《新闻联播》的形态转换是跟随时代循序渐进的。

从播出内容来看,《新闻联播》主要围绕时政报道、常规报道、国内简讯、国际简讯四大版块展开,虽偶有调整,但总体维持着次序的稳定。其中,时政报道作为《新闻联播》的传统题材和优势资源,在整个节目中占据主要地位。

从节目风格来看,《新闻联播》肩负宣传党和政府声音的重任,被视为“中国政坛的风向标”,本质上是庄严敦肃的,这也是《新闻联播》几十年来在节目中沿袭下来的传统。迈入新时代,随着网络信息技术的发展及网民群体的逐渐庞大,《新闻联播》开始以人民群众喜闻乐见的方式进行播报,节目风格变得更加温和、亲民,如 2014 年 1 月 1 日节目结尾时主播们暖心的祝福得到众多网友的赞赏,《新闻联播》在保持自身严肃性和专业性的同时,多了一丝亲切感,更拉近了与人民之间的距离。

二 卫视综艺节目——湖南卫视《快乐大本营》

1. 湖南卫视与《快乐大本营》

湖南卫视是湖南广播电视台和芒果传媒有限公司旗下的一套综合性电视频道,于 1997 年 1 月 1 日正式开播。1997 年 7 月 11 日,湖南卫视推出该台首个娱乐性综艺节目《快乐大本营》(见图 3-1-15),《快乐大本营》是中国电视史上少有的长寿节目,其开播时我国电视综艺节目的发展正处于萌芽阶段,可以说《快乐大本营》的发展实际上侧面反映了我国娱乐类电视综艺节目的整体发展方向。

图 3-1-15　首期《快乐大本营》

最初的《快乐大本营》节目形式与晚会类似,一开场,身着明黄色礼服的舞蹈演员们走上舞台;随后,主持人李湘和李兵面带笑容向观众致意,并为接下来的杂技表演报幕,但《快乐大本营》的特别之处在于当节目进行到差不多 1/3 时,主持人会邀请现场观众参与互动游戏,而后续的整蛊外景栏目、益智抢答环节、嘉宾访谈环节,让这台节目迅速成为当时最受欢迎的电视综艺节目之一。第一期《快乐大本营》里有两个重要细节,虽看似微不足道,但却影响深远:一是主持人不再拘泥于台词台本,而改为用自己的话主持;二是从《快乐大本营》开始,晚会主持人开始看着镜头说话,正面面向观众。

从传统意义上来说,主持人的首要价值是为节目的内容提供服务,因此要尽量把自己的存在感降低,让个人的形象缩小。湖南卫视打破了这种传统,让主持人以鲜活的形象活跃在荧屏前,个人的存在在节目中被放大,因此也造就了不少享誉全国的主持明星。

《快乐大本营》播出了三、四期后,在观众中引起巨大反响并迅速占据全国电视市场的周末黄金时段,这个现象在当时被专家以及各路媒体称之为“快乐旋风”,同时引发了全国电视界的一场“综艺变革”。

2.《快乐大本营》的发展

图 3-1-16 《快乐大本营》的“快乐传真”游戏

《快乐大本营》的发展大致可以划分为三个阶段：

（1）探索时期（1997—2004 年）

借鉴了当时港台的综艺模式，《快乐大本营》并非单一呈现明星的表演内容，而是让明星在舞台上与主持人或观众互动娱乐，表演形式活泼，节目样式也更为丰富，先后推出了“快乐传真”“心有灵犀”“爱的抱抱”“火线冲击”“音乐大不同”等游戏环节（见图 3-1-16）。为了增强吸引力，《快乐大本营》在每期节目中都会推出如彩电、冰箱等大家电作为奖品来吸引观众收看。

（2）发展与巅峰时期（2004—2012 年）

图 3-1-17 2005 年的《闪亮新主播》

2004 年，主持人李湘退出节目主持，节目从直播改成录播，《快乐大本营》的收视率急速下滑。由此《快乐大本营》转变原先的定位，改做“一档有特色的人”的节目。

2005 年，《快乐大本营》开始了“快乐三人行——谁将离开”的节目模式，将何炅、李维嘉、谢娜推向 PK 台，同时举办了《闪亮新主播》（见图 3-1-17）比赛，从全国海选中选拔出新的主持人注入节目，代替被淘汰的主持人（尽管我们知道后面被淘汰的主持人又再次回到舞台上），至此，“快乐家族”的雏形接近完成。

到了 2009 年，颇有娱乐特色的湖南卫视在 8 月单月的收视率超越了央视，对于整个中国电视行业来说，这也是地方卫视收视率超越央视的罕见情况，而《快乐大本营》功不可没。

2012 年，《快乐大本营》推出了“正话反说”“推手”“崩扣子”“啊啊啊啊科学实验站”等游戏互动环节，其中“啊啊啊啊科学实验站”是节目是创办 15 年来颇具创新意义的新举措，节目邀请明星参与科学实验，每期解决一个问题，被媒体评论为：“让科学与娱乐两个极端的领域相碰撞，赋予了节目知识性、科学性，提升了娱乐节目的品质和内涵，赢得了大众的青睐。”

（3）稳定时期（2012—2021 年）

2013 年由于主持人谢娜的缺席，《快乐大本营》节目组顺势推出“暑期女神季”系列，赢得了不错的反响。2014 年《快乐大本营》再接再厉，隆重开启暑期特别策划——“男神季”。

2017 年，《快乐大本营》推出了 20 周年庆典特别节目，前 8 期加入特别板块“不好意思让一让”，嘉宾们分为两个团队进行才艺比拼，后 4 期则以“表白季”的形式呈现。

2019 年，结合中华人民共和国成立 70 周年，节目推出了“赞赞我的国”专题，获得了广泛好评。

2021 年 12 月 28 日，陪伴大家 20 多年的长寿的综艺节目《快乐大本营》跟观众告别。

3. 启示

可以说，《快乐大本营》节目在制作方面上注入了“真人秀”内涵，打破“明星”和“草根”之间的壁垒，运用娱乐时尚化、娱乐知识化、娱乐社会化的理念进行节目编排，节目环节设计以游戏和表演相结合。

在舞美设计上，《快乐大本营》着力营造时尚感与动感：舞台布光以黄、红、蓝作为主色调，搭配墙壁装设的彩灯，营造出轻松欢乐的氛围；宽敞的半圆形舞台设计给大型的集体表演及游戏互动环节提供了充足的场地；观众席距离舞台很近，增强了观众对节目的亲近感。可以说，《快乐大本营》的舞台设计给予了前期拍摄机位充分设置的空间，为后期剪辑提供了更多便利。

另外从节目后期进行编辑的视觉效果，特别是花字的使用来看，可以说《快乐大本营》将花字的不同效应利用得淋漓尽致，比如把主角发言里的一些词语、短语单独做成花字提炼出来，把发言者说的话进行重复，这种重复恰好起到了一种强调的效果。

提示：花字是对视频的后期字幕的一种代称，它有五颜六色的字体，同时也附加各种动画、特效、图像和音效。它是针对视频内容的二次创作而出现的形式，恰到好处的花字应用，不仅能让视频场景锦上添花，还能让看似平淡的镜头变得更有意思。

国内花字最早出现在《快乐大本营》2012 年 12 月 22 日播出的节目里。在抢凳子的游戏中，主持人由于体重优势在游戏中拔得头筹，被后期冠以“重量级嘉宾岿然不动”的形容。

除了强调的作用，剪辑师通过对人物动作进行描述，把细节放大，给节目制造笑点或者添加一些有趣的文案内容，这种花字被称为描述型花字。

另外，剪辑师在剪辑过程中还会根据自身对网络热点词汇的认识，将其制作为花字运用在节目中，形成有趣的效果。

作为一档长寿节目，《快乐大本营》没有固守风格，反而敢于创新节目形式，不断充实节目内核，紧跟时代的步伐，做到了内容与形式、文化与内涵的双重结合，这种积极进取的生命活力使得《快乐大本营》这档电视节目，在网络综艺节目盛行的背景下依旧保持着相当大的受众群体，实在难得。

三 电视专题节目——凤凰卫视《非典十年祭》

1. 凤凰卫视

凤凰卫视控股有限公司是全球性华语卫星电视频道，是中国大陆地区最先获得落地权的香港电视媒体之一，总部位于中国香港，内地中心在深圳。前身是星空传媒旗下的卫视中文台（见图 3-1-18），于 1991 年开播。1996 年 3 月 31 日，卫视中文台停止传送信号，张铁林、许戈辉、鲁豫等人宣布凤凰卫视开台成立（见图 3-1-19）。

图 3-1-18　卫视中文台

图 3-1-19　凤凰卫视台标

凤凰卫视主要有六个频道以及两大媒体，六个频道分别为：中文台、资讯台、欧洲台、美洲台、香港台、电影台；两大媒体分别为：《凤凰周刊》、凤凰新媒体（凤凰网、凤凰移动、凤凰轻博客等）。

凤凰卫视的频道节目分为以下几类（见表 3-1-1）：

表 3-1-1　凤凰卫视的频道节目分类一览表

评论类	《寰宇大战略》《时事亮亮点》《震海听风录》《时事辩论会》《中国战法》《新闻今日谈》《总编辑时间》《一虎一席谈》《凤凰全球连线》《台湾一周重点》《有报天天读》《环球人物周刊》《今日看世界》《周末龙门阵》《笑逐言开》《台湾名嘴汇》
财经类	《金石财经》《石评大财经》《财经正前方》《中国深度财经》《凤凰财经日报》
历史文化社会类	《凤凰大视野》《世纪大讲堂》《皇牌大放送》《腾飞中国》《筑梦天下》《文化大观园》《冷暖人生》《我们一起走过》
资讯类	《凤凰早班车》《凤凰正点播报》《凤凰气象站》《凤凰午间特快》《凤凰焦点新闻》《华闻大直播》《时事直通车》《天下被网罗》《凤凰子夜快车》《周末晨早播报》《周末正午播报》《周末子夜播报》《军情观察室》《凤凰焦点关注》《全媒体大开讲》《凤凰快报》
访谈类	《风云对话》《鲁豫有约》《名人面对面》《问答神州》

2. 凤凰大视野

《凤凰大视野》是凤凰卫视一档口述历史题材的纪录片栏目（见图3-1-19），自2004年开播以来，“大气魄、大视野和大主题”便一直是凤凰大视野的理念。《凤凰大视野》栏目深入且集中性地将观众关注的历史及具有社会意义的事件进行全新曝光梳理，以翔实的史实资料和宏大的视野，重新让一些家喻户晓的历史人物进入观众的生活、登上舞台、演绎人生，也让一些被历史遗忘的人和事，重新展示在观众面前，看历经时间沉淀后的看官如何体会当时的感受。

图 3-1-19 《凤凰大视野》片头

《凤凰大视野》有别于传统的平面读物，是一种影像化的历史研究写作，在我国电视纪录片栏目尚不发达的环境下提供了一个将历史影像叙述得有声有色且传播广泛的优质范本。

图 3-1-20 《非典十年祭》/ 蓝凯、胡志堂 / 凤凰卫视 /2013

3.《非典十年祭》

重大历史社会事件是《凤凰大视野》在选择题材时的重要考虑因素之一，于2003年来势汹汹的非典型肺炎疫情，节目组策划将亲历疫情的人物、事件和相关影像资料结合起来制作成纪录片，这也是《凤凰大视野》一次十分成功的作品。

《非典十年祭》（见图3-1-20）在2013年（非典十周年）制作，该片一共有5集，分别为“暗涌广州 病毒凶猛”“北京！北京！”“回望小汤山”“SARS之谜”“十年回响”。

表3-1-2截取了《非典十年祭》第1集“暗涌广州 病毒凶猛”前5分钟比较有特征的画面，通过分析画面效果以及声音，我们可以尝试总结《非典十年祭》的剪辑特点。

表 3-1-2 《非典十年祭》第 1 集前 5 分钟剪辑特点分析

持续时间	内容	画面	声音	其他
00：20-01：00	 (a)	固定镜头，主持人抠像，使用背景图层	主持人讲话	
01：01-01：45	(b)  (c)  (d)	画面做旧，色调处理为暗黄，婚礼照片由彩色变黑白，后续照片定格并且加大对比度、曝光度	音乐（严肃、紧张）	

表 3-1-2（续）

持续时间	内容	画面	声音	其他
01：46-02：13	 （e）  （f）	人物采访镜头的色彩正常，描述回忆时的画面为绿色调（颜色平衡RGB、通道混合器）及扭曲效果，突出对比	救护车画外音切入，采访人声与画外人声	
02：14-03：08	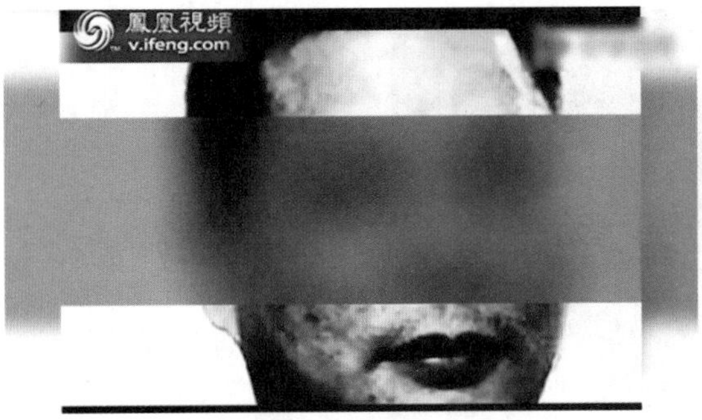 （g） 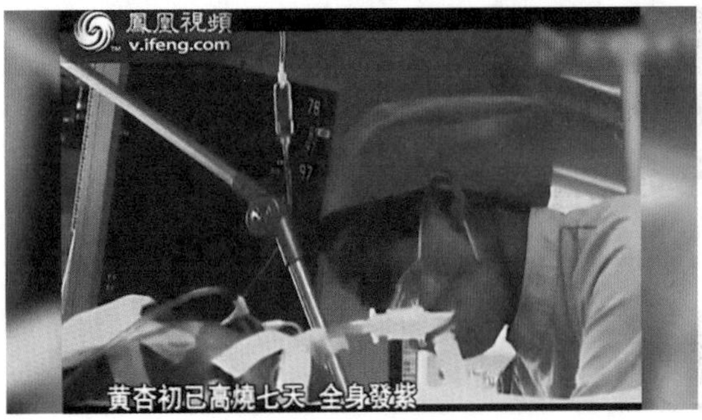 （h）	风格化画面，医院视频色调偏蓝紫和青绿。采访人物做定格向左上缩放及黑白化处理，出现人物介绍字幕	旁白、采访人声、画外音，背景音乐低沉，缓慢	

表 3-1-2（续）

持续时间	内容	画面	声音	其他
	(i)			
03：09-03：50	(j) (k) (l)	画中画效果，人物介绍定格，描述回忆画面色调偏暗黄	旁白，医疗仪器音效、画外音及采访人声，背景音乐低沉、缓慢	

表 3-1-2（续）

持续时间	内容	画面	声音	其他
03：51-05：12	 （m）  （n）  （o）  （p）	现实画面色调清晰、明确；描述性对应黑白画面；过渡画面叠加（不透明度），黄绿调、橙红（通道混合器），还有部分动画效果	旁白、采访人声、画外音，背景音乐紧张、节奏感强，有呼吸声	

总的来说，《非典十年祭》在画面剪辑上并没有像其他历史及社会事件纪录片那样使用统一色调（大部分），反之利用不同色调对应不同话语描述的画面环境以及不同时间段下的场景，视觉上将事件的时间与空间区分，让观众能够更加直白地进入事件叙述中。

另外，《非典十年祭》善于使用各种视觉效果将画面进行风格化处理，比如对于照片等静止的图像素材进行快速切换，给人一种视觉动感；对于采访对象的处理通常是使用画外音先入，再进入人物近景（或特写）镜头，然后使用定格和缩放进行人物背景的字幕介绍；最后是使用画中画效果，起到了辅助理解信息及丰富画面的作用。

《非典十年祭》前 5 分钟使用了三首不同的 BGM，分别是 Josh Heinemann 的 *Marathon Runner* 以及 Backes&Moslener 的 *Lights in the glacier* 和 *Newer ages*，三首音乐的风格都是偏严肃、紧张及低沉的，与影像的风格贴近，烘托出当时糟糕的情况，以及人们胆战心惊、对未来感到迷茫的情绪。

第二节

时代审美中大众电影的非线性编辑

电影是艺术与商品二元属性的融合，在诞生之初就是面向大众的消费艺术。不同类型的电影有着不同的观影感受，这一方面是因为导演在拍摄时就根据影片的定位侧重了不同的方向，另一方面则是后期剪辑人员根据自身对影片风格的理解做出了针对性的分析。

本节将对三种不同类型的电影进行分析和探讨，观察时代审美中大众电影的非线性编辑特征，以及对我们在创作时有怎样的启发。

一 商业片——克里斯托弗·诺兰《蝙蝠侠·黑暗骑士》

1. 什么是商业片

商业片是相对于艺术片和纪实片而言的，指的是以票房收益为最高目的、迎合大众口味和欣赏水准的影片。商业片汇集了多种商业元素，如当红明星、知名导演、大投资、大宣传、大特效、大场景，以及会在全国或全球同步上映等。

商业片的主要作用是娱乐和休闲，其成功与否，主要是看票房收益，与故事内核并无直接关联，因此我们可以看到许多故事情节稀烂，但票房收益却很高的电影，原因可能在于邀请了大牌明星主演或著名导演执导。

与艺术片的启迪思维不同，商业类型片的故事设计一般表现出二元对立的冲突型叙事，人物形象甚至有模式化的特点，在剪辑上则多表现为越来越快的叙事和多重交叠的线索。

图 3-2-1　克里斯托弗·诺兰

2. 克里斯托弗·诺兰

克里斯托弗·诺兰（见图 3-2-1），1970 年 7 月 30 日出生于英国伦敦，导演、编剧、制片人。

1999 年，他第一部真正意义上的电影——超低成本的《追随》（见图 3-2-2）在伦敦上映，在这部不到 70 分钟的黑白片中，诺兰以倒叙作为基本的电影叙事语言，然后在倒叙的基础上又将时间彻底地敲碎，再将这些时间的碎片粘贴在一起，使得这部不到 70 分钟的电影有了不可思议的长度。

2000 年，诺兰凭借《记忆碎片》（见图 3-2-3）在各大电影节上连连获奖，其中包括独立精神奖的最佳脚本及最佳导演奖、圣丹斯国际电影节的最佳电影剧本奖、广播电影协会的最佳电影脚本奖，还有大家十分熟悉的金球奖和奥斯卡奖的最佳电影剧本提名。

2008 年，诺兰执导的电影《蝙蝠侠：黑暗骑士》（见图 3-2-4）上映，该片上映一个星期就打破美国多项票房纪录，最终获得 10.82 亿美元的全球票房，成为全球第四部票房超过 10 亿美元的电影，也是第一部票房超过 10 亿美元的超级英雄电影。“这是一部比漫画原作还要好的电影。”在看过电影之后的影评人这样认为。

图 3-2-2 《追随》海报

图 3-2-3 《记忆碎片》海报

图 3-2-4 《蝙蝠侠：黑暗骑士》海报

2010 年，诺兰执导了以梦境为主题的科幻电影《盗梦空间》（见图 3-2-5），这是他在商业领域内的一次全新尝试，该片获第 37 届美国土星奖电影类最佳导演、最佳编剧等奖项。

2012 年，《蝙蝠侠：黑暗骑士崛起》（见图 3-2-6）取得了票房和口碑双丰收，令全世界都掀起一股“蝙蝠侠”狂潮，诺兰凭借此片获土星奖最佳导演提名。该片在美国境内票房入账 4.312 亿美元，海外票房 5.74 亿美元，总计 10.05 亿美元，成为影史上第 13 部票房过 10 亿美元的影片。

2013 年，诺兰执导由他的弟弟乔纳森·诺兰编剧的《星际穿越》（见图 3-2-7），该片于 2014 年上映，诺兰凭借此片获第 41 届美国科幻恐怖电影奖土星奖最佳导演奖项。

2017 年，诺兰执导拍摄了聚焦“敦刻尔克大撤退”历史事件的电影《敦刻尔克》（见图 3-2-8），凭借该片诺兰荣获亚特兰大影评人协会奖最佳导演及第 90 届奥斯卡金像奖最佳导演提名。

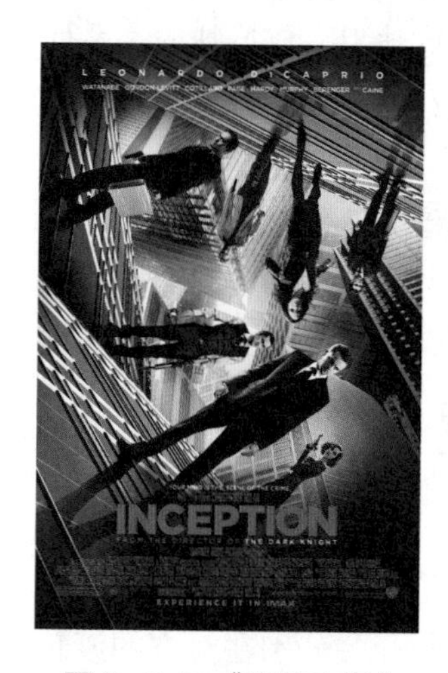

图 3-2-5 《盗梦空间》海报

图 3-2-6 《蝙蝠侠：黑暗骑士崛起》海报

图 3-2-7 《星际穿越》海报

图 3-2-8 《敦刻尔克》海报

3.《蝙蝠侠：黑暗骑士》

（1）简介

《蝙蝠侠：黑暗骑士》改编自DC漫画公司的经典超级英雄漫画《蝙蝠侠》，由克里斯托弗·诺兰执导，克里斯蒂安·贝尔主演，于2008年在全球公映。影片是蝙蝠侠黑暗骑士三部曲的第二部作品，前作为2005年上映的《蝙蝠侠：侠影之谜》。

本片以现实主义警匪片的手法包装了一个极度写实的超级英雄故事，成功地挖掘出角色的深层性格和故事蕴含的人性哲理，将漫画电影提升到一个崭新的层次，成为影史上第一部跨入“10亿美元俱乐部”的超级英雄电影。

（2）剧情

目睹父母被人杀死，从阴影中走出来的“蝙蝠侠”在经历了一番磨难之后成长蜕变，已经不再是那个桀骜不驯的孤胆英雄了。在吉姆·戈登探长和检察官哈维·登特的通力帮助下，“蝙蝠侠”得以无后顾之忧地继续在暗世界中的哥谭市中奔波，与日益增长的犯罪威胁做斗争，经过一番努力，哥谭市的犯罪率以惊人速度下降。

但是风平浪静下是暗潮汹涌，新一轮的混乱很快就席卷了整个城市，人们再次被恐慌笼罩，而这一切混乱的源头以及支配者便是——“小丑”。

在面对这个有史以来最具针对性、最恶毒的对手时，“蝙蝠侠”不得不赌上生命与信仰，去守护他珍惜的一切。

（3）剪辑与音乐

①剪辑。

大卫·波德维尔曾在《电影艺术：形式与风格》一书中对剪辑如此赞赏道：我们不难了解剪辑对电影美学论者之所以有如此魅力，主要是因为这项技术的无穷潜力。而在库里肖夫实验中，我们看到不同镜头拼接剪辑在一起，会带给人不同的心理感受。

随着电影技术的进步，越来越多新颖的剪辑手革新了人们对世界的认知，剪辑也从客观展现，迈向主观感受。总的来说，剪辑是重塑电影，重塑人们对世界感知的重要手段。

电影《蝙蝠侠：黑暗骑士》的剪辑可以说是诺兰利用交叉剪辑玩弄叙述诡计的典型代表之一。

通常意义下，在时长固定不变的情况下，剪辑的片段越多，节奏就会越快，观众的注意力会跟随画面的不断转换而改变，但若是快速的画面切换内容并没有逻辑关联的话，则会使观众迷惑，造成对故事的困扰，而在电影《蝙蝠侠：黑暗骑士》中“小丑”率领众人抢劫银行这一段，可以说是教科书式的叙事性强剪辑：从开车、打枪、破坏报警器、冲进银行，“小丑”率领戴面具的众抢劫犯完成抢劫的一系列动作在短短5分钟的时间里竟容纳了94个镜头，平均下来每个镜头也就3秒左右的时间，可以说是目不暇接，从镜头上营造出了压迫性的紧张感，以及刺激混乱的局面。

再比如电影进行到91分钟左右时，警察局内的审讯结束，“蝙蝠侠”和戈登探长分头赶去救人，画面穿梭交叉两地的情景：哈维和女友相隔两地绝望的对白，通过这两个场景的一波三折来展现双方人之将死的紧张感，直到影片最重要的高潮场面之一出现——巨大的爆炸、火焰肆虐，而“小丑”自由而招摇地在警车里探出头来。这场精彩的交叉剪辑将两个时空的情节线索牵连到一起，将紧张对抗的情绪引领到最顶端，之后随着爆炸声响，我们才知道，“蝙蝠侠”被“小丑”狠狠地算计了，救出了毁容的哈维，失去了心爱的女人。

我们也可以看到随着电影到了末尾时，观众也跟着三条平行的故事线来到了结局：哈维·登特想要通过袭击戈登探长的妻子和孩子来报复他；两艘渡轮被安装了大量炸药，而炸药开关分别在对方的渡轮上，想要活命只能选择炸毁另一艘渡轮，如果没有人选择，小丑会将两艘渡轮都炸毁；戈登探长及蝙蝠侠分别追踪小丑并营救人质，但是戈登被威胁，小丑规定的时间已经快要来临。这三条时间线都有明确的利害关系，观众知道所有人都处于危险之中，无论是生命抑或时间，都处在岌岌可危的状态，时钟的画面更是强化了这种紧迫感，交叉剪辑中的三条故事线最终都聚焦在时间的追逐下："蝙蝠侠"竭尽全力阻止"小丑"、轮渡上的人抵制"小丑"给出的变态选择，而哈维·登特在"小丑"的蛊惑下，最终成为双面人。

可以说，诺兰在电影中使用的交叉剪辑手法制造悬念，为情感的宣泄做了铺垫，在《蝙蝠侠：黑暗骑士》中，交叉剪辑展开的情节始终围绕利害关系，贯彻了紧张感及戏剧性的叙事。学生在之后的影片创作中可以尝试使用这种交叉剪辑的方式，完成在固定的一段时间内能够讲出怎样一个故事。

②音乐。

本片的音乐是由汉斯季默完成的，精彩的配乐不仅仅只能给电影增色，在一定程度上也是铸就电影成功的重要因素。

" Why so serious"是汉斯季默为"小丑"（见图 3-2-9）这一角色单独创作的角色曲，这首配乐的主体部分是用大提琴拉响两个音符，听起来像是琴弓拉弦直到越来越绷紧，濒临界点的感觉。这种利用大提琴琴弓摩擦产生的泛音，低沉沉静，并逐渐由弱到强，类似于蜂鸣的噪音，营造出令人不安的声音效果，就如同"小丑"给人带来的混乱与威胁感。

图 3-2-9　小丑（希斯·莱杰饰）

除了小丑的角色曲，影片的音效如蝙蝠车发动的声效也很出色，为了做出逼真的机车音效，音效师理查德·金先是把电动马达的声音录制下来，然后在后期软件中将引擎的音调不断调高，让这种机车的声效有了特殊的音调，而蝙蝠车前端的大炮则是使用榴弹炮的声音；又如小丑的手枪是录制了武装直升机的机枪声响，尽管这些声音并非真实的声音，但观众在观看时却丝毫不会出戏，反而会更加沉浸，这就是音乐音效剪辑的魅力。

尽管没能摘得奥斯卡的最佳音响效果奖，但是《蝙蝠侠：黑暗骑士》获得了格莱美的最佳影视媒体作品作曲原声奖。

二 文艺片——是枝裕和《海街日记》

1. 什么是文艺片

文艺片区别于商业电影，文学性和艺术性并存，却不晦涩难懂，通过艺术的拍摄手法和演员的表演，使观众感受到影片想要传达的特定情感并引起共鸣，同时又具有一定的个人特色和风格特征的一类影片。

2. 是枝裕和

是枝裕和（见图 3-2-10），1962 年 6 月 6 日出生于日本东京清濑市，日本导演、编剧、制作人。

是枝裕和 1987 年毕业于早稻田大学第一文学部文艺科，之后进入 TV MAN UION 制作公司，主要工作是拍摄电视纪录片。1995 年，他首次执导了改编自宫本辉小说的电影作品《幻之光》并获得威尼斯影展的竞赛入围及其他影展奖项，《幻之光》也被认为是 20 世纪 90 年代中最好、最细腻的日本电影之一，是一部讲述爱、失去，希望与重生的影片。

2004 年，他执导由柳乐优弥主演的剧情片《无人知晓》（见图 3-2-12），该片拍摄历时一年半，入围第 57 届戛纳国际电影节主竞赛单元，电影根据真实事件改编，讲述了东京一个单亲家庭的四个兄弟姊妹被母亲抛弃后一起生活的故事。

2008 年，他拍摄由阿部宽、夏川结衣合作主演的家庭片《步履不停》（见图 3-2-13），凭借该片获得第 51 届日本电影蓝丝带奖最佳导演奖和第 3 届亚洲电影大奖最佳导演奖，该片讲述了某个普通家庭中的次子回到久别的老家团聚的故事，表现出深邃而从容的人生感悟。

图 3-2-10　是枝裕和

图 3-2-11　《幻之光》海报

图 3-2-12　《无人知晓》海报

图 3-2-13　《步履不停》海报

2013 年，他执导了由福山雅治主演的以亲子题材为背景的剧情片《如父如子》（见图 3-2-14），该片获得第 66 届戛纳国际电影节评委会奖，这是是枝裕和根据 20 世纪 70 年代日本多起婴儿错抱事件写下的故事，该片入围第 37 届日本电影学院奖最佳导演奖。

2015 年 5 月，他执导的剧情电影《比海更深》（见图 3-2-15）在日本公映，该片名取自华语歌手邓丽君的日文歌《別れの予感》（别名的预感）中的一句歌词，讲述了良多实现自己成为小说家的梦想及对家庭情感的故事，由阿部宽、真木阳子、树木希林等联合主演，该片入围第 69 届戛纳电影节关注单元。同年 6 月上映了他执导的家庭亲情文艺片电影《海街日记》（见图 3-2-16）。

2018 年，他执导的剧情电影《小偷家族》（见图 3-2-17）获得第 71 届戛纳电影节主竞赛单元最佳影片金棕榈奖。

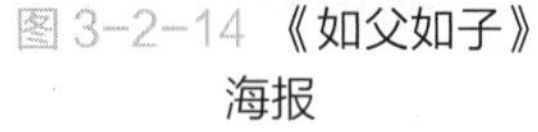

图 3-2-14 《如父如子》海报

图 3-2-15 《比海更深》海报

图 3-2-16 《海街日记》海报

图 3-2-17 《小偷家族》海报

3.《海街日记》

（1）简介

《海街日记》是 2015 年由是枝裕和执导的文艺片，由绫濑遥、长泽雅美等演员主演，获得了第 68 届戛纳电影节金棕榈奖提名。

该片改编自吉田秋生创作的同名漫画，讲述了三姐妹在父亲去世后接纳同父异母的妹妹共同生活的故事。

（2）剧情

夏日的镰仓小镇里生活着香田家的四姐妹，她们的父亲早年和情人离家出走，母亲也将女儿们抛给了外婆照顾；外婆去世后，外孙女们继承了这栋有着悠久历史的大房子。

大姐香田幸尽心尽力照顾着两个妹妹佳乃和千佳健康成长。这一天，大姐在餐桌上宣布了父亲去世的消息，姐妹三人结伴参加了父亲的葬礼，并且结识了素未谋面的异母妹妹浅野铃，或许是血缘中的亲近之感，香田幸在火车临行前向浅野铃发起了搬来镰仓的邀请。

（3）剪辑与音乐

①剪辑。

是枝裕和早期在电视台参与纪录片的拍摄和制作，大概是受了这段工作经历的影响，他执导的电影都保持着一种理性的旁观者的姿态，《海街日记》也不例外，影片生活化的叙事结构，以及运用了纪实风格的镜头语言，大全景、远景和固定长镜头的运用形成了独特的艺术风格。

《海街日记》弱化了同父异母的姐妹因父亲出轨产生的冲突，转而将镜头转向了日常琐碎的生活，还原现实的生活，借以人物内在的情感变化推动故事的发展，比如影片描绘了大量生活中的细节，如浴室中突然出现的蟑螂、兑水的梅酒、刻着四姐妹身高线的廊柱……

相对于商业片或其他剧情片中注重镜头剪切变换的蒙太奇手法，《海街日记》的剪辑更加偏向大量的长镜头及空镜，这些镜头悠扬、漫长却不令人乏味。比如，影片开头的一个介绍主人公生活地点的运动长镜头，远景展现了一个美丽的临海古都镰仓，接着跟随主人公之一加奈，经过七里滨沿海公路和林荫小道，进入她们生活的老宅，此时的背景音乐是舒缓而轻松的，在这段长达 22 秒的长镜头中，远景的人物和环境相得益彰，同时也将整部影片的故事娓娓道来。

除了运动长镜头，影片也有相当的固定长镜头来展现四姐妹的生活影像，她们在饭桌前讨论今天饭菜的味道，谈论着彼此感情生活的波折，此时的镜头就如同观众旁观着老宅中四姐妹平静的生活，为了加强这种客观、冷静的观测，导演会在这些固定长镜头拍摄的画面中设置“画中画”的效果，让摄像机在画框外，而四姐妹在老宅的窗框内，让镜头如同一双温情的眼睛，默默注视（见图 3-2-18）。

图 3-2-18 《海街日记》电影截图

《海街日记》中也不乏空镜头的使用，这些镜头不但是画面构成的一部分，还起到转场的作用，同时也是电影美好意境的象征。

②音乐。

《海街日记》的配乐工作是菅野洋子负责的，菅野洋子是日本著名作曲家、编曲家、音乐制作人。

电影配乐的风格与电影贴合，恬静淡雅，当小妹坐在同学的单车上仰起头望着春日灿烂的樱花和阳光，竟惬意得不由自主地眯起了双眼，此时菅野洋子的《樱花隧道》适时响起，配乐与画面融为一体。

总体来说，《海街日记》的电影配乐初听时并不会给人惊艳之感，但当进入电影的世界后再品，会使人感慨、回味。

三 爱情片——陈可辛《甜蜜蜜》

1. 什么是爱情片

爱情片是以表现爱情为核心，并以男女主人公的恋爱过程为叙事线索，最终达到理想的大团圆结局或悲剧性离散结局的电影。

2. 陈可辛

陈可辛（见图 3-2-19），1962 年 11 月 28 日出生于中国香港，华语影视导演、编剧、演员、监制。

图 3-2-19 陈可辛

1991 年，他执导拍摄的处女作《双城故事》（见图 3-2-20）上映，该片由曾志伟、谭咏麟和张曼玉共同主演。

1994 年，他监制并执导了由张国荣、袁咏仪、刘嘉玲等联合主演的爱情电影《金枝玉叶》(见图 3-2-21)，该片名列香港年度十大卖座电影，并获得了第 14 届香港电影金像奖最佳影片提名。

1996 年，他监制并拍摄了由黎明和张曼玉领衔主演的爱情电影《甜蜜蜜》（见图 3-2-22），该片获得了第 16 届香港电影金像奖最佳影片奖和第 34 届台湾电影金马奖最佳剧情片奖。

图 3-2-20 《双城故事》海报

图 3-2-21 《金枝玉叶》海报

图 3-2-22 《甜蜜蜜》海报

2005 年，他执导并监制的爱情歌舞片《如果·爱》(见图 3-2-23）上映，该片获得了第 43 届台湾电影金马奖和第 25 届香港电影金像奖最佳影片提名。

2007 年 12 月 12 日，他执导的古装动作片《投名状》（见图 3-2-24）上映，该片由李连杰、刘德华、金城武联袂主演，获得了第 45 届台湾电影金马奖和第 27 届香港电影金像奖最佳影片奖。

2011 年 7 月 4 日，他监制并拍摄的动作电影《武侠》（见图 3-2-25）上映，该片由甄子丹、金城武、汤唯共同主演，被美国《时代周刊》评选为年度十佳电影第八名。

2013 年，他执导并监制的剧情片《中国合伙人》（见图 3-2-26）上映，该片由黄晓明、邓超、佟大为联合主演，获得了第 29 届中国电影金鸡奖最佳故事片奖。

图 3-2-23 《如果·爱》海报

图 3-2-24 《投名状》海报

图 3-2-25 《武侠》海报

图 3-2-26 《中国合伙人》海报

2014 年，他拍摄的剧情片《亲爱的》(见图 3-2-27）在第 71 届威尼斯国际电影节上首映，该片由赵薇、黄渤、佟大为联袂主演，获得了第 34 届香港电影金像奖最佳影片提名。

2018 年，他拍摄的贺岁短片《三分钟》(见图 3-2-28）上映，影片讲述了春运中一次不同寻常的团聚。

2020 年，他执导的电影《夺冠》（见图 3-2-29）上映，该影片由巩俐、黄渤、吴刚、彭昱畅、白浪、中国女子排球队领衔主演，凭借该片陈可辛获得了香港电影导演会 2020 年度奖最佳导演。

图 3-2-27 《亲爱的》海报

图 3-2-28 《三分钟》海报

图 3-2-29 《夺冠》海报

3.《甜蜜蜜》

（1）简介

说起华语爱情片，陈可辛的《甜蜜蜜》是不可绕过的一部经典之作。《甜蜜蜜》由 UFO 电影人制作有限公司、嘉禾电影有限公司出品制作，张曼玉、黎明、曾志伟主演。

该片借助香港回归前夕、邓丽君逝世翌年为时代背景，讲述了改革开放初期，从中国内地来香港讨生活的黎小军和李翘结识，两个孤独异乡人产生真爱的故事。

（2）剧情

1986 年 3 月，黎小军告别女友小婷从天津（国语版中为无锡）来到香港讨生活，期望有一天挣到大钱把小婷接来与自己风风光光地成婚，但没料想日子会比他想象中的要难熬许多。

黎小军结识了在快餐店工作的李翘，因为共同喜爱邓丽君，两人在异乡的孤独有了某种程度的缓解，并在交往的过程中互生好感，直到有一天，他们发现对方并不是自己来香港的理想所在，李翘提出了分开。小婷终于成了黎太太，李翘也跟了混黑社会的豹哥。日子一天天过去，一场变故使两人再次相遇，这时时间已是 1995 年 5 月 8 日，他们在纽约唐人街一家商店的橱窗前，一起看着邓丽君去世的消息，两人四目相对，耳畔传来的正是那首他们在香港一同唱过的《甜蜜蜜》，最终他们都笑了。

（3）剪辑与音乐

①剪辑。

电影《甜蜜蜜》一开始是黎小军从大陆前往香港乘坐火车的画面，此时的色调是黑白的，随着黎小军到达香港，色调也慢慢从黑白转为了彩色。影片在色调上有着首尾呼应的关系，在影片结尾，镜头再次回到了那列火车，与黎小军相背而睡的正好也是前往香港的李翘，两人的缘分原来从很早就开始了。

影片中的镜头采用了大量的近景和特写，如黎小军骑着脚踏车载着李翘在街上，镜头给到了脚步特写，更好地暗示两人关系的亲近；又比如李翘和黎小军喝牛奶的时候，给到了擦手、攥毛衣的特写镜头，这种方式较之直接使用全景和中景的表现，能够传递出更加细腻的情感变化。

另外还有一段非常经典的镜头，李翘去认领豹哥的尸体，警察掀开白布，李翘先是笑了，后面笑着笑着就开始哭泣，这段由近景到特写的镜头让观众的心情也如同李翘一样从不可置信到悲伤，使得观众对主人公境遇有了极大的共情。

②音乐。

说起《甜蜜蜜》的音乐，那不得不提起的就是与影片同名的邓丽君的歌曲《甜蜜蜜》了，该曲在片中一共出现了三次，第一次是在影片进行到16分钟时，黎小军骑着脚踏车载着李翘穿梭在大街上，两人的关系还未挑明，此时音乐响起，邓丽君甜美的歌声如同两人内心的写照，两人也哼着“甜蜜蜜，你笑的甜蜜蜜……”，这时的音乐除了烘托两人的心理状态，也为之后感情的转变埋下伏笔。

歌曲第二次出现是在李翘因股票失利跑去做按摩女，黎小军安慰疲惫的李翘轻轻拍打安抚着她，哼起了“甜蜜蜜，你笑的甜蜜蜜……”，此时的音乐与之前两人甜蜜的时光是相反的，歌声暗含两人心中的无奈，为生活疲于奔波的人又何谈爱情，这也暗示了两人之后的分开。

歌曲最后一次出现是在影片快要结尾时，黎小军与李翘两人在纽约街角的橱窗相遇，两人皆被邓丽君去世的消息吸引，回过神来发现竟是对方，于是相视一笑，邓丽君的《甜蜜蜜》响起，这时歌曲代表着释然，兜兜转转历经千帆，没有台词，没有泪水，只有微笑。

第三节

技术更迭下新媒体媒介的非线性编辑

该如何去定义新媒体媒介，清华大学新闻与传播学院教授彭兰在《“新媒体”概念界定的三条线索》给出了这样的解释：新媒体主要指基于数字技术、网络技术及其他现代信息技术或通信技术，具有互动性、融合性的媒介形态和平台。在现阶段，新媒体主要包括网络媒体、手机媒体及其两者融合形成的移动互联网媒体，以及其他具有互动性的数字媒体形式。同时，新媒体也常常指主要基于上述媒介从事新闻与其他信息服务的机构。尽管学术界还没给出准确的定义，但我们不妨从上述解释中窥探出，新媒体媒介最根本的是体现在技术上，是建立在数字技术和网络技术而延展出来的各种数字化媒体形式，避免了传统媒体信息获得的延迟性、非互动性，真正意义上实现了“所有人对所有人的传播”。

本节内容将从新媒体媒介在5G新技术、新的媒介传播平台，以及新的内容创作上进行解读与探讨，开放思维，思考如何在未来的时代中更好地运用知识与技术。

一 5G技术全媒体时代下中央电视台栏目的革新

5G，即第五代移动通信技术，是具有高速率、低延迟、大对接的新一代移动通信技术。5G作为一种新型移动通信网络技术，将渗透到经济社会的各个领域，成为支撑经济社会数字化、网络化、智能化转型的关键新型基础设施。

技术迭代与互联网的发展下，几乎人人都手握智能手机，传统的传播媒介从纸质到数字，从大屏到小屏，人们对信息的渴望依旧不变，只是对传播形式、渠道及信息风格的期望发生了转变。面对这一现象，中央电视台栏目做出了相应的改变。

1. 转型与革新

2019年，随着5G牌照的正式发放和进入商用，对传统传媒行业来说，特别是在当下，各种网络新媒体及移动媒介平台的出现改变了绝大多数人的阅读习惯及获取信息渠道的方式，传统媒介在无法改变人们的阅读习惯以及偏好的情况下，如果自身不能做出改变，那么只有被淘汰的命运。

在积极转型及应用5G技术进行革新上，中央电视台是推进媒体融合的先进力量之一，早在2019年春节联欢晚会的直播中，中央电视台就已经使用5G传输技术成功实现了深圳分会场到总部4K超高清视频的传输，这也是我国首次实现运用5G网络传输4K视频信号。而在当年的两会上，更是实现了全球首次4K超高清视频信号的持续传输。

随着各个媒介传播平台的出现，如今的新闻传播已经呈现“去中心化”的特征，具体来说就是人们可以在微博、微信、抖音、快手等网络平台第一时间获取一些重大新闻信息，并且是多视角式的呈现，比如2021年的“7.20河南特大洪灾”发生的第一时间，便在微博、抖音等音视频平台上出现求助信息，在全民报道和关注下，各种“新闻”出现，其中有真有假，可谓是人人传播，我们发现有些虚假信息会严重造成救援的障碍，这时依靠权威媒体的全媒体矩阵来整洁信息就显得十分重要。

2. 全媒体矩阵——以《新闻联播》为例

在移动端小屏的信息分流下，电视等传统新闻收听媒介的收视率大不如前。在这种困境下，《新闻联播》以传统主流的电视平台为阵地，开始联合各新媒体媒介平台入驻，以实现“大屏+小屏”的积极联动，从而实现由传统媒介到新媒体媒介的全媒体矩阵，发挥出主流媒体的功效，刺激新闻生命力的二度活跃。

例如《主播说联播》，这是中央电视台新闻新媒体中心推出的《新闻联播》短视频子栏目，于2019年7月29日正式放送。《主播说联播》的内容密切关注时下的热点，主播会结合当天的重大事件和热点新闻，用通俗的语言表达主流的意见。该栏目一经播出，受到了无数网友的喜爱和催更。我们可以发现，当央视“名嘴”“国脸”开始微笑并积极和网友互动之后，不但没有降低《新闻联播》的权威性和严肃感，反而收获了更多人的喜爱与欢迎，如2020年12月，因一个纯真笑容走红网络的藏族小伙丁真，当人们还在“玩梗”丁真的家乡到底在哪里以及忧心丁真会不会向其他网红一样迅速幻灭时，《主播说联播》对此迅速发声：“流量来了，一定要善用，千万不能滥用。真正把美丽资源盘活盘好，这样的流量才能长流。”可以看出《主播说联播》对时下的热点是真的有在关注并给出反应的，我们也可以欣喜地看到事情的后续，丁真成了家乡理塘的代言人，并且学习汉语，为家乡发展做出了贡献。截至2020年12月12日，《主播说联播》的总获赞量高达2亿，粉丝达2880.2万。

作为一个实时分享信息的网络社交平台，新浪微博拥有庞大的用户群体，用户积极参与讨论的互动性及信息传播的多样化使得微博平台拥有引导舆论、影响人们对事件认知的特殊性，面对这一公共平台的舆论阵地，《新闻联播》在电视节目的基础上进行视频的二次剪辑深加工，将其发布在微博并根据其内容创建相关的话题，以供网友积极参与和讨论，网友则根据话题进行回应形成了多级传播，这种方式有助于发挥主流媒体的权威性及引导力，也为受众提供了正确的价值观导向。以2019年5月13日《新闻联播》播出的国际锐评为例，主播康辉播报了一篇名为《中国已做好全面应对的准备》的报道，就美国对华发起的贸易战这样评论：“不愿打，也不怕打，必要时不得不打。谈，大门敞开；打，奉陪到底。”这段强势回应也通过微博以及相关话题引起了网友们的热烈讨论，连带着话题“#新闻联播#”的热度也一度飙升微博热搜榜实时第一。

除了开发短视频栏目以及在公共社交平台上建立影响力，利用微信的公众号平台，《新闻联播》也建立起对应的公众号。微信公众号是开发者或商家在微信公众平台上申请的应用账号，该账号可以与QQ账号互通，在平台上实现与特定人群之间有关文字、图片、语言以及视频的全方位沟通和互动。截至2021年8月，《新闻联播》的公众号平台已经发布原创文章748篇，其首页分成了三大板块：“正直播”（点击跳转到CCTV·直播）、“主播说”（点击出现《主播说联播》的相关视频内容）以及“划重点”（点击出现热点新闻）。

可以看到，近些年来《新闻联播》正在慢慢发生转变：转战新媒体媒介，更加积极地与观众互动；主播的形象以及语言更加的亲和；新闻内容视角下沉，选题更加平民化。可以说《新闻联播》通过建立起全媒体矩阵，利用新媒体媒介打通舆论新阵地，扩大了影响力和号召力，传递了主流价值的声音，成功开启了新闻传播的新局面。

二 “抖音”“快手”等短视频App背后的剪辑软件

1. 抖音与快手

抖音，是由今日头条孵化的一款音乐创意短视频社交软件，该软件于2016年9月20日上线，是一个面向全年龄段的短视频社区平台。

快手，是北京快手科技有限公司旗下的产品，最初诞生于2011年3月，叫作“GIF快手”，2014年正式改名为“快手”。快手也从纯粹的应用工具转型为短视频社区，成为用户记录和分享生产、生活的平台。

2. 剪映与快影

剪映是抖音官方推出的一款手机视频编辑、剪辑应用，带有全面的剪辑功能，支持变速，多样滤镜效果，以及丰富的曲库资源。2021年2月，剪映专业版在Windows系统正式上线，自此实现了移动端到Pad端再到PC端的全覆盖。

快影是北京快手科技有限公司旗下一款简单易用的视频拍摄、剪辑和制作工具，拥有强大的视频剪辑功能，丰富的音乐库以及音效库，具有特色变声功能，同时能够自动将视频原声转换为字幕。

表3-3-1所示为“剪映”和“快影”两款软件的剪辑功能对比。

表3-3-1　剪映和快影的剪辑功能对比

剪映	快影
分割（一键剪切视频）、变速（常规变速、曲线变速）、音量（调节音量大小）、动画（有入场动画、出场动画以及组合动画）、智能抠像、音频分离（视频轨道与音频轨道）、编辑（旋转、镜像、裁剪）、滤镜（多种滤镜预设）、调节（亮度、对比度、饱和度等）、美化（美颜与美体）、蒙版（多种蒙版预设）、色度抠图、替换、防抖、不透明度、复制、倒放、定格	分割（一键剪切视频）、变速（常规变速、曲线变速）、音量（调节音量大小，提供变声以及降噪选项）、动画（有入场动画、出场动画以及组合动画）、魔法表情（多种动画表情）、美颜、智能抠像（提供人像、头部、背景、去天空的选项）、防抖、滤镜（多种滤镜预设）、调节（曝光、对比度、饱和度、锐化等）、不透明度、画面定格、蒙版（多种蒙版预设）、色度抠图、切画中画、复制、裁剪、替换、倒放、旋转、排序（片段排序）
除了视频剪辑功能，还提供有关文字、贴纸、画中画、特效、滤镜库、比例、背景、调节等后期编辑选择	除了视频剪辑功能，还提供了背景、画中画、特效、音频、字幕、贴纸、滤镜库、调节等后期编辑选择
两款软件都提供了大量的剪辑模板以供用户挑选使用，用户只需要选中喜爱的模板下载，将模板内视频替换成自己的视频素材就可以迅速制作出一个好看的视频	

3. 两者区别

碎片化的时间及信息摄取、移动端互联网的发展促使更具传播力和依赖性的短视频平台蓬勃发展，随即涌现出来的巨头便是抖音和快手。抖音的口号是“记录美好生活”，快手的口号是“拥抱每一种生活”，从口号中我们可以发现两款产品的定位是不同的，抖音重内容而快手偏社交。

在内容分发上，抖音以算法推荐为主，采取“中心化”的流量分发模式，用户制作发布视频后，抖音会先给予一个初始流量池，接着再根据视频的点赞率、完播率、转发率、评论率等反馈来分析这个视频有没有资格进入下一个更大的流量池内，因此，在抖音上发布视频，对视频的质量有一定的要求。快手则是采用了“去中心化”的流量分发模式，倾向给用户推荐关注的内容，用户制作并发布视频后，后台会提取视频的标签内容，并匹配给符合标签特征的用户，这样的优势在于加强了用户之间的黏性，对一般创作者来说也能获得较多的流量支持，强化了快手的社交属性。

在具体的表现形式上，由于两款App的UI交互不同，因此视频的表现也有所不同。抖音单列上下滑动界面，用户停留时间比较短，查看评论是需要特意点开的，这也就意味着如果用户对视频不感兴趣，那么会直接略过，这种交互方式意味着需要在视频前几秒就出现“引人注目”的画面，另外标题的撰写也是吸引用户的方式。快手的交互是选择性的，视频双列显示，用户根据视频封面及标题决定是否观看视频，一个视频下滑会出现评论区，这就意味着用户在一个视频停留的时间会更长，因此在快手的视频制作上要更加注重封面和标题的醒目。

我们可以发现，受产品定位及不同算法推荐影响，抖音会逐渐淘汰掉画面差、爆点低的视频，而保留优质的，经过策划、剪辑的优质作品；快手则保留了更多的沟通，对视频的拍摄手法、剪辑方式不会有太大的要求。

三 非线性编辑在新媒介下焕发新的活力

1. 网络综艺——以腾讯视频为例

在国家广播电视总局公布的2020年网络原创节目（网络电视剧、网络综艺、网络电影、网络纪录片、网络动画等）数据显示，2020年网络视听平台全年上线网络综艺229档。其中腾讯视频、爱奇艺、优酷、芒果TV四家网站独播的网络综艺占全网77%。

以腾讯视频为例，早在2016年，腾讯视频就提出“体验才是网络综艺核心竞争力”的观点，在近几年的时间内，腾讯视频在自制综艺全方位发力，在类型上多维度出击。

表3-3-2所示为不同类型具有代表性的节目。

表3-3-2 代表性网络综艺节目一览表

类型	节目	简介
娱乐搞笑类	《吐槽大会》	《吐槽大会》是由腾讯视频、上海笑果文化传媒有限公司联合出品的喜剧脱口秀节目。节目以美式喜剧脱口秀为表演形式，每期邀请嘉宾轮流上台，以说段子的方式互相调侃，触碰嘉宾的“痛点”，让嘉宾吐槽反击，让观众开心大笑
明星美食脱口秀	《拜托了冰箱》	《拜托了冰箱》是由腾讯视频引进韩国JTBC电视台同名节目推出的大型明星美食类脱口秀节目。节目每期邀请两位明星和自己的冰箱一起来到节目现场，在展示冰箱和制作美食的过程中，主持人、明星与常驻嘉宾会分享生活趣事，每期两位主厨会利用明星冰箱的食材进行15分钟创意料理对决
偶像养成类	《创造101》	《创造101》是由腾讯视频、腾讯音乐娱乐集团联合出品，上海腾讯企鹅影视文化传播有限公司、七维动力（北京）文化传媒有限公司联合研发制作的中国首部女团青春成长节目。该节目召集了101位选手，通过任务、训练、考核，让选手在明星导师的训练下成长，最终选出11位选手组成偶像团体出道
竞技比赛类	《即刻电音》	《即刻电音》是由腾讯视频出品，上海腾讯企鹅影视文化传播有限公司和上海灿星影视文化有限公司联合制作的电子音乐制作人竞演节目
生活体验类	《幸福三重奏》	《幸福三重奏》是腾讯视频推出的亲密关系实景观察节目。节目中，三对婚龄不同、风格迥异的明星夫妇将褪去镜头前的光环，回归普通生活，在远离都市的专属小屋中度过独属于夫妻俩的二人世界
职场观察类	《令人心动的offer》	《令人心动的offer》是由腾讯视频推出的律政职场观察类真人秀。节目设置了两个展示空间：位于上海的一家律师事务所是节目内容展开的主要空间，记录8名实习生一个月的实习生活；由6位嘉宾组成“offer加油团”，通过观察8名实习生的职场生活和工作表现，在演播室进行点评和猜测实习生课题排名，从而决定最终的转正名额是否增加

2. 网络电视剧——以爱奇艺为例

网络电视剧是以互联网为核心播出平台的连续剧，由在线视频媒体自制或者与专业影视公司联合制作，再投放到各网络视频平台。2014 年被称为“网剧元年”，自 2014 年起，网络剧开始爆棚，出现了诸如《心理罪》《无心法师》《太子妃升职记》《余罪》等引发了热议的爆款网剧。尽管 2006 年国内就有网站推出了自制剧，但是数量少且内容较为单一。

近年来，网络电视剧逐渐发展扩大，题材日趋丰富，各平台也积极开展了有关平台自制网剧的内容，比如爱奇艺。2020 年 6 月 15 日，爱奇艺正式推出悬疑类型剧场——“迷雾剧场”，在短短三个月内就连续推出了五部精品悬疑类型的网剧，包括《十日游戏》《隐秘的角落》《非常目击》《在劫难逃》《沉默的真相》，几乎每部都收获了网友的高度好评，其中尤为出色的两部作品分别是《隐秘的角落》和《沉默的真相》，两部皆改编自小说家紫金陈的作品，分别是《坏小孩》和《长夜难明》。

在因 2020 年新冠肺炎疫情肆虐而导致电影市场低迷的背景下，迷雾剧场因其制作精良、叙事紧凑、高品质的视听体验而被影评人称为“电影代餐”。我们可以看到类型专业化、品牌运营化是迷雾剧场成功不可缺少因素，首先专注于悬疑类型作品的孵化与创作，形成了垂直效应，其次是进行了品牌升级，为迷雾剧场打造了独一无二的剧场厂牌，策划了迷雾剧场的名称及 LOGO（其 LOGO 为问号和灯泡的组合，代表“拨开迷雾，点亮光明”的核心创作理念）。此外，还衍生了“迷雾侦探社”“迷雾地铁”等附加产品，进一步扩大了品牌效应。

除了类型专业化及品牌运营化，迷雾剧场的另一鲜明特征是：每一部剧集都限定在了 12 集的范围内。短小精悍的剧集适应了当下人们快节奏的生活方式，紧密快速的剧情更能吸引观众的目光，在剧集剪辑上，每集都以剧情线索和中心主题为准，以戏剧点分集，因此每一集的长度不一，有的可能只有几十分钟，有的则长达一小时之多，直逼电影的长度。

从视觉效果的呈现来看，迷雾剧场推出的剧集都有着强烈的电影质感，在摄影风格上更是发挥到了极致，比如《隐秘的角落》将拍摄点定在了广东湛江，南方燥热的天气，老旧房屋、刺眼阳光成了天然的滤镜，为了表现人物个性特征，导演在每个人物出现时会利用人物场景构图及色彩搭配进行暗示，比如主人公朱朝阳在家中时，背景墙是大面积压抑的绿色，母亲周春红出现时场景大多有红色出现，代表她内心压抑的欲望，民警陈冠声出现时场景则是带着暖调的黄，代表人物的正义……这些场景设计不仅让电影画面的质感提升，更是使观众在不知不觉中沉浸到剧中每个人的生活里。

3. 网络纪录片——以 Bilibili 为例

2016 年，纪录片《我在故宫修文物》在 bilibili（以下称“B 站”）意外爆红，B 站从中窥见了当代年轻人对优质纪录片的强大需求以及趋势。在 2017 年发起了《哔哩哔哩纪录片寻找计划》，先后联合了国内优秀专业团队出品了《人生一串》《未至之境》《但是还有书籍》等具有实验探索性的纪录片。

以这三部纪录片为基础，目前 B 站已经建立起以美食纪录片、人文纪录片和自然纪录片的三大类别联合的纪录片模式，这些纪录片以其独特的表达视角、丰富的呈现方式、诙谐幽默的文本成功打破了人们以往对纪录片精英化、晦涩无趣的刻板印象，深受广大网友的喜爱。

深究这些纪录片在内容生产层面与传统纪录片的区别，我们可以发现，创新化、年轻态的表达是其取得良好口碑的最根本原因。以人文历史纪录片《历史那些事》为例，《历史那些事》系列在文本结构上采用了戏剧化的演绎，以游戏化、娱乐化的手法讲述历史，以荒诞代替正解，以浅显凸显深度，并且注重受众的互动，在后期剪辑时，会在每一个“造梗”的段落留出气口，或者直接官方“鬼畜”，让观众会心一笑，比如在讲到乾隆时，字幕会调侃他是“弹幕的鼻祖”，原因是乾隆非常喜爱在字画上盖章，并且还在乾隆的印章上刻上了“bilibili”的字样，古今的互动营造了奇特的娱乐效果。

在被称为“中国深夜食堂”的美食纪录片《人生一串》中，大量使用了特写镜头来展示食物的本色，比如第二集中使用特写镜头拍摄烤猪眼睛的画面，猪眼睛串着铁签在炭火的炙烤下渗出了呲呲响的热油，让观者不禁开始咽口水，而当烤好的猪眼睛被送到食客的桌上，镜头又转到食客咬食猪眼睛，猪眼睛爆出汁水的画面，可谓是色香俱全。《人生一串》运用了碎片化的剪辑手法，将一集的内容分割成几段叙事，每一段叙事都是独立存在且相互之间没有时间、空间的联系，方便观众在最短的时间内获得最大的信息量，在休息的几分钟内就可以看完一个小故事。

自然纪录片《未至之境》在叙事手法上极具故事化色彩，第一集表现了野生熊猫的出生、成长再到独居的全过程，纪录片还罕见地捕捉到了野生熊猫宝宝“舔舐母亲唾液”以增强免疫系统的画面。第二集则是表现了“著名表情包”藏狐一家的生活，藏狐爸爸如何在藏狐妈妈死去的情况下独自抚养四个幼崽。除了大熊猫以及藏狐，纪录片还展示了其他珍稀动物如金丝猴、雪豹等动物的画面。

以 B 站为代表的视频网站平台主动迎合年轻观众的审美倾向，制作出一系列优秀的影视作品，借助时尚流行元素，以游戏化、娱乐化的表现引发人们的关注，但在内容内涵上却深挖价值，以创新化、丰富化及平视的姿态赢得了口碑并获得了更广阔的受众圈层，可以说一举多得。

拓展阅读

于信强，生于 1962 年，是我国著名动漫设计大师，从他先后参与设计制作的数量众多的动漫作品中随便挑出一部，都足以让人咋舌称美。于信强在文创产业刚刚起步阶段便投身进去，一干就是 20 多年，在工作期间，他不断总结经验，明确了中国文创事业在发展过程中应该坚持的方向。早年在动漫行业的磨砺和创作，奠定了丰厚的艺术思维与创意灵感，促使他又进入到将二维艺术变成三维娱乐艺术的创作中，并让艺术融入于生命活动之中。他认为，要讲好一个中国故事需要我们把中国 5000 年的文化认真地进行分析、研讨，甚至用专业的角度拔到一个全新的高度。

课后习题

1. 简要说明商业片、文艺片与爱情片的定义。
2. 尝试制作一个 1 分钟左右时长的短片，内容不限。

参考文献

[1] 马克西姆・亚戈 . Adobe Premiere Pro CC2018 经典教程 [M]. 北京：人民邮电出版社，2018.
[2] 左明章，刘震 . 非线性编辑原理与技术 [M]. 北京：清华大学出版社，2008.
[3] 李娜 . 非线性编辑 [M]. 北京：北京师范大学出版社，2017.
[4] 聂欣如 . 影视剪辑 [M]. 2 版 . 上海：复旦大学出版社，2012.
[5] 杨新波，王天丽，冯婷婷 . 影视剪辑教程 Premiere Pro CC[M]. 北京：中国传媒大学出版社，2018.